高等学校计算机专业系列教材

计算机图形学

（VC++实现）（第3版）

于万波　于硕　编著

清华大学出版社
北京

内容简介

本书是计算机图形学入门教程，以 VC++ 与 OpenGL 为工具讲解计算机图形学以及动画制作的基本方法和原理。

第 1 章使用 VC++ 绘图相关类和函数实现一些有趣的实例，直观地展示一些简单的计算机图形绘制与动画制作方法；第 2 章讲解二维直线段与曲线绘制方法以及区域填充的基本内容；第 3 章讲解三维图形投影、消隐等内容；第 4 章通过一些典型实例介绍 OpenGL；第 5～6 章讲解样条曲面、几何造型与光照模型；第 7～9 章给出了基于 OpenGL 的图像飘动、地球旋转、爆炸效果、飞机动画等建模与动画实例。

本书适用于计算机科学与技术、软件工程、信息与计算科学、数字媒体技术、机械与建筑设计等专业的"计算机图形学"课程教材，也可供对计算机图形动画制作感兴趣的研究生及程序设计人员参考。

图书在版编目（CIP）数据

计算机图形学：VC++ 实现/于万波，于硕编著. —3 版. —北京：清华大学出版社，2021.6（2024.8 重印）
高等学校计算机专业系列教材
ISBN 978-7-302-58014-0

Ⅰ. ①计… Ⅱ. ①于… ②于… Ⅲ. ①计算机图形学－高等学校－教材 Ⅳ. ①TP391.411

中国版本图书馆 CIP 数据核字（2021）第 070841 号

责任编辑：龙启铭 薛 阳
封面设计：何凤霞
责任校对：徐俊伟
责任印制：丛怀宇

出版发行：清华大学出版社
网 址：https://www.tup.com.cn，https://www.wqxuetang.com
地 址：北京清华大学学研大厦 A 座 **邮 编**：100084
社 总 机：010-83470000 **邮 购**：010-62786544
投稿与读者服务：010-62776969，c-service@tup.tsinghua.edu.cn
质量反馈：010-62772015，zhiliang@tup.tsinghua.edu.cn
课件下载：https://www.tup.com.cn，010-83470236
印 装 者：三河市人民印务有限公司
经 销：全国新华书店
开 本：185mm×260mm **印 张**：22.25 **字 数**：531 千字
版 次：2016 年 9 月第 1 版 2021 年 8 月第 3 版 **印 次**：2024 年 8 月第 2 次印刷
定 价：59.00 元

产品编号：090737-01

前言

计算机图形学的研究内容庞杂而繁多，凡是与计算机绘图相关的内容都是图形学研究的对象。讲解哪些内容，实难取舍。第3版的主导思想没有变，即讲述图形学基本原理，包括直线绘制算法、区域填充算法、三维数据的二维投影、隐藏面检测方法、光照模型等；讲解语言(VC++)、结构以及算法在图形学中的应用；讲解 OpenGL 是如何进行图形绘制以及动画制作的，让 OpenGL 的使用与对算法的理解相互促进。

各种计算机课程，应该有机地联系在一起。语言软件的学习与使用既是其他课程的基础，也是一个阶段性的目标，所以在本书中，仍然坚持强化语言的使用。

本书第2版出版3年来，收到一些教师与读者的指正与建议，笔者也在这几年的使用过程中进行了总结、分析与思考。修正了个别错误，修改了一些细节，小范围内调整了部分讲授顺序。增加了大量的习题，目的是通过完成习题提高学习效率。

因为各校的学时不同，所以应选择相应的内容进行讲解。第1章是一些基本的(基于 VC++ 的)绘图知识，不过，第1章并不是后面章节的基础，建议讲解6～8学时；第2章中有一些图形学二维算法，例如直线与圆的绘制、区域填充等，建议讲解与上机练习8～10学时；第3章讲解投影、消隐等算法，图形学一些重要的三维算法安排在这一章里，以理解为目的，建议讲授12～16学时；第5章样条曲面与第6章几何造型、光照模型也是经典的图形学内容，可以讲解16～20学时；第7～9章是动画制作实例，如果想提高这方面的能力，可以重点讲解，讲解和上机练习20～24学时。

在目前的出版物中，图形学习题不多，所以在附录中将作者本校近几年的图形学期末试题附上，供读者参考借鉴。

最后感谢清华大学出版社对本书的出版给予大力的帮助。

期待大家喜欢这本书，也期待得到大家的批评与建议。

作　者

2021年4月

目录

第3章 三维数据的二维投影 /97

第 4 章 OpenGL /118

第1章 VC++绘图程序设计

计算机绘图可以使用绘图软件，如 Photoshop、3ds Max 等；也可以使用专用的绘图语言与函数，如 OpenGL、Unity3D 等。除了专门软件以及专门语言外，很多语言（软件）本身也提供了简单的绘图功能，例如，VC++ 也有很多绘图函数。在 1.1 节中使用 VC++ 中 MFC 的 CDC 类封装的绘图函数绘制一些图形，通过实例继续研究 CDC 类封装的常用的 VC++ 绘图函数，除了了解 MFC 单文档中的绘图功能外，还可以学习语言绘图的基本方式；在 1.2 节中介绍画笔类与画刷类，以便实现更精细、更丰富的绘制功能；1.3 节介绍位图图像操作；1.4 节给出一些绘图及动画制作实例；最后在 1.5 节中介绍使用 Win32 应用程序绘制图形与制作动画，这是 VC++ 有别于 MFC 的另一个绘图平台。

1.1 使用 CDC 类函数绘制图形

VC++ 功能强大，系统庞杂，把各种功能都分散到各个类中。其中，绘图功能可以使用 CDC 类中封装的函数实现。如果建立单文档（或多文档）程序，那么在其 OnDraw() 函数中调用 CDC 类函数就可以进行绘图。

1.1.1 使用单文档程序绘图

【例 1-1】 在 MFC 单文档程序的 OnDraw() 函数中加入语句绘制直线段。

本例题分为以下几步完成（下面的操作是在 VC++ 6.0 上进行的，在 VC++ 高版本上与其类似）。

1. 建立单文档工程

进入 VC++ 工作界面，单击 File（文件）→New（新建），在弹出的 New 对话框中选择 Projects 选项卡，如图 1-1 所示。

在该选项卡列出的条目中，选择 MFC AppWizard (exe)，在右面 Project name 文本框中写上工程名字（本例题工程命名为 Huatu1），单击右下角 OK 按钮，出现如图 1-2 所示界面。

在该界面上选择 Single document 单选按钮或选项，然后单击 Finish 按钮。在随后弹出的对话框中单击 Finish 按钮，出现 VC++ 的工作界面，如图 1-3 所示。

在图 1-3 中，左面有文件组织列表窗口，在这个窗口中有各个文件的组织关系：Source Files 称为源文件；Header Files 称为头文件；Resource Files 称为资源文件。

上面这 3 个文件夹都可以单击其左面的⊞展开，也可以在文件夹上双击展开。

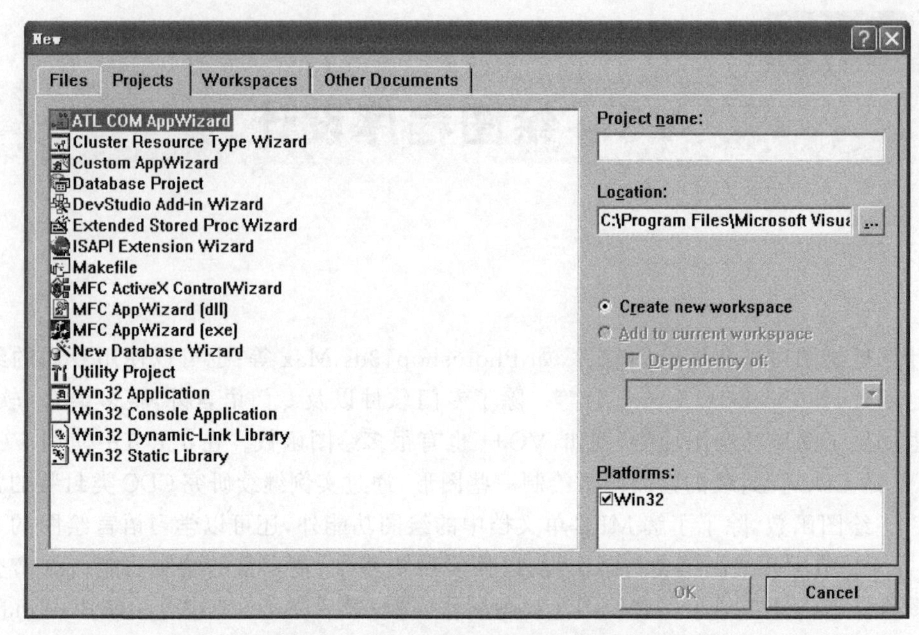

图 1-1 New 对话框（Projects 选项卡）

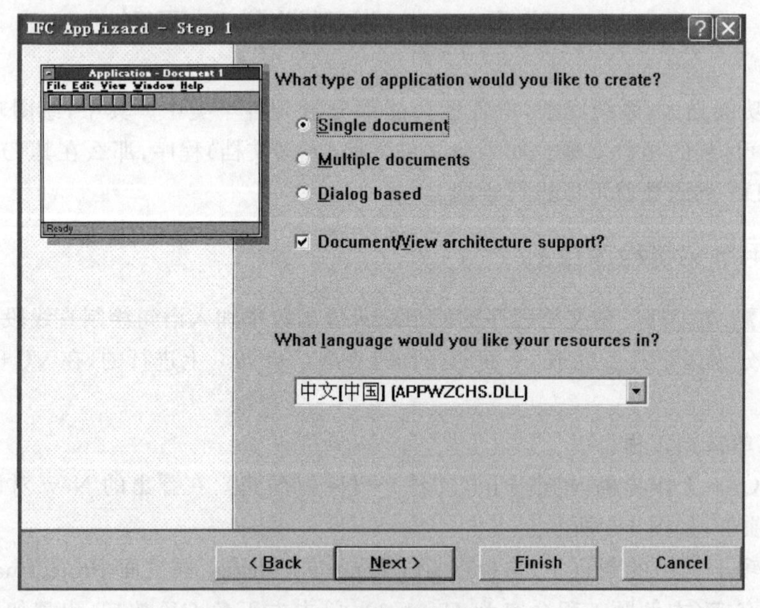

图 1-2 确定项目类型

2. 在 OnDraw()函数中加入语句

展开 Source Files 文件夹，双击 Huatu1View.cpp 选项，在右面工作区中显示出该文件的内容，拖动滚动条滑块，找到函数 void CHuatu1View::OnDraw(CDC * pDC)，如图 1-4 所示。

观察如图 1-5 所示函数 OnDraw(CDC * pDC)。

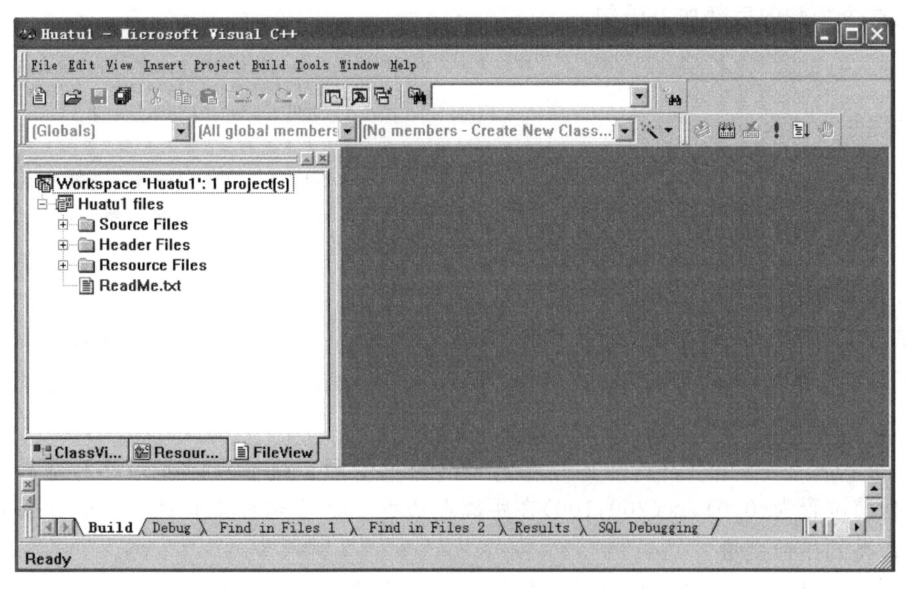

图 1-3　单文档程序设计界面

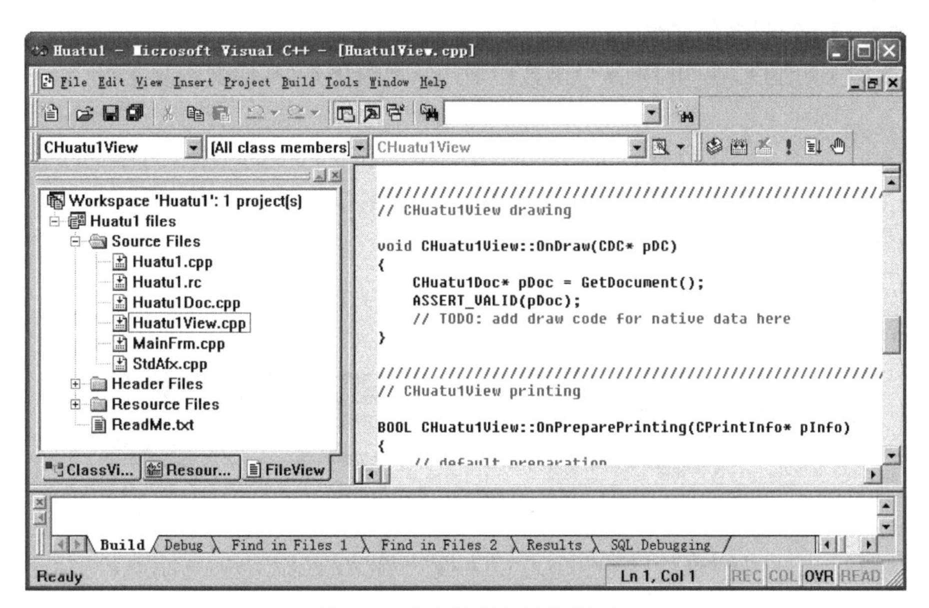

图 1-4　单文档程序设计界面

```
void CHuatu1View::OnDraw(CDC* pDC)
{
    CHuatu1Doc* pDoc = GetDocument();
    ASSERT_VALID(pDoc);
    // TODO: add draw code for native data here

}
```

图 1-5　OnDraw()函数

在这个函数的后部加上语句：

```
pDC->LineTo(200,100);
```

如图 1-6 所示。

```
void CHuatu1View::OnDraw(CDC* pDC)
{
    CHuatu1Doc* pDoc = GetDocument();
    ASSERT_VALID(pDoc);
    pDC->LineTo(200,100);
}
```

图 1-6 在 OnDraw()函数中添加绘制直线语句

【注】 “// TODO：add draw code for native data here”是注释语句，可以删掉，不影响语句的执行。

3. 编译运行

单击工具栏上的按钮，或者单击“编译”菜单中的 Build Huitu1.exe F7 编译项目；然后单击工具栏上的!按钮，或者单击“编译”菜单中的 ! 执行 Huatu1.exe Ctrl+F5 选项，运行程序，运行结果如图 1-7 所示。

语句 pDC－＞LineTo(200,100)是从当前位置绘制直线到点(200,100)，该例的（默认的）当前位置为(0,0)，点(200,100)在距离左边界 200、上边界 100 处。pDC 是指向（绘图）设备类的指针变量

【注】 文档中的白色窗口默认坐标是左上角为原点(0,0)，从原点出发，横轴正方向向右，纵轴正方向向下。

【例 1-2】 绘制多条直线。

修改例 1-1 程序，在 OnDraw()函数中加入下面的语句(其他都不改变)：

```
pDC->MoveTo(20,20);
pDC->LineTo(200,100);
pDC->MoveTo(50,120);
pDC->LineTo(200,120);
pDC->LineTo(200,20);
```

运行结果如图 1-8 所示。

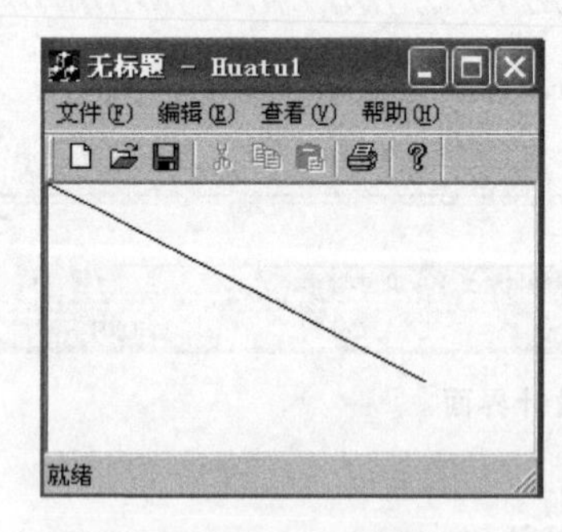

图 1-7 在 OnDraw()函数中添加语句绘制一条直线

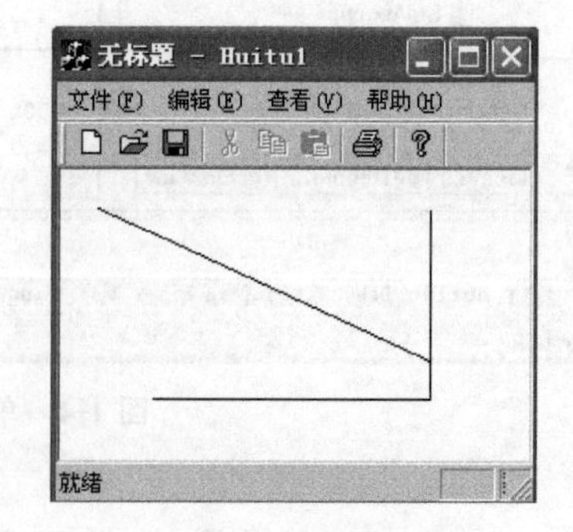

图 1-8 绘制多条直线

MoveTo(20,20)是把当前焦点移到点(20,20)，语句 pDC－＞LineTo(200,100)是从点(20,20)画线到点(200,100)，以此类推。

使用 CDC 类除了可以绘制直线以及移动焦点外，还可以绘制椭圆等，可参考例 1-3。

【例 1-3】　在 OnDraw()函数中加入语句绘制椭圆。

其他步骤不需要改变，修改 OnDraw()函数如下。

```
void CFile1View::OnDraw(CDC * pDC)
{
    CFile1Doc * pDoc = GetDocument();
    ASSERT_VALID(pDoc);
    // TODO: add draw code for native data here
    pDC->Ellipse(30,20,300,200);
}
```

在 OnDraw()函数中加入了绘制椭圆的语句，运行结果如图 1-9 所示。

语句 pDC－＞Ellipse(30,20,300,200)中，“30,20”为椭圆的外接矩形左上顶点坐标，“300,200”为椭圆的外接矩形右下角坐标。

【例 1-4】　使用画点函数绘制图形。

在例 1-3 的基础上，在 OnDraw()函数中加入语句，如下。

```
void CHuitu1View::OnDraw(CDC * pDC)
{
    CHuitu1Doc * pDoc = GetDocument();
    ASSERT_VALID(pDoc);
    for(int i=30;i<250;i++)
        for(int j=20;j<180;j++)
        {
            pDC->SetPixel(i,j,RGB(i,j,0));
        }
    pDC->Ellipse(30,20,250,180);
}
```

该程序运行结果如图 1-10 所示。先用画点函数绘制出一个彩色矩形，然后再绘制出一个线条椭圆，虽然是线条椭圆，也把彩色矩形的中间覆盖了。

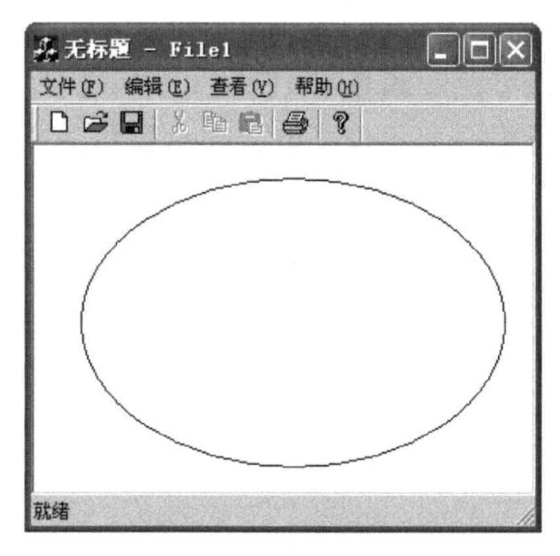

图 1-9　绘制椭圆

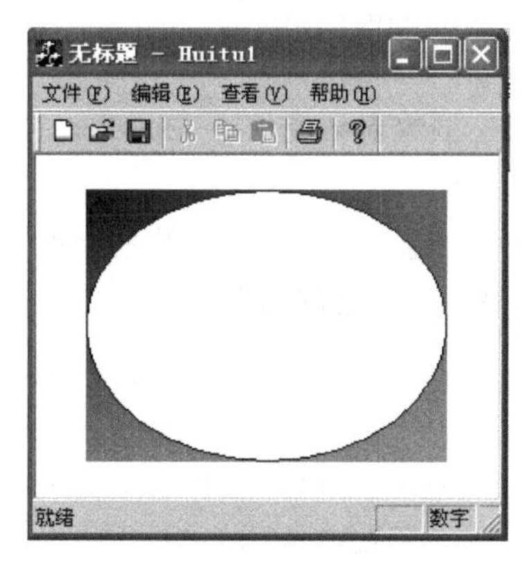

图 1-10　使用画点函数绘制图形

函数 SetPixel(i,j,RGB(i,j,0))是在(i,j)位置绘制一个点，颜色是 RGB(i,j,0)。颜色函数 RGB(r,g,b)是用红、绿、蓝三种分量成分组合方式表示彩色，每个分量的取值范围是 0～255。例如，r 是 255 表示最红的红色成分，随着 r 的减少红色成分依次减少；绿色与蓝色成分也是如此。

RGB(255,255,255)是白色，RGB(0,0,0)是黑色。

画点函数是最基本的绘图函数，实际上，使用画点函数可以绘制任何复杂的图形。

【例 1-5】 在绘制正弦曲线的基础上制作动画。

在 OnDraw()函数中加入下面的语句，就能够绘制出正弦曲线。

```
for(int i=0;i<628;i++)
{
    int y=100*sin(float(i)/100);
    pDC->SetPixel(i,y+120,0);
}
```

在 OnDraw()函数中加入下面的语句，运行后就可以出现动画效果；即每隔 10ms 绘制一点，所以出现动画效果。一共绘制出 628 个点，逐渐形成了一段(离散的)曲线。

```
for(int i=0;i<628;i++)
{
    int y=100*sin(float(i)/100);
    pDC->SetPixel(i,y+120,0);
    Sleep(10);              //休眠 10ms,继续执行程序
}
```

程序中，使用 y+120 使得每个点都下移 120 个单位，所以，曲线整体下移 120 个单位，目的是避免有些点显示不出来。float(i)/100 是为了将 sin()函数的变量限制在 0～6.28，这样绘制出的曲线是一个周期。sin()函数前面乘以 100，是为了将得到的坐标值放大 100 倍，因为 VC++ 默认只能绘制整数坐标点。

【注】 程序中使用了正弦函数，所以要在 OnDraw()函数所在程序的最前面写入语句“include <math.h>”。

函数 SetPixel(i,y+120,0)绘制一点，颜色为黑色。函数 SetPixel()中，也可以使用一个长整型数表示颜色，0 为黑色。本书为了分析用一个无符号整数表示颜色的方法，设计了例 1-6。

【例 1-6】 利用给定的颜色绘点，分析使用一个整数表示颜色的方法。

OnDraw()函数如下。

```
void CA1View::OnDraw(CDC* pDC)
{
    CA1Doc* pDoc = GetDocument();
    ASSERT_VALID(pDoc);
    for(int i=1;i<100;i++)
```

```
        for(int j=1;j<100;j++)
        {
            pDC->SetPixel(i,j,255);
        }
}
```

该项目(工程)运行结果如图 1-11(a)所示。

把下面程序段嵌入到 OnDraw()函数中,运行结果如图 1-11(b)所示。

```
for(int i=1;i<100;i++)
    for(int j=1;j<100;j++)
    {
        pDC->SetPixel(i,j,16777215-j);//颜色随着 j 变化,与 i 无关
    }
```

把下面程序段嵌入到 OnDraw()函数中,运行结果如图 1-11(c)所示。

```
for(int i=1;i<100;i++)
    for(int j=1;j<100;j++)
    {
        pDC->SetPixel(i,j,16770000+i*j);
    }
```

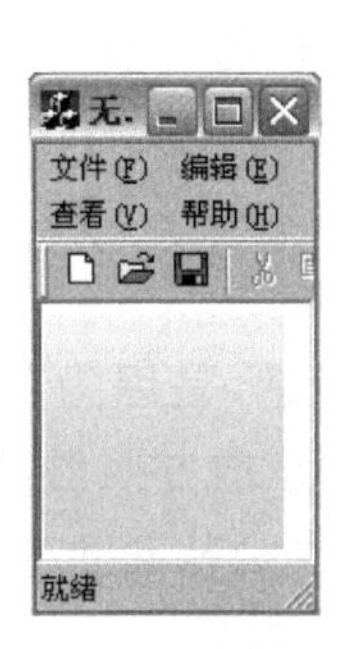

(a) 使用红色绘图　(b) 上下颜色渐变　(c) 从左上到右下颜色渐变

图 1-11　使用给定的值绘制各种颜色

16777215 变为 16777216 后则颜色变黑。16777215 即 $2^{24}-1$。

1.1.2 绘制具有真实感的三维图形

【例 1-7】 绘制一个具有真实感的球。

首先,与例 1-1 一样,使用 MFC AppWizard (exe) 建立一个单文档程序 My,然后打开 Source Files 文件夹,打开其 View 文件(名字为项目名加上 View,即 MyView.cpp),然后在函数 void CMyView::OnDraw(CDC * pDC)的前面自定义一个函数,如下。

```
void paintBall(int x,int y,int r,CDC *pDC)
{
    double w,u,d; int R=0,G=0,B=0;
```

```
    w=r;d=w/255;
    while(w>=0)          //循环嵌套,里层循环是绘制一个圆,外层循环是绘制半径不同的圆
    {
      for(u=0;u<=628;u=u+1)   //使用参数方程绘圆
      {  //(x,y)是球心(圆心)位置,u/100约等于2π
      pDC->SetPixel((int)(x+w*cos(u/100)),(int)(y+(w*sin(u/100))),RGB(R,
G,B));
      }
         R++;G++;B++;            //每次颜色值分量增加,点变亮
         w=w-d;                  //每次半径变小,圆逐渐向里面绘制
    }
}
```

之后在OnDraw()函数中加入调用语句,如下。

```
void CMyView::OnDraw(CDC* pDC)
{
    CMyDoc* pDoc = GetDocument();
    ASSERT_VALID(pDoc);
    paintBall(255,255,90,pDC);
}
```

最后,不要忘记在该MyView.cpp文件的前部加入数学函数头文件,即把语句#include "math.h"写在该文件的前部(那里系统已经引入了一些其他头文件)。

项目运行结果如图1-12所示。

图1-12 使用画点函数绘制具有真实感的球

如图1-12所示的球之所以具有真实感,是因为其具有明暗效果(和人工素描类似),模拟光线是从正前方照射过来。

如果绘制一个具有真实感的球,光线是从正上方照射下来,如何编写程序绘制出一个具有真实感的球?

【思考题】 如果光线是从其他方向照射过来,如何绘制出具有真实感的球?

真实感图形绘制是计算机图形学的重点,模拟真实的世界,是计算机图形学追求的主要目标之一。

下面绘制一个具有真实感的立方体线图。

【例1-8】 绘制一个三维空间中的线框立方体图。

在OnDraw()函数中加入下面的语句,就能够绘制出如图1-13所示的线框立方体图形。

```
pDC->MoveTo(80,80);
pDC->LineTo(180,80);
pDC->LineTo(220,30);
pDC->LineTo(120,30);
```

```
pDC->LineTo(80,80);
pDC->LineTo(80,180);
pDC->LineTo(180,180);
pDC->LineTo(220,130);
pDC->LineTo(220,30);
pDC->MoveTo(180,80);
pDC->LineTo(180,180);
```

除了像图1-12这样使用亮度显示真实感三维图形外，少数时候也使用如图1-13所示的线框图显示三维物体。但是，例1-7与例1-8有一个共同的缺点，那就是该程序没有通用性，当光线或者视点变化时，该程序很多语句都需要更改。

三维空间中图形(数据)的存储、表示，以及在二维平面上显示，既是计算机图形学的重点也是难点。

【例1-9】 绘制三维螺旋线在三个坐标平面上的投影。

如图1-14所示图形的代数方程如下。

$$\begin{cases} x = \sin t \\ y = \cos t \quad 0 \leqslant t \leqslant \pi \\ z = t \end{cases} \tag{1-1}$$

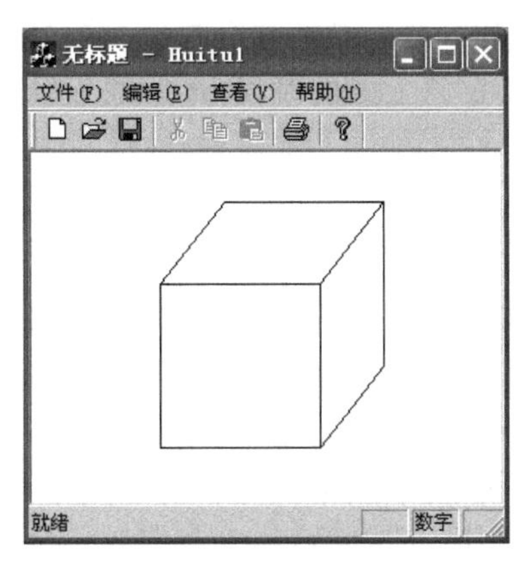

图1-13　一个三维空间中的线框立方体

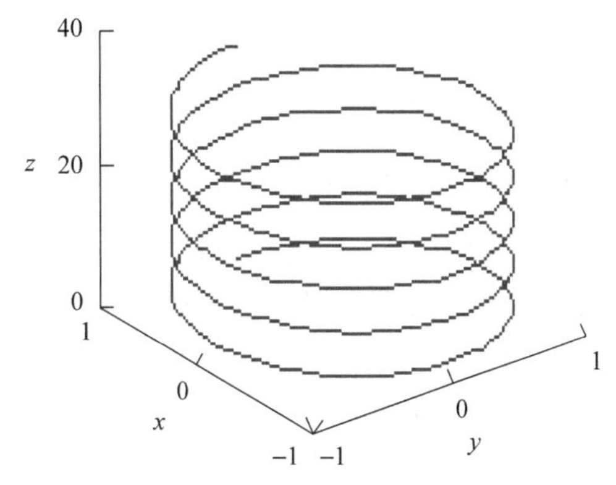

图1-14　一个三维空间中的螺旋线

下面的程序能够显示出该螺旋线在三个坐标平面上的投影图(视线分别垂直于Oxy平面、Oxz平面、Oyz平面)。

```
double x,y,z,t;
for(t=0;t<=9.42;t=t+0.01)
{
    x=sin(t) * 100+100;
    y=cos(t) * 100+100;
    z=t * 20;
    pDC->SetPixel((int)x,(int)(y),0);
    //pDC->SetPixel((int)x,(int)z,0);
```

```
    //pDC->SetPixel((int)y,(int)z,0);
}
```

函数 SetPixel((int)x,(int)(y),0)的参数 0 表示颜色为黑色。该参数用一个 $0\sim2^{24}-1$ 的整数表示各种颜色。

该程序运行结果如图 1-15 所示。

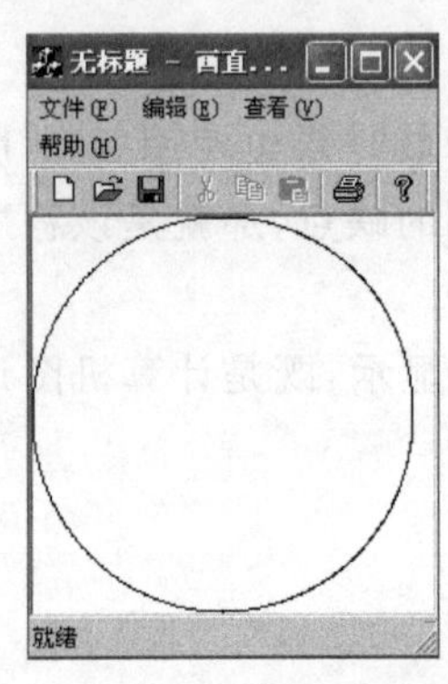

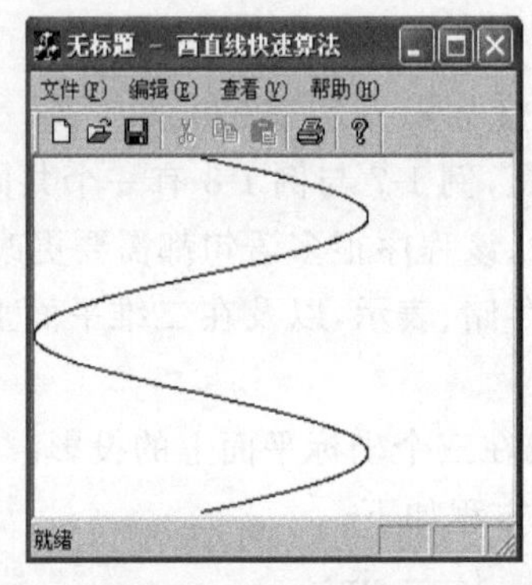

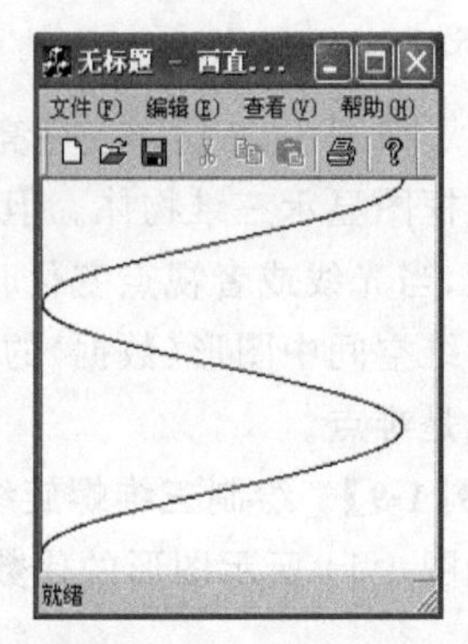

图 1-15　螺旋线在三个坐标平面上的投影图

【思考题】 这个三维空间的螺旋线，投影在三个坐标平面上，没有真实感，那么如何绘制出视点在其他位置的投影图呢？即如何使用 VC++ 的画点函数绘制出一个具有真实感的如图 1-14 所示的三维螺旋线？图 1-14 是视点在斜上方的时候，螺旋线三维数据在二维平面上的投影。

1.1.3　交互绘图程序设计

VC++ 具有强大的制作界面以及设计交互程序的功能，可以利用其交互功能调用绘图函数，实现类似绘图软件的功能。

【例 1-10】 实现鼠标按住、松开绘制直线段的功能。

建立单文档项目，命名为 MouseLine。在主菜单上单击 View 菜单项，选择 ClassWizard 子菜单项，单击后弹出如图 1-16 所示的 MFC ClassWizard（类向导）对话框。在这个类向导对话框中，找到 Class name 栏，选择 CMouseLineView，这样添加的事件函数就会添加到 MouseLineView.cpp 文件中。

加入 OnLButtonDown()和 OnLButtonUp()函数后，再分别在两个新加入的函数中加入语句：

```
m_StartPoint=point;
```

与

```
CClientDC dc(this);
dc.MoveTo(m_StartPoint);
dc.LineTo(point);
```

加入后的程序段如图 1-17 所示。

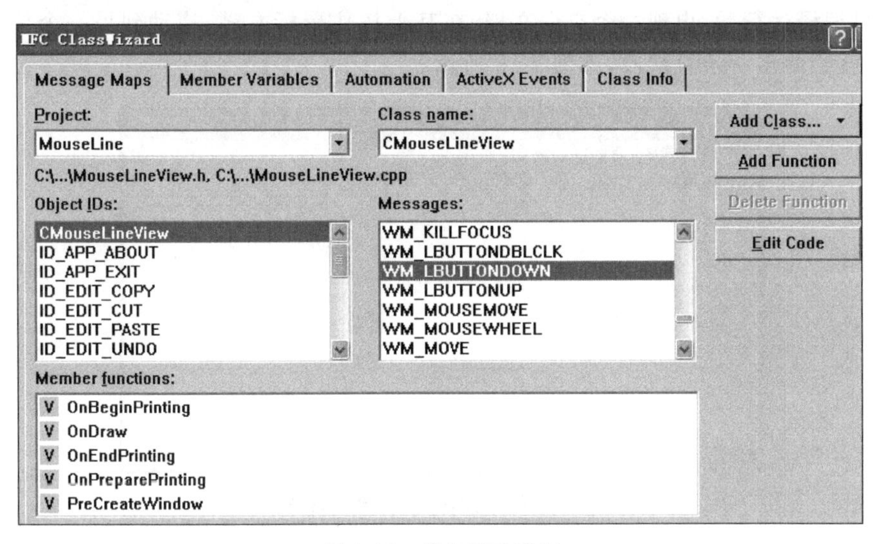

图 1-16　类向导对话框

```
void CMouseLineView::OnLButtonDown(UINT nFlags, CPoint point)
{
    // TODO: Add your message handler code here and/or call
    m_StartPoint=point;
    CView::OnLButtonDown(nFlags, point);
}

void CMouseLineView::OnLButtonUp(UINT nFlags, CPoint point)
{
    // TODO: Add your message handler code here and/or call
    CClientDC dc(this);
    dc.MoveTo (m_StartPoint);
    dc.LineTo (point);
    CView::OnLButtonUp(nFlags, point);
}
```

图 1-17　在 MouseLineView.cpp 文件中加入鼠标事件函数

使用 CClientDC 定义对象后，可以代替 pDC，所以 CClientDC dc(this)；这种定义方式可以在其他位置、其他函数中使用。

在 MouseLineView.cpp 文件的前部加上 CPoint 类的全局变量，加上变量定义后，如图 1-18 所示。

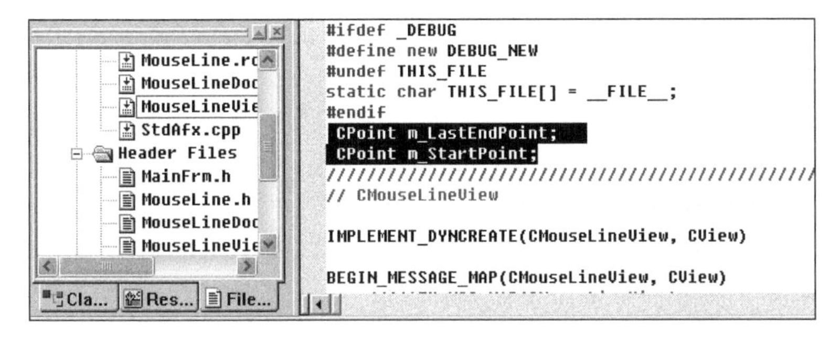

图 1-18　在 MouseLineView.cpp 文件中加入全局变量

项目编译运行后，出现一个空白文档，在其上按住鼠标左键，拖动到另一个位置后松开左键，就绘制出一条直线段，如图 1-19 所示。

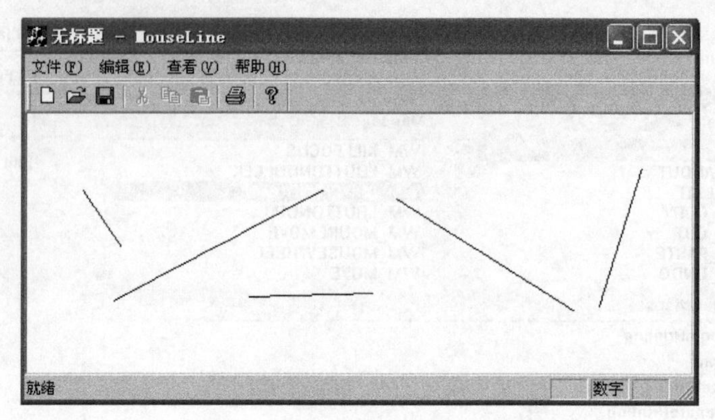

图 1-19　鼠标按住、松开绘制直线段

【注】 CClientDC 也是从 CDC 派生出来的，构造时自动调用 Windows API 函数 GetDC()函数，析构时自动调用 ReleaseDC()函数，一般应用于客户区窗口的绘制。

【例 1-11】 设计程序，按上、下、左、右键移动图形。

首先建立单文档项目，命名为 draw。

在文件 drawView.cpp 各函数定义的前面加入下面全局变量的定义：

```
int x; int y; CPoint pt; CString str;
```

在 OnDraw()函数中加入下面的语句：

```
CBrush brush, * oldbrush;
brush.CreateSolidBrush(RGB(x+50,y+100,x+y));  //颜色随 x+y 的变化而变化
oldbrush=pDC->SelectObject(&brush);
pDC->Ellipse(x+100,y+100,x,y);
pDC->SelectObject(oldbrush);
pDC->TextOut(pt.x+10,pt.y+10,"请使用键盘的上、下、左、右键控制小球移动！");
pDC->TextOut(pt.x+10,pt.y-10,str);
```

参考图 1-16 加入 OnKeyDown()事件函数，在该函数中添加下面的代码，加入代码后如图 1-20 所示。

```
switch(nChar)
{
case VK_LEFT:   {x-=10; pt.x=x;} break;
case VK_RIGHT:  {x+=10; pt.x=x;} break;
case VK_UP:     {y-=10; pt.y=y;} break;
case VK_DOWN:   {y+=10; pt.y=y;} break;
}
Invalidate();
```

```
draw files
  Source Files
    draw.cpp
    draw.rc
    drawDoc.cpp
    drawView.cpp
    MainFrm.cpp
    StdAfx.cpp
  Header Files
    draw.h
```

```
void CDrawView::OnKeyDown(UINT nChar, UINT nRepCnt, UINT n
{
    // TODO: Add your message handler code here and/or cal
    switch(nChar)
    {
    case VK_LEFT:   {x-=10; pt.x=x;}  break;
    case VK_RIGHT:  {x+=10; pt.x=x;}  break;
    case VK_UP:     {y-=10; pt.y=y;}  break;
    case VK_DOWN:   {y+=10; pt.y=y;}  break;
    }
    Invalidate();
    CView::OnKeyDown(nChar, nRepCnt, nFlags);
}
```

图 1-20　在按键按下事件函数中添加代码

编译运行程序,运行结果如图 1-21 所示,可以使用上、下、左、右键移动图形,同时小圆的颜色随之改变。

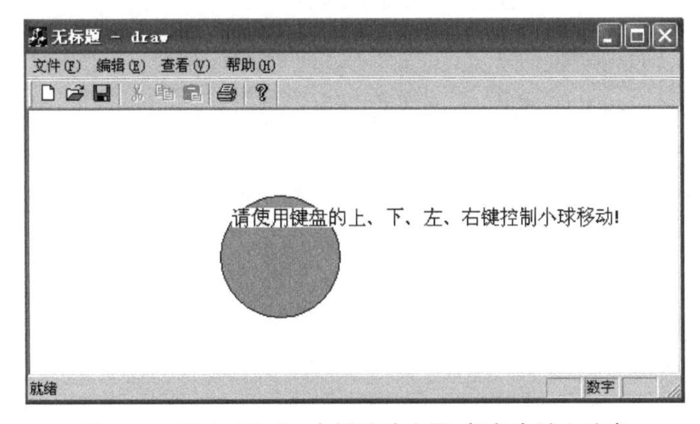

图 1-21　用上、下、左、右键移动小圆,颜色也随之改变

程序中,CBrush 是 VC++ 的画刷类,用来给出绘图颜色以及线型等。brush 是画刷对象,Oldbrush 是程序定义的指向画刷的指针变量。

TextOut()是 CDC 类的输出字符串的函数,前两个参数是输出的位置,第三个参数是输出的字符串。

【例 1-12】 设计程序,单击菜单项绘制图形。

建立单文档项目,命名为 Menu001。

打开 ResourceView 文件夹,再打开 Menu 文件夹,双击 IDR_MAINFRAME,出现如图 1-22 所示的菜单条编辑窗口,其中有一个待新建的菜单项。

双击图 1-22 右上角的待新建的菜单项,弹出菜单编辑对话框,在 Caption 文本框中填写菜单名"Draw",然后双击其显示出的空白子菜单项,又弹出菜单编辑对话框,此时,填写"ID"为"H","Caption"为"Huitu",如图 1-23 所示。

在新建立的菜单项"Huitu"上右击,在弹出的快捷菜单中选择 Class Wizard 选项,弹出如图 1-24 所示的类向导对话框。

把 Class name 选为 CMenu001View(这样事件函数就可以添加到 CMenu001View.cpp 中)。双击 Messages 中的 COMMAND,弹出对话框,单击 OK 按钮,添加菜单单击事件函数。

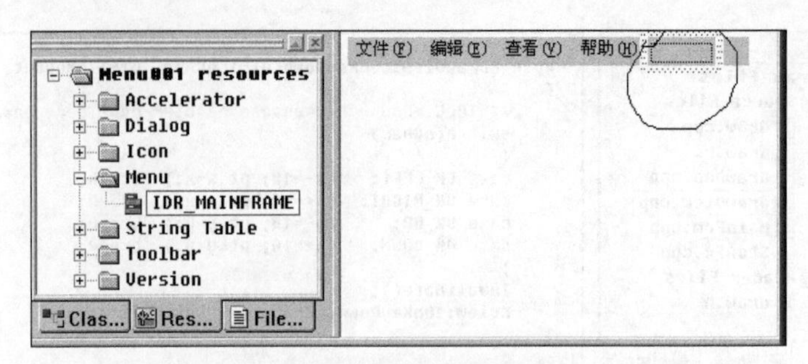

图 1-22　在主菜单栏新建菜单

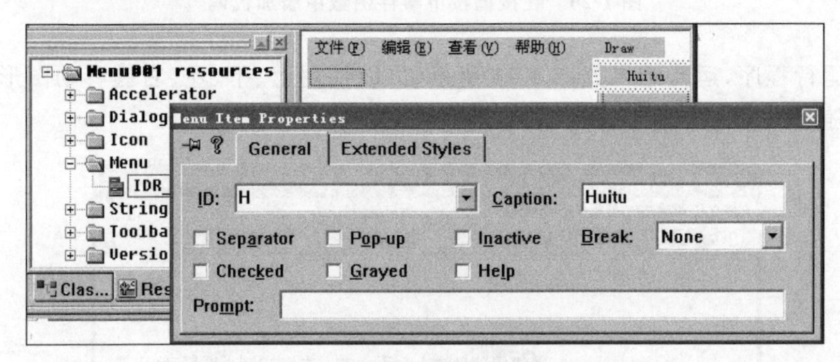

图 1-23　为新建菜单项写入 ID 与 Caption

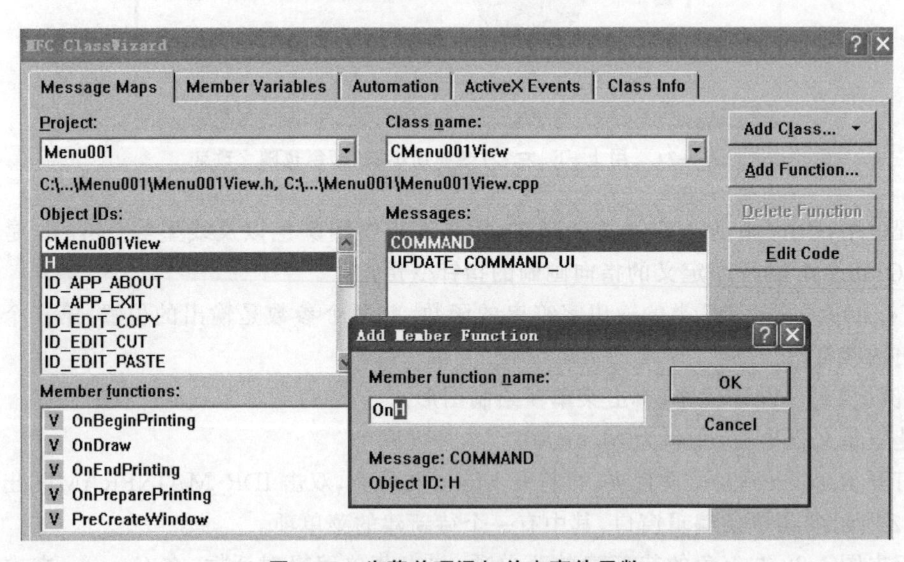

图 1-24　为菜单项添加单击事件函数

添加菜单单击事件函数后，打开 CMenu001View.cpp，在其 OnH()函数中加入如下程序段，如图 1-25 所示。

```
CClientDC dc(this);
double x=0.2,y=0.2,z=0.5,x1,y1,z1;
for(int i=0;i<5000;i++)                    //一共绘制出 5000 个点
```

```
{
    x1=-0.3-x+pow(x,2)-x*y+y+pow(y,2);
    y1=0.2-x+x*y;
    z1=-x*y-y*z-z*x;
    x=x1;y=y1; z=z1;
    dc.SetPixel(x*100+120,y*100+150,i);    //乘以倍数是放大图形,加减是移动图形
}
```

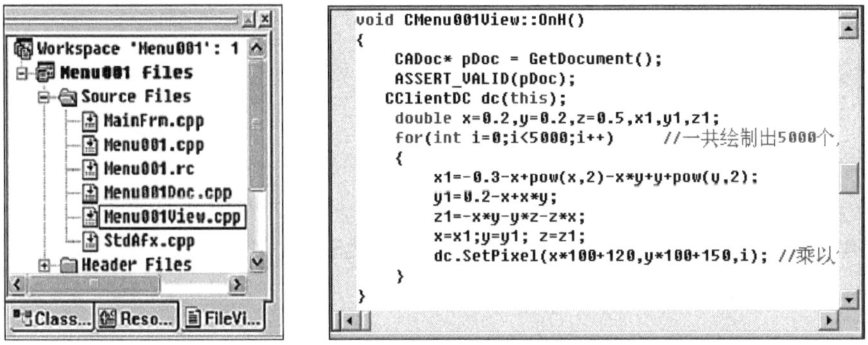

图 1-25　为菜单项单击事件添加代码

再引入数学函数头文件 math.h,因为函数 pow(x,2)需要该头文件。pow(x,2)表示 x 的 2 次幂。

程序运行后,选择菜单项 Draw→Huitu,运行结果如图 1-26 所示。该程序是用函数迭代点图形绘制,使用函数简单的迭代操作得到的点能够绘制一些奇特的图形。计算出的是三维点集合,绘制出的只是 xy 平面上的投影。因为像素点坐标是整数,所以要将计算得到的 x,y 值扩大倍数(绘图时自动取整)。

在上面的例题中,主要是使用 CDC 类的绘图函数进行绘图,事实上,CDC 类的绘图函数还有很多。

在 OnDraw()中,使用 pDC－>的时候,自动弹出一个滚动下拉列表,里面都是可调用的函数,如图 1-27 所示。

图 1-26　单击菜单绘制的图形

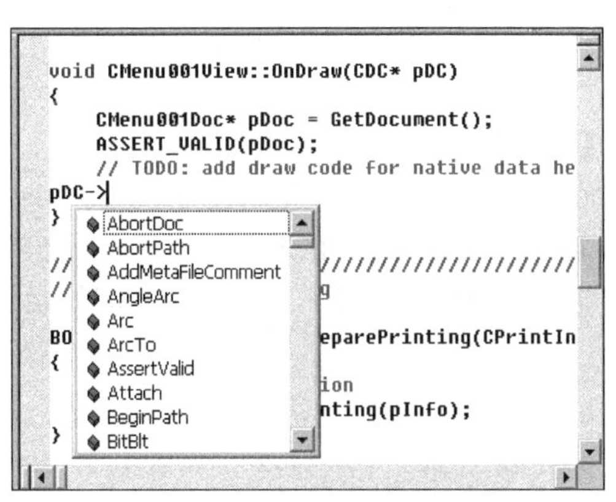

图 1-27　CDC 类封装的绘图相关函数

1.1.4 绘制矩形

CDC类可调用的绘图（及相关）函数很多，其中，除了前面介绍的常用的画线函数LineTo()、画椭圆函数Ellipse()、画点函数SetPixel()外，绘制矩形函数Rectangle()也经常用到。下面通过例1-13研究绘制矩形函数Rectangle()的功能。

【例1-13】 一个奇特的动画效果。

```
for(int i=5;i<60;i=i+5)
{
    pDC->Rectangle(i,i,100-i,100-i);
    Sleep(500);
}
```

运行后出现动画效果，从外向里绘制矩形，如图1-28所示。

【思考题】 函数Rectangle()的4个参数分别代表什么？

修改上面的程序如下。

```
for(int i=10;i<100;i=i+5)
{
    pDC->Rectangle(i,i,50,50);
    Sleep(500);
}
```

绘制出如图1-29所示的图形。

图1-28 绘制矩形制作动画

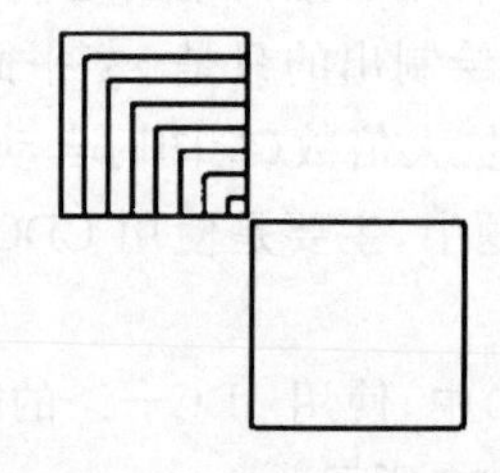

图1-29 绘制矩形验证参数的含义

【例1-14】 绘制填充矩形。

在MFC中，函数FillRect()与FillSolidRect()都可以绘制填充矩形，前者需要使用画刷对象，后者直接给出“位置、大小、填充颜色”几个参数就可以绘制填充矩形。

把下面的语句段写入OnDraw()函数，运行结果如图1-30所示。

```
CBrush b(RGB(255,0,0));
pDC->FillRect(CRect(10,50,110,150),&b);
pDC->FillSolidRect(120,50,100,100,10000000);
```

程序中CRect是创建矩形对象，CBrush是画刷类，此处创建了一个画刷对象b。

10000000 是颜色值。当用一个整数 k 表示颜色时，把整数 k 转换为二进制数后，16～23 位表示红色成分，8～15 位表示绿色成分，0～7 位表示蓝色成分。

图 1-30 绘制填充矩形

【思考题】 如何在循环语句中使用函数 FillRect()或者 FillSolidRect()在一个窗口中绘制多个颜色不同的矩形？

1.1.5 在指定位置输出文本

使用指向 CDC 类的指针可以调用其文本输出函数 TextOut()，该函数的主要功能是输出文本。

【例 1-15】 在指定位置输出文字。

首先建立一个单文档项目，项目名为 File1，然后打开 Source Files 文件夹中的视图文件 CFile1View.cpp，在 OnDraw()函数中加上语句，如下面程序中阴影部分所示。

```
void CFile1View::OnDraw(CDC * pDC)
{
    CFile1Doc * pDoc = GetDocument();
    ASSERT_VALID(pDoc);
    // TODO: add draw code for native data here
    CString s1,s2,s3;
    s1="先生们,女士们,朋友们";
    s2="大家好!";
    s3="大家上午好!";
    pDC->TextOut(60,30,s1);
    pDC->TextOut(60,80,s2);
    pDC->TextOut(60,130,s3);
}
```

语句 CString s1，s2，s3；定义了三个 CString 类型的变量，用来存储文本字串。把几个文本字串存储在几个变量后，使用语句 pDC－＞TextOut(60，30，s1)等进行输出。

语句 pDC－＞TextOut(60，30，s1)中，s1 中装有要输出的内容，“60，30”表明输出文字的起始位置。该程序的运行结果如图 1-31 所示。

【注】 为了书写表达方便，以后称 Source Files 文件夹中的***View.cpp 均为视图文件。

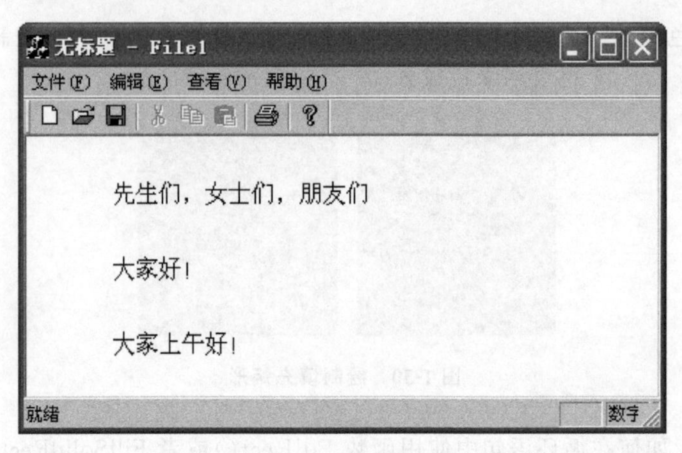

图 1-31 输出三行文本

【例 1-16】 沿轨道输出一些字符。

例 1-5 实现了点沿着正弦曲线运动的动画，下面修改该程序，实现一些字符或者小图形沿着正弦曲线逐个输出。

把下面的程序写入单文档程序的视图文件的 OnDraw()函数中，运行后出现动画效果。

```
char s[12]={96,97,98,'d','e','f','g','h','i','j','k','l'};
int k=0;
for(int i=0;i<628;i=i+50)
{
    int y=100*sin(float(i)/100);
    pDC->SetTextColor(i*100);          //设置字体颜色
    pDC->TextOut(i,y+120,s[k]);
    k++;
    Sleep(50);
}
```

不过，该动画中字体的大小以及字型等不能改变。设计下面的程序，就可以调整字体大小、改变字形等，该程序运行结果如图 1-32 所示。

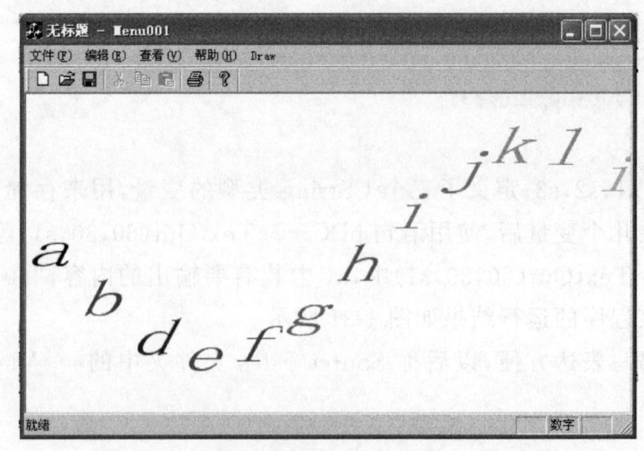

图 1-32 输出文字动画

```
s[12]={97,98,'d','e','f','g','h','i','j','k','l','i'};
int k=0;
CFont font;                             //使用 CFont 类定义字体对象
LOGFONT f;                              //使用 Logfont 类定义字体结构对象
f.lfHeight=50;                          //以下多个语句为字体结构赋值
f.lfWeight=1;
f.lfEscapement=0;
f.lfOrientation=0;
f.lfWidth=40;
f.lfItalic=true;
f.lfUnderline=false;
f.lfStrikeOut=false;
f.lfCharSet=GB2312_CHARSET;
strcpy(f.lfFaceName,"Times New Roman");
font.CreateFontIndirect(&f);            //使用字体结构创建字体
pDC->SelectObject(&font);               //字体与设备连接
for(int i=0;i<628;i=i+50)
{
    int y=100 * sin(float(i)/100);
    pDC->SetTextColor(i * 100);
    pDC->TextOut(i,y+120,s[k]);
    k++;
    Sleep(50);
}
```

事实上,CDC 类还封装了很多绘图函数,更多内容可以参考帮助文件。

1.2　画笔与画刷

1.2.1　画笔类及其函数

画笔实际上是 VC++ 中定义好的一个类 CPen,该类中封装了一些绘图相关函数。使用这些函数,能够更容易地绘制出更细致、更复杂的图形。

【例 1-17】 画笔对象与指向画笔对象的指针。

与本章前面一些例题一样,把下面的程序嵌入到 OnDraw()函数中,运行结果如图 1-33 所示。

```
CPen myPen, * pCPen;
    int i,y;
    for(y=i=0;i<5;++i)
    {
        myPen.CreatePen(i,0,RGB(0,0,225));
        pCPen=pDC->SelectObject(&myPen);
        y+=10;
```

图 1-33　利用画笔设置线的类型

```
        pDC->MoveTo(10,y);
        pDC->LineTo(100,y);
        pDC->SelectObject(pCPen);
        myPen.DeleteObject();
    }
```

该程序首先在语句 CPen myPen, * pCPen 中用(不可以改变的系统定义的)画笔类名 CPen 定义了一个画笔对象 myPen 与一个指向画笔对象的指针 pCPen。myPen 与 pCPen 是可以更改为其他名字的,只要保证把程序中出现的所有 myPen 或者 pCPen 都更改为同一个名字;pCPen 是指针型变量,在定义指针变量 pCPen 的时候需要在其前面加上"*"。

CreatePen()是画笔类的一个函数(当然可以由画笔对象调用),这个函数有 3 个参数:第 1 个参数用来设置线的类型,第 2 个参数用来设置线的粗细,第 3 个参数用来设置线的颜色。RGB(0,0,225)是颜色表示方法,括号中三个数的有效取值范围是 0～255 的整数,三种颜色混合在一起得到最终颜色。RGB(0,0,225)表示纯蓝色。

SelectObject()是 CDC 类的一个函数,该函数的参数是一个指向画笔对象的指针。

DeleteObject()是清除对象的函数,在使用之后清除对象。

【思考题】 如果把例 1-17 程序语句 myPen.CreatePen(i,0,RGB(0,0,225))修改为 myPen.CreatePen(0,i,RGB(0,0,225)),运行结果会有什么变化?如果把 y+=10 修改为 y+=100 呢?如果想让绘制的线段颜色随着循环而改变,如何修改程序?

SelectObject()是 CDC 类的一个函数,该函数的参数是一个指向画笔对象的指针,DeleteObject()是清除对象的函数。例 1-18 将对这两个函数进行分析。

【例 1-18】 修改程序,深入理解画笔的使用。

把例 1-17 中程序段修改如下,运行结果如图 1-34 所示。

```
CPen myPen;
int i,y;
for(y=i=0;i<5;++i)
{
    myPen.CreatePen(i,i,RGB(0,0,225));
    pDC->SelectObject(&myPen);
    y+=10;
    pDC->Ellipse(12,56,100+y,150+y);
    myPen.DeleteObject();
}
```

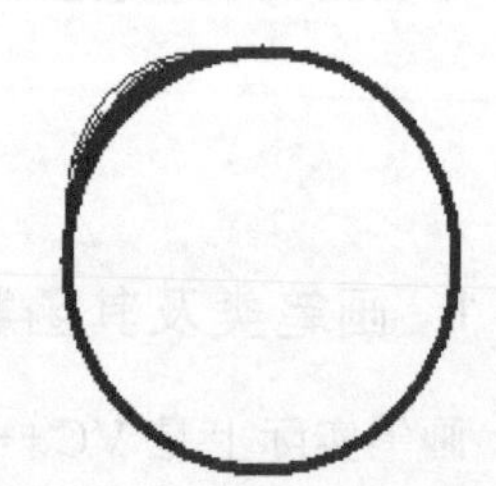

图 1-34 利用画笔设置线型绘制椭圆

1.2.2 画刷类

画刷(CBrush)也是一个类。

【例 1-19】 使用画刷绘制填充椭圆。

把下面的语句写入 OnDraw()函数,能够绘制出一个填充椭圆,其边界是黑色,填充颜色是红色。

```
CBrush b(RGB(255,0,0));
pDC->SelectObject(&b);
pDC->Ellipse(12,56,150,250);
```

函数 Ellipse()与前面绘制线椭圆一样，就是因为前面定义了画刷，并且被 pDC "Select"上，所以绘制出具有某种颜色的填充椭圆。

【例 1-20】 使用画刷绘制填充椭圆，制作动画。

把下面的语句写入 OnDraw()函数，运行程序后，绘制一系列椭圆，形成动画效果，最后动画停止时如图 1-35 所示。

```
pDC->MoveTo(10,100);
for(int i=10;i<20;i++)
{
    CBrush b(RGB(255,0,i * 12));
    pDC->SelectObject(&b);
    pDC->Ellipse(i+100,i+100,i * 20,i * 20);
    Sleep(100);
}
```

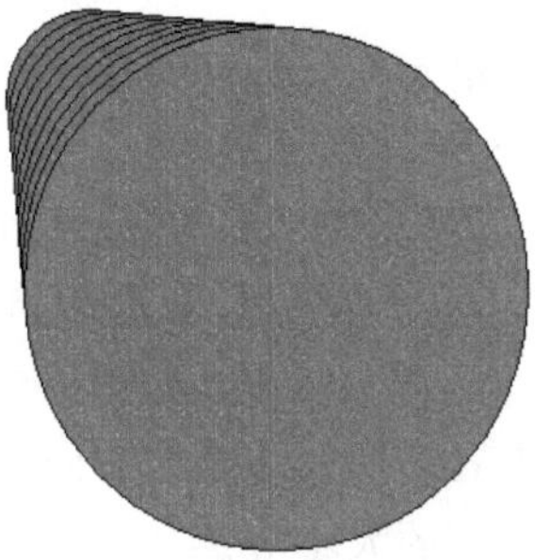

图 1-35　利用画刷填充椭圆，制作动画

【思考题】

(1) 画笔与画刷的区别在哪里？画刷的填充功能是如何实现的？画刷类的封装函数有哪些？

(2) Visual C++ 中是如何定义画笔与画刷两个类的？

1.3　位图图像操作

所谓位图图像，这里指后缀为 bmp 的图像。

1.3.1　提取位图上一点的颜色值

下面设计程序，提取位图图像上一点的颜色值。

【例 1-21】 取位图上一个点的颜色值。

(1) 新建一个单文档工程，名为 a1，在其视图文件中的 OnDraw()函数中添加代码(阴影部分为添加的代码)，如下。

```
void CA1View::OnDraw(CDC * pDC)
{
    CA1Doc * pDoc = GetDocument();
    ASSERT_VALID(pDoc);
    // TODO: add draw code for native data here
    CBitmap b;
    CDC d;
    b.LoadBitmap(B1);        //B1 为 bmp(位图文件)的名字
    d.CreateCompatibleDC(pDC);
```

```
    d.SelectObject(&b);
    pDC->BitBlt(5,5,300,300,&d,1,1,SRCCOPY);
    /* unsigned k;
    k=pDC->GetPixel(15,15);
    char s[32];
    sprintf(s,"%d",k);
    pDC->TextOut(60,60,CString(s)); */
    //cout<<k;
}
```

语句 CBitmap b;定义了一个位图对象 b,然后使用语句 b.LoadBitmap(B1);把位图 B1 放在对象 b 中。

语句 CDC d;定义一个 CDC 类的对象 d,语句 d.CreateCompatibleDC(pDC);与 d.SelectObject(&b)启动相关设备并与 b 连接在一起。

语句 pDC－>BitBlt(5,5,300,300,&d,1,1,SRCCOPY)把位图绘制在屏幕上。函数 BitBlt 的第 1 个、第 2 个参数是图形绘制位置(左上角坐标),第 3 个、第 4 个参数是绘制区域的大小等。

/*与*/之间注释掉的一段是要输出(15,15)点的颜色值。

GetPixel()是提取像素值函数。

语句 unsigned k 定义了一个无符号整数用来输出颜色值。

语句 sprintf(s,"%d",k);把整数 k 转换为字符数组,存储在字符数组 s 中。

语句 cout<<k;已经注释上,不被编译执行。该语句是为了在 VC++ 输出窗口中输出 k 的值,以便与文档中输出的 k 值进行比较。

(2) 该工程除了在 OnDraw()函数中添加上述代码外,还要把位图加载到工程的资源文件夹中,具体方法如下。

首先单击 ResourceView 标签,进入工程 a1 的 ResourceView 文件夹,如图 1-36 所示。

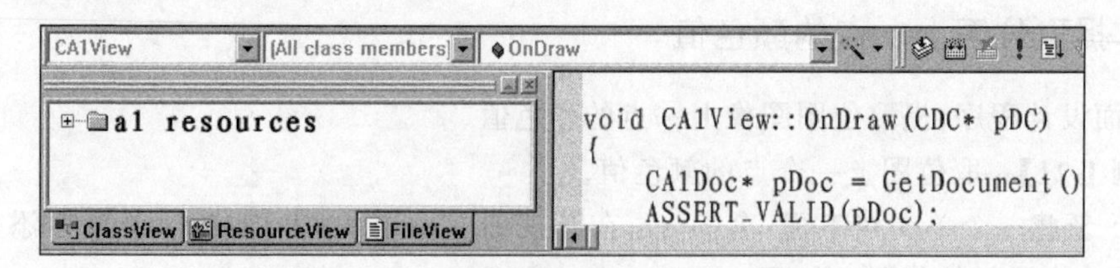

图 1-36　工程 a1 的 ResourceView 文件夹

然后在 a1 resources 上右击,在弹出的快捷菜单中选择 Import 选项,如图 1-37 所示。

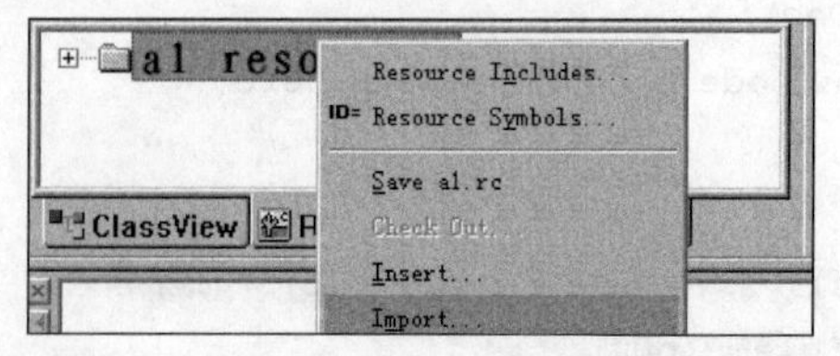

图 1-37　ResourceView 文件夹上右击菜单

单击 Import 选项后，弹出如图 1-38 所示的对话框，在其中选择位图文件，该例题选择了位图文件 T.bmp。

单击如图 1-38 所示对话框中的 Import 按钮，导入位图存放在 Bitmap 文件夹中，如果还没有该文件夹，那么会自动创建一个 Bitmap 文件夹，如图 1-39 所示。

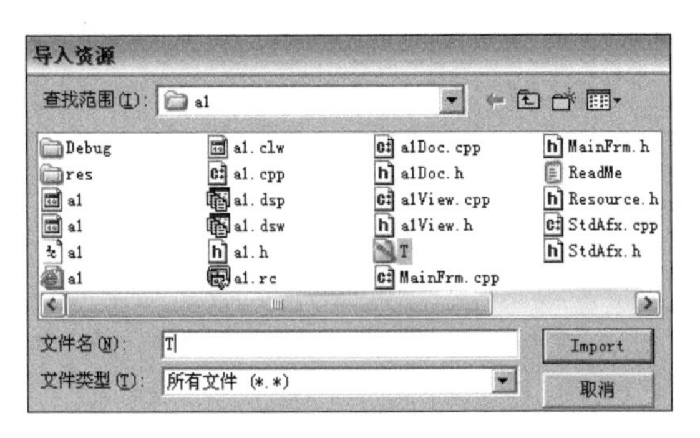

图 1-38　在“导入资源”对话框中选择位图文件

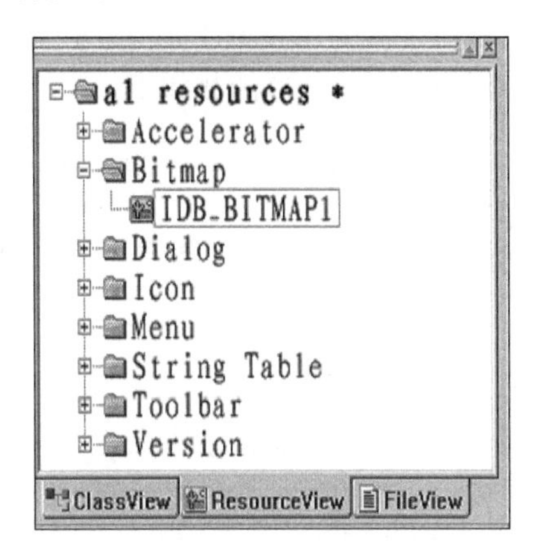

图 1-39　导入的位图命名为 IDB_BITMAP1

一般程序设计人员习惯修改 IDB_BITMAP1 的名字。该例中修改为 B1，在其上右击，在弹出的快捷菜单中选择 Properties 选项修改其 ID 即可。

(3) 该工程运行后的结果如图 1-40(a)所示。如果去掉注释符号/＊和＊/，那么在文档中会输出(15,15)处的颜色值。

如果把语句 pDC－＞BitBlt(5,5,300,300,&d,1,1,SRCCOPY)修改为 pDC－＞BitBlt(50,30,100,150,&d,200,200,SRCCOPY)，绘制结果如图 1-40(b)所示。可以通过修改该语句，分析各参数的含义。

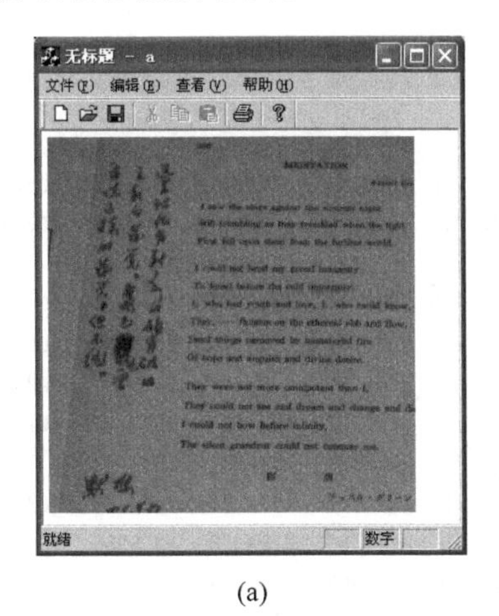

(a)

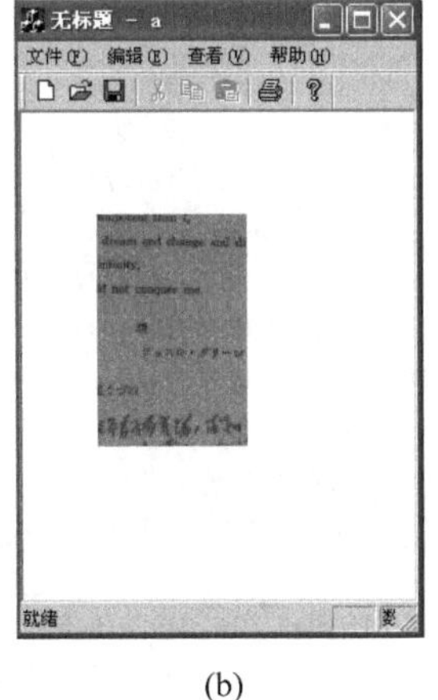

(b)

图 1-40　绘制位图图像

1.3.2 获取图像区域的颜色值

下面设计程序提取多个点的颜色值,从而将图像上一个区域的颜色值都提取出来。

【例 1-22】 获取位图图像的多个颜色值。

添加位图方法与例 1-21 相同,添加后也命名该位图为 B1。

添加 OnDraw()函数如下。

```
void CA1View::OnDraw(CDC * pDC)
{
    CA1Doc * pDoc = GetDocument();
    ASSERT_VALID(pDoc);
    // TODO: add draw code for native data here
    CBitmap b;
    CDC d;
    b.LoadBitmap(B1);
    d.CreateCompatibleDC(pDC);
    d.SelectObject(&b);
    pDC->BitBlt(5,5,300,300,&d,1,1,SRCCOPY);
    unsigned k;
    for(int i=1;i<100;i=i+5)
        for(int j=1;j<100;j=j+5)
        {
            k=pDC->GetPixel(i,j);
            char s[32];
            sprintf(s,"%d",k);
            pDC->TextOut(i * 15,j * 5,CString(s));
        }
}
```

运行该工程,运行结果如图 1-41 所示。

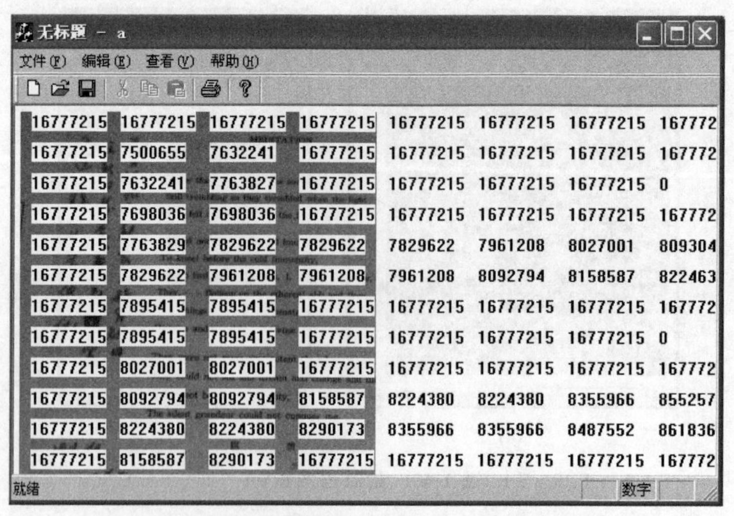

图 1-41 绘制位图图像并输出其多处颜色信息

程序中,0 表示黑色,即有线条经过的地方,而 16777215 表示白色,即空白的地方。一共要显示约 400 个数值,窗口中只是一部分。

事实上,可以将这些数值写入数组,或者存入文件中,以备进一步使用。

1.4　绘图与动画程序实例

本节基于 MFC 的单文档给出一些绘制图形与动画制作实例。

1.4.1　小圆的弹性运动

下面从简单到复杂,逐步实现小球的弹性运动。

【例 1-23】 实现一个小圆向下坠落。

把下面的程序写入单文档项目的 OnDraw()函数中。

```
pDC->MoveTo(100,10);                      //小圆的下落地点
int k=1;                                  //k 是为了增大步长而用
for(int i=10;i<250;i=i+k*4.9)             //步长越来越大,而每次绘制的时间间隔不变
{
    pDC->Ellipse(100,10+i,150,60+i);
    Sleep(100);
    k++;
}
```

绘制出如图 1-42 所示的图形,绘制各个小圆的时间间隔一样,但是下落的距离间隔逐渐增大。

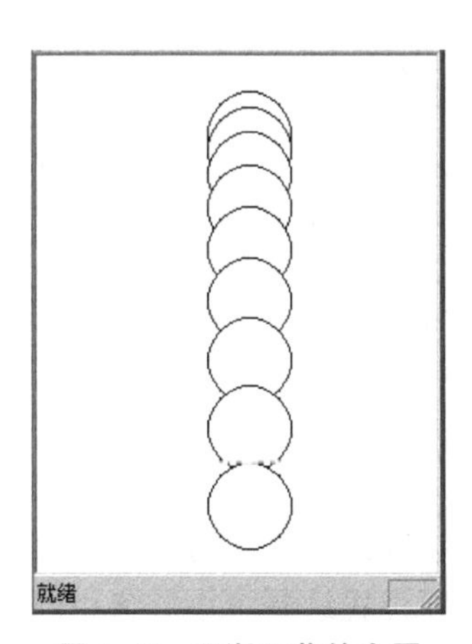

图 1-42　逐渐下落的小圆

存在的问题是,原先绘制的小圆都保留下来,动画效果不好。

把程序段修改为如下所示。

```
CPen p1,p2;                               //设置了两个画笔对象
p1.CreatePen(1,1,RGB(0,0,0));             //黑色画笔,为了好的显示效果,线型设为虚线
```

```
p2.CreatePen(1,1,RGB(255,255,225));  //白色画笔
pDC->MoveTo(100,10);
int k=1;
for(int i=10;i<250;i=i+k*4.9)
{
    pDC->SelectObject(&p1);          //选择黑色画笔绘制小圆
    pDC->Ellipse(100,10+i,150,60+i);
    Sleep(100);
    pDC->SelectObject(&p2);          //选择白色画笔擦除小圆
    pDC->Ellipse(100,10+i,150,60+i);
    k++;
}
```

修改后的程序加入了两个画笔,边画边擦,出现了一个小圆逐渐下落的动画效果。

【例 1-24】 实现小圆从上到下运动。

例 1-23 中是一个小圆逐渐下落,这个例题实现了一个小填充圆逐渐下落。

把下面的程序段写入 OnDraw()函数,可以实现一个小红色(填充)圆自上而下运动,其运动速度越来越快。

```
CBrush b1(RGB(255,0,0));                //定义并创建画刷,颜色为红色
CBrush b2(RGB(255,255,255));
CPen p;
p.CreatePen(1,0,RGB(255,255,225));      //把画笔设为白色,小圆没有(看不到)边界
pDC->SelectObject(&p);                  //选择画笔后不再改变
pDC->MoveTo(100,10);
int k=1;
for(int i=10;i<250;i=i+k*4.9)
{
    pDC->SelectObject(&b1);             //选择画刷 b1 绘制红色小圆
    pDC->Ellipse(100,10+i,150,60+i);
    Sleep(100);
    pDC->SelectObject(&b2);             //选择画刷 b2 绘制白色小圆,相当于擦除
    pDC->Ellipse(100,10+i,150,60+i);
    k++;
}
```

与例 1-23 程序一样,如果不擦除,原先绘制的小圆会保留,这样就没有运动效果了。而擦除的一个常用办法就是,在原位置绘制大小形状相同的图形,而颜色使用背景色。

【思考题】 不增加步长,调节 Sleep()函数的参数也可以实现逐渐加快的效果,具体如何修改程序?

上面的程序只能实现圆从上到下坠落,还不能实现反弹的功能。例 1-25 中设计程序,实现了反弹的功能。

【例 1-25】 小圆从上到下运动,再从下到上弹起。

把下面的程序写入单文档项目的 OnDraw()函数中。

```
CBrush b1(RGB(255,0,0));
CBrush b2(RGB(255,255,255));
CPen p;
p.CreatePen(1,0,RGB(255,255,225));
pDC->SelectObject(&p);
pDC->MoveTo(100,10);
int k=1;int t=1;int i,r;
while(t<4)
{
    for(i=10;i<250;i=i+k * 4.9)
    {
        pDC->SelectObject(&b1);
        pDC->Ellipse(100,10+i,150,60+i);
        Sleep(100);
        pDC->SelectObject(&b2);
        pDC->Ellipse(100,10+i,150,60+i);
        k++;
    }
    for(r=i;r>0;r=r-k * 4.9)
    {
        pDC->SelectObject(&b1);
        pDC->Ellipse(100,10+r,150,60+r);
        Sleep(100);
        pDC->SelectObject(&b2);
        pDC->Ellipse(100,10+r,150,60+r);
        k--;
    }
    t++;
}
```

该程序实现了小圆落下又弹起的功能,但是只能弹起一次,程序存在问题,将在习题中进一步讨论。

1.4.2　抛物运动

运动是多种多样的,模拟物体运动是计算机图形动画的基本工作之一。例 1-26 模拟的就是物体平抛运动。

【例 1-26】 模拟物体平抛运动。

建立单文档项目,首先,在视图文件的 OnDraw()函数中写入一个自编函数,如下。

```
void paintBall(int x,int y,int r,CDC * pDC)
{
    double w,u,d; int R=0,G=0,B=0;
    w=r;d=w/255;
    while(w>=0)          //循环嵌套,里层循环是绘制一个圆,外层循环是绘制半径不同的圆
```

```
    {
       for(u=0;u<=628;u=u+1)                //使用参数方程绘圆
       {  //(x,y)是球心(圆心)位置
    pDC->SetPixel((int)(x+w*cos(u/100)),(int)(y+(w*sin(u/100))),RGB(R,G,B));
       }
       R++;G++;B++;                         //每次颜色值分量增加,点变亮
       w=w-d;                               //每次半径变小,圆逐渐向里面绘制
    }
}
```

该函数就是例1-7绘制真实感球的函数，在这里，就是要让“这个”小球实现平抛运动。

加入该函数后，把下面的语句写入OnDraw()函数中。

```
for(int t=1;t<280;t=t+20)
{
int r=20;
int x,y;
x=t;y=0.5*9.8*t*t/1000;
paintBall(x,y,r,pDC);
}
```

最后，不要忘记把数学函数头文件math.h包含进来。

编译运行项目，运行结果如图1-43所示，小球逐渐下落（事实上是逐个绘制），问题是，因为没有擦除原先绘制的球，所以，沿抛物线绘制出一系列小球。

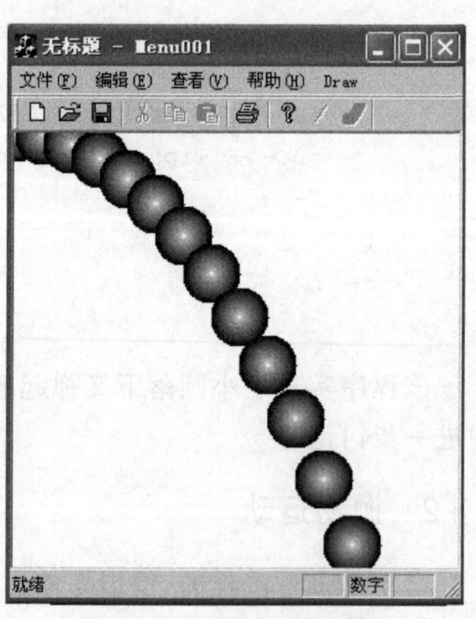

图1-43 平抛运动的小球

绘制小球的函数不变，把写入OnDraw()函数中的程序段修改如下。

```
for(int t=1;t<280;t=t+20)
{
    int r=20;
    int x,y;
    x=t;y=0.5*9.8*t*t/1000;
    paintBall(x,y,r,pDC);
    Sleep(100);
    pDC->FillSolidRect(x-r,y-r,2*r,2*r,256*256*256-1);
}
```

这样，就实现了一个小球逐渐平抛下落的效果。

这里的擦除是使用了绘制背景色的矩形区域实现的。

由于绘制速度较慢，所以动画效果不是很理想。

为了解决绘制慢的问题，例1-27把绘制小球程序段用读入小球图片的语句段代替，实现动画效果。

【例1-27】 把小球制作成图片，然后操作该位图图像，制作小球平抛动画。

首先，把小球制作成bmp文件，然后把小球bmp文件导入项目中，存储在其Resource目录下的Bitmap文件夹中，自动命名为IDB_BITMAP1。再把下面的程序段放在OnDraw()函数中。

```
CBitmap b;
CDC d;
b.LoadBitmap(IDB_BITMAP1);
d.CreateCompatibleDC(pDC);
d.SelectObject(&b);
for(int t=1;t<280;t=t+20)
{
    int r=20;
    int x,y;
    x=t;y=0.5*9.8*t*t/1000;
    pDC->BitBlt(x,y,300,300,&d,1,1,SRCCOPY);
}
```

运行结果如图1-44所示。因为使用了图片，该程序运行结果中有小球的白色背景痕迹，所以从图1-44看，效果不好，但是如果使用擦除的方法，改为只有一个球运动，会解决这个问题，那么如何擦除原先绘制的图呢？下面也使用函数FillSolidRect()实现擦除功能。

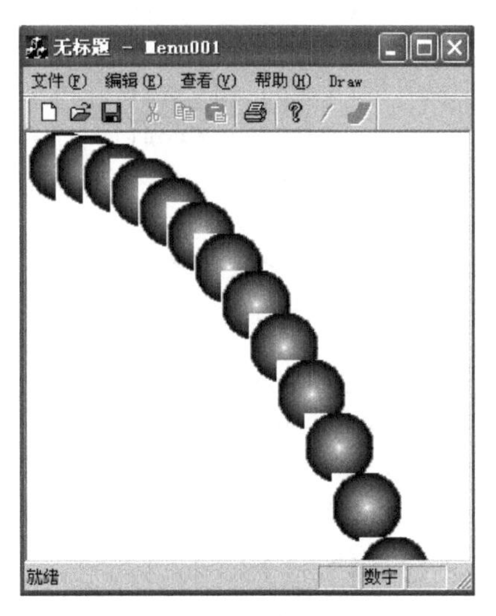

图1-44　平抛运动的小球图片

把上面的程序修改为如下所示，运行后出现一个小球做抛物运动的动画效果。

```
CBitmap b;
CDC d;
b.LoadBitmap(IDB_BITMAP1);
d.CreateCompatibleDC(pDC);
d.SelectObject(&b);
for(int t=1;t<280;t=t+20)
{
    int r=20;
    int x,y;
    x=t;y=0.5*9.8*t*t/1000;
    pDC->BitBlt(x,y,300,300,&d,1,1,SRCCOPY);
    Sleep(100);
    pDC->FillSolidRect(x,y,51,50,256*256*256-1);  //绘制白色背景擦除
}
```

因为绘制图片的速度快，所以该程序从速度和效果上基本满足视觉需求。

1.4.3 小圆沿着螺旋线上升

下面研究制作空间动画，模拟一个小圆沿着一条空间螺旋曲线运动。事实上，在计算机图形学中没有真正的三维，是凭借二维图形表示三维物体。

【例 1-28】 设计程序，制作模拟小圆在空间中螺旋上升的动画。

把下面的程序段写入单文档程序的 OnDraw()函数中。

```
CBrush b1(RGB(0,0,0));                      //定义黑色画刷
CBrush b2(RGB(255,255,255));                //定义白色画刷
CPen p;
CPoint pt;
p.CreatePen(1,0,RGB(255,255,225));
pDC->SelectObject(&p);
float i,x,y,l,j;
float k=0;
for(i=0;i<25;i=i+0.1)                       //循环 250 次
{
    l=0;
    for(j=0;j<25;j=j+0.02)
    {
        x=200-90 * sin(j);
        y=200-40 * cos(j)-l;                //y 值每次降 1 个单位,形成螺旋效果
        pt.x=x;
        pt.y=y;
        pDC->SetPixel(pt,RGB(255,0,0));
        l=l+0.1;
    }
    x=200-90 * sin(i);                      //以下 4 个语句随着 i 变化绘制运动小圆
    y=200-40 * cos(i)-k;
    pDC->SelectObject(&b1);
    pDC->Ellipse(x-20,y-20,x+20,y+20);
    Sleep(30);
    pDC->SelectObject(&b2);
    pDC->Ellipse(x-20,y-20,x+20,y+20); //擦除小圆
    k=k+0.5;
}
```

运行后就可以显示出一条螺旋曲线如图 1-45(a)所示，然后一个黑色的小圆沿着螺旋线由下向上运动。如果想把小圆换成小球，可以使用例 1-29 中的程序。

【例 1-29】 设计程序，制作模拟小球在空间中螺旋上升的动画。

设计绘制小球的函数如下，放在 OnDraw()函数的上面。

```
void paintBall(int x,int y,int r,CDC * pDC)
```

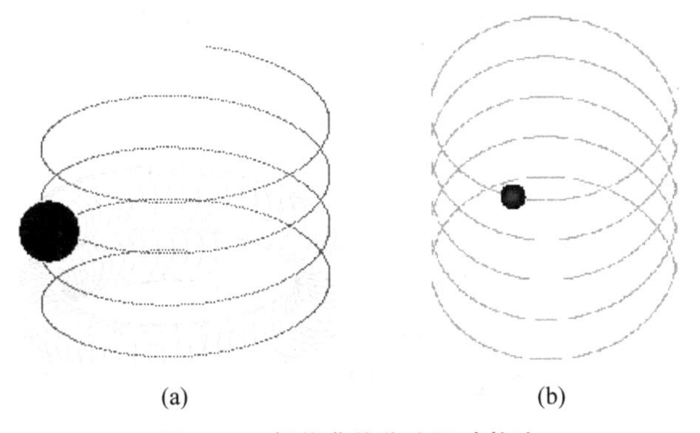

(a)　　(b)

图 1-45　螺旋曲线作为运动轨迹

```
{
    double w,u,d; int R=0,G=0,B=0;
    w=r;d=w/255;
    while(w>=0)
    {
      for(u=0;u<=628;u=u+1)
      {
    pDC->SetPixel((int)(x+w*cos(u/100)),(int)(y+(w*sin(u/100))),RGB(R,G,B));
      }
      R++;G++;B++;
      w=w-d*2;
    }
}
```

在 OnDraw()函数中写入下面的代码。

```
    double x,y,i,x1,y1,j;
    for(i=0;i<=31.3;i+=0.001)
    {
        x=5*cos(i)*30+300;
        y=4*sin(i)*30+100+8*i;
        pDC->SetPixel((int)x,(int)y,RGB(0,255,0));
    }
    for(i=0;i<31.3;i+=0.1)
    {
        x=5*cos(i)*30+300;
        y=4*sin(i)*30+100+8*i;
        paintBall(x,y,10,pDC);
        pDC->FillSolidRect(x-10,y-10,21,20,256*256*256-1);
        for(j=0;j<=31.3;j+=0.001)
        {
            x1=5*cos(j)*30+300;
            y1=4*sin(j)*30+100+8*j;
```

```
            pDC->SetPixel((int)x1,(int)y1,RGB(0,255,0));
        }
    }
    paintBall(x,y,10,pDC);
}
```

该小球从上到下运动，如图 1-45(b)所示。

由于小球绘制时间较长，所以动画效果有些差，改进的方法有：改进绘制小球的方法，使用绘制同心圆的方法绘制球；使用真实感图片代替绘制小球。

【思考题】 例 1-28 与例 1-29 绘制的螺旋线是否是在某个视线方向上看到的式 1-1 表示的螺旋线投影图？

1.4.4 逐帧动画制作

【例 1-30】 设计程序播放多幅 bmp 图像。

如图 1-46 所示图像是 9 幅足球比赛实况图像，已经离散为单幅的 bmp 图像。

图 1-46 离散开的多幅图像

首先仿照例 1-21 的第 2 步把这 9 幅图像装入项目（的资源文件夹中），依次命名为 IDB_BITMAP1，IDB_BITMAP2，…，IDB_BITMAP9。

然后，把下面的代码写入 OnDraw()函数中，就可以连续播放装入项目的多幅图像。

```
CBitmap b[9];
CDC d[9];
b[0].LoadBitmap(IDB_BITMAP1);
b[1].LoadBitmap(IDB_BITMAP2);
b[2].LoadBitmap(IDB_BITMAP3);
```

```
b[3].LoadBitmap(IDB_BITMAP4);
b[4].LoadBitmap(IDB_BITMAP5);
b[5].LoadBitmap(IDB_BITMAP6);
b[6].LoadBitmap(IDB_BITMAP7);
b[7].LoadBitmap(IDB_BITMAP8);
b[8].LoadBitmap(IDB_BITMAP9);
for(int t=0;t<9;t++)
{
    d[t].CreateCompatibleDC(pDC);
    d[t].SelectObject(&b[t]);
    pDC->BitBlt(20,20,600,600,&d[t],1,1,SRCCOPY);
    Sleep(100);
}
```

编译运行项目，就可以连续播放这些图像，如播放原先(没有离散的)视频图像一样。

1.4.5　使用 Timer 事件函数绘制图形

VC++ 中与时间有关的函数除了前面经常用到的 Sleep()外，还有 MFC 类库中的 CTime 类与 CTimeSpan 类封装的一些函数，如图 1-47 所示。

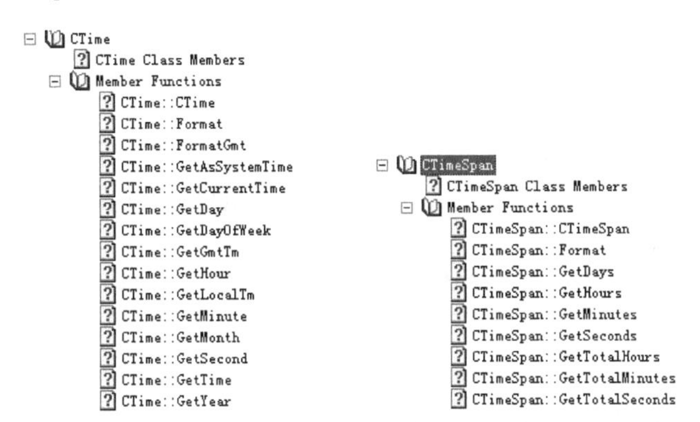

图 1-47　CTime 类与 CTimeSpan 类封装的一些函数

使用图 1-47 中的函数可以返回时间、计算时间等。

除了提供一些时间类与函数外，MFC 还设计了一个 Timer 事件，例 1-30 就是使用 Timer 事件函数辅助进行图形绘制。

【例 1-31】 设计程序使用 Timer 事件函数绘制图形。

首先建立单文档工程。

然后，利用如图 1-48 所示的“类向导”对话框为视图文件添加 OnMouseMove()事件函数与 OnTimer()事件函数。

在这两个事件函数中写入代码(粗体的语句)，如下。

```
void CAaaView::OnMouseMove(UINT nFlags, CPoint point)
{
```

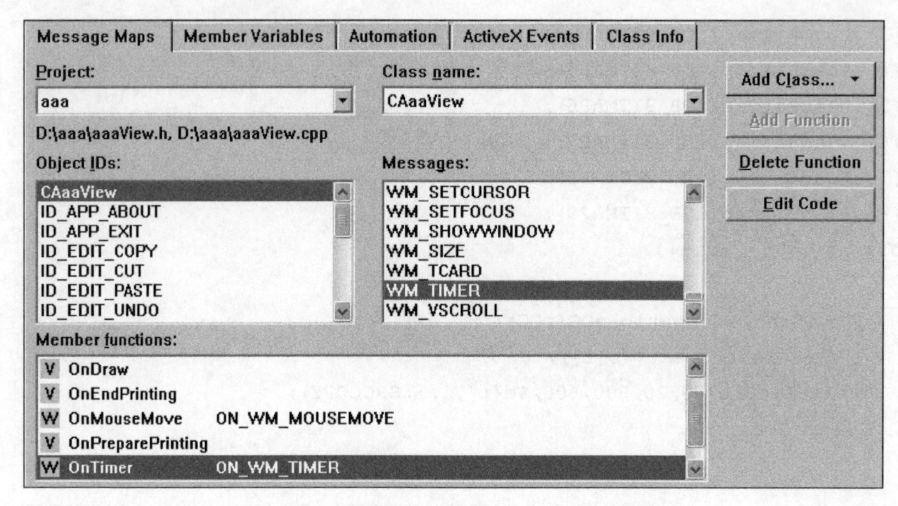

图 1-48 使用类向导添加 OnTimer()函数

```
    SetTimer(1,10,NULL);
    m_Point=point;
    CView::OnMouseMove(nFlags, point);
}

void CAaaView::OnTimer(UINT nIDEvent)
{
    CAaaDoc* pDoc = GetDocument();       //加入这两个语句为的是调用画图设备
    ASSERT_VALID(pDoc);                  //这两个语句在 OnDraw()函数中，复制过来即可
    CClientDC dc(this);
    dc.Ellipse(m_Point.x,m_Point.y,m_Point.x+60,m_Point.y+30);
    CView::OnTimer(nIDEvent);
}
```

最后别忘记在视图文件的前面或者视图头文件 aaaView.h 中加入下面(全局变量)的定义：

```
CPoint m_Point;
```

编译运行项目，出现空白文档，鼠标在文档上移动，每隔 10ms 就绘制一个椭圆，如图 1-49 所示。鼠标移动快的地方椭圆比较稀疏，移动慢的地方椭圆较密集。

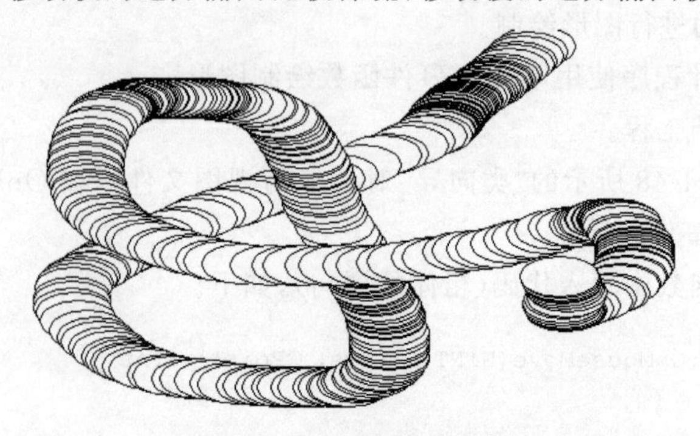

图 1-49 移动鼠标绘制椭圆

1.4.6　移动鼠标进行书写

【例 1-32】　使用鼠标移动事件绘制图形。

仍然使用

```
CClientDC dc(this);
dc.LineTo(p.x,p.y);
```

加入代码后,如图 1-50 所示。

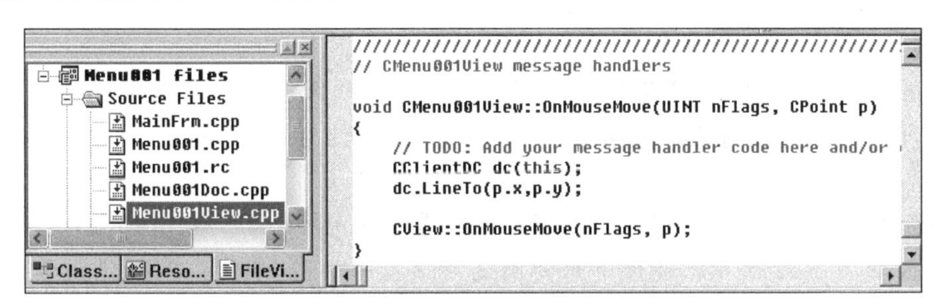

图 1-50　为鼠标移动事件函数添加代码

程序运行后,移动鼠标,就绘制从左上角顶点到当前点的直线段,如图 1-51 所示。

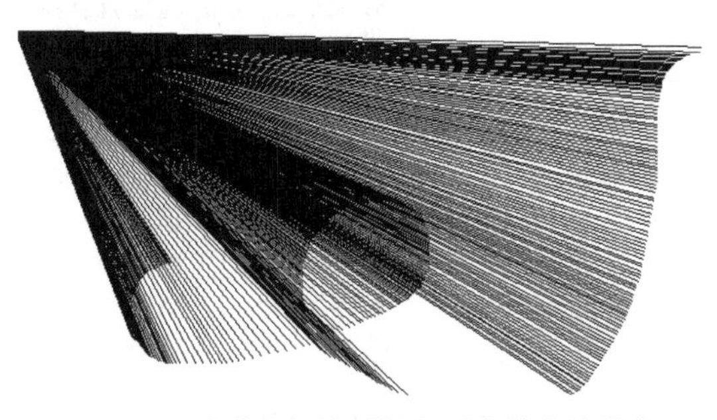

图 1-51　移动鼠标绘制原点到当前点的线段

dc.LineTo(p.x,p.y)中,也使用 p.x,p.y 来调用其成员。从中可以看出,原先函数参数 point 只是一个变量名。

【例 1-33】　设计程序,运行后得到单文档界面,移动鼠标就可以在其上进行书写。

把上面的程序段修改为如下所示。

```
CClientDC dc(this);
dc.MoveTo(p.x,p.y);
dc.SetPixel(p.x,p.y,0);
```

程序运行后,只要移动鼠标就在当前位置绘制一个点,如图 1-52 所示。不过由于点太小,画点的效果不好,可以使用画笔改变点的大小,在习题中进一步研究。

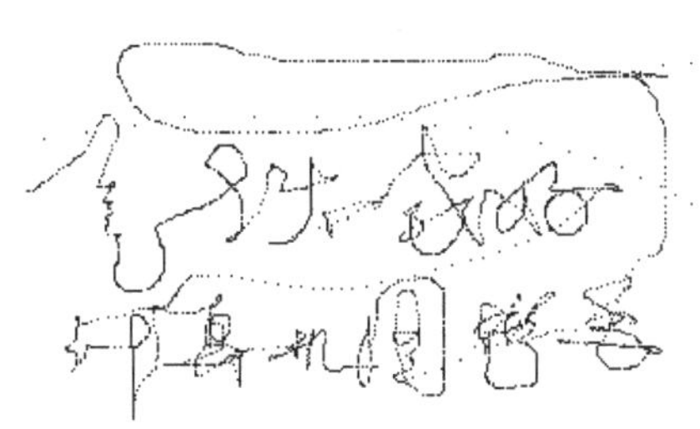

图 1-52　移动鼠标在当前位置绘制点

1.5 Win32 应用程序中绘图与动画制作

前面主要讲解了使用 MFC 的单文档程序进行绘图。事实上，使用 Win32 应用程序等也可以绘图及制作动画。

1.5.1 用多种填充形式制作动画

绘制多幅图形，然后间隔一定时间播放就是一段动画。

【例 1-34】 用多种填充形式制作动画。

单击菜单栏上的"文件"菜单，然后单击其子菜单"新建"，在出现的对话框中选择 Project，然后选择 Win32 Application，再输入工程名字"T7"，单击"确定"按钮，在弹出的对话框中选择"单文本文档"，单击"完成"按钮。

在弹出的对话框中选择第 3 项 A typical "Hello World!" application，单击"完成"按钮，如图 1-53 所示。在接下来弹出的对话框中单击"确定"按钮，进入程序设计窗口。

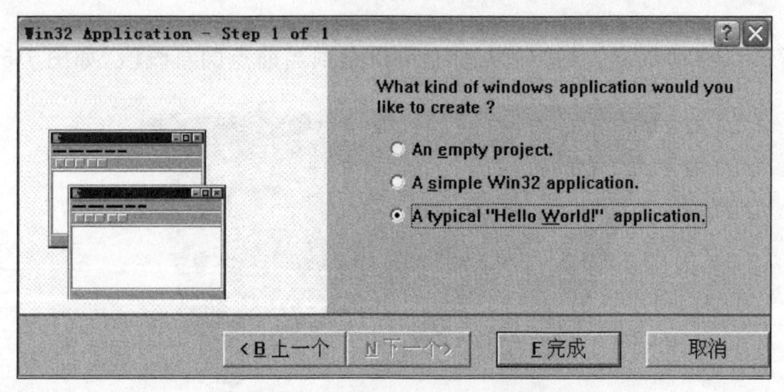

图 1-53 选择 Win32 工程类型

单击打开 Source Files 文件夹，双击打开 T7.cpp，如图 1-54 所示。

在 T7.cpp 文件中找到函数 LRESULT CALLBACK WndProc(HWND hWnd, UINT message, WPARAM wParam, LPARAM lParam)，在该函数最后，语句"return 0;"之前加入下面的程序段。

```
HDC hDC;
PAINTSTRUCT PtStr;
HPEN hPen;
HBRUSH hBrush;
for(int nStyle=0;nStyle<6;nStyle++)
{
    hDC=BeginPaint(hWnd,&PtStr);
    hPen=CreatePen(PS_SOLID,5,RGB(0,0,255));
    SelectObject(hDC,hPen);
```

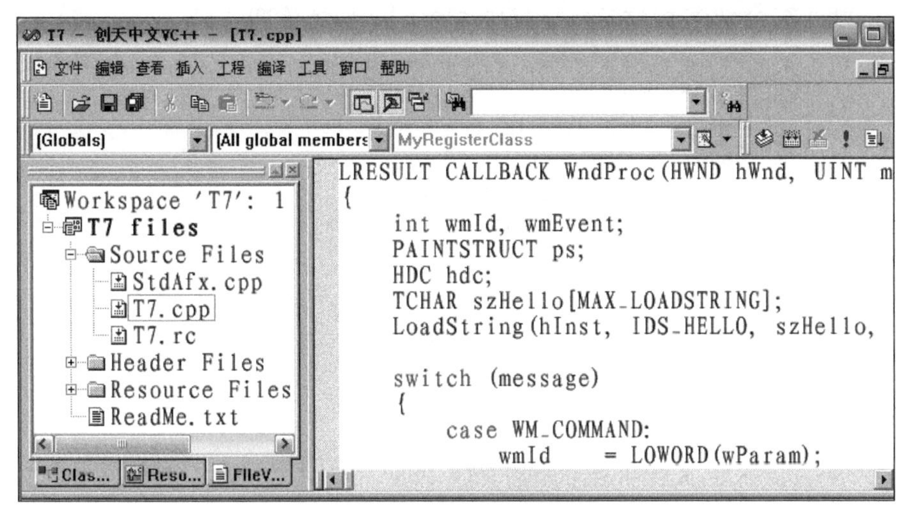

图 1-54　打开 T7.cpp 文件

```
    hBrush=CreateHatchBrush(nStyle,RGB(255,0,0));
    SelectObject(hDC,hBrush);
    Rectangle(hDC,300,200,150,100);
    Sleep(500);
    InvalidateRect(hWnd,NULL,1);
}
```

编译运行该程序,得到一个连续播放的动画,图 1-55 是动画中的一帧。

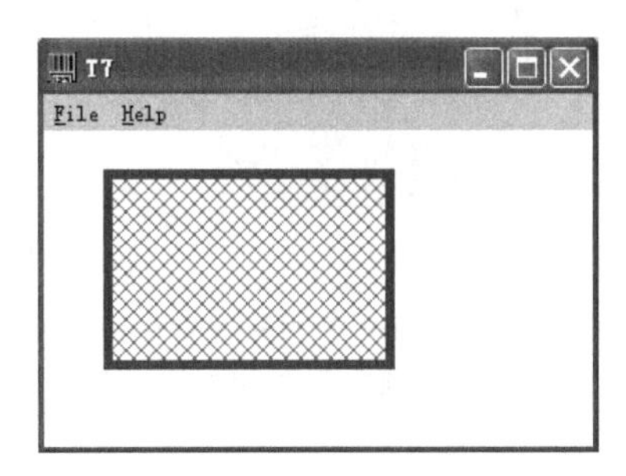

图 1-55　填充方式动画的一帧

程序中语句"Sleep(500);"是休眠 500ms,即 0.5s。

1.5.2　使用颜色渐变制作动画

【例 1-35】　制作颜色渐变动画。

其他步骤与例 1-34 相同,只是把加入函数中的代码变为如下所示。

```
HDC hDC;
PAINTSTRUCT PtStr;
HPEN hPen;
HBRUSH hBrush;
```

```
for(int nColor=0;nColor<256*256;nColor=nColor+1000)
{
        hDC=BeginPaint(hWnd,&PtStr);
        hPen=CreatePen(PS_SOLID,2,RGB(0,0,255));
        SelectObject(hDC,hPen);
        hBrush=CreateSolidBrush(nColor);
        SelectObject(hDC,hBrush);
        RECT rect;
        GetClientRect(hWnd,&rect);
        int w=(rect.right-rect.left)/5;
        int h=(rect.bottom-rect.top)/2;
        Ellipse(hDC,w+80,h+100,w-80,h-100);
        Sleep(100);
        InvalidateRect(hWnd,NULL,1);
}
ReleaseDC(hWnd,hDC);
```

程序的运行结果是制作了一个颜色渐变动画，其中的一帧如图1-56所示。

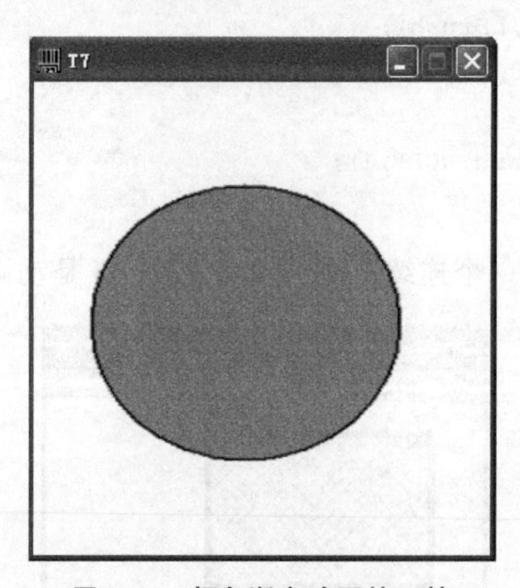

图1-56 颜色渐变动画的一帧

rect是RECT类型的对象，语句“GetClientRect(hWnd,&rect);”把窗口的宽高等信息存储在rect对象中。

语句“int w=(rect.right-rect.left);”是定义了一个整型变量w，同时把窗口右边界位置与左边界位置之差(也就是窗口的宽度)再除以5赋值给w。

习 题

一、程序修改题

1. 在例1-2程序基础上，使用循环语句与分支语句，绘制多条直线段，随意生成各种图形。

2. 修改例1-4中的程序，首先，把语句pDC－＞SetPixel(i,j,RGB(i,j,0))改为pDC－＞SetPixel(i,j,RGB(i,0,0))，观察运行后的效果。

如果把语句pDC－＞Ellipse(30,20,250,180)放在循环语句的前面，如下所示，观察运行后的效果。

```
pDC->Ellipse(30,20,250,180);
for(int i=30;i<250;i++)
    for(int j=20;j<180;j++)
    {
        pDC->SetPixel(i,j,RGB(i,j,0));
    }
```

3. 使用TextOut()函数，修改例1-4程序，当程序运行后在窗口中部输出"The ellipse covers the middle region"。

4. 修改例1-5程序，逐个显示数字1,2,3,4,5等制作动画。

5. 修改例1-9程序，使其能够绘制出一个边长为160的具有真实感的正方体。

6. 修改例1-10程序，使得松开鼠标就可以绘制出一个椭圆。

7. 修改例1-10程序，使得按住鼠标右键，拖动再抬起后绘制直线段。

8. 在例1-11程序中，只保留语句"pDC－＞Ellipse(x＋100,y＋100,x,y)"，其他画刷语句、文字输出语句都注释掉，编译运行程序。

9. 修改例1-12程序，给菜单"H"再添加一个子菜单项"绘制椭圆"，添加事件，写入代码，使得程序运行后，单击该菜单项可以绘制出一个椭圆。

10. 把例1-12程序中的语句dc.SetPixel(x*100＋120,y*100＋150,i)修改为dc.SetPixel(x*100＋120,z*100＋150,i)，运行程序，观察绘制结果。

11. 修改例1-16程序制作汉字逐个显示动画，输出下面的结果："你好！欢迎你来到大连大学，大连老乡会欢迎你！"。

12. 修改例1-21程序，在一个程序中读入两幅图像，然后显示在一个文档的窗口中。图像如果大，可以分别显示每幅图像的一部分。

13. 修改例1-22程序，把获取的颜色数据写在一个文本文件中。

14. 例1-26绘制真实感小球的速度比较慢，影响了动画效果，修改绘制真实感小球程序提高小球绘制速度，例如，使用pDC的其他绘制椭圆函数或者绘制圆弧函数代替画点函数，如果需要，加入CPen对象设置颜色。

15. 改进例1-29小球绘制方法，提高绘制速度。

16. 将例1-29绘制小球改成使用图片(参考例1-27)，完成动画制作。

17. 使用LineTo()等函数修改例1-29程序，使得绘制出来的螺旋线变得更加清晰。

18. 修改例1-30程序，在播放多幅bmp图像时，使用循环语句以字符串连接方式调用多幅图像。这样当图像多的时候(例如1000个)，就可以避免在程序中写入大量的类似IDB_BITMAP1这样的图像名。

19. 修改例1-31程序，加入语句每隔20ms擦除一下原来绘制出的图形，实现鼠标移动带动一个弹簧运动的效果。

20. 修改例 1-33 程序，当按住鼠标拖动时，进行书写，松开鼠标时，书写结束。

21. 参考例 1-34 和例 1-35，在 Win32 平台上实现例 1-4、例 1-7、例 1-23、例 1-25、例 1-28 中实现的功能。即将这些 MFC 程序移植到 Win32 平台上。

二、程序分析题

1. 在单文档项目的 OnDraw()函数中加入下面的语句，就能够绘制出正弦曲线。该曲线如图 1-57 所示。

```
for(int i=0;i<628;i++)
{
    int y=100*sin(float(i)/100);
    pDC->SetPixel(i,y+120,0);
}
```

不过从图形上观察，绘制出的不是(0,2π)上的正弦曲线，分析其原因。

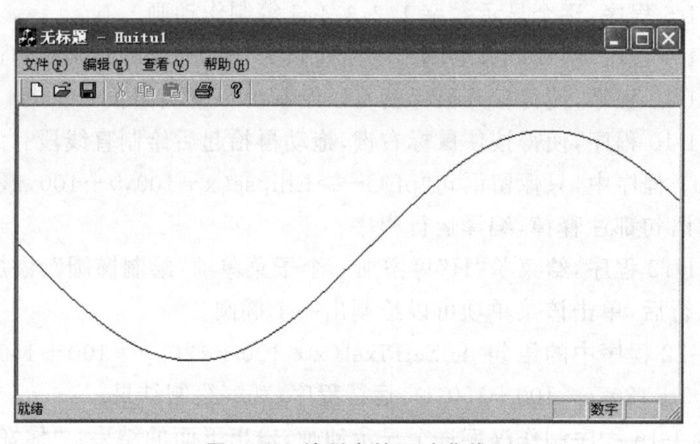

图 1-57 绘制出的正弦曲线

2. 读例 1-7 的 paintBall()函数，回答问题。

(1) 该函数一共有几个参数？分别是什么类型的参数？

(2) 改变语句 d=w/255 中的 255，例如，把 255 改成 100，程序是否可以正常运行？

(3) 将循环语句 for(u=0;u<=628;u=u+1)中的 u=u+1 改成 u=u+3 是否可以？

(4) 如果将语句 for(u=0;u<=628;u=u+1)修改为 for(u=0;u<=6.28;u=u+0.01)，那么应该如何修改程序中的其他语句？

(5) 这个函数的运行时间比较长，其主要原因是什么？

3. 读例 1-11，回答问题。

(1) 如何打开如图 1-16 所示的 MFC ClassWizard(类向导)对话框？

(2) 什么是全局变量？

(3) 在 OnDraw()函数中加入了 7 个语句，是否可以只使用同一个画刷对象，例如只使用 brush，不使用 oldbrush。

(4) switch(nChar)中的 nChar 是在哪里定义的？是什么类型的变量？

(5) 将 case VK_LEFT 改成 case 32,程序是否还可以运行?

(6) 该程序的变量 x,y 的默认初始值是什么?

4. 读例 1-12 程序段,回答问题。

(1) 该程序一共绘制了多少个点? 这些点是否有重复?

(2) 如何设计程序,验证该程序绘制的点是否有相同的,有多少个相同的?

(3) 该函数的迭代表达式为

$$\begin{cases} x_1=-0.3-x+x^2-xy+y+y^2 \\ y_1=0.2-x+xy \\ z_1=-xy-yz-zx \end{cases}$$

如果修改这个表达式,将−0.3 改成−0.2,程序结果会有什么变化?

5. 读例 1-16,然后回答问题。

(1) 将语句 char s[12]={96,97,98,'d','e','f','g','h','i','j','k','l'};中的 96 改成'a'是否可以?

(2) 将下面英文表示的结构体成员与其对应的汉语翻译用线连接。

f.lfHeight	是否加下画线
f.lfWeight	是否加删除线
f.lfStrikeOut	指定字符集
f.lfItalic	字符高度
f.lfWidth	字符宽度
f.lfUnderline	字体重量(粗细程度)
f.lfCharSet	是否斜体

(3) 字体对象 font 调用其函数 CreateFontIndirect(&f);,猜测一下,为什么设计这个函数的人将这个函数命名为 CreateFontIndirect?

6. 下面程序完成什么功能?

```
CPen myPen;
int i,y;
for(y=i=0;i<5;++i)
{
    myPen.CreatePen(i,0,RGB(0,0,225));
    pDC->SelectObject(&myPen);
    y+=10;
    pDC->MoveTo(10,y);
    pDC->LineTo(100,y);
    myPen.DeleteObject();
}
```

7. 在例 1-12 中使用 CClientDC 类定义了对象 dc,在例 1-21 中使用 CDC 类定义了对象 d,这两个类有什么区别与联系? 另外,类 CBitmap 是否有父类?

8. 在例 1-22 中,函数 GetPixel()的返回值类型是什么? 函数 Sprintf()实现的功能是什么? CString(s)实现的功能是什么?

9. 在例 1-23 中,为什么语句 i=i+k*4.9 使用数值 4.9? 如果将(两个)语句 pDC->Ellipse (100,10+i,150,60+i);都修改成 pDC->Ellipse(100+i,10,150+i,60);,程序运行结果会有什么改变?

10. 在解决例 1-26 小球平抛运动中绘制慢的问题时,可以使用圆或者椭圆代替逐点绘制,系统绘制圆的函数速度快。按照这个想法,一个同学给出了下面的程序,该程序是否存在问题? 调试运行,观察绘制效果。

```
void paintBall(int x,int y,int r,CDC * pDC)
{
    double w,u,d; int R=0,G=0,B=0;
    w=r;d=w/255;
    CPen p;
    while(w>=0)          //循环嵌套,里层循环是绘制一个圆,外层循环是绘制半径不同的圆
    {
      //for(u=0;u<=628;u=u+1)            //使用参数方程绘圆
      //{    x与 y是球心(圆心)位置,u/100 约等于
          p.CreatePen(1,0,RGB(R,G,B)); //把画笔设为白色,小圆没有(看不到)边界
          pDC->SelectObject(&p);
  //pDC->SetPixel((int)(x+w*cos(u/100)),(int)(y+(w*sin(u/100))),RGB(R,G,B));
          pDC->Ellipse((int)x,(int)y,(int)w,(int)w);
    //}
      R++;G++;B++;                        //每次颜色值分量增加,点变亮
      w=w-d;                              //每次半径变小,圆逐渐向里面绘制
    }
}
void CMenu001View::OnDraw(CDC* pDC)
{
    CMenu001Doc* pDoc = GetDocument();
    ASSERT_VALID(pDoc);
    for(int t=1;t<280;t=t+20)
    {
        int r=20;
        int x,y;
        x=t;y=0.5*9.8*t*t/1000;
        paintBall(x,y,r,pDC);
        Sleep(100);
        pDC->FillSolidRect(x-r,y-r,2*r,2*r,256*256*256-1);
    }
}
```

11. 例 1-25 要实现小圆从上到下运动,再从下到上弹起动画。该程序运行后,小圆落下弹起,但是只能弹起一次,为什么会出现这种情况?

下面是一个同学修改后的结果,运行该程序,并进行分析比较。

(小圆落下,弹起,再落下,弹起,直到停止,效果很好。)

```
void paintBall(int y,CDC * pDC)
{
    CBrush b(RGB(255,255,255));
    for(int i=0;i<=25;i++)
    {
        CPen p;
        p.CreatePen(0,2,RGB(255,5+i * 10,5+i * 10));
        pDC->SelectObject(&p);
        pDC->Ellipse(100+i,10+i+y,150-i,60-i+y);
    }
    Sleep(50);
    pDC->SelectObject(&b);
    pDC->Ellipse(100,10+y,150,60+y);
}
void CSpringBallView::OnDraw(CDC * pDC)
{
    CSpringBallDoc * pDoc = GetDocument();
    ASSERT_VALID(pDoc);
    //TODO: add draw code for native data here
    int k=1,t=1,r=10,i;
    while(t<20)
    {
        for(i=r;i<300;i=i+k * 2)
        {
            paintBall(i,pDC);
            k++;
        }
        for(r=i;r>=10,k>=1;r=r-k * 2)
        {
            paintBall(r,pDC);
            k--;
        }
        t++;
    }
}
```

12. 读例 1-29 程序，回答问题。

(1) 在例 1-29 程序中，没有使用 Sleep()函数，为什么？

(2) 为什么下面的循环语句出现了两次，并且第二次是嵌在另一个循环语句中？

```
for(j=0;j<=31.3;j+=0.001)
{
    x1=5 * cos(j) * 30+300;
    y1=4 * sin(j) * 30+100+8 * j;
    pDC->SetPixel((int)x1,(int)y1,RGB(0,255,0));
}
```

（3）语句 FillSolidRect（x－10，y－10，21，20，256 * 256 * 256－1）实现什么功能？256 * 256 * 256－1 表示什么颜色？

（4）是否可以删除最后一个语句 paintBall（x，y，10，pDC）？为什么？

（5）如果要加粗螺旋线，如何修改程序？

13. 建立一个 Win32 Application 项目，选择 A typical "Hello World!" application.，观察分析系统自动生成的代码。

14. 例 1-34 中，图 1-54 中有三个选项，分别选择这三个选项后建立的程序有什么区别？

15. 读例 1-35，回答问题。

（1）该程序的颜色变化范围是什么？

（2）程序开始运行时，（w，h）这个点的位置在哪里？程序运行过程中，该点位置是否改变？如果要改动这个点位置，如何修改程序？

（3）这个程序中，也使用了画笔、画刷、绘制椭圆函数等，这与 MFC 类中函数有什么区别与联系？

（4）语句 InvalidateRect（hWnd，NULL，1）；中，hWnd 是什么？这个语句的作用是什么？删除这个语句，观察程序运行结果。

（5）hDC、hWnd、hPen 分别是什么类型的变量？

三、程序设计题

1. 在单文档的 OnDraw（）函数中设计程序，绘制一个具有真实感的球（或者半球），其光线是从正前方照射过来，如图 1-58 所示。

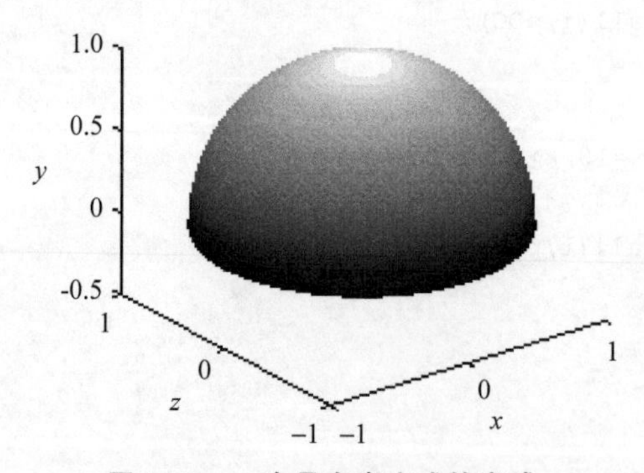

图 1-58　一个具有真实感的半球

图 1-58 是使用下面 MATLAB 程序段绘制出的，供参考。

```
r=1;
for t=0:0.01:2*pi
    for m=0:0.01:2*pi
        x=r*cos(m)*cos(t);
        y=r*sin(m)*cos(t);
        z=r*sin(t);
        h1=plot3(x,y,z);
```

```
        set(h1,'color',[z,z,z]);
    end
    hold on;
end
lighting none
```

2. 使用 CDC 类的绘制直线段函数 LineTo()绘制一个等腰直角三角形。

3. 建立一个单文档项目，绘制两个小球，一个小球用上、下、左、右键控制其上、下、左、右运动，一个小球用 W、Z、A、D 键控制其上、下、左、右运动。

4. 实际上，显示在计算机屏幕上的文字都是绘制出来的。使用画点函数编写程序，绘制出近似的 1、2、3、4、5。(数字占有的像素点数及位置自己拟定，使用画点函数或者画线函数进行绘制。)

5. 把上面 4 题中绘制数字的程序改写为函数，然后在 OnDraw()函数中调用。

6. 在上面 5 题中程序的基础上继续改写程序，当按下“2”键时，在单文档窗口中输出(绘制出)2。

7. PowerPoint 中有一个动画功能是“从左进入”，能够使一段文字从左到右逐渐进入到窗口中，参考例 1-15 与例 1-16，再加入擦除功能，制作该类动画。

8. 设计程序，完成下面功能。

(1) 读入并显示一幅 bmp 图像。

(2) 显示这幅图像的一部分。

(3) 设计程序，移动该图像制作动画。

(4) 提取该图像 100 个位置的颜色值，然后计算这些颜色值的平均值。

(5) 修改程序，将例 1-22 中提取出来的颜色值转换为(R,G,B)形式，然后输出。

9. 参考例 1-23、例 1-24 等，制作两个小球(弹性)碰撞前后的动画效果。

10. 设计程序，制作一个小球沿着光滑圆弧形轨道滚下的动画，把轨道也绘制出来。

11. 手工或者用绘图软件绘制一些图形，然后存储成为位图文件，使用例 1-30 程序，制作一个动画。

12. VC++ 提供了播放声音文件的函数，声音是制作动画不可缺少的“辅料”，使用 Timer 控件制作一个闹铃，每天 6 点播放音乐(歌曲)两遍。

13. 建立一个 MFC 基于对话框的程序，使用 CClientDC 定义对象，在对话框窗体上绘制图形。

14. 利用画点函数，设计一个程序(或函数)，使得输入抛物线 $y=ax^2+bx+c$ 的三个参数，就可以绘制出该抛物线(的一段)。

15. 给定矩形的 4 个顶点，利用画线函数或者画点函数，使用红色填充这个矩形。

第 2 章 二维图形绘制与填充

计算机图形绘制实质上是从点绘制开始的,绘制直线段或者曲线的函数可以由绘制点的函数设计而成,一个区域的填充本质上也是用画点函数实现的。本章从使用画点函数绘制直线段开始讲解二维图形绘制的基本内容。

2.1 直线绘制算法

计算机图形学最重要的任务是给出并优化各种绘制图形的算法。在众多的算法中,绘制直线段的算法是最基本的,2.1 节中将研究如何使用绘制点的函数绘制直线段。

2.1.1 使用直线方程计算函数值绘制直线段

问题是这样给出的:给定两个点,如何使用画点函数绘制出两点之间的直线段?

【例 2-1】 使用直线方程计算函数值,然后利用画点函数绘制直线段。

把下面的程序段放入单文档程序的 OnDraw()函数中就可以绘制出一条从点(10,20)到点(100,500)的直线段。

```
int x1=10,x2=100,y1=20,y2=500,x,y;
for(x=x1;x<x2;x++)
{
    y=y1+(x-x1)*(y2-y1)/(x2-x1);
    pDC->SetPixel(x,y,100000);
}
```

该程序虽然已经绘制出直线段,但是,如果把计算斜率的表达式放到循环体的外面,会减少绘图所用的时间,如下。

```
int x1=10,x2=100,y1=20,y2=500,x,y,k;
k=(y2-y1)/(x2-x1);                    //该题斜率是不变的
for(x=x1;x<x2;x++)
{
    y=y1+(x-x1)*k;
    pDC->SetPixel(x,y,100000);
}
```

上面的程序段可以设计成为函数,如下。

```
void Myline(int x1,int x2,int y1,int y2, CDC * p)
{
    int x,y,k;
    k=(y2-y1)/(x2-x1);
    for(x=x1;x<x2;x++)
    {
        y=y1+(x-x1) * k;
        p->SetPixel(x,y,100000);
    }
}
```

【思考题】 该程序还有一些不足之处,请试着找到并思考如何修改。

在使用单文档项目时,把该函数放在 OnDraw()函数的前面,在 OnDraw()函数中就可以调用了,调用的时候需要写入 CDC 类型的参数,例如 pDC,具体如图 2-1 所示。绘制出的直线段如图 2-2 所示。

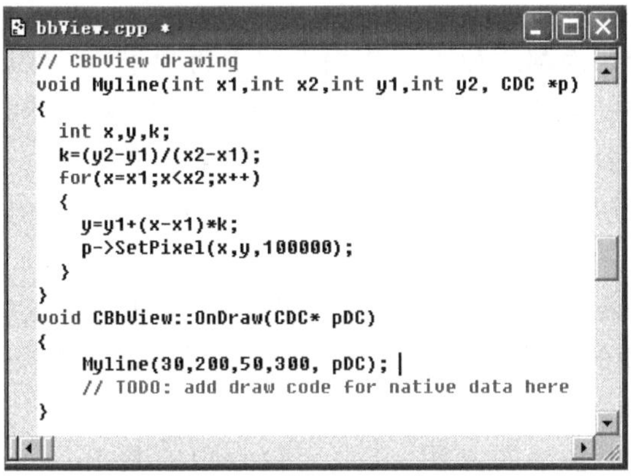

```
bbView.cpp *
// CBbView drawing
void Myline(int x1,int x2,int y1,int y2, CDC *p)
{
  int x,y,k;
  k=(y2-y1)/(x2-x1);
  for(x=x1;x<x2;x++)
  {
    y=y1+(x-x1)*k;
    p->SetPixel(x,y,100000);
  }
}
void CBbView::OnDraw(CDC* pDC)
{
    Myline(30,200,50,300, pDC);
    // TODO: add draw code for native data here
}
```

图 2-1　绘制直线段函数及其调用

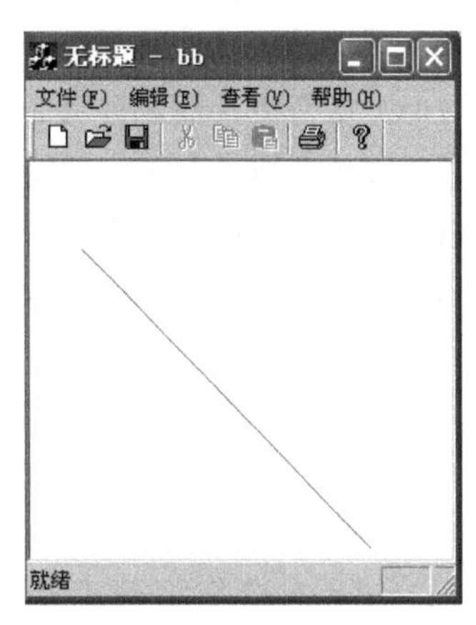

图 2-2　绘制出的直线段

这样以后在绘制线段时,就可以调用函数 Myline()。

但是,TC 或者 VC++ 中绘制直线的函数是这样实现的吗? 不是。因为上面的程序可以继续改造,使得计算时间更短。

绘制直线段是计算机绘图中使用频率最高的函数之一,所以有必要对绘制直线的方法进行深入研究。研究人员已经给出了很多种计算并绘制直线段的方法,以提高绘制直线段的效率。上面的程序中,每循环一次都要计算一次乘法,如果把乘法转换为加法就会减少计算时间。

下面介绍一种绘制直线段的方法——DDA 微分绘制方法。

2.1.2　DDA 微分绘制方法

【例 2-2】 使用 DDA 微分方法绘制直线段。

先调试运行下面的函数。

```
void LineDDA(int x0,int y0,int x1,int y1,int color,CDC *p)
{
    int x;
    float dy,dx,y,m;
    dx=x1-x0;
    dy=y1-y0;
    m=dy/dx;
    y=y0;
    for(x=x0;x<=x1;x++)              //应该保证 x0≤x1,否则循环不能进行
    {
        p->SetPixel(x,(int)(y+0.5),color);
        y+=m;
    }
}
```

调用该函数时，如果使用下面的语句调用，能够绘制出如图 2-2 所示的线段。

```
LineDDA(30,50,200,300,100000,pDC);
```

DDA 微分方法绘制线段时，横坐标每次都增加 1，y 值加上斜率再加上 0.5 然后取整，是否能够增加 1 还不一定。这意味着，（线段上的）坐标点平行移动一个像素，然后向上方移动 *n*（*n* 为非负整数）个单位（如果斜率为正）。如果直线段的斜率小于 0，那么会向右平移同时向下方移动 *n*（*n* 为非负整数）个单位。*n* 的大小与斜率有关，与每次累加值有关。

【注】 上面的讨论假设 x0＜x1，如果 x0＞x1，情况类似。另外，计算机像素点的坐标是不能取小数的，只能是整数。通常说的分辨率 600×800 等就是表示屏幕的像素点个数的。

除了 DDA 微分绘制方法外，还有很多绘制方法，其中比较常用的是 Bresenham 算法。

2.1.3 Bresenham 算法

【例 2-3】 使用 Bresenham 算法绘制直线段。

下面的函数就是基于 Bresenham 算法编制的。

```
void LineB(int x0,int y0,int x1,int y1,int color,CDC *p)
{
   int i,x,y,dx,dy;
   float k,e;
   dx=x1-x0;
   dy=y1-y0;
   k=(float)dy/dx;
   e=-0.5;x=x0;y=y0;
   for(i=0;i<=dx;i++)
   {
```

```
        p-> SetPixel(x,y,color);
        x+=1;
        e=e+k;
        if(e>=0)
        {
            y=y+1;e=e-1;
        }
    }
}
```

调用该函数(例如在 OnDraw()函数中调用),当 x1＞x0 时,就可以绘制出直线段。该函数使用了 Bresenham 绘制算法。

Bresenham 算法也是让 x 增加,然后判断 y 值是否增加。判断的原则是使用算法中的 e。读这个算法,可以看出,不论 e 值是多少,每次 x 值都要加 1;不论 y 值是否增加,e 值都要进行调整,是一种积累、释放,再积累、释放的过程。

上面的 Bresenham 算法还可以改进,研究人员给出了一个整数 Bresenham 算法,在整数 Bresenham 算法中,不需要用除法计算斜率,也不需要使用小数。

【算法 2-1】 直线段 Bresenham 绘制算法。

当直线满足条件:0≤m≤1(m 是直线段斜率),且 x1＜x2 时,Bresenham 算法步骤如下。

(1) 从主调函数得到参数:x1、y1、x2、y2、color。

(2) 计算:dx=x2−x1,dy=y2−y1。

(3) 计算初始误差:e=2 * dy−dx。

(4) 令初始像素坐标为:x=x1,y=y1。

(5) 重复以下步骤,直到 x＞x2 为止。

① 用规定颜色在(x,y)处画像素点。

② 若 e≥0,则 y=y+1;e=e−2 * dx。

③ x =x+1;e=e+2 * dy。

【例 2-4】 使用 Bresenham(整数)算法绘制直线段。

```
void LineBint(int x0,int y0,int x1,int y1,int color,CDC *p)
{
    int i,x,y,dx,dy,e;
    dx=x1-x0;
    dy=y1-y0;
    e=-dx;x=x0;y=y0;
    for(i=0;i<=dx;i++)
    {
        p->SetPixel(x,y,color);
        x+=1;
        e=e+2*dy;
        if(e>=0)
```

```
        {
            y=y+1;e=e-2*dx;
        }
    }
}
```

【例 2-5】 计算程序段运行时间。

建立一个单文档项目，把绘制直线的函数放在 OnDraw()函数前面，把下面的语句段写在 OnDraw()函数中，就可以计算并显示出运行时间（如图 2-3 所示），可以作为分析绘制算法的一个依据。

```
CTime time1 = CTime::GetCurrentTime();
for(int j=1;j<100000;j++)
    LineB(30,50,200,300,0,pDC);
CTime time2 = CTime::GetCurrentTime();
CTimeSpan time3 = time2 - time1;
char str[50];
sprintf(str, "--%ld--", time3.GetTotalSeconds());
AfxMessageBox(str,MB_OK);
```

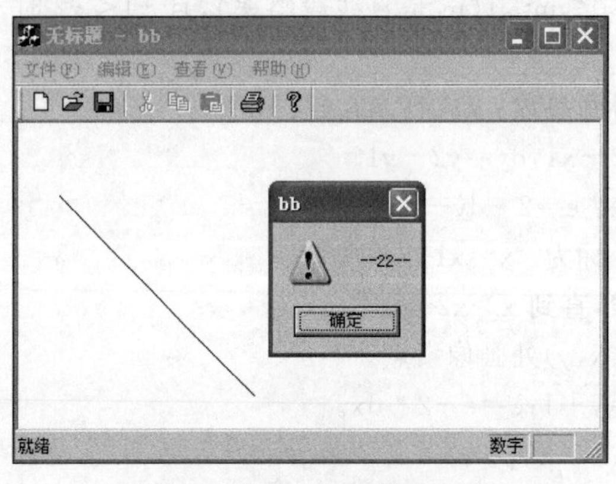

图 2-3 计算并显示运行时间

如果把程序中函数调用语句 LineB(30,50,200,300,0,pDC)改为整数 Bresenham 绘制函数 LineBint(30,50,200,300,0,pDC)，运行时间为 14s 或者 15s（都是在作者机器上）。可以看出，整数 Bresenham 算法要好一些。

2.2 基于方程的曲线描点绘制

用代数式表示曲线可以分为显式表示、隐式表示和参数表示。

显式表示的形式是：$y=f(x)$，如 $y=2x^2+3x+1$。在显式表示中，每一个 x 值只能对应一个 y 值，所以不能表示封闭曲线或多值曲线。

隐式表示的形式是：$f(x,y)=0$，如 $x^2+y^2-1=0$。隐式表示形式可以表示封闭曲线。但是,与显式表示一样,这两种表示方法都与坐标轴有关,不便于计算与编程。

使用参数方程绘制曲线有很多优点,所以参数表示方法在图形学中被广泛使用。

参数表示时曲线上空间各维的坐标值均要表示成含有同一个(或者几个)参变量的式子。如果是平面曲线,那么可以表示成下面的形式。

$$\begin{cases} X = f(t) \\ Y = g(t) \end{cases}$$

例如,椭圆可以用参数方程表示为:

$$\begin{cases} X = a \cdot \cos(t) \\ Y = b \cdot \sin(t) \end{cases} \tag{2-1}$$

用两个方程、一个参数来表示椭圆。这种方法只凭借 t 的变化就得到椭圆上所有的点,能够很好地解决一个 x 对应两个 y 的情况。

空间曲线可以用三个参数(方程)式表示,例如,下面的参数方程表示空间螺旋线。

$$\begin{cases} X = \sin(t) \\ Y = \cos(t) \\ Z = t \end{cases}$$

本章主要研究平面曲线,空间曲线在后面章节中介绍。

2.2.1 使用方程绘制一般二次曲线

二次曲线的隐式方程如式 2-2 所示。

$$f(x,y) = ax^2 + bxy + cy^2 + dx + ey + h = 0 \tag{2-2}$$

首先,从隐式方程推导出显式方程。

$$cy^2 + (bx + e)y + (ax^2 + dx + h) = 0$$

$$y^2 + (a_1x + a_2)y + (a_3x^2 + a_4x + a_5) = 0$$

$$y = \frac{-(a_1x + a_2) \pm \sqrt{(a_1x + a_2)^2 - 4(a_3x^2 + a_4x + a_5)}}{2}$$

这样,就可以编写程序绘制任意的二次曲线了。

【例 2-6】 编写程序,随机产生系数绘制二次曲线。

编写下面的程序段。

```
float a[5];
float b,c,x,y1,y2;
for(int i=0;i<5;i++)
a[i]=rand()/100;
for( x=-200;x<200;x=x+0.1)
{
    b=(a[0] * x+a[1]);
    c=b * b-4 * (a[2] * x * x+a[3] * x+a[4]);
    if(c>=0)
    {
        y1=(-b+sqrt(c))/2;
```

```
            pDC->SetPixel(x+300,y1+200,0);
            y2=(-b-sqrt(c))/2;
            pDC->SetPixel(x+300,y2+200,0);
        }
    }
    char str[5][50];
    for(int j=0;j<5;j++)
    {
        sprintf(str[j], "--%f--" , a[j]);
        AfxMessageBox(str[j],MB_OK);
    }
    Invalidate();
```

把上面程序段写入单文档项目的 OnDraw()函数中，编译运行就可以绘制出各种二次曲线。加入语句 Invalidate()可以在绘制完一条曲线后，继续绘制另外一条。程序最后的循环语句中为了显示(随机产生的那个)系数而使用了消息框，如图 2-4(b)所示。

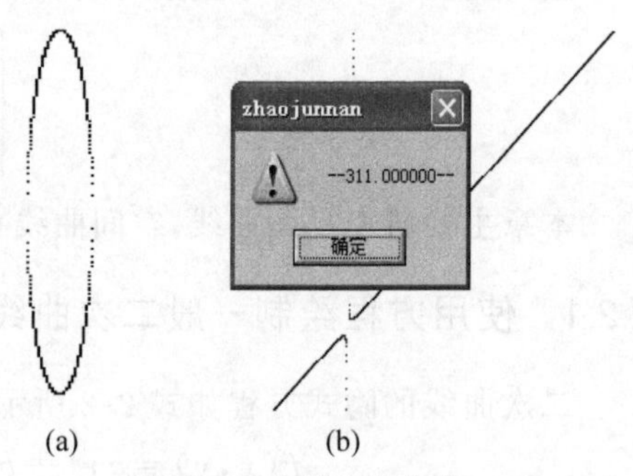

图 2-4 绘制二次曲线

【注】 对于式 2-2 所示的二次曲线，可以根据系数(及其关系)判断该曲线是椭圆还是双曲线等，例如，当 b=0 时，曲线绝不会是椭圆或者双曲线，但有可能是抛物线。详细的判断法则可参考有关资料。

2.2.2 使用方程绘制二次有理贝塞尔曲线

图形学有关曲线的研究中，给出了一种二次有理贝塞尔曲线的参数方程，如式 2-3 所示。其中，w_0，w_1，w_2 是需要给定的系数，(x_0,y_0)，(x_1,y_1)，(x_2,y_2)称为控制点，绘制直线时，也需要事先给定。

$$
\begin{aligned}
x(t)&=\frac{w_0(1-t)^2x_0+2w_1t(1-t)x_1+w_2t^2x_2}{w_0(1-t)^2+2w_1t(1-t)+w_2t^2}\\
y(t)&=\frac{w_0(1-t)^2y_0+2w_1t(1-t)y_1+w_2t^2y_2}{w_0(1-t)^2+2w_1t(1-t)+w_2t^2}
\end{aligned}
\tag{2-3}
$$

经证明，式 2-3 所表示的曲线与式 2-2 表示的曲线是等价的，都是平面二次曲线，即包括椭圆、双曲线、抛物线、相交直线等。

研究表明，设 $k^2=\frac{w_0w_2}{w_1^2}$，当 $k=1$ 时式 2-3 确定的曲线是抛物线，当 $k>1$ 时式 2-3 确定的曲线是椭圆，当 $k<1$ 时，式 2-3 确定的曲线是双曲线。

【例 2-7】 编写程序，使用有理贝塞尔参数方程绘制二次曲线。

把下面的函数放在单文档视图文件的 OnDraw()函数上面。

```
void paint(CDC * pDC)
```

```
{   int w0=8,w1=4,w2=4;
    int x[3]={100,150,200};int y[3]={40,150,90};
    double xx,xt1,xt2,yy,yt1;
    for(double t=-200;t<=200;t=t+0.01)
    {
        xt1=w0*(1-t)*(1-t)*x[1]+w1*2*t*(1-t)*x[2]+w2*t*t*x[3];
        xt2=w0*(1-t)*(1-t)+w1*2*t*(1-t)+w2*t*t;
        xx=xt1/xt2;
        yt1=w0*(1-t)*(1-t)*y[1]+w1*2*t*(1-t)*y[2]+w2*t*t*y[3];
        yy=yt1/xt2;
        pDC->SetPixel((int)(xx+100),(int)(yy+100),RGB(255,0,0));
    }
}
```

在 OnDraw()函数中写入调用语句,如下。

```
void CBbView::OnDraw(CDC* pDC)
{
    CBbDoc* pDoc = GetDocument();
    ASSERT_VALID(pDoc);
    paint(pDC);
}
```

w0,w1,w2 可以改变曲线的类型,修改控制点 x[],y[]可以控制曲线的位置、形状等,如图 2-5 所示。

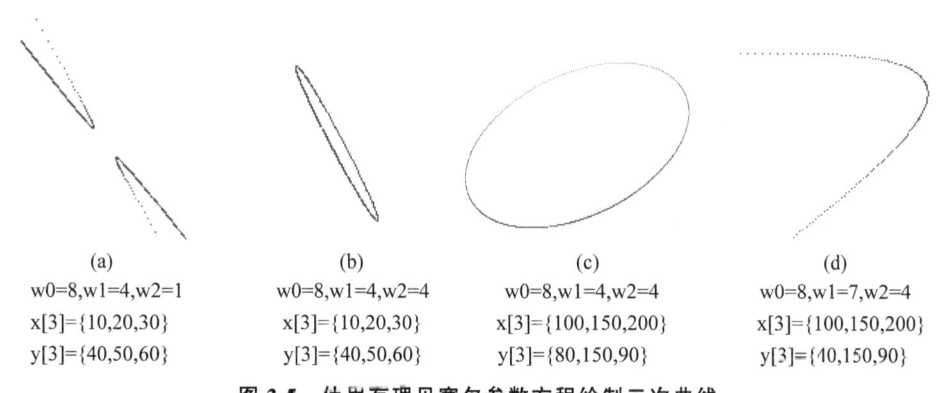

(a) w0=8,w1=4,w2=1 x[3]={10,20,30} y[3]={40,50,60}

(b) w0=8,w1=4,w2=4 x[3]={10,20,30} y[3]={40,50,60}

(c) w0=8,w1=4,w2=4 x[3]={100,150,200} y[3]={80,150,90}

(d) w0=8,w1=7,w2=4 x[3]={100,150,200} y[3]={40,150,90}

图 2-5 使用有理贝塞尔参数方程绘制二次曲线

事实上,除了使用方程绘制外,有理贝塞尔曲线也有简单快速的递推绘制算法,可以参考有关资料。

2.2.3 一般平面曲线的绘制

在数学中我们学习过,每一个(本质上含有一个自变量)代数方程对应着一条平面曲线,那么只要给出(显式的)代数方程,就可以绘制出曲线。

【例 2-8】 绘制多项式函数曲线。

给出下面多项式函数：

$$y = x^5 - 3x^3 + 8x^2 - 1$$

把下面的函数放在单文档视图文件的 OnDraw()函数前面。

```
void paint(CDC * pDC)
{
    double x,y;
    for(x=-5;x<=5;x=x+0.001)
    {
        y=pow(x,5)-3 * pow(x,3)+8 * pow(x,2)-1;
        pDC->SetPixel((int)(x * 20+250),(int)(y * 5+100),RGB(0,0,255));
    }
}
```

在 OnDraw()函数中写入语句 paint(pDC);调用该函数。

【例 2-9】 绘制分式函数曲线。

给出的分式函数如下。

$$y = \frac{x^5 - 3x^3 + 8x^2 - 1}{x^4 - 3x^2 + 8x + 6}$$

把下面的函数放在单文档视图文件的 OnDraw()函数前面。

```
void paint(CDC * pDC)
{
    double x,y,y1,y2;
    for(x=-5;x<=5;x=x+0.001)
    {
    y1=pow(x,5)-3 * pow(x,3)+8 * pow(x,2)-1;
    y2=pow(x,4)-3 * pow(x,2)+8 * x+6;
    y=y1/y2;
    pDC->SetPixel((int)(x * 20+250),(int)(y * 5+100),RGB(0,0,255));
    }
}
```

运行结果如图 2-6(b)所示。

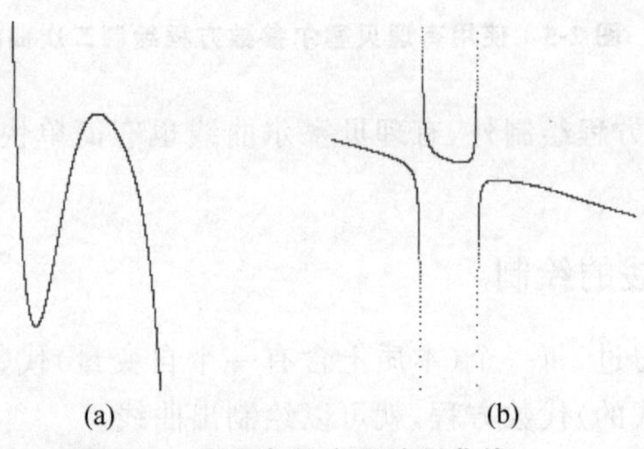

图 2-6 使用参数方程绘制曲线

平面曲线也是千变万化，特别是用参数方程表示的曲线。下面绘制一些参数方程表示的曲线。

【例 2-10】 编写程序，绘制旋轮线。

旋轮线的参数方程如式 2-4 所示。

$$\begin{cases} x = t - \sin t \\ y = 1 - \cos t \end{cases} \tag{2-4}$$

修改 paint()函数如下，然后在 OnDraw()中调用。

```
void paint(CDC * pDC)
{
    double x,y;
    for(double t=-20;t<=20;t=t+0.001)
    {
        x=t-sin(t);
        y=1-cos(t);
        pDC->SetPixel((int)(x * 5+250),(int)(y * 10+100),RGB(0,0,255));
    }
}
```

运行结果如图 2-7(a)所示。

【例 2-11】 编写程序，绘制如式 2-5 所示的参数方程表示的曲线。

$$\begin{cases} x = 3\cos t + \cos 3t \\ y = 3\sin t - \sin 3t \end{cases} \tag{2-5}$$

修改 paint()函数如下，然后在 OnDraw()中调用。

```
void paint(CDC * pDC)
{
    double x,y;
    for(double t=-3.14;t<=3.14;t=t+0.0001)
    {
        x=3 * cos(t)+cos(3 * t);
        y=3 * sin(t)-sin(3 * t);
        pDC->SetPixel((int)(x * 5+250),(int)(y * 10+100),RGB(0,0,255));
    }
}
```

运行结果如图 2-7(b)所示。

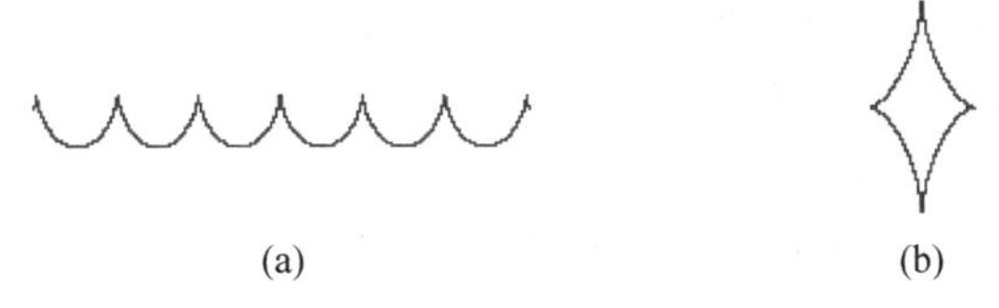

(a)　　　　(b)

图 2-7　使用参数方程绘制曲线

2.2.4 抛物线的平移与旋转

一个简单的抛物线方程：

$$y = x^2 \tag{2-6}$$

可以使用横纵坐标分别加上一个数平移曲线，旋转曲线可以把坐标乘以正弦或者余弦值。

【例 2-12】 绘制如式 2-6 所示的抛物线，然后平移并旋转该抛物线。

把下面的程序段写入 OnDraw()函数，就可以绘制出一条抛物线(段)。实际上已经进行了平移，向右平移 100，向下平移 50。

```
int x,y;
for(x=-10;x<10;x++)
{
    y=x*x;
    pDC->SetPixel(x+100,y+50,0);
}
```

该程序绘制出的曲线显示在图 2-8 中，开口方向向下的就是。因为默认坐标的关系，开口方向向下。

VC++ 文档默认的坐标左上角为(0,0)点，x 轴正方向向右，y 轴正方向向下，所以该程序绘制出的曲线实际上已经向右下方平移了。

修改程序如下。

```
void CBbView::OnDraw(CDC* pDC)
{
    CBbDoc* pDoc = GetDocument();
    ASSERT_VALID(pDoc);
    int x,y;
    for(x=-10;x<10;x=x+0.1)
    {
    y=x*x;
pDC->SetPixel(x*cos(1.57)-y*sin(1.57)+200,x*sin(1.57)+y*cos(1.57)+150,0);
    }
}
```

该程序绘制出的抛物线也绘制在图 2-8 中，开口方向向左的就是。

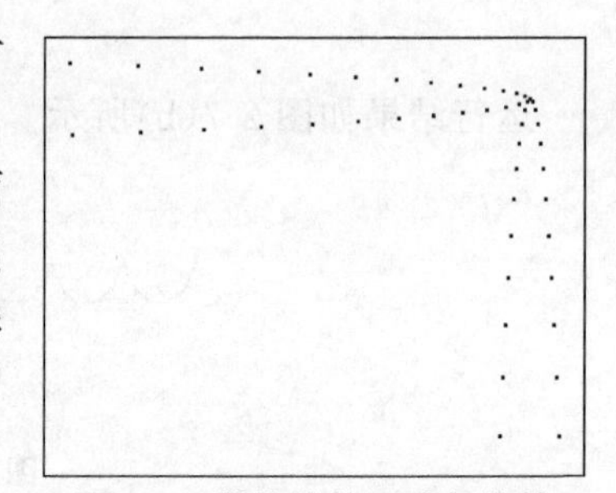

图 2-8 抛物线的平移与旋转

例 2-12 程序不止适用于抛物线，也适用于任何平面曲线的平移与旋转。曲线的平移与旋转本质上是坐标系的平移与旋转，计算机图形学中，在三维数据到二维投影时，视点变化，需要专门研究坐标系的变换问题。

【思考题】

(1) 图 2-8 绘图的点有些稀疏，也比较淡（点比较小),如何修改程序,使图更加清楚?

(2) 如果要顺时针旋转30°,如何修改程序?如果要逆时针旋转60°呢?

2.3　圆的绘制算法研究

圆也是计算机图形学中经常用到的图形,具有一定的代表性,可以用下面的方程表示一个圆,其圆心在原点。

$$\begin{cases} X = r \cdot \cos t \\ Y = r \cdot \sin t \end{cases} \quad -3.1416 \leqslant t \leqslant 3.14156$$

也可以使用下面的方程表示一个圆,其圆心在(3,3)点。

下面的方法也表示一个圆,其圆心在(3,3),半径为1.8。

$$y = \pm\sqrt{1.8^2 - (x-3)^2} + 3 \quad -1.8 \leqslant x \leqslant 1.8$$

有了方程,当然可以使用方程绘制其图像。

$$\begin{cases} X = r \cdot \cos t + 3 \\ Y = r \cdot \sin t + 3 \end{cases} \quad -3.1416 \leqslant t \leqslant 3.14156$$

不过与绘制直线段一样,也有绘制圆(弧)的快速简单算法。例2-12是使用一种叫作中点画圆算法绘制圆弧的。

【例2-13】 编写程序,使用中点画圆算法绘制圆弧。

编写函数如下:

```
void MidPointCircle(int radius,int color,CDC *p)
{ int x,y; float d; x=0; y=radius;
  d=5.0/4-radius;                 //d是一个与半径有关的尺度
  p->SetPixel(x,y,color);         //绘制圆弧的一个端点
  while(y>x)                      //正是这个语句决定了绘制八分之一圆弧
  {  if(d<=0)
       d+=2.0*x+3;
     else
     {
       d+=2.0*(x-y)+5;
       y--;
     }                            //y是否减1不一定
     x++;                         //每次点的横坐标都增加1
     p->SetPixel(x,y,color);      //循环多少次,就绘制多少个点
  }
}
```

把上面编写的函数放在单文档项目(此例项目名为aa)的视图文件的OnDraw()函数上面,然后在OnDraw()函数中调用该函数,如下。

```
void CAaView::OnDraw(CDC* pDC)
{
```

```
    CBbDoc* pDoc = GetDocument();
    ASSERT_VALID(pDoc);
    MidPointCircle(100,0,pDC);
}
```

运行后，绘制出了一个八分之一圆，如图 2-9(a)所示。

(a) 八分之一圆

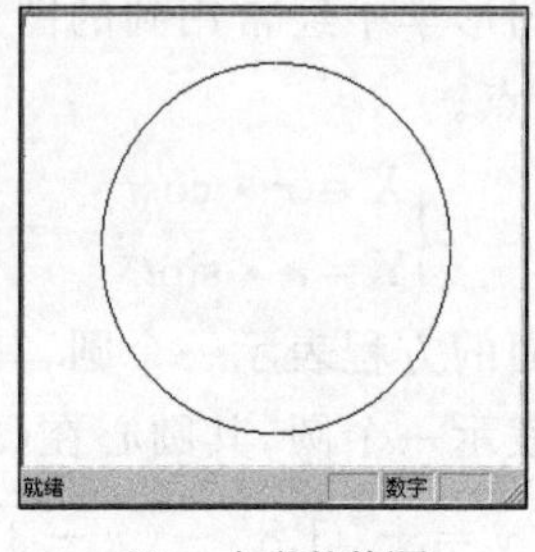

(b) 一个完整的圆

图 2-9　绘制圆弧与圆

【思考题】 例 2-12 为什么能绘制出圆弧？为什么绘制出的是八分之一的圆弧？

绘制出八分之一圆后，就可以使用对称关系绘制圆的其他部分。使用下面修改后的函数，就可以绘制出一个完整的圆，如图 2-9(b)所示。

```
void MidPointCircle(int radius,int color,CDC *p)
{
  int x,y; float d; x=0; y=radius;
  d=5.0/4-radius;
  p->SetPixel(x,y,color);
  while(y>x)
  {
    if(d<=0)
        d+=2.0*x+3;
    else
    {
        d+=2.0*(x-y)+5;
        y--;
    }
     x++;
     p->SetPixel(x+200,y+150,color);  //坐标上加上数是把圆绘制到文档中部
     p->SetPixel(-x+200,y+150,color);
     p->SetPixel(x+200,-y+150,color);
     p->SetPixel(-x+200,-y+150,color);
     p->SetPixel(y+200,x+150,color);
     p->SetPixel(-y+200,x+150,color);
     p->SetPixel(y+200,-x+150,color);
     p->SetPixel(-y+200,-x+150,color);
```

```
    }
}
```

可以把上面介绍的中点画圆算法进一步改为下面更好的形式。

【例 2-14】 编写程序,改进中点画圆算法绘制圆弧。

```
void MidPointCircle1(int radius,int color,CDC *p) /*消除了循环中乘法运算的中点
算法*/
{
    int x,y,d,E=12,SE=20-8*radius;
    x=0;
    y=radius;
    d=5-4*radius;
    p->SetPixel(x,y,color);
    while(y>x)
    {
        if(d<=0)
        {
            d+=E;
            SE+=8;
        }
        else
        {
            d+=SE;
            SE+=16;
            y--;
        }
        E+=8;
        x++;
        p->SetPixel(x,y,color);
    }
}
```

该函数能够绘制出八分之一的圆。

【思考题】 同样是绘制八分之一的圆,例 2-14 程序的效率与例 2-13 程序的效率是否一样?为什么?

在计算机图形学中,也有绘制椭圆等的快速算法,限于篇幅,本书不介绍,请读者参考有关文献资料。

2.4 二次贝塞尔曲线绘制

在本节中,首先使用参数方程描点绘制二次贝塞尔曲线,然后研究二次贝塞尔曲线的快速绘制算法。

2.4.1 使用参数方程绘制二次贝塞尔曲线

式 2-7 表示的曲线称为二次贝塞尔曲线，其中，t 为参数，(x_0,y_0)，(x_1,y_1)，(x_2,y_2) 称为控制点。

$$\begin{cases} x(t)=(1-t)^2x_0+2t(1-t)x_1+t^2x_2 \\ y(t)=(1-t)^2y_0+2t(1-t)y_1+t^2y_2 \end{cases} \tag{2-7}$$

能够证明，式 2-7 表示的曲线就是抛物线。这种表示方法有很多优点，所以在图形学中经常使用。

【例 2-15】 使用方程绘制二次贝塞尔曲线。

编写下面的程序，写入 OnDraw()函数中，编译运行。

```
int x,y,x0=40,y0=100,x1=180,y1=60,x2=20,y2=160;
for(float t=0;t<1;t=t+0.001)
{
    x=(1-t)*(1-t)*x0+2*t*(1-t)*x1+t*t*x2;
    y=(1-t)*(1-t)*y0+2*t*(1-t)*y1+t*t*y2;
    pDC->SetPixel(x+200,y+150,0);
}
```

运行结果如图 2-10 所示，是一条旋转后的抛物线。

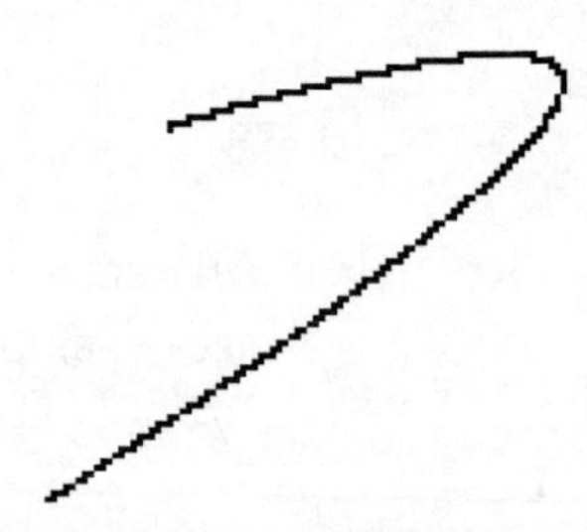

图 2-10 二次贝塞尔曲线（抛物线）

修改程序如下。

```
int x,y,x0=40,y0=100,x1=180,y1=60,x2=20,y2=160;
for(float t=0;t<1;t=t+0.001)
{
    x=(1-t)*(1-t)*x0+2*t*(1-t)*x1+t*t*x2;
    y=(1-t)*(1-t)*y0+2*t*(1-t)*y1+t*t*y2;
    pDC->SetPixel(x,y,0);
}
char s1[]="(40,100)";
pDC->TextOut(40,100,s1);
char s2[]="(180,60)";
pDC->TextOut(180,60,s2);
char s3[]="(20,160)";
pDC->TextOut(20,160,s3);
pDC->FillSolidRect(40-3,100-3,6,6,0);
pDC->FillSolidRect(180-3,60-3,6,6,0);
pDC->FillSolidRect(20-3,160-3,6,6,0);
```

运行后能够绘制出三个控制点的位置，如图 2-11 所示。

控制点的概念很重要，在计算机图形学以及计算机辅助设计中有着重要的应用。

【思考题】 式 2-7 所表示的抛物线的三个控制点是什么？

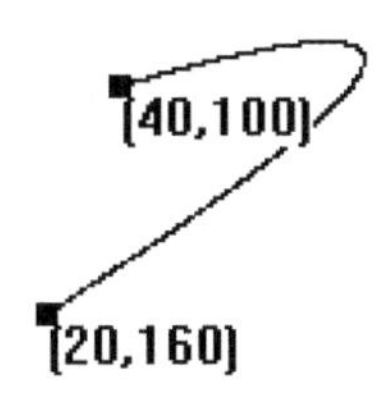

图 2-11　二次贝塞尔曲线控制点

2.4.2　二次贝塞尔曲线快速绘制算法

事实上，二次贝塞尔曲线也有快速绘制算法，给定了二次贝塞尔曲线(即抛物线)的三个控制点，就可以使用快速绘制方法绘制抛物线(段)。

【例 2-16】 使用二分递归法绘制二次贝塞尔曲线。

为了使用方便，自己制作了一个画线的函数，该函数的前四个参数分别代表线段的两个端点的横纵坐标，如下所示，把该函数放在 OnDraw()函数的前面。

```
void line(int x1,int y1,int x2,int y2,CDC *p)
{
    p->MoveTo(x1,y1);
    p->LineTo(x2,y2);
}
```

在 OnDraw()函数中写入下面的程序。

```
    int x,y,x0=20,y0=100,x1=70,y1=200,x2=120,y2=100;
    for(float t=0;t<1;t=t+0.001)
    {
        x=(1-t)*(1-t)*x0+2*t*(1-t)*x1+t*t*x2;
        y=(1-t)*(1-t)*y0+2*t*(1-t)*y1+t*t*y2;
        pDC->SetPixel(x,y,0);
    }
    //Line(20,100,70,200);        //去掉这句与下一句的注释,绘制出图 2-12(b)
    //Line(120,100,70,200);
    //Line((20+70)/2,(100+200)/2,(120+70)/2,(100+200)/2);
}
```

编译运行程序，绘制出如图 2-12(a)所示的图形。

把三个语句的注释都去掉，可绘制出如图 2-12(c)所示的图形。

如果再加入下面的语句，就会绘制出如图 2-12(d)所示的图形。

```
Line(32,125,57,150,pDC);
Line(82,150,107,125,pDC);
```

图 2-12(e)是人工擦除折线后的效果，尽管只切割两次，就已经很接近抛物线了。

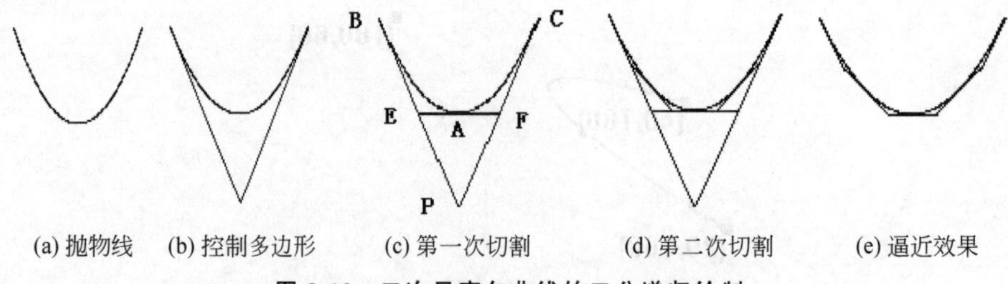

(a) 抛物线　(b) 控制多边形　(c) 第一次切割　(d) 第二次切割　(e) 逼近效果

图 2-12　二次贝塞尔曲线的二分递归绘制

上面是二分迭代方法的一个入门介绍。

容易证明，对于二次贝塞尔曲线（抛物线）来说，有两条线段构成其控制多边形，有两个控制点是线段的端点，以控制多边形两边中点为端点的线段与抛物线相切，如图 2-12(c)所示，切于 A 点。

如果进一步连接 AE 与 BE 的中点，AF 与 CF 的中点，那么都与抛物线相切。如此下去，就可以找到并（用画点的方法）绘制出抛物线的近似图形。

【注】 上面的分析虽然是对一个特例进行的，但是适用于所有的二次贝塞尔曲线。关于贝塞尔曲线更多的分析将在后面章节讲述。

2.5　拟合曲线

在自然界以及计算机图形学中，有很多时候给不出曲线的代数方程，只能得到曲线的一些约束条件，或者观测到曲线上（或者曲线外）的一些关键的离散点。这个时候要绘制这条曲线，就需要使用拟合或者插值的方法。贝塞尔曲线就是一种拟合曲线。

曲线拟合是进行数据分析时经常使用的方法，它根据一组（测量）数据节点找出一条数学曲线。这条曲线有时候穿过这些数据节点，有时候接近但是不穿过这些数据节点。该曲线按照某种规则更好地描述这些数据节点分布规律，利用这条曲线可以推测没有测量（或不能测量）的未知数据。

2.5.1　最小二乘法拟合

最小二乘多项式拟合是一种常用的拟合方法。

给定一些（本例为 11 个）离散的点，其横坐标依次为：

$x=0,0.1,0.2,0.3,0.4,0.5,0.6,0.7,0.8,0.9,1.0$

纵坐标依次为：

$y=-0.447,1.978,3.28,6.18,7.02,7.32,7.88,9.56,9.56,9.30,11.2$

把这些离散的点用小圆表示，其一、二、六、九次最小二乘多项式拟合曲线如图 2-13 所示。

最小二乘法的基本思想就是给出一些离散数据，然后寻找一个函数表达式，使得该函数值与这些离散的数据之间的距离的平方和最小。

用数学语言描述多项式最小二乘就是：对于给定的一组离散的（型值）点(x_i, y_i)，

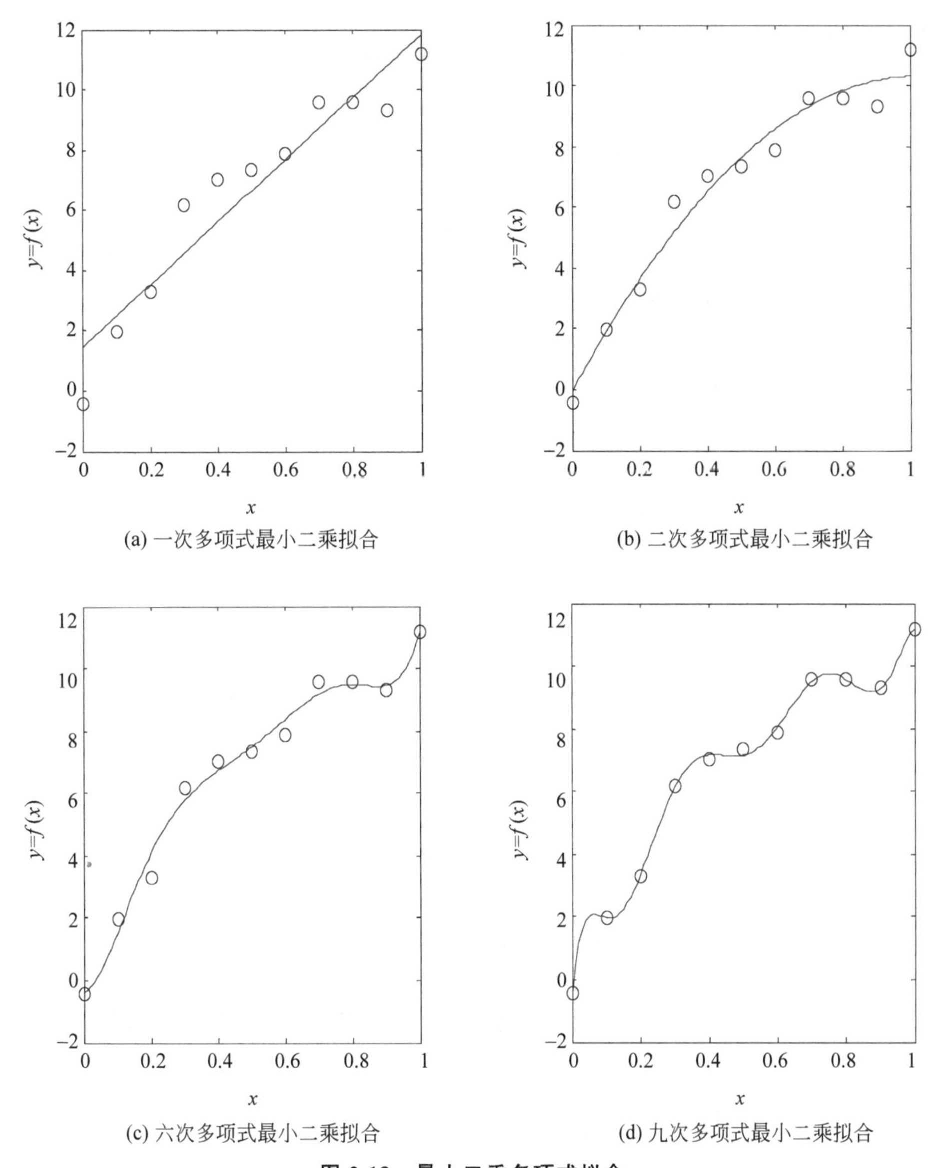

(a) 一次多项式最小二乘拟合　(b) 二次多项式最小二乘拟合

(c) 六次多项式最小二乘拟合　(d) 九次多项式最小二乘拟合

图 2-13　最小二乘多项式拟合

$i=1,2,\cdots,n$,寻找一条光滑的多项式曲线 $y=f(x)$ 来拟合逼近离散型值点,要求 $E=\sum_{i=1}^{n}(f(x_i)-y_i)^2$ 最小,满足这样条件的多项式曲线就是最小二乘拟合多项式曲线。

下面以一次多项式最小二乘拟合为例来说明最小二乘法的机理。

【例 2-17】　一次多项式最小二乘拟合。

给定三个点(1,1)、(2,2)、(3,5),求最小二乘拟合直线(段),即求 $f(x)=ax+b$,使得

$$E=\sum_{i=1}^{n}(f(x_i)-y_i)^2=(a\times 1+b-1)^2+(a\times 2+b-2)^2+(a\times 3+b-5)^2$$

$$=14a^2+3b^2+12ab-40a-16b+30$$

最小。

用求极值的方法确定 a 与 b 的值。连续函数极值点必为驻点,所以令其偏导数为 0,得到方程组:

$$\begin{cases}\dfrac{\partial E}{\partial a}=28a+12b-40=0\\ \dfrac{\partial E}{\partial b}=12a+6b-16=0\end{cases}$$

解这个方程组,得到 a 与 b 的值:

$a=2, b=-1.333$

拟合结果如图 2-14 所示。

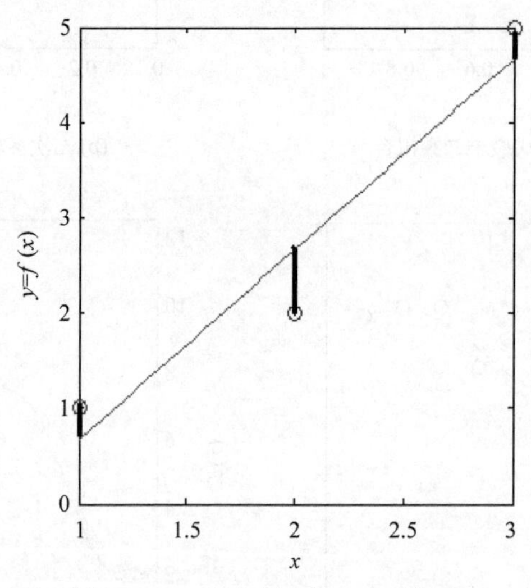

图 2-14 一次多项式最小二乘拟合

使用该极值方法,利用本节开始时给出的 11 个点的数据,可以算得如图 2-13 所示的 4 个多项式的系数分别如下。

$n=1$ 时,$p=10.3621, 1.4400$。

$n=2$ 时,$p=-9.9787, 20.3408, -0.0568$。

$n=6$ 时,$p=713.7, -211.39, 2361.4, -1215.7, 263.7, 2.4, -0.4$。

$n=9$ 时,$p=-4807, 5309, 28354, -77443, 82124, -44607, 12733, -1762, 110, 0$。

上面都是多项式降幂排列时的系数。

给定离散数据后,可以根据具体情况与数学规则对离散数据进行(数学)拟合,即给出一个具有表达式的函数,使得该函数满足一定的约束条件。

离散数据千变万化,数学规则也有很多,拟合的方法也各具特色。

前面介绍的二次贝塞尔曲线也是一种常用的拟合曲线。

2.5.2 贝塞尔曲线

平面上贝塞尔曲线的数学定义是这样的:给定 $n+1$ 个节点(x_i, y_i),i 是整数,$0\leqslant i$

$<n+1$。

$$\begin{cases} x(t)=\sum_{i=0}^{n} x_i B_{i,n}(t) \\ y(t)=\sum_{i=0}^{n} y_i B_{i,n}(t) \end{cases} \tag{2-8}$$

就是由 $n+1$ 个节点(x_i, y_i)定义的平面 n 次贝塞尔曲线。

$B_{i,n}(t)=C_n^i t^i (1-t)^{n-i}$ 是伯恩斯坦多项式，这里作为基函数。其中，$C_n^i=\frac{n!}{i!(n-i)!}$。

贝塞尔曲线是多项式曲线，节点增加，贝塞尔曲线的次数也增加。

当 $n=2$ 时，式 2-8 为：

$$\begin{cases} x(t)=\sum_{i=0}^{2} x_i B_{i,2}(t) \\ y(t)=\sum_{i=0}^{2} y_i B_{i,2}(t) \end{cases}$$ 展开为：$$\begin{cases} x(t)=(1-t)^2 x_0+2t(1-t)x_1+t^2 x_2 \\ y(t)=(1-t)^2 y_0+2t(1-t)y_1+t^2 y_2 \end{cases}$$

这就是平面二次贝塞尔曲线。如图 2-15 所示的都是三个控制点绘制出的二次贝塞尔曲线。

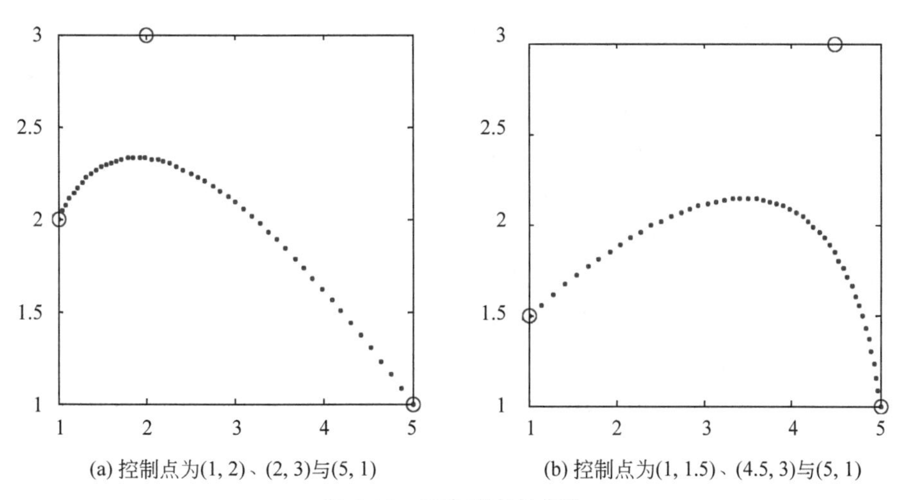

(a) 控制点为(1, 2)、(2, 3)与(5, 1)　　(b) 控制点为(1, 1.5)、(4.5, 3)与(5, 1)

图 2-15　二次贝塞尔曲线

当 $n=3$ 时，式 2-8 表示平面三次贝塞尔曲线，即：

$$\begin{cases} x(t)=\sum_{i=0}^{3} x_i B_{i,3}(t) \\ y(t)=\sum_{i=0}^{3} y_i B_{i,3}(t) \end{cases}$$

展开为：

$$\begin{cases} x(t)=(1-t)^3 x_0+3t(t-1)^2 x_1+3t^2(1-t)x_2+t^3 x_3 \\ y(t)=(1-t)^3 y_0+3t(t-1)^2 y_1+3t^2(1-t)y_2+t^3 y_3 \end{cases} \tag{2-9}$$

此时，贝塞尔曲线实际上是由4个点控制的3次多项式曲线，4个点分别是(x_0, y_0)、(x_1, y_1)、(x_2, y_2)、(x_3, y_3)。

如图2-16所示的两条曲线都是由4个控制点控制的三次贝塞尔曲线。

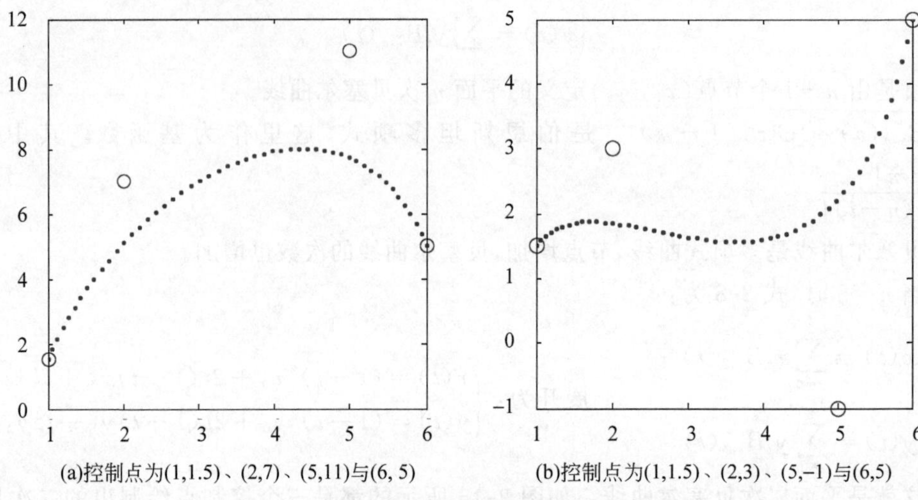

(a)控制点为(1,1.5)、(2,7)、(5,11)与(6, 5)　　(b)控制点为(1,1.5)、(2,3)、(5,–1)与(6,5)

图2-16　三次贝塞尔曲线

如图2-16所示的曲线已经不是二次贝塞尔曲线了，它是三次贝塞尔曲线。如图2-7(b)所示的多项式曲线由于控制点分布的关系，出现上凸与下凸，三次多项式曲线可以有一个上凸与一个下凹，因为其可能拥有两个极值点。

可以直接使用参数方程绘制三次贝塞尔曲线。不过对于三次(或者更高次)贝塞尔曲线，仍然有如例2-15所示的二分递归方法。顺次连接控制多边形的各边中点，构成新的多边形，然后继续连接各边中点，就可以逼近该曲线。

贝塞尔曲线除了二分迭代方法绘制外，对于(高次)贝塞尔曲线可以使用de Casteljau递推方法逐次降阶递推绘制。具体方法如下。

给定$n+1$个控制点$p_i(i=0,1,\cdots,n)$，若记$p_{0,n}(t)$、$p_{0,n-1}(t)$与$p_{1,n}(t)$分别为$p_0, p_1, \cdots, p_n$、$p_0, p_1, \cdots, p_{n-1}$与$p_1, p_2, \cdots, p_n$生成的贝塞尔曲线方程，则有以下递推计算关系：

$$p_{0,n}(t)=(1-t)p_{0,n-1}(t)+tp_{1,n}(t)$$

下面以三次贝塞尔曲线绘制为例，介绍de Casteljau递推方法。

【例2-18】 绘制由4个点控制的三次贝塞尔曲线。

把下面的程序写入单文档项目的OnDraw()函数中。

```
int x,y,xx1,yy1,xx2,yy2;
int x0=20,y0=100,x1=70,y1=200,x2=120,y2=100,x3=10,y3=20;
for(float t=0;t<1;t=t+0.001)
{
    xx1=(1-t)*(1-t)*x0+2*t*(1-t)*x1+t*t*x2;     //二次贝赛尔曲线表达式
    yy1=(1-t)*(1-t)*y0+2*t*(1-t)*y1+t*t*y2;
    xx2=(1-t)*(1-t)*x1+2*t*(1-t)*x2+t*t*x3;
```

```
    yy2=(1-t)*(1-t)*y1+2*t*(1-t)*y2+t*t*y3;
    x=(1-t)*xx1+t*xx2;                                //递推运算
    y=(1-t)*yy1+t*yy2;
    pDC->SetPixel(x,y,0);
}
```

编译运行项目,绘制出如图 2-17 所示的三次贝塞尔曲线。

【例 2-19】 绘制三次贝塞尔曲线,制作动画。

把例 2-18 中的绘制程序设计为函数,如下。

```
void Draw3B(int k1,int k2,int color,CDC *p)
{
    int x,y,xx1,yy1,xx2,yy2,x0=20,y0=100,x1=70,y1=200,x2=k1,y2=k2,x3=10,y3=20;
    for(float t=0;t<1;t=t+0.001)
    {
        xx1=(1-t)*(1-t)*x0+2*t*(1-t)*x1+t*t*x2;
        yy1=(1-t)*(1-t)*y0+2*t*(1-t)*y1+t*t*y2;
        xx2=(1-t)*(1-t)*x1+2*t*(1-t)*x2+t*t*x3;
        yy2=(1-t)*(1-t)*y1+2*t*(1-t)*y2+t*t*y3;
        x=(1-t)*xx1+t*xx2;
        y=(1-t)*yy1+t*yy2;
        p->SetPixel(x,y,color);
    }
}
```

在 OnDraw()中调用函数 Draw3B(),具体如下。

```
for(int i=1;i<30;i++)
{
    Draw3B(i*i,i,0,pDC);
    Sleep(100);
    Draw3B(i*i,i,256*256*256-1,pDC);
}
```

运行后,随着控制点的改变,贝塞尔曲线形状逐渐改变。图 2-18 为其改变过程中的一帧。

图 2-17 递推方法绘制三次贝塞尔曲线

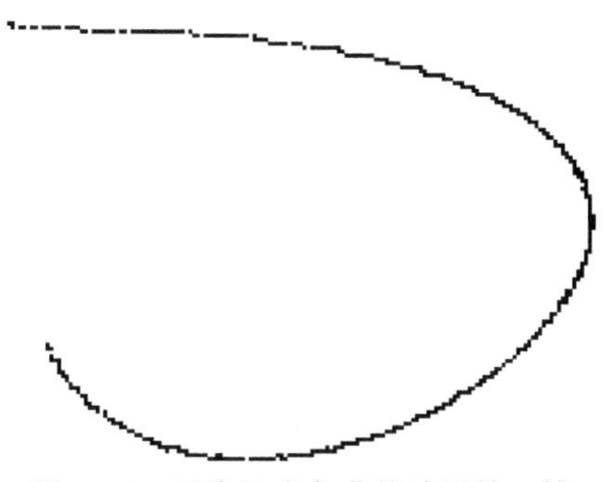

图 2-18 三次贝塞尔曲线动画的一帧

式 2-9 也可以写成矩阵的形式：

$$x(t)=[t^3 \quad t^2 \quad t \quad 1]\begin{bmatrix}-1 & 3 & -3 & 1\\ 3 & -6 & 3 & 0\\ -3 & 3 & 0 & 0\\ 1 & 0 & 0 & 0\end{bmatrix}\begin{bmatrix}x_0\\ x_1\\ x_2\\ x_3\end{bmatrix} \tag{2-10}$$

$$y(t)=[t^3 \quad t^2 \quad t \quad 1]\begin{bmatrix}-1 & 3 & -3 & 1\\ 3 & -6 & 3 & 0\\ -3 & 3 & 0 & 0\\ 1 & 0 & 0 & 0\end{bmatrix}\begin{bmatrix}y_0\\ y_1\\ y_2\\ y_3\end{bmatrix} \tag{2-11}$$

有的教材把式 2-10 与式 2-11 组合在一起，表示成向量的形式：

$$\boldsymbol{P}(t)=[t^3 \quad t^2 \quad t \quad 1]\begin{bmatrix}-1 & 3 & -3 & 1\\ 3 & -6 & 3 & 0\\ -3 & 3 & 0 & 0\\ 1 & 0 & 0 & 0\end{bmatrix}\begin{bmatrix}\boldsymbol{P}_0\\ \boldsymbol{P}_1\\ \boldsymbol{P}_2\\ \boldsymbol{P}_3\end{bmatrix} \tag{2-12}$$

其中，$\boldsymbol{P}(t)=\begin{bmatrix}x(t)\\ y(t)\end{bmatrix}$，$\boldsymbol{P}_0=(x_0,y_0),\cdots,\boldsymbol{P}_3=(x_3,y_3)$。

矩阵表示形式比较规范清晰。

上面以三次贝塞尔曲线为例介绍了贝塞尔曲线的表示方法以及递推绘制算法。

对于一般的贝塞尔曲线，具有如下几何性质。

(1) 贝塞尔曲线是一种磨光曲线，可以通过割掉特征多边形顶角得到。

(2) 对区间[0, 1]的任意值 t，点$(x(t),y(t))$一定落在特征多边形形成的凸包内。

(3) 贝塞尔曲线的起点就是第一个控制点，曲线终点是最后一个控制点。

(4) 顺次连接控制点形成的多边形称为贝塞尔曲线的特征多边形。贝塞尔曲线起点处切线与终点处切线分别是特征多边形的第一条边和最后一条边所在射线，并且切失的模长分别为相应边长的 n 倍。

2.5.3 B 样条曲线

B 样条曲线也是常用的一种拟合曲线。平面 B 样条曲线段是如下定义的。

给定 $n+1$ 个控制点，$\boldsymbol{P}_0=(x_0,y_0),\boldsymbol{P}_1=(x_1,y_1),\cdots,\boldsymbol{P}_n=(x_n,y_n)$。

由式 2-13 定义的曲线段叫作 n 次 B 样条曲线(段)。

$$\begin{cases}x(t)=\sum_{i=0}^{n}x_iF_{i,n}(t)\\ y(t)=\sum_{i=0}^{n}y_iF_{i,n}(t)\end{cases} \tag{2-13}$$

其中：

$$F_{i,n}(t)=\frac{1}{n!}\sum_{j=0}^{n-i}(-1)^jC_{n+1}^j(t+n-i-j)^n,\quad 0\leqslant t\leqslant 1, i=0,1,\cdots,n \tag{2-14}$$

当 $n=2$ 时，由式 2-14 得到如下二次样条基函数。

$$F_{0,2}(t)=\frac{1}{2}(t^2-2t+1)$$

$$F_{1,2}(t)=\frac{1}{2}(-2t^2+2t+1)$$

$$F_{2,2}(t)=\frac{1}{2}t^2$$

代入式 2-13,得到二次 B 样条曲线段的参数方程：

$$\begin{cases}x(t)=\frac{1}{2}(t^2-2t+1)x_0+\frac{1}{2}(-2t^2+2t+1)x_1+\frac{1}{2}t^2x_2\\ y(t)=\frac{1}{2}(t^2-2t+1)y_0+\frac{1}{2}(-2t^2+2t+1)y_1+\frac{1}{2}t^2y_2\end{cases}\tag{2-15}$$

写成矩阵的形式为：

$$\boldsymbol{P}(t)=\frac{1}{2}[t^2\quad t\quad 1]\begin{bmatrix}1&-2&1\\-2&2&0\\1&1&0\end{bmatrix}\begin{bmatrix}\boldsymbol{P}_0\\\boldsymbol{P}_1\\\boldsymbol{P}_2\end{bmatrix}\tag{2-16}$$

二次 B 样条曲线段实质上也是一个抛物线曲线段。

当 $n=3$ 时,由式 2-14 得到如下三次 B 样条基函数。

$$F_{0,3}(t)=\frac{1}{6}(-t^3+3t^2-3t+1)$$

$$F_{1,3}(t)=\frac{1}{6}(3t^3-6t^2+4)$$

$$F_{2,3}(t)=\frac{1}{6}(-3t^3+3t^2+3t+1)$$

$$F_{3,3}(t)=\frac{1}{6}t^3$$

代入式 2-13 得到三次 B 样条曲线的参数方程。其矩阵形式为：

$$\boldsymbol{P}(t)=\frac{1}{6}[t^3\quad t^2\quad t\quad 1]\begin{bmatrix}-1&3&-3&1\\3&-6&3&0\\-3&0&3&0\\1&4&1&0\end{bmatrix}\begin{bmatrix}\boldsymbol{P}_0\\\boldsymbol{P}_1\\\boldsymbol{P}_2\\\boldsymbol{P}_3\end{bmatrix}\tag{2-17}$$

如图 2-19 所示的曲线段都是三次 B 样条曲线。

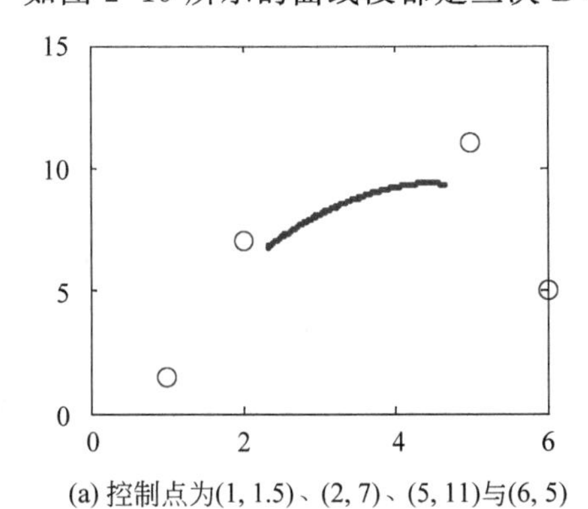

(a) 控制点为(1, 1.5)、(2, 7)、(5, 11)与(6, 5)

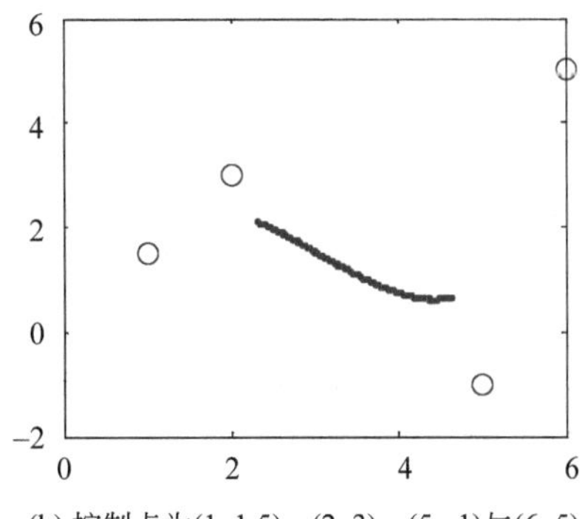

(b) 控制点为(1, 1.5)、(2, 3)、(5,−1)与(6, 5)

图 2-19　三次 B 样条曲线段

作为多项式，B样条曲线与贝塞尔曲线可以相互表示。另外，B样条曲线也有相应的递推算法。

2.6 插值曲线

插值就是事先给出一些离散的采样点，然后使用曲线（包括直线）把这些点连接起来。连接的目的一个是对未知的真实数据进行猜测，另一个是图形及动画制作的需要。

插值与拟合有各自的应用场合，有些时候区别不大，但有些时候区别很大。图2-20展示的是对随机产生的100个点进行插值与拟合，得到的曲线区别就很大，图2-20(a)是插值，图2-20(b)是拟合。

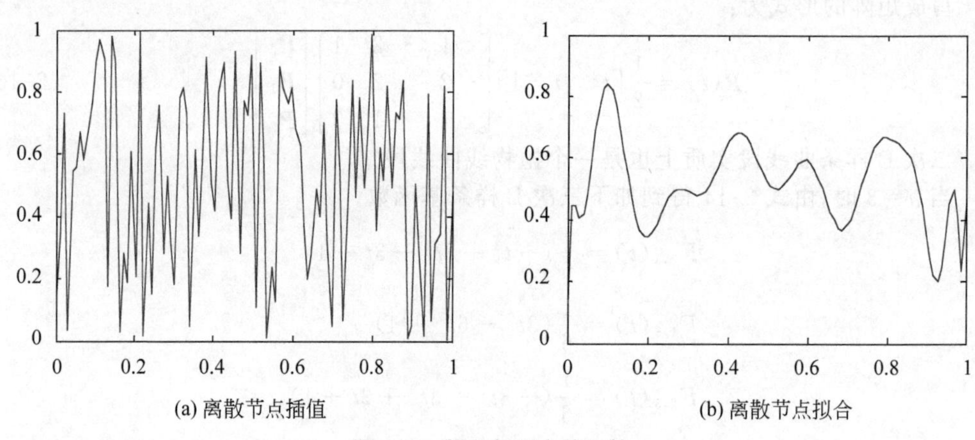

(a) 离散节点插值　　(b) 离散节点拟合

图2-20　插值与拟合的比较

虽然插值与拟合使用的是同一组数据，但是插值必须过离散节点，所以插值曲线非常震荡。拟合不是必须过节点，所以曲线比较光滑，大致符合数据分布规律。

2.6.1 简单的逐段多项式插值方法

当给定一些离散点后，最易于实现的简单的插值方法就是依次用直线段连接各个点。

【例2-20】 使用VC++的LineTo()函数完成逐段直线段插值。

设计下面的程序，写在OnDraw()函数中，编译运行就可以绘制出如图2-21所示的插值曲线（折线），这就是逐段一次多项式插值。

```
int x[11]={0,10,20,30,40,50,60,70,80,90,100};
int y[11]={4,17,32,61,70,73,78,95,56,93,11};
int i;
pDC->MoveTo(0,4);
for(i=0;i<11;i++)
{
    pDC->LineTo(x[i],y[i]);
}
```

图2-21　一次逐段多项式插值

一共有11个离散点，共10段直线段，每次使用两个点绘制直线段。

如果每次使用3个点作为一个区间，3个点用一个二次多项式插值，就可以实现逐段二次多项式插值。

如果每次使用4个点作为一个区间，4个点用一个三次多项式插值，就可以实现逐段三次多项式插值。

逐段二次或者三次多项式插值，不能保证连接点处光滑连接过渡。

如果使用10次多项式(11个点决定一个10次多项式)进行插值，可以保证一个多项式函数就可以光滑地经过所有的插值点，但是一般来说，高次多项式会震荡得异常剧烈，不利于数据预测。

多项式是函数中比较简单的，所以一般经常使用多项式进行插值。

事实上，对于那些离散的点，很难找到一个简单的函数，使得这些点都过该函数。

为了解决分段但不光滑、高次多项式光滑但震荡的缺欠，人们给出了Hermite插值以及样条插值等方法。

2.6.2 Hermite曲线

先看下面的例题。

【例2-21】 求一个三次多项式曲线，以两点 $P_1=(2,5)$，$P_2=(1,-1)$ 为端点，在端点 P_1 处的切向量为 $\boldsymbol{k}_1=(1, 1)$，在端点 P_2 处的切向量为 $\boldsymbol{k}_2=(1,-1)$。

设三次多项式的参数方程为：

$$\begin{cases} x(t)=a_{31}t^3+a_{21}t^2+a_{11}t+a_{01} \\ y(t)=a_{32}t^3+a_{22}t^2+a_{12}t+a_{02} \end{cases} \tag{2-18}$$

把已知端点位置坐标代入方程2-18，即 $t=0$、$t=1$ 时分别有：

$$\begin{cases} 2=a_{01} \\ 5=a_{02} \end{cases} \tag{2-19}$$

$$\begin{cases} 1=a_{31}+a_{21}+a_{11}+a_{01} \\ -1=a_{32}+a_{22}+a_{12}+a_{02} \end{cases} \tag{2-20}$$

把方程2-18求导得到方程2-21：

$$\begin{cases} x'(t)=3a_{31}t^2+2a_{21}t+a_{11} \\ y'(t)=3a_{32}t^2+2a_{22}t+a_{12} \end{cases} \tag{2-21}$$

把端点切向量代入方程2-21得式2-22与式2-23：

$$\begin{cases} 1=a_{11} \\ 1=a_{12} \end{cases} \tag{2-22}$$

$$\begin{cases} 1=3a_{31}+2a_{21}+a_{11} \\ -1=3a_{32}+2a_{22}+a_{12} \end{cases} \tag{2-23}$$

解联立方程组式2-19、式2-20、式2-22与式2-23，得到要求解的三次多项式函数如下。

$$\begin{cases} x(t)=-4t^3+2t^2+t+2 \\ y(t)=12t^3-19t^2+t+5 \end{cases} \tag{2-24}$$

像例 2-21 这样已知端点以及端点处切向量求得的三次多项式曲线称为 Hermite 插值曲线，也叫作 Ferguson 曲线。

对于一般情形，使用例 2-21 方法也可以推导出来通用的计算公式。Hermite 曲线也可以推广到三维空间。

例 2-21 中，两个点（以及两个切向量）确定了一个三次曲线。

四个点可以确定一条三次曲线，但是 Hermite 曲线只过两个点，而要受端点处的切向限制，其目的就是为了要实现光滑的分段插值。

同样是例 2-20 的数据，使用分段 Hermite 曲线插值结果如图 2-22 所示。

在分段 Hermite 曲线插值时，每次只能过两个点，端点处一次导数相等。

如果限定在每段三次曲线的端点处一阶导数、二阶导数都相等，那么每段三次曲线就可以过三个离散节点，并且，在连接点处更加“光滑”。这样的插值方法是可行的，图 2-23 就是使用该方法进行的分段插值。这种方法称为样条插值，具有相当多的优点，得到广泛的应用。2.6.3 节将研究这种曲线。

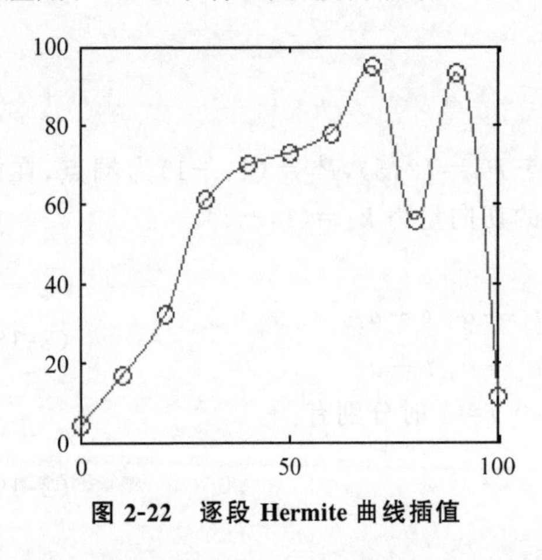

图 2-22　逐段 Hermite 曲线插值

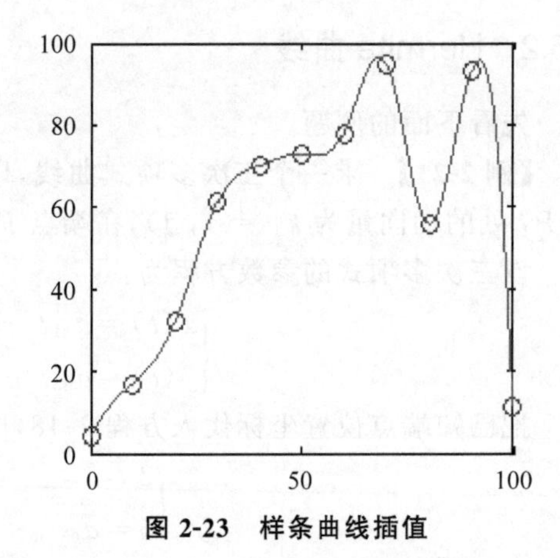

图 2-23　样条曲线插值

2.6.3　样条曲线

事实上，三次样条插值问题是这样给出的：

设平面上有 n 个节点，表示为 $V_i=(x_i,y_i)$，$i=1,2,3,\cdots,n$，$x_1<x_2<\cdots<x_n$。现在求三次多项式函数 $S_i(x)$，使得 $S_i(x_i)=y_i$，$S_i(x_{i+1})=y_{i+1}$，并且

$$S'_i(x_{i+1})=S'_{i+1}(x_{i+1}),S''_i(x_{i+1})=S''_{i+1}(x_{i+1})\quad i=1,2,3,\cdots,n,x_i\leqslant x\leqslant x_{i+1}$$

在满足上面条件的情况下，再增加两个边界条件，用待定系数法可以求出 n 个分段三次多项式，把这 n 个分段多项式统称为该问题的三次样条插值函数。

常用的增加边界条件的方法有：

(1) 限定两端切线方向，给定两端切向量。

(2) 认定曲线在第 1 段与最后 1 段（$n-1$ 段）为抛物线，即这两段曲线的二阶导数为常数。

【例 2-22】 给定五个点(1,1)，(2,2)，(3,6)，(6,3)，(9,6)，求过这五个点的三次样条插值曲线（段），(1,1)点处的斜率为−1，(9,6)点处的斜率为 1。

即求两个三次多项式，使得在(3,6)点连续并且一阶导数与二阶导数相等，在(1,1)与(9,6)点的一阶导数分别为−1与1。

设两个三次多项式分别为：

$$y=a_1x^3+b_1x^2+c_1x+d_1$$
$$y=a_2x^3+b_2x^2+c_2x+d_2$$

$$\begin{cases}-1=3a_1\times 1+2b_1\\ 1=a_1+b_1+c_1+d_1\\ 2=a_1\times 2^3+b_1\times 2^2+c_1\times 2+d_1\\ 6=a_1\times 3^3+b_1\times 3^2+c_1\times 3+d_1\\ 6=a_2\times 3^3+b_2\times 3^2+c_2\times 3+d_2\\ 3=a_2\times 6^3+b_2\times 6^2+c_2\times 6+d_2\\ 6=a_2\times 9^3+b_2\times 9^2+c_2\times 9+d_2\\ 1=3a_2\times 9+2b_2\end{cases}$$

8个未知数，8个方程。解该方程组，可以得到两个三次多项式的系数。该分段插值曲线绘制出来如图2-24所示。

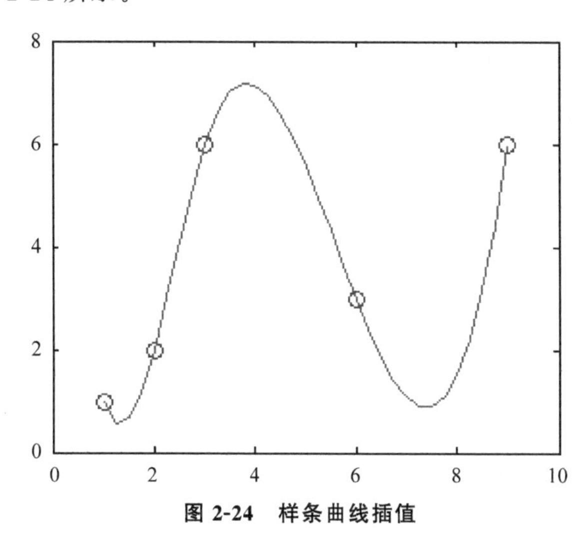

图2-24　样条曲线插值

2.7　基于代数方程的基本规则图形填充

在这一节中将研究如何使用绘制直线的函数填充平面上各种规则的线框图形。

2.7.1　矩形与三角形填充

矩形填充比较容易实现。

【例2-23】 给定矩形的四个顶点(x_1,y_1)，(x_2,y_2)，(x_3,y_3)，(x_4,y_4)，使用VC++画线函数绘制并填充该矩形。

实际上只需要给出左上与右下两个顶点就可以。下面的函数就是使用这样两个顶点构造的。

建立单文档项目，在 OnDraw()函数的上面写入一个 Line()函数，再写入一个填充矩形的函数 R()，如下。

```
void Line(int x1,int y1,int x2,int y2,CDC *p)
{
    p->MoveTo(x1,y1);
    p->LineTo(x2,y2);
}
void R(int x0,int y0,int x1,int y1,int color,CDC* pDC)
{
    int y;
    for(y=y0;y<=y1;y++)
    {
        Line(x0,y,x1,y,pDC);                    //绘制水平线段填充,线段横坐标不变
    }
}
```

在 OnDraw()函数中调用 R()函数，如下，就可以填充一个矩形。

```
void CBbView::OnDraw(CDC* pDC)
{
    CBbDoc* pDoc = GetDocument();
    ASSERT_VALID(pDoc);
    R(20,30,60,80,0,pDC);
}
```

绘制结果如图 2-25(a)所示。函数 R()绘制的矩形其两边与坐标轴平行。如何绘制边与坐标轴不平行的矩形？留作习题。

【例 2-24】 给定梯形的四个顶点(x_1,y_1)，(x_2,y_2)，(x_3,y_1)，(x_4,y_2)，使用 VC++画线或者画点函数绘制并填充该梯形。

设计程序如下，写在 OnDraw()函数中。

```
float x,y;
float x1,y1,x2,y2,x3,y3,x4,y4;                 //梯形的四个顶点
x1=320;y1=200;x2=450;y2=200;
x3=550;y3=400;x4=100;y4=400;
pDC->MoveTo(x1,y1);
pDC->LineTo(x2,y2);
pDC->LineTo(x3,y3);
pDC->LineTo(x4,y4);
pDC->LineTo(x1,y1);
for(x=x4;x<=x3;x=x+1)
    for(y=y1;y<=y3;y=y+1)
```

```
        if(y>(y4-y1)/(x4-x1) * (x-x1)+y1 && y>(y3-y2)/(x3-x2) * (x-x2)+y2)
            pDC->SetPixel((int)x,(int)y,255);
```

编译运行，绘制出如图 2-25(b)所示的梯形。

上面两个例题分别实现了矩形与梯形的填充，那么如何实现三角形的填充呢？

三角形的填充方法有很多。下面使用水平线分割三角形(如图 2-25(c)所示)，然后对上下两个三角形进行填充。

有一条边平行于 X 轴，就可以当作退化的梯形进行填充，见例 2-25。

【例 2-25】 给定三角形的三个顶点(x_1,y_1)，(x_2,y_2)，(x_3,y_3)，设 $y_1<y_2$，$y_2=y_3$，使用 VC++ 画线或画点函数绘制并填充该三角形。

建立单文档项目，在 OnDraw()函数的上面写入一个 Line()函数。

```
void Line(int x1,int y1,int x2,int y2,CDC *p)
{
    p->MoveTo(x1,y1);
    p->LineTo(x2,y2);
}
```

然后在 OnDraw()函数中调用该画线函数，具体如下。

```
void CSanjiaoxingView::OnDraw(CDC* pDC)
{
    CSanjiaoxingDoc* pDoc = GetDocument();
    ASSERT_VALID(pDoc);
    int x1=100,x2=200,y1=300,y2=400,x3=500,y3=600;
    int x,y;
    for(x=x2;x<x3;x++)
    {
        y=y2+(y2-y3)/(x3-x2) * (x-x2);
        Line(x1,y1,x,y,pDC);
    }
}
```

编译运行后，绘制出的三角形如图 2-25(d)所示。

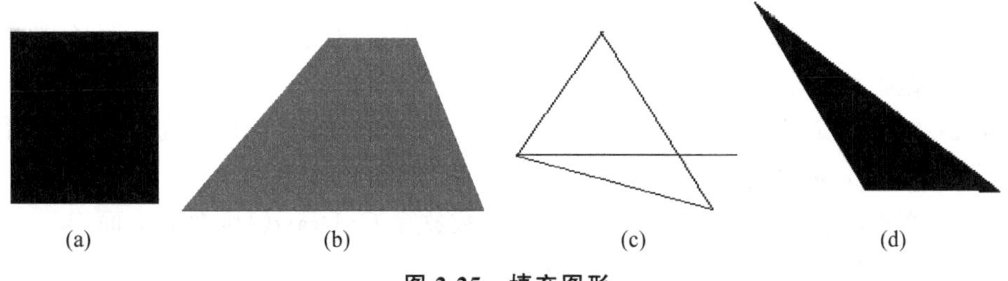

图 2-25　填充图形

对于一般的三角形，可以先判断哪个点的纵坐标位于另外两点的纵坐标之间，然后分割为两个三角形进行填充。

2.7.2 椭圆填充

椭圆是计算机图形绘制中经常用到的,可以自己编写程序填充椭圆。

【例 2-26】 给定一个椭圆$\frac{y^2}{9}+\frac{x^2}{4}=1$,编写程序填充该椭圆。

首先设计一个绘制直线段的函数,然后放在 OnDraw()函数的上面。

```
void Line(float x1,float y1,float x2,float y2,CDC *p)
{
    p->MoveTo((int)x1,(int)y1);
    p->LineTo((int)x2,(int)y2);
}
```

在 OnDraw()函数中填写代码,如下。

```
void CBbView::OnDraw(CDC* pDC)
{
    CBbDoc* pDoc = GetDocument();
    ASSERT_VALID(pDoc);
    float x,y,y1,y2;
    for (float i=-2;i<2;i=i+0.02)
    {
        x=i;y=0;                              //从横轴开始向上下绘制垂线段
        y1=pow((9-9*pow(i,2)/4),0.5);         //根据方程计算纵坐标值
        y2=-y1;                               //根据横轴对称,给出下半部纵坐标值
        Line(x*20+100,y*20+100,x*20+100,y1*20+100,pDC);
        Line(x*20+100,y*20+100,x*20+100,y2*20+100,pDC);
    }
}
```

编译运行,绘制出的图形如图 2-26(a)所示。

实际上,可以使用一些算法来完成椭圆等的快速填充。

2.7.3 抛物线围成的封闭区域填充

从椭圆等的填充可以看出,利用曲线的方程,可以对曲线所围区域进行填充。例 2-26 就是对一个抛物线与坐标轴围成区域进行填充。

【例 2-27】 给定抛物线方程 $y=4x(1-x)0<x<1$,使用绘制直线段函数编写程序填充该抛物线与 x 轴之间围成的区域。

建立单文档项目,把例 2-25 中的 Line()函数放在 OnDraw()函数的上面。

然后把下面的代码写入 OnDraw()函数。

```
float x,y,y1,y2;
for (float i=0;i<1;i=i+0.01)
{
```

```
    x=i;y=0;
    y1=4*x*(1-x);
    Line(x*80+100,y*80+100,x*80+100,y1*80+100,pDC);
}
```

编译运行，绘制出的图形如图 2-26(b)所示。

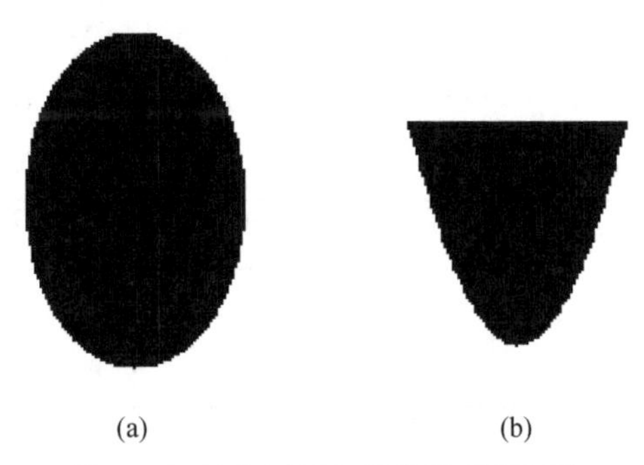

(a) (b)

图 2-26 填充椭圆与抛物线所围区域

使用方程进行填充是可行的，不过有些时候可以根据图形的特点，利用其相关性等实现快速填充。例如梯形填充，就完全可以把绘制直线段的 DDA 算法等利用上，实现高效率的填充算法。

另外，在计算机图形学中，更多的时候是使用多边形表示物体，所以研究任意多边形的填充算法是非常必要的。

2.8 多边形填充

本节要研究的内容是，给定一些多边形的顶点(自然可以绘制出各条边)，如何正确高效地填充该多边形。在填充的时候，可以使用画点函数，也可以使用绘制直线段函数。为了简化问题，将多边形限制为单连通。

也可以这样描述多边形填充问题：编写程序，输入是多边形的顶点及其连接关系，输出是填充好的多边形，要求只允许使用绘制点与绘制直线的函数。

2.8.1 多边形填充的复杂性分析

仔细思考，会发现填充多边形是一项复杂的工作，原因在于多边形形态的多样性。

如图 2-27 所示的几个多边形都是单连通多边形，其各具形态。

图 2-27 各具形态的多边形

作者曾在课堂上提出如何填充多边形的问题，学生的回答各式各样，有的同学提出：在多边形内找到一点，然后连接各个顶点构成多个三角形，再逐个三角形进行填充。该方法存在的最大问题是有的凹多边形，不可以实现正确分割为多个三角形，参考图 2-27。很少有同学想到种子填充算法（在 2.8.3 节中介绍）。由于受矩形、梯形、三角形等填充的启发，有的同学想到了扫描线填充方法。扫描线算法的基本想法确立后，还需要进一步解决一些关键问题。

下面以如图 2-28 所示的多边形填充为例说明该问题。

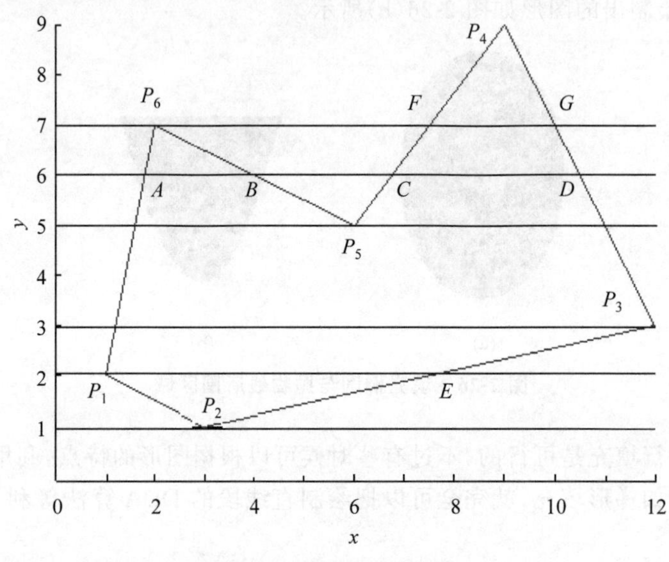

图 2-28　多边形扫描线填充

可以从 y 等于所有顶点的最小值开始向上扫描，直到 y 等于所有顶点的最大值结束。

对于每一条扫描线 $y=k$，计算与各个边的交点，然后把交点按照 x 大小进行排序，确定各个区间，例如，扫描线 $y=6$ 一共切割出 5 个区间：[0,2]，[2,4]，[4,7]，[7,11]，[11,12]，这些交点的 y 值可以用斜率累积的方法得到，类似于绘制直线时的快速算法。

接下来判断这些区间线段哪个在多边形内，一个简单的判断准则是奇数交点与偶数交点之间的线段在多边形内。

当交点是多边形顶点时，需要判断处理，例如，扫描线 $y=7$ 与 P_6 点相交，该交点应该作为两个交点处理，这样可以在编写程序时自动确定哪个区间在多边形内。不过，P_1 与 P_5 这样的(顶)交点却各有特点。

主体问题解决后，一些小的细节往往会花更多的时间精力去处理，这也许是计算机应用或者软件开发面临的大问题。

2.8.2　扫描线填充

基本思想如下。

(1) 求交：计算水平扫描线与多边形各边的交点。

(2) 排序：把交点按(X 方向)从小到大进行排序。

(3) 消除重交点：处理扫描线通过多边形边界顶点时形成的各种重交点，确保奇数交点与偶数交点之间的部分在多边形内。

(4) 区间填色：把位于多边形内的像素置成多边形颜色。

为了提高效率，当扫描线与某条边求交时，可以利用斜率加减代替方程求交运算（以提高求交点的效率），确定扫描线的两个端点。

另外，使扫描线只与多边形中那些可能有交点的边求交（可以通过顶点数组的 y 值得到），为当前扫描线构建一个链表，该表记录了与此扫描线相交的边的信息，一般称为活性边表。图 2-29 与图 2-30 给出了两条边的活性边表示例。

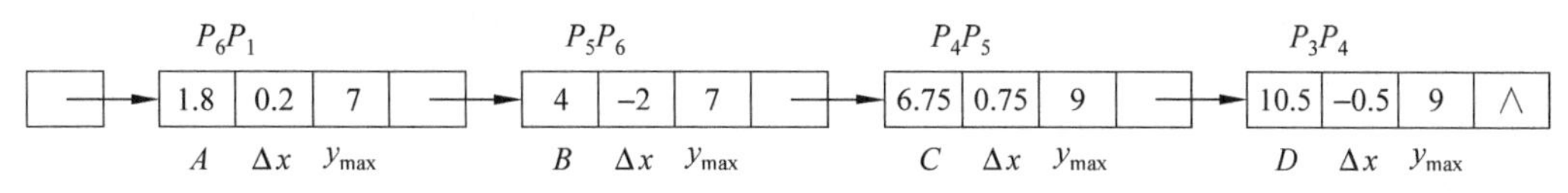

图 2-29　扫描线 6 的活性边表

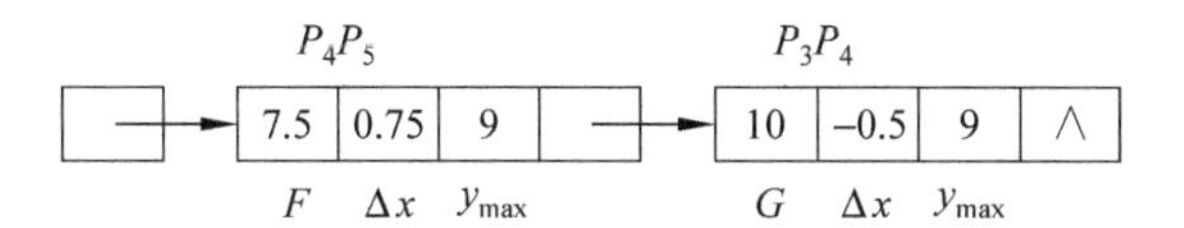

图 2-30　扫描线 7 的活性边表

如图 2-29 所示的链表提供数据有：扫描线 6 一共与四条边相交，其中每条边被记录下的信息有（与扫描线）交点的 x 值、y 增加 1 时 x 的增加值、该边的 y 的最大值，这几条边按照 x 的大小进行排序，链接在一起。

活性边表随时增加或者删除边，以保证在活性边表上的边都与扫描线相交。

通过活性边表，可以充分利用边连贯性与扫描线连贯性，减少求交计算量，提高排序效率。在活性边表的结构中，进行交点配对和区域填充变得容易了。

为了方便建立活性边表，一般还建立一个新边表，如图 2-31 所示。

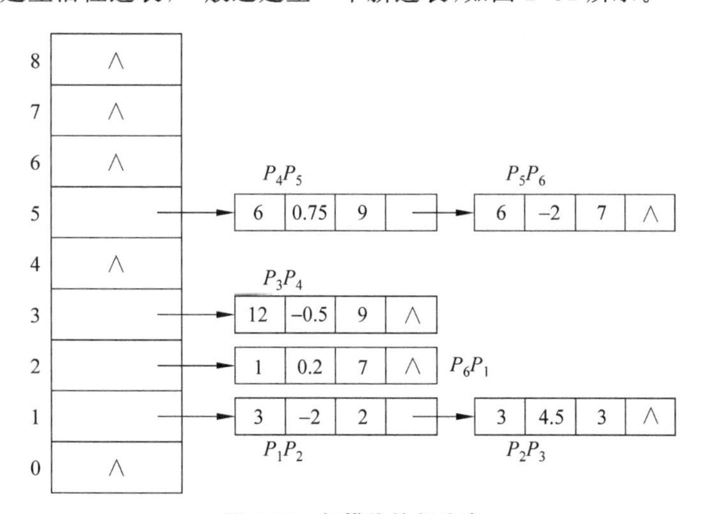

图 2-31　扫描线的新边表

每当扫描线移动时，就检查一下看是否有新边加入，以便随时准确快速地更新活动边表。

具体的实现见例2-28。

【例2-28】 多边形扫描线填充程序。

下面是一个完整的扫描线填充程序。

```
struct Edge{                                          //用来存储边的结构体类型
    int yUpper;
    float xIntersect,dxPerScan;
    struct Edge * next;                               //指向下一条边的指针
}tEdge;                                               //结构体变量
///////////////////////////
void insertEdge(Edge * list,Edge * edge)
{                                                     //插入边的函数
    Edge * p, * q=list;
    p=q->next;
    while(p!=NULL){
        if(edge->xIntersect<p->xIntersect)
            p=NULL;
        else{
            q=p;
            p=p->next;
        }
    }
    edge->next=q->next;
    q->next=edge;
}
//////////////////////////
int yNext(int k,int cnt,CPoint * pts)
{                                                     //计算比较y值
    int j;
    if((k+1)>(cnt-1))
        j=0;
    else
        j=k+1;
    while(pts[k].y==pts[j].y)
        if((j+1)>(cnt-1))
            j=0;
        else
            j++;
    return(pts[j].y);
}
///////////////////////////
void makeEdgeRec(CPoint lower,CPoint upper,int yComp,Edge * edge,Edge * edges[])
{
    edge->dxPerScan=(float)(upper.x-lower.x)/(upper.y-lower.y);
```

```
    edge->xIntersect= lower.x;
    if(upper.y<yComp)
        edge->yUpper=upper.y-1;
    else
        edge->yUpper=upper.y;
    insertEdge(edges[lower.y],edge);
}
///////////////////////////
void buildEdgeList(int cnt,CPoint *pts,Edge *edges[])
{                                                        //建立新边表
    Edge *edge;
    CPoint v1,v2;
    int i,yPrev=pts[cnt-2].y;
    v1.x=pts[cnt-1].x;v1.y=pts[cnt-1].y;
    for(i=0;i<cnt;i++){
        v2=pts[i];
        if(v1.y!=v2.y){
            edge=(Edge*)malloc(sizeof(Edge));
            if(v1.y<v2.y)
                makeEdgeRec(v1,v2,yNext(i,cnt,pts),edge,edges);
            else
                makeEdgeRec(v2,v1,yPrev,edge,edges);
        }
        yPrev=v1.y;
        v1=v2;
    }
}
///////////////////////////
void buildActiveList(int scan,Edge *active,Edge *edges[])
{                                                        //建立活性边表
    Edge *p, *q;
    p=edges[scan]->next;
    while(p)
    {
        q=p->next;
        insertEdge(active,p);
        p=q;
    }
}
/////////////////////
void fillScan(int scan,Edge *active,CDC *pDC)
{                                                        //填充(绘制)两个交点之间的线段
    Edge *p1, *p2;
    int i;
```

```
    p1=active->next;
    while(p1){
        p2=p1->next;
        for(i=p1->xIntersect;i<p2->xIntersect;i++)
            pDC->SetPixel(i,scan,0);
        p1=p2->next;
    }
}
////////////////////////
void deleteAfter(Edge * q)
{
    Edge * p=q->next;
    q->next=p->next;
    free(p);
}
////////////////////////
void updateActiveList(int scan,Edge * active)
{                                                    //更新活动边表
    Edge * q=active, * p=active->next;
    while(p)
        if(scan>=p->yUpper){
            p=p->next;
            deleteAfter(q);
        }
        else{
            p->xIntersect=p->xIntersect+p->dxPerScan;
            q=p;
            p=p->next;
        }
}
//////////////////////////////
void resortActiveList(Edge * active)
{
    Edge * q, * p=active->next;
    active->next=NULL;
    while(p)
    {
        q=p->next;
        insertEdge(active,p);
        p=q;
    }
}
//////////////////////////////
void scanFill(int cnt,CPoint * pts,CDC * pDC)
```

```
{                                                        //填充函数
    Edge * edges[300], * active;                         //edges是指针数组
    int i,scan;
    for(i=0;i<300;i++){
        edges[i]=(Edge *)malloc(sizeof(Edge));           //开辟内存区
        edges[i]->next=NULL;
    }
    buildEdgeList(cnt,pts,edges);
    active=(Edge *)malloc(sizeof(Edge));
    active->next=NULL;
    for(scan=0;scan<300;scan++){
        buildActiveList(scan,active,edges);
        if(active->next){
            fillScan(scan,active,pDC);                   //调用 fillScan()
            updateActiveList(scan,active);
            resortActiveList(active);
        }
    }
}
//////////////////////////////////////
```

上面这些函数写在 OnDraw()函数的前面，在 OnDraw()函数中调用如下。

```
void CAView::OnDraw(CDC * pDC)
{
    CADoc * pDoc = GetDocument();
    ASSERT_VALID(pDoc);
    CPoint V[3];int cnt=3;
    V[0].x=20;V[0].y=30;
    V[1].x=100;V[1].y=120;
    V[2].x=200;V[2].y=80;
    scanFill(cnt,V,pDC);              //调用 scanFill()函数,从而调用了所有的函数
}
```

程序运行后，绘制出一个填充三角形如图 2-32(a)所示。

如果把 OnDraw()函数中的调用程序修改为如下所示，就可以填充随机给定的五边形，绘制结果选择两个，如图 2-32(b)和图 2-32(c)所示。

```
CPoint V[5];int cnt=5;
for (int i=0;i<5;i++)
{
    V[i].x=rand()%200;
    V[i].y=rand()%150;
}
scanFill(cnt, V, pDC);
```

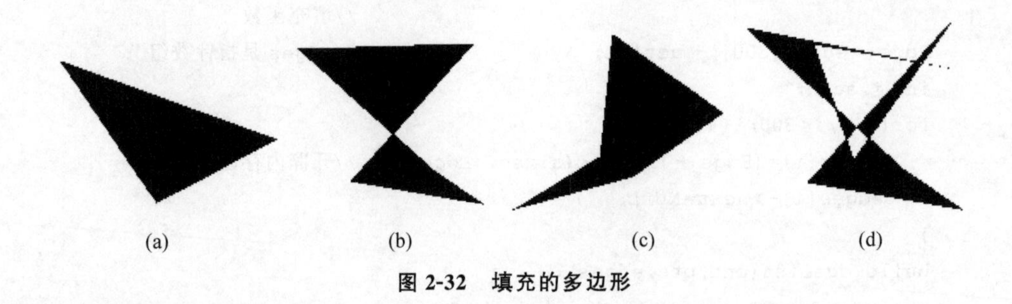

图 2-32 填充的多边形

如果把上面程序中的 5 都改成 8,多边形的顶点变多,且因为是随机生成,所以形状奇特,但是也可以完成填充。

实际上,目前多边形填充已经得到比较好的解决,扫描线填充算法是一个比较经典的算法。除了扫描线填充算法外,还有很多种方法能够填充多边形,其中,有一种简单有趣的方法是种子填充算法。

2.8.3 种子填充

种子填充算法与程序都比较简单。基本想法就是事先必须给出一个封闭的边界曲线,然后再给定一个区域内的点坐标,从该点出发判断周围的点是否是边界,不是就填充上。

周围点可以是上下左右四个方向,如例 2-29 就是检查四个方向。也可以检查周围上下左右,还有四个角点,共八个方向,关于八个方向(即八连通)可以参考有关文献。

【例 2-29】 使用种子填充算法对封闭线框图形进行填充。

设计下面的函数,该递归函数可以完成种子填充工作。

```
void B(int x,int y,int c1,int c2,CDC * p)          //四连通种子填充算法
{   long c;
    c=p->GetPixel(x,y);                             //取(x,y)点的颜色值赋给变量 c
    if(c!=c1&&c!=c2)
    {
        p->SetPixel(x,y,c1);
        B(x+1,y,c1,c2,p); B(x-1,y,c1,c2,p);       //递归调用,上下左右四个方向搜索
        B(x,y+1,c1,c2,p); B(x,y-1,c1,c2,p);
    }
}
void CA11111View::OnDraw(CDC * pDC)
{
    CA11111Doc * pDoc = GetDocument();
    ASSERT_VALID(pDoc);
    pDC->Rectangle(20,50,120,150);                  //绘制矩形边框宽高为 120,150
    B(80,60,0,0,pDC);                               //利用种子点(80,60)开始填充
}
```

程序代码编写如图 2-33 所示。运行后填充结果如图 2-34(a)所示。

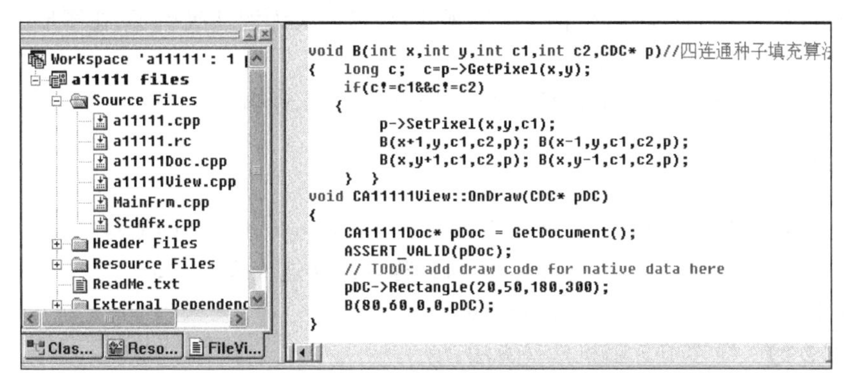

图 2-33　种子填充程序

如果把语句 pDC－＞Rectangle(20,50,120,150)修改为 pDC－＞Ellipse(20,50,120,150),那么就绘制并填充一个椭圆,其外接矩形的左上顶点与右下顶点分别为(20,50)与(120,150),如图 2-34(b)所示。

如果在 OnDraw()函数中写入下面的代码,绘制几条封闭折线,也可以实现填充。

```
pDC->MoveTo(100,100);
pDC->LineTo(200,180);
pDC->LineTo(150,230);
pDC->LineTo(140,210);
pDC->LineTo(80,220);
pDC->LineTo(100,100);
B(120,120,0,0,pDC);
```

绘制填充的结果如图 2-34(c)所示。

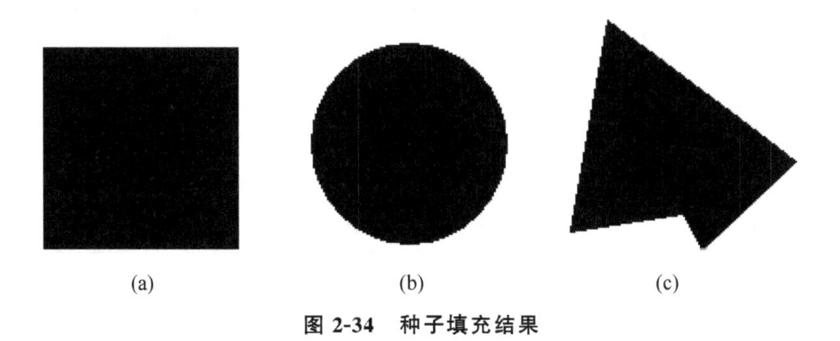

图 2-34　种子填充结果

在绘制点的过程中,加入 Sleep()函数,可以观察到填充时点是如何绘制的。

2.9　二维分形图绘制

计算机擅长于创建规则物体。不规则物体在自然界是大量存在的,如山、水、树木、云、火、衣服等。图形学绘制不规则物体最常使用的方法是随机的方法。

关于不规则物体建模，分形是一个相对成熟的图形学分支，在数学上，分形一般定义为具有分数维数的点的集合；在有的学科领域，分形定义为混沌吸引子；在图形学中，一般把分形定义为具有自相似特性的图形点集。

可以使用随机线性迭代函数系统绘制分形图，例如，绘制树、山等。

2.9.1 绘制树

迭代函数系统简记为IFS，是英文Iterated Function Systems的缩写。线性迭代函数系统的每个迭代函数表达式都是线性的，所以称为线性迭代表达式。

可以使用下面的迭代算法绘制分形树。

【算法2-2】 线性IFS随机迭代算法。

(1) 设定一个起始点(x_0, y_0)及总的迭代步数。

(2) 以概率P_k($k=1,2,\cdots,N$)选取仿射变换W_k，W_k形式如式2-25所示。

$$\begin{bmatrix} x_1 \\ y_1 \end{bmatrix} = \begin{bmatrix} a_k & b_k \\ c_k & d_k \end{bmatrix} \begin{bmatrix} x_0 \\ y_0 \end{bmatrix} + \begin{bmatrix} e \\ f \end{bmatrix} \tag{2-25}$$

(3) 以W_k作用点(x_0,y_0)，得到新坐标(x_1,y_1)。

(4) 令$x_0=x_1$，$y_0=y_1$。

(5) 在屏幕上输出(x_0,y_0)。

(6) 重返第(2)步，进行下一次的迭代，直到迭代次数大于总步数为止。

其中，W_i($i=1,2,\cdots,N$)是一组收缩仿射变换；式2-25叫作线性IFS迭代表达式。

使用算法2-2，对于一些给定的表达式参数，可以绘制出树与山等自然景物。

【例2-30】 给定参数，绘制分形树。

给定的参数与概率如表2-1所示，使用这些参数就可以绘制出一个分形树。

表2-1 给定的参数与概率

W	a	b	c	d	e	f	P
1	0	0	0	0.16	0	0	0.01
2	0.85	0.04	−0.04	0.85	0	1.6	0.85
3	0.2	−0.26	0.23	0.22	0.01	1.6	0.07
4	−0.15	0.28	0.26	0.24	0	0.44	0.07

按照算法2-2设计程序如下。

```
double a[4][6];               //为了程序设计方便，把系数存储在二维数组中
a[0][0]=0.0;a[0][1]=0.0;a[0][2]=0.0;a[0][3]=0.16;a[0][4]=0.0;a[0][5]=0.0;
a[1][0]=0.85;a[1][1]=0.04;a[1][2]=-0.04;a[1][3]=0.85;a[1][4]=0.0;a[1][5]=1.6;
a[2][0]=0.2;a[2][1]=-0.26;a[2][2]=0.23;a[2][3]=0.22;a[2][4]=0.01;a[2][5]=1.6;
a[3][0]=-0.15;a[3][1]=0.28;a[3][2]=0.26;a[3][3]=0.24;a[3][4]=0.0;a[3][5]=0.44;
double x0=1.0,y0=1.0,x1=1.0,y1=1.0;
int i, r;
for(i=0;i<15000;i++)
```

```
{
    r=rand()%100;            //对 100 求余,把随机数转换为 0~99
    if(r<=1)
    {
        x1=a[0][0]*x0+a[0][0]*y0+a[0][4];
        y1=a[0][2]*x0+a[0][3]*y0+a[0][5];
    }
    if(r>1 && r<=86)
    {
        x1=a[1][0]*x0+a[1][1]*y0+a[1][4];
        y1=a[1][2]*x0+a[1][3]*y0+a[1][5];
    }
    if(r>86 && r<=93)
    {
        x1=a[2][0]*x0+a[2][1]*y0+a[2][4];
        y1=a[2][2]*x0+a[2][3]*y0+a[2][5];
    }
    if(r>93 && r<=100)
    {
        x1=a[3][0]*x0+a[3][1]*y0+a[3][4];
        y1=a[3][2]*x0+a[3][3]*y0+a[3][5];
    }
    x0=x1; y0=y1;
    pDC->SetPixel((int)(x0*60+200),(int)(-y0*40+410),RGB(0,0,0));
}  //绘图时把 y 值取负数再加上一个数,是为了把树正着绘制出来
```

把这段程序写入单文档的 OnDraw()函数,绘制出的树如图 2-35(a)所示。

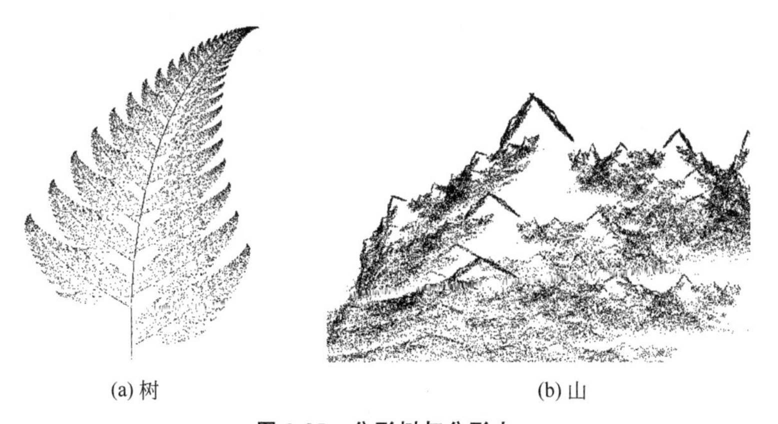

(a) 树　　　　(b) 山

图 2-35　分形树与分形山

2.9.2　绘制分形山

下面修改例 2-31 程序,绘制分形山。

【例 2-31】 给定参数，绘制分形山。

给定的参数如表 2-2 所示，使用这些参数就可以绘制出一个分形山。

表 2-2 给定参数

W	a	b	c	d	e	f	P
1	0.08	−0.031	0.084	0.0306	5.17	7.97	0.03
2	0.0801	0.0212	−0.08	0.0212	6.62	9.4	0.025
3	0.75	0	0	0.53	−0.357	1.106	0.22
4	0.943	0	0	0.474	−1.98	−0.65	0.245
5	−0.402	0	0	0.402	15.513	4.588	0.21
6	0.217	−0.052	0.075	0.15	3.0	5.74	0.07
7	0.262	−0.105	0.114	0.241	−0.473	3.0405	0.1
8	0.22	0	0	0.43	14.6	4.286	0.1

为了避免书写太多代码，把程序改写成下面比较简洁的形式。

```
int i,k;  double total,x0,y0,r;
double a[8][7] ={ {0.0800,-0.0310,0.0840,0.0306,5.1700,7.9700,0.0300},
{0.0801,0.0212,-0.0800,0.0212,6.6200,9.4000,0.0250},
{0.7500,0,0,0.5300,-0.3570,1.1060,0.2200},
{0.9430,0,0,0.4740,-1.9800,-0.6500,0.2450},
{-0.4020,0,0,0.4020,15.5130,4.5880 ,   0.2100},
{0.2170,-0.0520,0.0750, 0.1500 ,   3.0000 ,   5.7400 ,  0.0700},
{0.2620,   -0.1050,   0.1140, 0.2410 , -0.4730 , 3.0450 ,   0.1000},
{0.2200,   0  , 0  ,   0.4300  , 14.6000 ,   4.2860 , 0.1000}} ;
x0=0.5; y0=0.8;
for(i=1;i<50000;i++)
{   r=(double)rand()/32767.0;
    total=a[0][6];      //每行的第 7 个元素的下标为 6,是该表达式被选中的概率
    k=0;
    while(total<r)
    {
        k=k+1;          //根据 k 值随机选择某个表达式
        total=total+a[k][6];
    }
    x1=a[k][0] * x0+a[k][1] * y0+a[k][4];
    y1=a[k][2] * x0+a[k][3] * y0+a[k][5];
    x0=x1;y0=y1;
    pDC->SetPixel((int)(x0 * 30+100),(int)(-y0 * 30+300),RGB(0,0,0));
}
```

把这段程序写入单文档的 OnDraw()函数，绘制出的山如图 2-35(b)所示。

【思考题】 分析例2-30程序与例2-31程序的区别。

分形技术的奇特在于,用很少的代码与参数就能够绘制出复杂逼真的自然景物。不过,目前,矩阵参数的选取多靠实验进行,规律性的东西还比较少。

使用分形图绘制算法,持续改变参数,可以制作出动画。例如,使用这种方法可以模拟树叶的摇动等。

习　　题

一、程序修改题

1. 修改例2-1程序,绘制(200,100)到(10,1)的直线段。

2. 把例2-2中的程序语句y+0.5改成y+0.6是否可以?改成y是否可以?

3. 将例2-5程序中的语句LineB(30,50,200,300,0,pDC);修改为LineB(30+j,50,200+j,300,0,pDC);,然后运行程序,分析结果。

4. 将例2-5程序修改为如下:

```
for(int j=1;j<1000;j++)
    LineB(30+j,50,200+j,300,0,pDC);
```

计算并输出时间;

```
for(int j=1;j<1000;j++)
    LineB(30+j,50,200+j,300,0,pDC);
```

计算并输出时间;

然后运行程序,分析结果。

5. 例2-6绘制出的椭圆等曲线,其中间有些部位点少、不清晰,修改程序使其更加清楚。

6. 修改例2-7程序,观察实验结果。

(1) 将例2-7中的SetPixel()函数换成LineTo()函数,绘制曲线。

(2) 将for(double t=-200;t<=200;t=t+0.01)改成for(double t=0;t<=1;t=t+0.001),运行程序,观察结果。

(3) 在程序中加入关于k的判断语句,然后输出提示信息。

7. 修改例2-12程序,观察实验结果。

(1) 将x=x+0.01修改成x=x+0.01。

(2) 将cos与sin的计算放到循环语句之外。

(3) 将1.57改成0.785。

(4) 使用LineTo()函数替换画点函数。

(5) 使用边画边擦除方法制作旋转动画。

8. 下面是一个有理贝塞尔曲线绘制程序,进一步完善该程序,把各个控制点绘制出来。

```
int x1=2,x2=8,x3=6,y1=3,y2=6,y3=1;
double xt,xyt,yt,x,y;
```

```
pDC->TextOut(x1*15+300,-y1*15+300,"A(2,3)");
pDC->TextOut(x2*15+300,-y2*15+300,"O(8,6)");
pDC->TextOut(x3*15+300,-y3*15+300,"B(6,1)");
for(double t=-0.2;t<50;t=t+0.02){
    xt=6*(1-t)*(1-t)*x1+8*2*t*(1-t)*x2+t*t*x3;
    xyt=6*(1-t)*(1-t)+8*2*t*(1-t)+t*t;
    x=xt/xyt;
    yt=6*(1-t)*(1-t)*y1+8*2*t*(1-t)*y2+t*t*y3;
    y=-yt/xyt;
    pDC->SetPixel(x*15+300,y*15+300,200);
}
```

该程序的运行结果如图 2-36 所示。

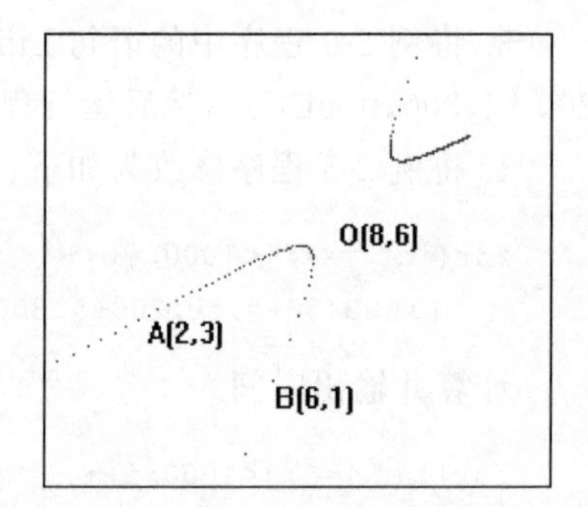

图 2-36 绘制贝塞尔曲线

9. 修改例 2-15，把三个方形的（大）点改成（大）圆点，并用红色绘制出(40,100)到(180,60)的直线段。

10. 修改例 2-19 程序，制作出更好的动画效果。

11. 修改例 2-24 程序，观察实验结果。

(1) 将其改为一个函数，4 个顶点作为参数。

(2) 将斜率计算移到循环语句之外。

(3) 加入 DDA 算法，提高该程序的计算效率。

12. 例 2-25 程序存在不足，那就是当 $x_2>x_3$ 时，程序不能绘制，加入分支等语句，完善该程序。

13. 例 2-28 中，如果使用红色填充，如何修改程序？

14. 修改例 2-29 程序，用多种颜色填充一个区域。例如，当从当前点向上、下、左、右四个方向填充时，分别用不同的 4 种颜色。

15. 修改例 2-29 程序，将语句 B(x＋1,y,c1,c2,p)；与语句 B(x－1,y,c1,c2,p)；调换一下位置，运行程序，观察实验结果。

16. 有一个资料上说，下面这些数据可以绘制出一个很好看的树，但是，作者没有绘制出来，不知道错在哪里，或者是这些数据根本就不能绘制出树来。修改数据（或者程序），使其能够绘制出好看的树。

```
double a[4][6];
a[0][0]=0.05;a[0][1]=0.6; a[0][2]=0.0;a[0][3]=0.0;a[0][4]=0.0;a[0][5]=0.0;
a[1][0]=0.05;a[1][1]=-0.5;a[1][2]=0.0;a[1][3]=0.0;a[1][4]=0.0;a[1][5]=1.0;
a[2][0]=0.6; a[2][1]=0.5; a[2][2]=40; a[2][3]=40; a[2][4]=0.0;a[2][5]=1.1;
a[3][0]=0.5; a[3][1]=0.45;a[3][2]=20; a[3][3]=20; a[3][4]=0.0;a[3][5]=0.44;
a[4][0]=0.5; a[4][1]=0.55;a[4][2]=30;a[4][3]=30;a[4][4]=0.0;a[4][5]=1.0;
a[5][0]=0.55;a[5][1]=0.40;a[5][2]=40;a[5][3]=40;a[5][4]=0.0;a[5][5]=0.7;
double x0=1.0,y0=1.0,x1=1.0,y1=1.0;
int i, r;
for(i=0;i<10000;i++)
{
```

```
    r=rand()%100;
    if(r<=10)
    {
        x1=a[0][0]*x0+a[0][0]*y0+a[0][4];
        y1=a[0][2]*x0+a[0][3]*y0+a[0][5];}
    if(r>10 && r<=20)
    {
        x1=a[1][0]*x0+a[1][1]*y0+a[1][4];
        y1=a[1][2]*x0+a[1][3]*y0+a[1][5];
    }
    if(r>20 && r<=40)
    {
        x1=a[2][0]*x0+a[2][1]*y0+a[2][4];
        y1=a[2][2]*x0+a[2][3]*y0+a[2][5];
    }
    if(r>40 && r<=60)
    {
        x1=a[3][0]*x0+a[3][1]*y0+a[3][4];
        y1=a[3][2]*x0+a[3][3]*y0+a[3][5];
    }
    if(r>60 && r<=80)
    {
        x1=a[4][0]*x0+a[4][1]*y0+a[4][4];
        y1=a[4][2]*x0+a[4][3]*y0+a[4][5];
    }
    if(r>80)
    {
        x1=a[5][0]*x0+a[5][1]*y0+a[5][4];
        y1=a[5][2]*x0+a[5][3]*y0+a[5][5];
    }
    x0=x1; y0=y1;
    pDC->SetPixel((int)(x0*60+200),(int)(-y0*40+210),RGB(0,0,0));
}
```

17. 修改例2-30程序，例如，修改给定的参数与概率值，然后运行观察绘制结果，如果得到特殊的图形，将其参数与概率等记录下来。

18. 修改例2-31程序，例如修改给定的参数与概率值，然后运行观察绘制结果，如果得到特殊的图形，将其参数与概率等记录下来。

19. 修改例2-30程序与例2-31程序，随机生成参数与概率值，然后运行观察绘制结果，如果得到特殊的图形，将其参数与概率等记录下来。

二、程序分析题

1. 在调试例2-1程序的时候，把绘制直线的函数修改为Myline(200,100,20,300,pDC)，运行程序后，绘制不出来直线段，分析原因。

2. 在例2-2中,为什么要 $y+0.5$ 后取整?

3. 分析为什么例2-3程序(直线段Bresenham绘制算法)能够绘制出直线段?以一个具体线段为例,画图分析。

4. 与例2-2、例2-3类似,例2-4也是每循环一次,x 都增加1,但是 y 是否增加,增加多少,取决于 e 的值,那么关于 e 的计算,其根据是什么?

5. 读例2-6程序,回答问题。

(1) 程序中rand()产生的随机数范围是什么? rand()/100得到的数值类型是什么?

(2) 该程序绘制出的椭圆为什么中间(接近竖直)部分的点比较少?

(3) 将x=x+0.1改成x=x+0.001后,程序是否可以运行?这样修改是好还是不好?

(4) 将语句y1=(-b+sqrt(c))/2;放到循环语句之外是否可以?

(5) 这个程序运行时间较长,主要原因是什么?

(6) 为什么将str定义为二维数组?

6. 修改例2-7程序,随机生成参数与控制点绘制图形,并将每次的参数、控制点记录在一个文本文档中。

7. 读例2-13程序,回答问题。

(1) 当radius=8时,计算(绘制出的)前5个点坐标。

(2) 循环时,每次x都增加一个单位,但是y不一定减少,也可能减少2次,这取决于d值。当radius=8时,求d的值,并计算循环几次后,d值第一次大于0。

(3) 表达式d+=2.0*x+3与d+=2.0*(x-y)+5与半径大小无关,查找资料研究这两个表达式是如何得到的。

(4) 这个算法(程序)为什么叫作中点画圆算法?

(5) 如何改写(或利用)这个程序,实现椭圆的绘制?

8. 例2-14为什么能绘制出来一个八分之一的圆弧?

9. 例2-14与例2-13相比,有哪些改进?这样修改后有什么优点?

10. 读例2-19程序,回答问题。

(1) 函数Draw3B()有几个形式参数?分别是什么类型的?都传值给哪几个实参?

(2) 该程序一共绘制了多少段曲线?每段曲线的控制点分别是什么?

(3) 语句Draw3B(i*i,i,256*256*256-1,pDC)的作用是什么?

11. 例2-23中程序假设梯形顶点是依次给出的,如果x4<x3,那么程序就出现问题,修改该程序,使其能够对任意4个位于两条平行线上的点都可以绘制出梯形。

12. 读例2-24程序,回答问题。

(1) 删除语句:pDC->MoveTo(x1,y1);pDC->LineTo(x2,y2);pDC->LineTo(x3,y3);pDC->LineTo(x4,y4);,程序运行结果会有什么变化?

(2) 根据题意,可以减少变量个数,如何减少?

(3) 语句SetPixel((int)x,(int)y,255)中,255表示什么颜色?

13. 读例2-27程序,回答问题(一)。

(1) 函数scanFill()在哪里被调用?

(2) 函数 fillScan()在哪里被调用?

(3) 函数 scanFill()中调用了哪几个自定义函数?

(4) 函数 makeEdgeRec()主要完成什么功能?

(5) 函数 yNext()主要完成什么功能? 在哪里被调用?

(6) 程序中定义了一个结构体类型是什么? 定义了几个结构体变量? 定义了几个指向该结构体类型的指针? 列举出几个。

14. 读例 2-27 程序,回答问题(二)。

(1) 在 Struct Edge 的定义中,为什么定义了一个指向 Edge 的指针变量 next,以图 2-29 中的 A 元素为例,其 Edge 的成员变量 int yUpper; float xIntersect,dxPerScan; struct Edge * next;的值分别是什么?

(2) 分析函数 insertEdge()的代码,插入边实际上完成了什么具体工作?

(3) 如果 yNext()函数是用来判断是否移动到下一条扫描线,那么 pts[]数组中存储的是什么? 函数中的变量 j 表示什么? cnt 表示什么?

(4) makeEdgeRect()的功能是给结构体成员赋值,然后插入到活动边表中,试说明变量 CPoint lower,CPoint upper,int yComp,Edge * edge,Edge * edges[]分别对应着图 2-30 中的哪一项?

(5) 函数 fillScan()实现的功能是什么?

(6) 函数 scanFill()中的 edges[300]是否可以改为 edges[30]?

15. 如果在例 2-27 的 OnDraw()函数中写入的代码是:

```
for(int i=0;i<3;i++)          //给定三个顶点
{
    V[i].x=100*i;
    V[i].y=10+i*50;
}
scanFill(cnt,V,pDC);
```

程序运行后,绘制出什么样的图形?

如果写入代码如下,运行结果如何?

```
V[0].x=1;V[0].y=10;
V[1].x=100;V[1].y=60;
V[2].x=200;V[2].y=110;
scanFill(cnt,V,pDC);
```

三、程序设计题

1. 参考例 2-11,设计程序,绘制下面参数方程表示的曲线。

$$\begin{cases} x = 3\cos t + \cos 2t \\ y = 3\sin t - \sin 2t \end{cases}$$

2. 设计程序,根据 2.3 节中给出的圆的参数方程,利用画点函数描点绘制圆。

3. 设计程序,根据 2.3 节中给出的圆的(显式)方程 $y = \pm\sqrt{r^2 - a^2} + b$,利用画点函数描点绘制圆。

4. 例2-13与例2-14两种方法绘制圆，编写程序比较其运行的快慢。

5. 编写程序绘制下面参数方程表示的曲线。

(1) $\begin{cases} x=at^2 \\ y=2at \end{cases}\quad -10<t<10$；(2) $\begin{cases} x=5+\sin t \\ y=-1-2\cos t \end{cases}\quad 0\leqslant t<2\pi$

6. 把下面平面曲线的普通方程转换为参数方程，然后绘制曲线。

(1) $y^2=x^3$；(2) $x^{\frac{1}{2}}+y^{\frac{1}{2}}=a^{\frac{1}{2}}(a>0)$

7. 参考例2-16，设计一个程序，给定三个控制点，绘制由这三个点控制的近似的贝塞尔曲线。

8. Windows的“画图”软件有一个基于控制点的曲线绘制功能。按住鼠标拖动得到一条直线，然后在右上方按住鼠标左键，松开后，再在左下角按住鼠标左键，绘制出如图2-37所示的曲线。分析这种曲线是否是一个三次贝塞尔曲线。

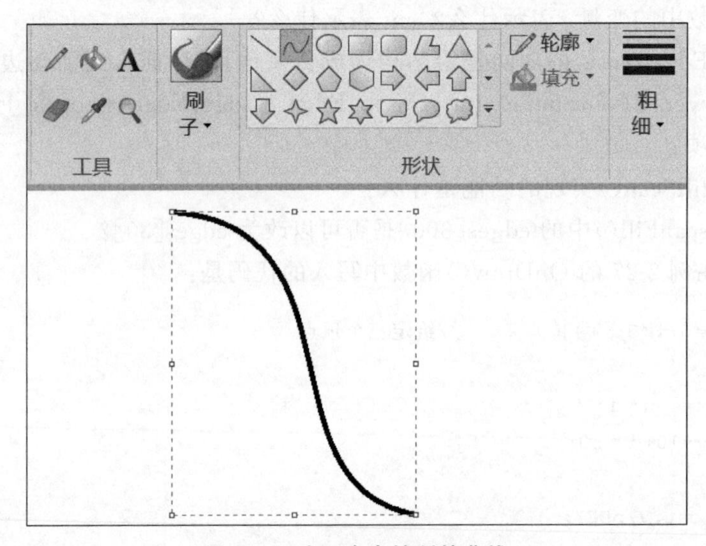

图2-37 由4个点控制的曲线

9. 在平面上顺序给定64个点，A，B，C，D，E，…，设计程序，依次过三个点（例如过A，B，C；C，D，E；…）绘制二次贝塞尔曲线，然后观察分析。

10. 参考第9题，使用二次B样条曲线（段），制作一个曲线逐渐增长的动画效果。

11. 给定4个点(1,1)，(2,2)，(3,5)，(5,2)，求二次多项式最小二乘拟合，即求 $f(x)=ax^2+bx+c$，使得 $E=\sum_{i=1}^{n}(f(x_i)-y_i)^2$ 最小。并绘制出4个节点与得到的拟合二次多项式曲线（抛物线）。

12. 贝塞尔曲线的基函数表达式为：$B_{i,n}(t)=C_n^i t^i(1-t)^{n-i}$，$0\leqslant i\leqslant n$，其中，$C_n^i=\dfrac{n!}{i!\,(n-i)!}$，计算当 $n=4$ 时，贝塞尔曲线的5个基函数。并设计程序，绘制这5个基函数表示的曲线。

13. B样条基函数表达式为：

$$F_{i,n}(t)=\frac{1}{n!}\sum_{j=0}^{n-i}(-1)^{j}C_{n+1}^{j}(t+n-i-j)^{n},\quad 0\leqslant t\leqslant 1,i=0,1,\cdots,n$$

计算当 $n=4$ 时的5个基函数，并编写程序绘制每个基函数曲线。

14. 编写绘制二次贝塞尔曲线的二分递归程序。可以查找有关资料，然后编写、修改与调试。

15. 根据贝塞尔曲线的递推算法程序编写VC++程序，使得用这种方法绘制5次贝塞尔曲线。

16. ①编写一个函数，一共3个(形式)参数，每个参数的类型都是CPoint，该函数使用二次函数实现过三个点的插值计算与曲线绘制；②调用①设计的函数，使用例2-20的数据，绘制出过这些点的一个分段插值曲线。

17. 参考例2-23、例2-25设计一个函数，任意给定矩形的4个顶点，就可以使用画线函数完成该矩形的填充。

18. 使用C语言，构造一个链表，用该表表示2.8.2节中的活性边表。

19. 构造一个函数，能够实现针对第18题链表的插入、删除等操作。

20. 设计一个程序(或函数)，根据例2-28的活性边表信息，完成扫描线6的(位于多边形内的)线段的绘制。

21. 设计一个程序(或函数)，根据例2-31的新边表信息，参考第19题，完成扫描线之间的转换。

22. 使用C语言的结构体数组等实现如图2-31所示的扫描线数据组织方式，然后将该新边表的所有信息都存储进去。这种方式与例2-28程序是否相同？如果不同，两者的优缺点分别是什么？

23. 编写程序，运行后可以按住鼠标拖动绘制一个封闭曲线，然后在区域内双击鼠标，就可以填充该区域。

24. 随机生成三个点，给每个点一种颜色，以这三个点为顶点绘制填充三角形，填充颜色根据顶点颜色渐变。

四、数学计算与算法设计题

1. 读例2-2程序，计算当 $x=30, 31, 32, 33, 34, 35$ 时，绘制出的5个点的坐标位置。

2. 例2-9可以将函数表达式改为如下所示，这样可以减少计算量。按照这个表达式修改程序，然后与原来程序比较计算时间的多少。

$$y=x-\frac{7}{x^{4}-3x^{2}+8x+6}$$

3. 参考例2-12，写出中点画圆算法。

4. 结合程序计算2.5.1节中，图2-13(a)和图2-13(b)的曲(直)线方程。

5. 当控制点为(0, 0)，(2, 2)，(4, 0)时，计算由这3个点控制的平面贝塞尔曲线的参数方程。

6. 根据式2-8回答，为什么平面贝塞尔曲线的第一个控制点与最后一个控制点都在曲线上，而其他控制点不在曲线上。

7. 例 2-18 使用了表达式 $P_{0,n}(t)=(1-t)P_{0,n-1}(t)+tP_{1,n}(t)$，用数学演算方法说明其正确性，并说明这样处理后为什么提高了效率？

8. 验证式 2-10、式 2-11、式 2-12 表示的曲线与式 2-9 表示的曲线是相同的。写成矩阵形式有什么好处？

9. 贝塞尔曲线有很多有趣的特性，2.5.2 节中列出了 4 个特性，证明或者说明(4)是正确的。

10. B 样条曲线与贝塞尔曲线的区别与联系（或者相似之处）分别是什么？

11. 解例 2-22 中的方程组，求出各个未知数的值。

12. 参考例 2-25，设计一个算法，要求使用 DDA 算法以及例 2-25 中的水平画线函数 Line()，进行三角形填充，目的是在程序的循环语句中不出现乘除法。

13. 参考例 2-26，将椭圆填充程序改成算法。

14. 椭圆绘制也有类似于例 2-13 的算法，查找资料，整理出一个椭圆快速绘制算法。

15. 运用已经学过的知识，参考例 2-27 研究抛物线绘制以及填充是否有快速算法，然后查找资料进一步研究。

16. 阅读 2.8.1 节，整理出一个较规范的多边形填充算法。

17. 2.8.2 节中的活性边表主要是记载边的信息还是扫描线的信息？使用活性边表有什么好处？活性边表为什么使用链表结构？

第3章 三维数据的二维投影

物体的空间位置以及形状、颜色与连接等数据存储在计算机中，这些数据唯一地代表着这个物体。给出物体的这些三维空间数据，在屏幕上绘制出该数据的二维投影图形，首先要给定投影平面与视点位置及视线方向；然后把空间点、线、面等投影到二维平面上；再把这个物体绘制出来。因为在屏幕上绘制物体只能绘制出该物体的一个投影面，至于绘制出物体的哪个(投影面)部分与(设定的)观察者所在位置有关。

三维数据的二维绘制，最困难的是确定哪些面(数据点)应该显示，哪些面(数据点)不显示，这个问题就是隐藏面处理问题，在本章中研究这一问题。

另外，绘制出的物体表面图必须具有亮度差别，否则该物体就不可见。这种亮度差别就是光照效果，利用颜色灰度来模拟光照效果在第5章中介绍。

3.1 三维数据投影

为了真实地表示三维物体，必须按照一定的规则把三维数据显示在二维平面上，这个过程在计算机图形学中叫作投影。目前常见的计算机屏幕只能显示二维图形，然后利用二维图形表达三维数据(形状)。

3.1.1 三维数据与二维显示

下面方程式表示三维空间的一条螺旋线(如图3-1所示)。

$$\begin{cases} x=\sin t \\ y=\cos t \quad 0\leqslant t\leqslant \pi \\ z=t \end{cases}$$

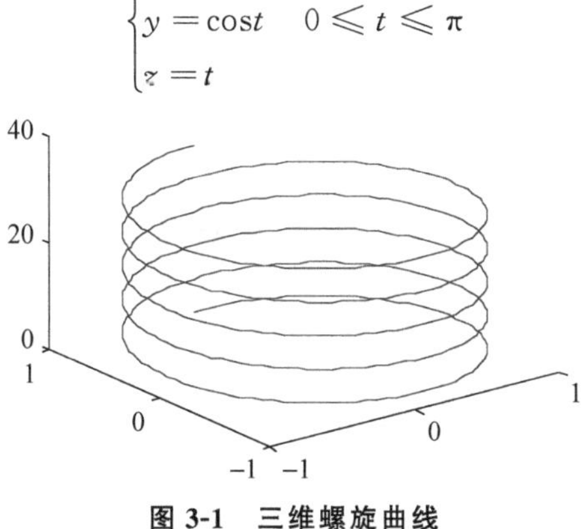

图3-1 三维螺旋曲线

该螺旋线由三维空间的一些连续的点构成，其各个点的空间位置由三个坐标值(x，y，z)决定，因为使用了参数方程，所以 x，y，z 都是 t 的函数。

使用线(框)投影图也可以绘制出具有一定真实效果的曲面图形。下面的函数是一个曲面方程：

$$z = x\mathrm{e}^{(-x^2-y^2)} \quad -2 \leqslant x \leqslant 2, -2 \leqslant y \leqslant 2$$

x，y 都是间隔 0.1 取值，绘制出的各个点构成了一些(不连续的)曲线，这些曲线又构成了(线框)曲面，如图 3-2 所示。

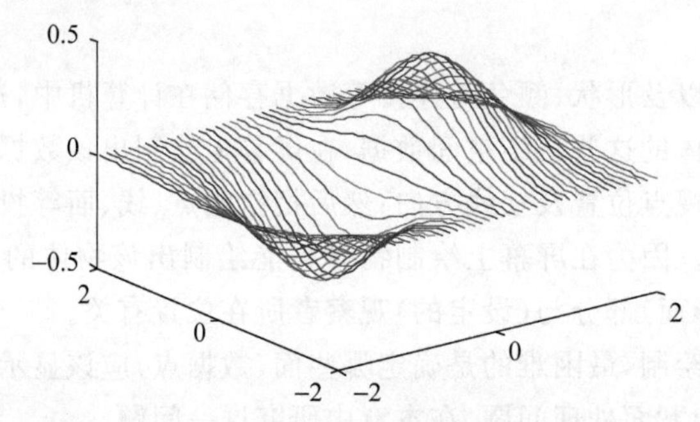

图 3-2　三维线框曲面

在计算机上绘制三维曲线，首先，计算机只能用离散来表达连续，这里 t 间隔某个较小的数取值；其次，计算机上没有“三维”的东西，所以需要投影。三维图形在计算机上都是凭借一个或者连续的多个二维图形表示，并且，一个平面上同一时刻只能绘制出一个投影面，绘制三维图形的说法本身并不严谨，应该说，绘制三维物体的某个角度上在某个平面上的投影图。图 3-1 与图 3-2 看上去是一个立体图，其实这里只是选择了从左上方观察(准确地说，这个图的视线方位角−37.5°，水平角 30°)。

3.1.2　绘制空间直角坐标系

空间直角坐标系的三个坐标轴如果简化为由三个空间线段构成，这三个线段的起始坐标都是(0,0,0)，终点坐标是(1,0,0)，(0,1,0)，(0,0,1)，分别代表着 X、Y、Z 轴。那么，在绘制三维图形时，坐标系如何显示呢？这是首先要解决的问题。

图 3-1 与图 3-2 是用 MATLAB 绘制出来的，在 MATLAB 中，有绘制三维图形的函数，当调用这些函数进行绘图时，自动绘制出三维坐标系。而在 VC++ 中还没有这样的功能，所以首先需要写一个函数，用来绘制三维坐标系。

【例 3-1】　用一种投影的方法绘制三维坐标系。

这里使用一种斜平行投影方法，投影平面为 XOY 平面。

设定投影方向矢量为(x_p，y_p，z_p)，形体上的一点模型坐标数据为(x，y，z)，要确定该点在 XOY 平面上的投影(x_s，y_s)，可以使用下面的公式计算。

$$\begin{cases} x_s = x - \dfrac{x_p}{z_p} z \\ y_s = y - \dfrac{y_p}{z_p} z \end{cases} \tag{3-1}$$

按照公式3-1,把点(0,0,0),(1,0,0),(0,1,0),(0,0,1)坐标代入表达式,就可以计算出每个(端)点应该绘制的位置,然后绘制(投影后的)线段,即坐标轴。

设计一个函数程序如下,把该函数放在视图文件中,OnDraw()函数的上面。

```
DrawAxis(float x,float y,float z,float xp,float yp,float zp,CDC *p)
{
    float xs,ys,zs;
    xs=x-xp/zp*z;
    ys=y-yp/zp*z;
    p->MoveTo(200,200);
    p->LineTo(xs*200,ys*200);
}
```

在OnDraw()函数中写入下面的调用语句。

```
float t[3]={1.0,1.5,1.0};
DrawAxis(1.0,0.0,0.0,t[0],t[1],t[2],pDC);
DrawAxis(0.0,1.0,0.0,t[0],t[1],t[2],pDC);
DrawAxis(0.0,0.0,1.0,t[0],t[1],t[2],pDC);
```

运行结果如图3-3(a)所示的坐标系。水平的为X轴,竖直的为Y轴,斜的为Z轴。如果把投影向量变为下面所示,运行结果如图3-3(b)所示的坐标系。

```
float t[3]={-1.8,1.5,1.0};
```

如果把投影向量变为下面所示,运行结果如图3-3(c)所示的坐标系。

```
float t[3]={-1.8,-1.5,1.0};
```

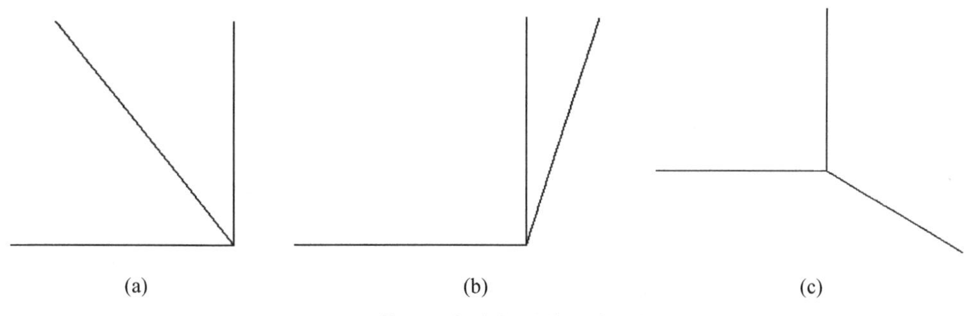

图3-3 从不同角度投影的三个坐标系

从式3-1可以看出,是将三维点(x,y,z)变成了二维点(x_s,y_s),在变换的过程中使用了投影方向矢量为(x_p,y_p,z_p),借助于这个矢量实现了到二维的变换。对于z为0的点,变换后x,y的值不变;对于z不为0的点,当x_p,y_p不全为0时,z值的大小影响新的x,y值。事实上,这个变换本质上是相似变换。

3.2 三维螺旋线的平行投影

在第1章例1-8中，绘制了三维螺旋线的三个投影图，即在三个坐标面上的投影图。这种投影比较简单，只绘制三维空间点的某两个坐标就可以。在这一节中将讨论如何绘制出如图3-1所示的具有真实感的投影图形。

3.2.1 参数方程及三维空间点的二维绘制

在图形学中，使用参数方程表示并绘制曲线与曲面更加方便，随着参数的变化，x，y，z也随着变化。因为x，y，z都是参数的函数，所以不需要利用x，y计算z等。

【例3-2】 绘制螺旋线。

把例3-1中的函数DrawCurve()修改为如下所示。

```
void DrawCurve(double p[3],CDC * pDC)
{
    double x[628],y[628],z[628];
    double xs[628],ys[628],a=120,b=1;
    int m=0;
    for(double t=0;t<62.8;t=t+0.1)
    {
        x[m]=a * cos(t);
        y[m]=a * sin(t);
        z[m]=b * t;
        m++;
    }
    xs[0]=x[0]-p[0]/p[2] * z[0]+200;
    ys[0]=y[0]-p[1]/p[2] * z[0]+200;
    pDC->MoveTo(xs[0],ys[0]);
    for(int i=0;i<628;i++)
    {
        xs[i]=x[i]-p[0]/p[2] * z[i]+200;
        ys[i]=y[i]-p[1]/p[2] * z[i]+200;
        pDC->LineTo((int)xs[i],(int)ys[i]);
    }
}
```

OnDraw()函数中的调用语句不变，绘制出如图3-4所示的螺旋线。根据投影向量，将计算出来的三维点再变换为二维点，实现了投影。

利用这种方法可以绘制出其他三维曲线，如例3-3所示。

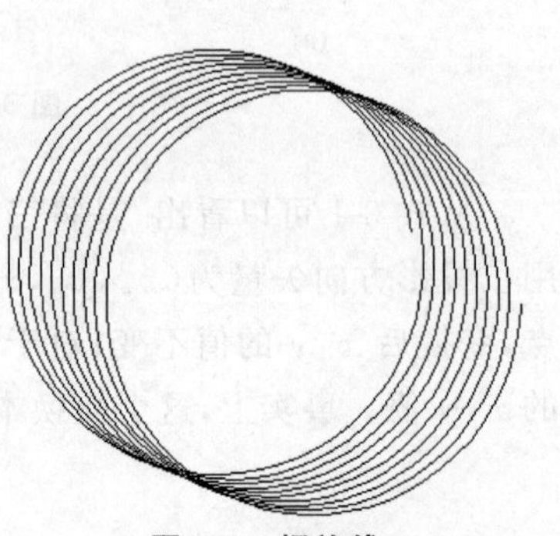

图3-4 螺旋线

【**例 3-3**】 三维空间中的维维安尼(Viviani)曲线是一个球与柱体的交线,其一般方程如式 3-2 所示,其参数方程如式 3-3 所示,能够推导出式 3-2 与式 3-3 是等价的。下面给出系数,绘制该曲线的具有真实感的三维图形。

$$\begin{cases} x^2 + y^2 + z^2 = a^2 \\ x^2 + y^2 - ax = 0 \end{cases} \tag{3-2}$$

$$\begin{cases} x = a\cos^2\theta \\ y = a\cos\theta\sin\theta \quad (0 \leqslant \theta < 2\pi) \\ z = a\sin\theta \end{cases} \tag{3-3}$$

使用参数方程编写程序如下,放在 OnDraw()函数的上面,以备调用。

```
void DrawCurve(float p[3],CDC * pDC)
{
    float x[628],y[628],z[628];
    float xs[628],ys[628],a=120;
    int m=0;
    for(float t=0;t<6.28;t=t+0.01)
    {
        x[m]=a * cos(t) * cos(t);
        y[m]=a * cos(t) * sin(t);
        z[m]=a * sin(t);
        m++;
    }
    xs[0]=x[0]-p[0]/p[2] * z[0]+200;   //先计算第一点,然后把焦点移到该位置
    ys[0]=y[0]-p[1]/p[2] * z[0]+200;
    pDC->MoveTo(xs[0],ys[0]);
    for(int i=0;i<628;i++)
    {
        xs[i]=x[i]-p[0]/p[2] * z[i]+200;
        ys[i]=y[i]-p[1]/p[2] * z[i]+200;
        pDC->LineTo((int)xs[i],(int)ys[i]);
    }
}
```

在 OnDraw()函数中写入下面的语句进行调用。

```
float k[3]={1.0,-0.4,1.0};
    DrawCurve(k,pDC);
```

程序运行后,绘制出如图 3-5 所示的图形。

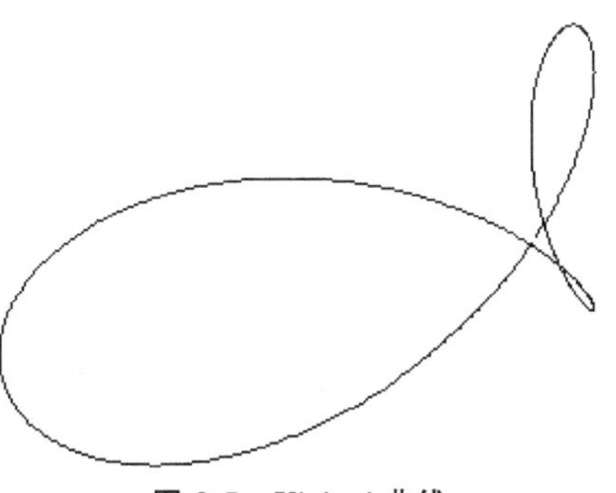

图 3-5　Viviani 曲线

3.2.2 不同角度的三维螺旋线投影

为了更好地理解三维数据在二维平面上的显示问题,下面设计程序,显示视向量不同时三

维螺旋线的投影图。

【例 3-4】 设计程序，绘制不同角度的三维螺旋线投影图。

设计函数如下，写在单文档程序的 OnDraw()函数上面。

```
void DrawCurve(double p[3],int s[2],CDC * pDC)
{
    double x[628],y[628],z[628];
    double xs[628],ys[628],a=60,b=1;
    int m=0;
    for(double t=0;t<62.8;t=t+0.1)
    {
        x[m]=a * cos(t);
        y[m]=a * sin(t);
        z[m]=b * t;
        m++;
    }
    xs[0]=x[0]-p[0]/p[2] * z[0]+200;
    ys[0]=y[0]-p[1]/p[2] * z[0]+250;
    pDC->MoveTo(xs[0]+s[0],ys[0]+s[1]);
    for(int i=0;i<628;i++)
    {
        xs[i]=x[i]-p[0]/p[2] * z[i]+200+s[0];
        ys[i]=y[i]-p[1]/p[2] * z[i]+250+s[1];
        pDC->LineTo((int)xs[i],(int)ys[i]);
    }
}
```

在 OnDraw()函数中写入下面的代码。

```
double k1[3]={0.2,0.5,0.3};
int s1[2]={0,0};
DrawCurve(k1,s1,pDC);
double k2[3]={0.6,0.2,-0.5};
int s2[2]={100,100};
DrawCurve(k2,s2,pDC);
double k3[3]={-0.5,0.2,0.6};
int s3[2]={200,0};
DrawCurve(k3,s3,pDC);
```

编译运行，绘制出如图 3-6 所示的三个投影图。

如果设定投影方向为 k1[3]={0.0,1.0,0.5}，那么绘制出的图形如图 3-7 所示，该图就近似于在平面中绘制一些圆，每个逐渐上移。

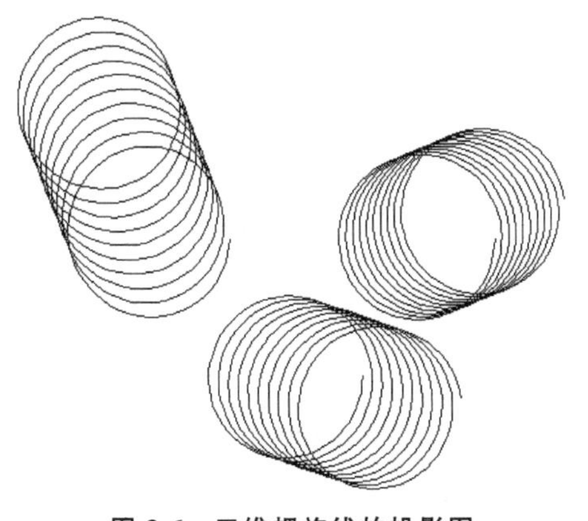

图 3-6　三维螺旋线的投影图

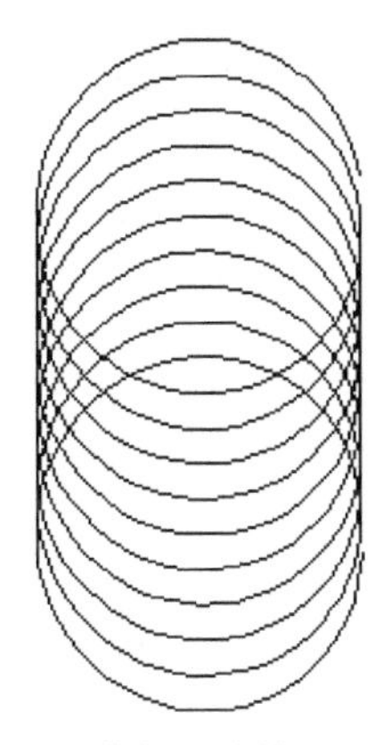

图 3-7　三维螺旋线的正立投影图

【思考题】 下面的数据是一个柱体的各个顶点坐标，绘制其在某个平面上的二维图形（投影图）。

$X =$

2.0000　0.6180　−1.6180　−1.6180　0.6180　2.0000
2.0000　0.6180　−1.6180　−1.6180　0.6180　2.0000

$Y =$

0　1.9021　1.1756　−1.1756　−1.9021　0
0　1.9021　1.1756　−1.1756　−1.9021　0

$Z =$

0　0　0　0　0　0
1　1　1　1　1　1

选择哪个投影平面对于显示效果也很重要，例如，有时把图形投影到与视线方向垂直的一个平面上，显示效果更加真实。

3.3　三维数据的透视投影

投影一般分为平行投影与透视投影两大类，3.2 节中使用的都是平行投影，平行投影简单，但是一般从显示效果上看，透视投影更加真实。

3.3.1　平行投影与透视投影

投影就是三维数据的二维显示。

投影一般分为平行投影与透视投影，正平行投影也称为正交投影。平行投影包括正平行投影与斜平行投影，透视投影分为一点透视与多点透视。

这里主要研究正平行投影与一点透视投影，简称平行投影与透视投影。

平行投影与透视投影是两种不同的投影方式。图 3-8(a)是一个正方体的平行投影，图 3-8(b)是一个正方体的透视投影。

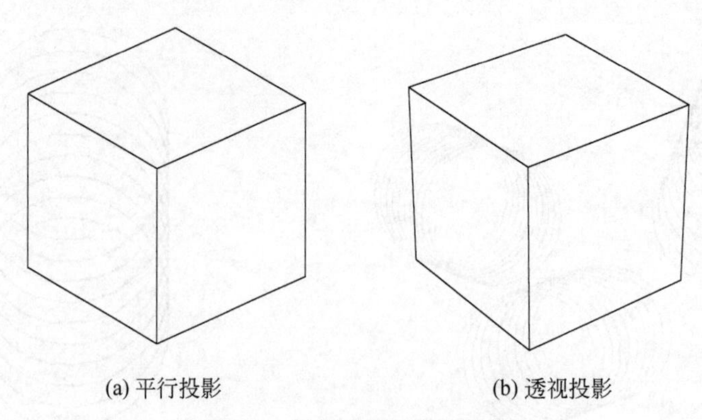

图 3-8　平行投影与透视投影

平行投影将物体所占有的空间投影成一个对边平行的直六面体，所以空间中的正方体也被投影成平行六面体。这种投影方式与相机的相对距离无关，相机的远近不影响投影物体的大小。所以，如果要保持物体的实际大小，一般使用这种投影方法。实际上，透视投影与视点位置以及视点到物体的距离有关。

3.3.2　观察坐标系下的一点透视投影

设视点为(a,b,c)，在引入一个(中间坐标系)观察坐标系后，视平面(投影平面)在观察方向上离视点的距离为z_s，令$u=\sqrt{a^2+b^2+c^2}$，$v=\sqrt{a^2+b^2}$，形体的顶点坐标为(x_w,y_w,z_w)，变换到观察坐标系下的坐标为(x_e,y_e,z_e)，则透视投影变换矩阵为：

$$[x_e \quad y_e \quad z_e \quad 1]=[x_w \quad y_w \quad z_w \quad 1]\begin{bmatrix} -b/v & -ac/uv & -a/u & 0 \\ a/v & -bc/uv & -b/u & 0 \\ 0 & v/u & -c/u & 0 \\ 0 & 0 & u & 1 \end{bmatrix} \tag{3-4}$$

展开后为：

$$\begin{aligned} x_e &= \frac{-b}{v}\cdot x_w+\frac{a}{v}\cdot y_w \\ y_e &= \frac{-ac}{uv}\cdot x_w-\frac{-bc}{uv}\cdot y_w+\frac{v}{u}\cdot z_w \\ z_e &= \frac{-a}{u}\cdot x_w-\frac{-b}{u}\cdot y_w+\frac{c}{u}\cdot z_w+u \end{aligned} \tag{3-5}$$

如果经透视投影到视平面(x_s,y_s)，那么透视投影公式为：

$$\begin{aligned} x_s &= x_e\cdot z_s/z_e \\ y_s &= y_e\cdot z_s/z_e \end{aligned} \tag{3-6}$$

【例 3-5】 绘制具有透视效果的螺旋线投影图。

利用式 3-5 和式 3-6 编写下面的函数。

```
void DrawCurve(double p[3],CDC * pDC)
{
```

```
    double x[628],y[628],z[628],xe[628],ye[628],ze[628];
    double xs[628],ys[628],zs=250,a,b,c,u,v;
    int m=0;
    a=p[0];b=p[1];c=p[2];
    u=sqrt(a*a+b*b+c*c);v=sqrt(a*a+b*b);
    for(double t=0;t<62.8;t=t+0.1)        //计算三维模型数据点坐标(用户坐标系)
    {
        x[m]=60*cos(t);
        y[m]=60*sin(t);
        z[m]=t;
        m++;
    }
    xe[0]=-b/v*x[0]+a/v*y[0];
    ye[0]=-a*c/(u*v)*x[0]-b*c/(u*v)*y[0]+v/u*z[0];
    ze[0]=-a/u*x[0]-b/u*y[0]-c/u*z[0]+u;
    xs[0]=xe[0]*zs/ze[0]+200;             //计算绘图的起始点坐标
    ys[0]=ye[0]*zs/ze[0]+250;
    pDC->MoveTo(xs[0],ys[0]);
    for(int i=0;i<628;i++)
    {
        xe[i]=-b/v*x[i]+a/v*y[i];         //计算三维模型数据点坐标(观察坐标系)
        ye[i]=-a*c/(u*v)*x[i]-b*c/(u*v)*y[i]+v/u*z[i];
        ze[i]=-a/u*x[i]-b/u*y[i]-c/u*z[i]+u;
        xs[i]=xe[i]*zs/ze[i]+200;         //计算投影到视平面上的点坐标
        ys[i]=ye[i]*zs/ze[i]+250;
        pDC->LineTo((int)xs[i],(int)ys[i]);
    }
}
```

在 OnDraw()函数中调用 DrawCurve()函数如下。

```
double k1[3]={200,150,100};                  //视点坐标
DrawCurve(k1,pDC);
```

运行程序,绘制出如图 3-9(a)所示图形。

如果把视点坐标改为如下:

```
double k1[3]={-200,150,-10};
```

运行程序,绘制出如图 3-9(b)所示图形。

如果把观察方向上离视点的距离以及视点坐标改为如下:

```
zs=200;double k1[3]={0,150,-100};
```

运行程序,绘制出如图 3-9(c)所示图形。

如果把观察方向上离视点的距离以及视点坐标改为如下:

```
zs=20;double k1[3]={10,50,10};
```

运行程序，绘制出如图 3-9(d)所示图形。之所以出现这样的图形，是因为视点位于螺旋线之内造成的。

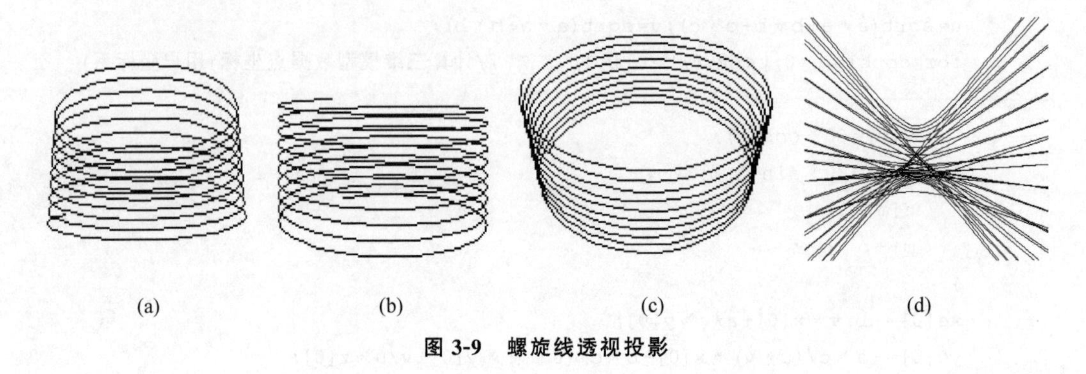

(a) (b) (c) (d)

图 3-9 螺旋线透视投影

如图 3-9(d)所示图形还没有全部粘贴过来，实际上也没有全部显示在屏幕上。普通的计算机屏幕只有(有限的)平面区域，特别是有时视角范围所限，所以需要对图形进行裁剪。

3.4 裁 剪

裁剪是从二维图形或者三维图形中剪切出需要(或者可见)的部分，裁剪可以在模型中进行，也可以在投影到平面后进行。

3.4.1 二维图形裁剪

二维图形裁剪与图像剪切是不一样的。图像是用像素等描述的，所以，图像剪切时使用数组下标就很容易把一幅图像剪切。二维图形是由一些几何图形构成的，几何图形本身以及几何图形之间有一定的关联，所以二维图形裁剪可以充分地利用图形之间的联系。

二维图形裁剪技术可以分为：直线段裁剪、多边形裁剪、曲线裁剪、字符裁剪等。

裁剪是因为人的视域具有有限性，裁剪后才可以真实地再现场景。

在裁剪时，要计算点边等是否位于视景体之内，端点都在视景体内的线段保留。对于一个端点在内，另一个端点在外的线段要计算交点，实现裁剪。

求交也是图形绘制时一个复杂的、必须进行的工作。

如果使用点集表示物体，那么裁剪工作简单容易，一般不需要求交计算；但是，如果使用线、多边形、曲线等表示物体，在裁剪时，就需要进行求交计算，以便决定哪一部分保留(进入视域)，哪一部分裁减掉(不进行绘制)。

3.4.2 三维图形裁剪

有时三维场景构造很大，物体很多，不是场景中所有物体都能进入可视范围，这时就需要裁剪。在三维图形处理过程中，裁剪是关键的一步。一般是先进行三维裁剪，然后对裁剪后保留下来的物体进行消隐，最后进行二维显示。

OpenGL 中的投影函数，例如 glOrtho()等能够实现自动裁剪。

```
void glOrtho (GLdouble left, GLdouble right, GLdouble bottom, GLdouble top,
GLdouble near,GLdouble far)
```

该函数创建一个正交平行视景体。其中，近裁剪平面是一个矩形，矩形左下角点三维空间坐标是(left，bottom，－near)，右上角点是(right，top，－near)；远裁剪平面也是一个矩形，左下角点空间坐标是(left，bottom，－far)，右上角点是(right，top，－far)。所有的 near 和 far 值同时为正或同时为负。如果没有其他变换，投影的方向平行于 Z 轴，且视点朝向 Z 负轴。这意味着物体在视点前面时 far 和 near 都为负值，物体在视点后面时 far 和 near 都为正值。

该函数对位于视景体内的景物进行裁剪保留，之外的剪除。

如果把例 3-1 程序中的投影裁剪语句修改为下面所示：

```
glOrtho(-0.9,0.9,-0.9*(GLfloat)h/(GLfloat)w,0.9*(GLfloat)h/(GLfloat)w,
-10.0,10.0);
```

程序运行后，会绘制出一个被裁剪的球。

除了平行投影函数 glOrtho()外，OpenGL 中还提供了透视投影函数 glFrustum()。

这个函数原型为：

```
void glFrustum(GLdouble left, GLdouble Right, GLdouble bottom, GLdouble top,
GLdouble near,GLdouble far);
```

该函数创建一个透视视景体，如图 3-10 所示。其参数定义近裁剪平面的左下角点和右上角点的三维空间坐标，即(left，bottom，－near)和(right，top，－near)。最后一个参数 far 是远裁剪平面的 Z 负值，远裁剪平面的左下角点和右上角点空间坐标由函数根据透视投影原理自动生成。near 和 far 表示离视点的远近，它们总为正值。

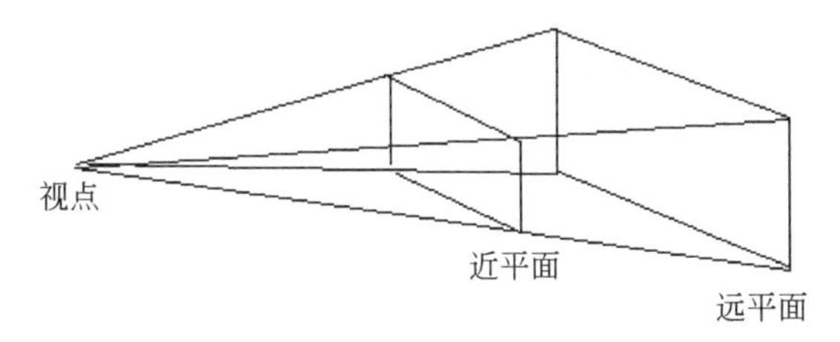

图 3-10　透视投影视景体示意图

透视方式不同，裁剪的效果也会不同。

3.5　视点变化下的多面体绘制

多面体指由顶点、边线、面构成的实体，在数学上，多面体是指由若干个平面多边形所围成的几何体。在计算机图形绘制过程中，更多的是使用多面体表示物体，而不是使用点集表示物体。计算机绘制过程中，没有真正的连续与光滑，都是近似的表示，在绝大多数场合，使用多面体表示并绘制物体都可以达到视觉要求。

下面通过例题讨论多面体投影问题。

3.5.1 线框正方体投影绘制

上面的例题虽然是绘制坐标系、绘制三维螺旋线，但是具有一定的通用性。例如，可以修改其程序绘制平行投影下的真实感的立方体。

【例 3-6】 用平行投影方法绘制线框正方体。

设计一个函数程序如下，把该函数放在视图文件中，OnDraw()函数的上面。

```
void DrawCube(float x[8][3],float p[3],CDC * pDC)
{float xs[8],ys[8];
    for(int i=0;i<8;i++)
    {
    xs[i]=x[i][0]-p[0]/p[2] * x[i][2]+200;  //加 200 的目的是把图形移到窗口中心
    ys[i]=x[i][1]-p[1]/p[2] * x[i][2]+200;
    }
    pDC->MoveTo(xs[0],ys[0]);
    pDC->LineTo(xs[1],ys[1]);
    pDC->LineTo(xs[2],ys[2]);
    pDC->LineTo(xs[3],ys[3]);
    pDC->LineTo(xs[0],ys[0]);
    pDC->MoveTo(xs[4],ys[4]);
    pDC->LineTo(xs[5],ys[5]);
    pDC->LineTo(xs[6],ys[6]);
    pDC->LineTo(xs[7],ys[7]);
    pDC->LineTo(xs[4],ys[4]);
    pDC->MoveTo(xs[4],ys[4]);
    pDC->LineTo(xs[0],ys[0]);
    pDC->MoveTo(xs[5],ys[5]);
    pDC->LineTo(xs[1],ys[1]);
    pDC->MoveTo(xs[6],ys[6]);
    pDC->LineTo(xs[2],ys[2]);
    pDC->MoveTo(xs[7],ys[7]);
    pDC->LineTo(xs[3],ys[3]);
}
```

在 OnDraw()函数中写入下面的调用语句。

```
float t[3]={1.0,1.2,1.0};
float v[8][3]={{0,0,100},{100,0,100},{100,100,100},{0,100,100},
{0,0,0},{100,0,0},{100,100,0},{0,100,0}};
DrawCube(v,t,pDC);
```

运行结果如图 3-11(a)所示。

如果把投影向量变为如下所示，绘制出如图 3-11(b)所示的坐标系。

```
float t[3]={-1.0,1.2,1.0};
```

如果把投影向量变为如下所示，绘制出如图 3-11(c)所示的坐标系。

```
float t[3]={1.0,-0.4,1.0};
```

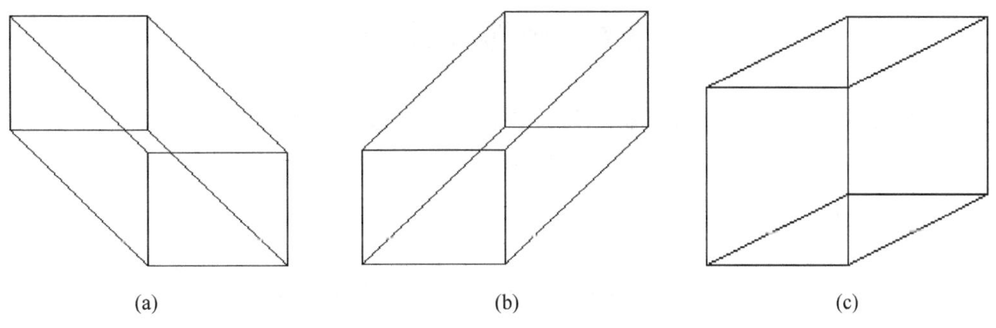

图 3-11　从不同角度投影到 *XOY* 面的正方体

因为是投影到 *XOY* 平面，所以，立方体看上去像一个(长高不等的)长方体。因为是投影到水平面，所以，有时投影后的长方体变得很长；事实上，应该修改该程序，投影到垂直于视线的平面上，这样更加真实。

上面介绍的是投影到 *XOY* 平面的平行投影，还可以投影到其他平面。另外，投影方式还有透视投影等，透视投影遵循近大远小的法则。

3.5.2　视点变化下的线框正方体绘制

改变视线方向，物体的投影会随之改变，利用这一原理可以制作出动画效果。

【例 3-7】　改进例 3-6 程序制作动画。

例 3-6 中函数 DrawCube()不变，在 OnDraw()函数中写入下面的语句。

```
float t[3];
float v[8][3]={{0,0,100},{100,0,100},{100,100,100},{0,100,100},
              {0,0,0},{100,0,0},{100,100,0},{0,100,0}};
for(int i=1;i<20;i++)
{
    t[0]=rand()/32767.0;
    t[1]=rand()/32767.0;
    t[2]=rand()/32767.0;
    CPen pen1,pen2;
    pen1.CreatePen(i,i,RGB(0,0,225));
    pDC->SelectObject(&pen1);
    DrawCube(v,t,pDC);
    Sleep(100);
    pen2.CreatePen(i,i,RGB(255,255,225));
```

```
    pDC->SelectObject(&pen2);
    DrawCube(v,t,pDC);
}
```

运行程序,随机绘制出一个又一个正方体(有时看上去像长方体)。

上面是改变投影方向制作动画,也可以随机改变顶点设计新的动画。

3.6 隐藏面检测

隐藏面检测也是三维物体数据二维绘制的关键一步。一般情况下,为了追求真实的效果,都要消除隐藏线(面),即被遮挡住的物体的部分。

3.6.1 隐藏线面

图3-12(a)是消除影藏线的线框球,图3-12(b)是没有消除隐藏线的球。

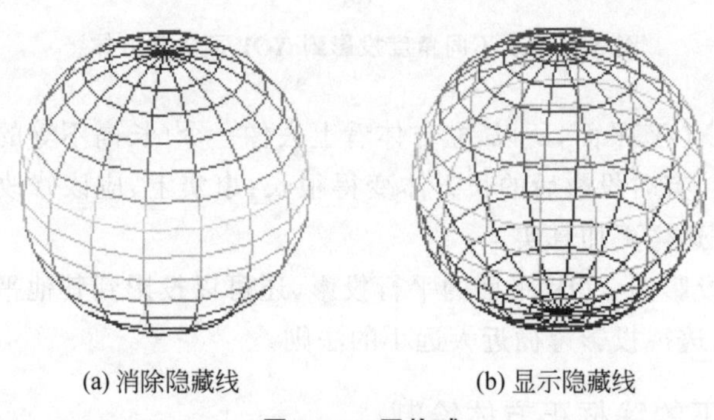

(a) 消除隐藏线　　(b) 显示隐藏线

图3-12 网格球

对于线框图来说,不去掉隐藏线还可以近似地识别出物体;但是,对于用面表示的物体,如果不去掉隐藏面,那么便无法正确认识物体。

视点改变或者物体运动,都会导致隐藏面变化。也就是说,原先隐藏的面可能变为可见,原来可见的面可能隐藏起来。

在图形学中,一般每次绘制的时候,只绘制可见的线面,不绘制隐藏的线与面,实现真实感图形绘制。虽然要进行大量的计算,但是这项工作是必需的。

物体上哪部分可见主要决定于两个要素,一个是视点,一个是物体的形状以及各个面的位置关系。一种常用的检测方法是背面检测法。

3.6.2 一个正方体的六个面

下面以一个正方体为例,研究当给定视线方向时,其每个面是否可见。

【例3-8】 一个正方体其顶点(坐标)依次为1(1 1 1),2(1 2 1),3(2 2 1),4(2 1 1),5(1 1 2),6(1 2 2),7(2 2 2),8(2 1 2)。六个面分别命名为A,由1,2,3,4四个顶点围成;B,由2,6,7,3四个顶点围成;C,由4,3,7,8四个顶点围成;D,由1,5,8,4四个顶点围成;E,由1,2,6,5四个顶点围成;F,由5,6,7,8四个顶点围成;绘制出该正方体的示意图。

因为没有规定视线方向等，所以绘制示意图比较简单，如图 3-13 所示就是在某个视线方向上的投影图。

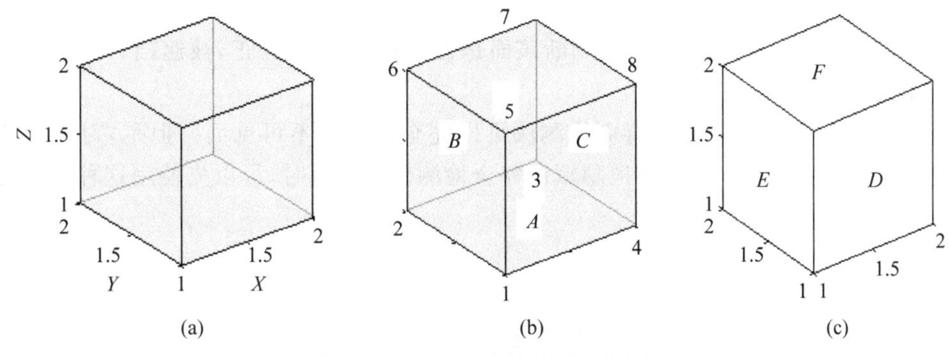

图 3-13　一个正方体的顶点与面

图 3-13(a)是带有坐标值的图形，可以根据该图得到每个顶点的坐标值。也可以大致看出，该图的视线方向大约沿着点(1,1,2)指向(1.8,2,1.4)，即视向量大约为{0.8,1,−0.6}。

在如图 3-13 所示情形下，面 A、面 B、面 C 不可见。

那么，对于给定的一个视向量 $\boldsymbol{V}=\{v_1,v_2,v_3\}$，如何计算出该正方体哪个面可见，哪个面不可见？

【思考题】　转换视点方向，最少能看见正方体的几个面？最多可以看见正方体的几个面？

3.6.3　背面检测方法

关于多面体隐藏面检测，有一个简单实用的方法，就是背面检测法。

以例 3-8 所示正方体为例，可以按照例 3-9 方法计算隐藏面。

【例 3-9】　当视点在远方，视向量为{−1,−1,−0.6}时，计算例 3-8 中的正方体哪个面可见。

在图形绘制过程中，需要根据数据进行计算，计算哪个面可见，然后显示出来。那么如何根据正方体的数据与视向量计算可见面？

关于这个正方体的可见面与隐藏面判断比较简单，因为其各个面的法向量方向(此处规定正方向指向物体外侧)容易得到，分别为：nA={0,0,−1}；nB={0,1,0}；nC={1,0,0}；nD={0,−1,0}；nE={−1,0,0}；nF={0,0,1}；。现在计算视向量与上述法向量的夹角的余弦值，如果该余弦值为正，那么夹角小于 90°，不可见；如果该余弦值为负，那么夹角大于 90°，可见。

计算可知：面 A、面 D、面 E 不可见，面 B、面 C、面 F 可见。

例 3-9 使用的判定方法叫作背面检测(Back-Face Detection)方法。

下面给出隐藏面的背面检测方法的描述：实体模型边界表示法为每个面规定了一个正方向，定义垂直于该面并且背离物体的方向为该面的正方向。

【算法 3-1】　凸多面体的隐藏面背面检测法。

对于单个凸多面体，可以按如下步骤计算不可见面。

（1）求一个面所在平面的法向量 $\boldsymbol{n}$。

（2）给定视线向量 $\boldsymbol{v}$。

（3）计算视线向量与法向量的数量积。

（4）根据 $\boldsymbol{n}$ 与 $\boldsymbol{v}$ 数量积的符号判断该面是否被遮挡，符号为正，被遮挡；符号为负，没有被遮挡。

另外，对于单个凸多面体，背面检测法可以完全检测出不可见面。但是，对于复杂物体或者多个物体，这种方法不能把隐藏面完全检测出来。这时，可以先使用这种简单高效的方法，然后再使用其他方法。

3.6.4 多面体的隐藏面计算

下面使用背面检测法计算一个多面体的面是否可见。

【例 3-10】 图 3-14 是一个多面体的示意图（投影图）。在计算机中存储着该多面体各个顶点的三维坐标，其中，A、B、C、D、E 的三维空间坐标依次为 $A(0,0,1)$，$B(0,-0.7,0.7)$，$C(0.7,0,0.7)$，$D(0,-1,0)$，$E(-1,0,0)$。

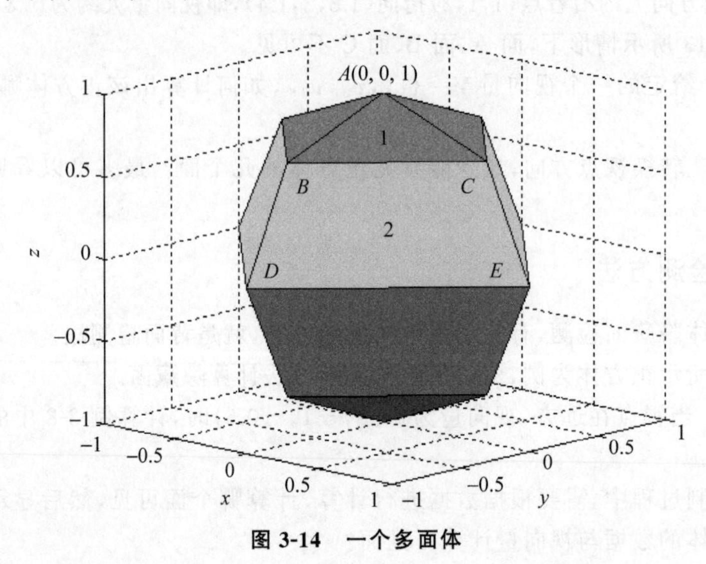

图 3-14 一个多面体

计算当视点在远方，视线方向是沿着向量$(-1,1,0.5)$的方向，那么面 1（面 ABC）是否可见？请通过计算说明。

首先求出向量 $\boldsymbol{AB}$ 与向量 $\boldsymbol{AC}$ 分别为$\{0,-0.7,-0.3\}$，$\{0.7,0,-0.3\}$，设面 ABC 的法向量为$\{x,y,z\}$，根据向量垂直内积为 0 得到的方程组：

$$\begin{cases} -0.7y-0.3z=0 \\ 0.7x-0.3z=0 \end{cases}$$

计算得到面 ABC 的一个指向外侧的法向量为：$\boldsymbol{N}_{ABC}=\{0.3,-0.3,0.7\}$，接下来计算视向量与 $\boldsymbol{N}_{ABC}$ 的夹角的余弦值：

$$\cos\alpha=\frac{(-1)\times(0.3)+1\times(-0.3)+0.5\times0.7}{\sqrt{(-1)^2+1^2+0.5^2}\ \sqrt{0.3^2+(-0.3)^2+0.7^2}}<0$$

所以，面 ABC 可见。

上面主要是介绍了背面检测法，实际上，还有一些常用的消除隐藏面线的方法。

3.6.5 其他检测方法

1. 深度缓冲器(Depth-Buffer Method)法

该算法用来检测被隐藏的点、线或面。这是一种算法简单、比较实用的方法。

【算法 3-2】 深度缓冲器消隐算法。

初始化二维数组 A(用来存储颜色)，屏幕上的点的位置作为数组下标，数组中的值设为背景色。

初始化二维数组 Z(用来存储深度)，屏幕上的点的位置作为数组下标，数组中的值设置成为 0。

```
for(各个多边形)
  {把该多边形投影到视平面(屏幕)上；
   for (多边形所覆盖的每个像素点(x,y))
     {计算多边形在该像素的深度值 Z(x,y)；
      if (Z(x,y)大于数组 Z 在这个位置上原有的值)
         {把 Z(x,y)存入数组 Z，替换该位置原先的值
          把多边形在(x,y)处的颜色值存入数组 A；
         }
     }
}
```

上面的算法假设物体投影到 XOY 平面上。

多边形在各个像素点处的深度值可以从顶点的深度值用增量方法算得。

在默认的视点下，使用深度缓冲器方法。

(1) 给出投影平面，这里根据方位角与仰角计算出投影平面的法线。再参考多边形的顶点坐标确定投影平面的具体位置，也就是给出平面方程。这里把投影平面放到柱体的后面。

(2) 从第一个面开始，计算每个面上的点到投影平面的距离，保留距离大的点的位置及其颜色。

(3) 把最后保留下来的颜色在相应的点的位置上绘制出来。

程序设计时，首先编写一个函数 fplane()用来计算平面方程。该函数的输入是视点的方位角与仰角，还有各个顶点坐标的最值。

然后，编写函数 fdist()用来计算一个多边形上每个点到投影平面的距离。该函数输入是多边形顶点，还有投影平面的参数。

还要编写一个函数 fin()用来完成屏幕点颜色的替换。

深度缓冲器法简单实用，但是在计算时需要很大的存储空间，另外也没有充分地利用物体本身的一些连接关系。

2. 画家方法

这种方法按照多边形离观察者的远近建立一张深度优先级表，距离观察者近的优先级高。

如果空间中各个多边形都可以区分出远近，那么，先把最远处的多边形绘制在屏幕上，然后从远到近绘制其他多边形。

如果投影区域重叠，便使用近处的多边形颜色覆盖先绘制的远处的多边形。

建立深度优先级表是关键的一步。在建立优先级表时，一个复杂的问题是多边形互相覆盖或者互相贯穿。也就是两个多边形 A 与 B，A 上有的部分距离观察者远于 B 上有的部分，但是 A 上有的部分距离观察者近于 B 上有的部分。如果检测到这种情况，就需要对多边形进行分割，然后对分割后的多边形进行排序。

除了上面介绍的三种消隐方法外，还有区域细分(Warnock)算法、扫描线算法等多种消隐方法，可以参考其他有关资料。

习　题

一、程序修改题

1. 修改例 3-1 程序，为每个坐标轴加上箭头，并标上 X,Y,Z 与原点 O。

2. 如果将式 3-1 改成下面式 3-7：

$$\begin{cases} x_s = x - \dfrac{x_p}{z_p + x_p} z \\ y_s = y - \dfrac{y_p}{z_p + y_p} z \end{cases} \tag{3-7}$$

修改例 3-1 程序，绘制出投影后的三个坐标轴。

3. 修改例 3-3，改变视向量，从多个角度观察该三维曲线，进一步制作出动画效果。

4. 运行例 3-4 程序，改变视向量会发现有时绘制结果有些失真，修改式 3-1，然后再修改程序，观察实验结果。

5. 将 $u=\sqrt{a^2+b^2+c^2}$ 与 $v=\sqrt{a^2+b^2}$ 修改为 $u=|a|+|b|+|c|$ 与 $v=|a|+|b|$，然后修改程序，观察分析。

6. 修改例 3-6 程序，使得绘制正方体线框图时，不绘制出被隐藏的边。

7. 修改例 3-6 程序，绘制正方体表面实体图，即每次绘制出可见的各个面，每个面使用不同的颜色填充。

8. 修改例 3-7 程序，有规律地修改视点位置，例如，视点位置在一个圆上慢慢运动，然后根据视点位置改变，制作正方体投影变化的动画效果。

9. 修改例 3-7 程序，令视点不变，长(正)方体的顶点变化制作动画。

二、计算题

1. 例 3-2 程序是将三维点投影到二维平面，然后用画线函数连接起来，问绘制出的前 5 个点(即前 4 个折线段的 5 个端点)分别是什么？

2. 例 3-3 绘制的第一个点与最后一个点分别是什么？

3. 当投影向量为 float $t[3]=\{-1.8,1.5,1.0\}$时，使用式 3-1 计算(1,1,1)点投影到平面的什么位置，即在屏幕的什么位置绘制。如果投影向量变为 $t[3]=\{-1.8,-1.5,$

1.0}，根据式 3-1 计算(1,1,1)点应该在什么位置绘制。

4. 在 3.2 节的思考题中，给出了一个柱体的顶点坐标，如果视点在远处，视线方向是(1,1,1)指向(0,0,0)，根据式 3-1 绘制出该棱柱各个边的投影图，然后分析、计算判断：如果是实心不透明柱体，哪些棱与顶点是看不到的。

5. 如果在与视线垂直平面上投影(平行投影)，计算第 4 题中各个顶点投影后的二维点坐标值。

6. 如果在图 3-10 中，视点位置为(0,0,0)，近平面(四边形)的 4 个顶点分别为(2,−3,3)，(2,3,3)，(2,3,−3)，(2,−3,−3)，近平面与远平面之间的距离为 1，求远平面(四边形)四个顶点的坐标。

7. 式 3-1 是计算平行投影的公式，式 3-5 和式 3-6 是计算透视投影的公式，现在给定投影向量为{−1.8,1.5,1.0}，视点位置为(2,2,2)，再给定一个空间四边形的四个顶点(1,0,1)，(1,1,1)，(0,1,1)，(0,0,1)，用两种投影方法计算投影到 *XOY* 平面上的新四边形的四个顶点坐标，然后绘制出来，对比分析。

8. 例 3-10 的条件不变，计算面 *BCED* 是否可见。

9. 图 3-15 是视线方向位于水平角 30°，方位角 −37.5°时的投影图，该视线方向转换为向量是{0.5272,0.6871,−0.5000}，计算这种情况下，如图 3-15 所示多面体的面 1 与面 2 的向外的法向量与视线向量的数量积符号。

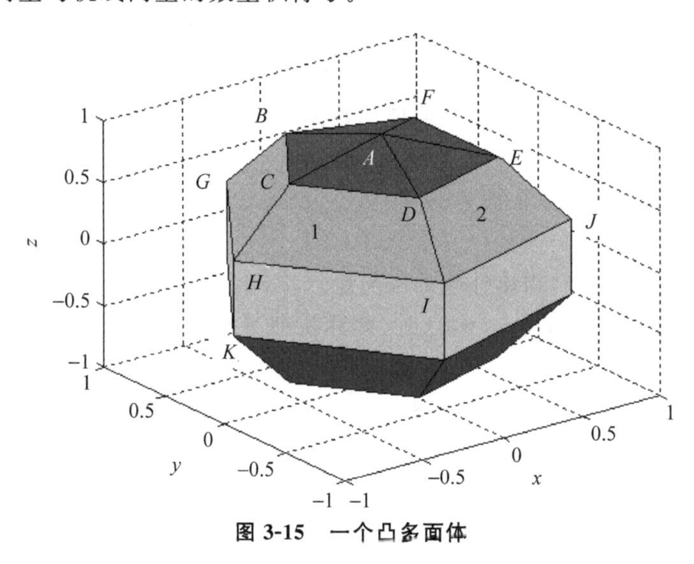

图 3-15　一个凸多面体

X =

0	0	0	0	0	0
−0.5878	−0.1816	0.4755	0.4755	−0.1816	−0.5878
−0.9511	−0.2939	0.7694	0.7694	−0.2939	−0.9511
−0.9511	−0.2939	0.7694	0.7694	−0.2939	−0.9511
−0.5878	−0.1816	0.4755	0.4755	−0.1816	−0.5878
0	0	0	0	0	0

Y =

0	0	0	0	0	0
0	−0.5590	−0.3455	0.3455	0.5590	0
0	−0.9045	−0.5590	0.5590	0.9045	0
0	−0.9045	−0.5590	0.5590	0.9045	0
0	−0.5590	−0.3455	0.3455	0.5590	0
0	0	0	0	0	0

Z =

−1.0000	−1.0000	−1.0000	−1.0000	−1.0000	−1.0000
−0.8090	−0.8090	−0.8090	−0.8090	−0.8090	−0.8090
−0.3090	−0.3090	−0.3090	−0.3090	−0.3090	−0.3090
0.3090	0.3090	0.3090	0.3090	0.3090	0.3090
0.8090	0.8090	0.8090	0.8090	0.8090	0.8090
1.0000	1.0000	1.0000	1.0000	1.0000	1.0000

上面数据是MATLAB中的表示方法,意思是,最上面5个点汇聚成一点,即 A 点,坐标是(0,0,1);A、D、I 等位于两条边线的重合处,坐标分别为(0,0,1),(−0.5878,0,0.8090),(−0.9511,0,0.8090),数据选择时,按列从下到上。

10. 先根据图3-15找到面1与面2的四个顶点,然后根据背面检测法,判断当视线方向为(1,1,1)指向(0,0,0)时,面1与面2是否可见。

11. 继续题10(如图3-15所示多面体的数据),计算当视向量为{−1,−1,1}时,面1与面2是否可见。

12. 读图3-13,然后完成下面各题。

(1) 写出8个顶点的坐标。

(2) 写出6个面的指向物体外侧的法向量。

(3) 当视向量为{0.8,1.0,−0.6}时,计算视向量与6个面的法向量(指向外侧)的乘积。

13. 参考算法3-2,当视向量为{0.8,1.0,−0.6}时,计算例3-8中正方体顶点(数据)相对于 XOY 平面的深度值。

三、程序设计题

1. 参考例1-8与例3-3,编写程序绘制出维维安尼(Viviani)曲线在三个坐标面上的正投影。

2. 参考例3-3,编写程序,绘制函数图像 $z=0.85x+0.04y+0.01$ 与面片 $z=-0.04x+0.85y+1.6$,其中,$0\leqslant x\leqslant 1, 0\leqslant y\leqslant 1$。

3. 参考图3-10,设计程序,输入视点位置、近平面(多边形)四个顶点坐标、远平面(多边形)四个顶点坐标,另外输入一个空间中的点,判断该点是否位于裁剪空间之内。

4. 参考例3-10,设计程序,输入是该多面体的顶点(坐标数据)、视向量方向,输出是每个面是否可见。

5. 设计程序,以一个长方体为对象,实现深度缓冲器算法。

6. 设计程序，按住鼠标左键，拖动再松开，连续三次绘制出三棱锥的底面，再单击左键绘制出三棱锥的顶点，并且绘制出线框三棱锥（不消隐）。如果给定视点位置，利用背面检测法计算三棱锥的各个面是否可见，然后将可见面绘制出来，绘制出的可见面用不同颜色填充。

第 4 章 OpenGL

为了绘图方便，有些公司的研究人员基于一般语言（例如 C 语言）开发了一些专门绘图的函数库。这些函数库在更高的层次上实现了绘图及动画制作功能，OpenGL 就是使用频率比较高的一种专用函数库。

OpenGL（Open Graphics Library）是一个工业标准的三维（包括二维）计算机图形软件接口，它由 SGI 公司发布并广泛应用于 UNIX、OS/2、Windows/NT 等多种平台，也包括 Linux 平台。在 Windows/NT 平台上，一般的开发工具如 VC、BC、VB、Delphi、FORTRAN、Python 等都支持 OpenGL 应用的开发。多种 Java 开发软件也支持 OpenGL。

通用的编程语言或者软件，如 VC++ 与 Java 等，不可能提供更多的图形绘制函数，所以在实现一些具体的图形设计、动画游戏制作时，需要在 VC++ 与 Java 等平台下，使用 OpenGL 等专用绘图函数及语言。使用图形动画制作软件也是一种选择，不过，很多动画与游戏出自语言编程，其中很大一部分是使用了 OpenGL。

OpenGL 就是一些画图函数及其辅助函数的集合，使用（调用）这些函数可以更方便图形绘制，特别是三维图形及其动画的制作。

4.1 VC++ Source File 运行 OpenGL 程序

下面介绍在 VC++ 中使用 C++ Source File 调用 OpenGL 函数，实现图形绘制及动画制作功能。

4.1.1 在 VC++ 中加入 glut

在使用 VC++ 6.0 编写运行 OpenGL 程序时，可以加入 glut 包（OpenGL Utility Toolkit），使用 glut 开发 OpenGL 程序比较方便。glut 文件需要到网上下载，其包括的文件如图 4-1 所示。

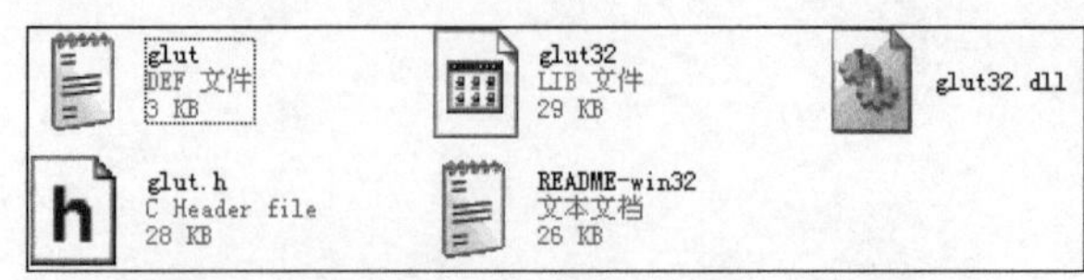

图 4-1 下载的 glut 文件包中所含有的文件

把链接文件、头文件、库文件分别放在相应的目录下，如图 4-2 所示。

glut32.dll	C:\Program Files\Microsoft Visual Studio\VC98\Bin
glut.h	C:\Program Files\Microsoft Visual Studio\VC98\Include
glut32	C:\Program Files\Microsoft Visual Studio\VC98\Lib

图 4-2 把各个文件放置到相应的文件夹中

头文件 glut.h 如果放到 VC98\Include 内，那么在程序的最开始需要使用语句 #include <glut.h>。

如果加入后提示没有 glut32.dll 文件，那么再将该文件复制粘贴到 windows 文件夹中的 system 文件夹内。

设置好以后，下面从最简单的绘制点、线开始学习。本章的程序都是使用 VC++ 的 C++ Source File 实现的，即在图 1-1 中选择 File 选项卡，在弹出的菜单中选择 C++ Source File 选项，然后给文件命名，确认即可。

4.1.2 绘制点与线

绘制点、线是一个基本的任务，在 OpenGL 中，将绘制点、线与绘制多边形等集成到一起，使用 glBegin 与 glEnd 绘制，见下面的例题。

【例 4-1】 使用 OpenGL 函数绘制点。

在 OpenGL 的函数语句 glBegin(GL_POINTS)与 glEnd()之间加入点坐标就可以绘制点。例如：

```
#include <glut.h>
void display()
{
    glClear(GL_COLOR_BUFFER_BIT);
    glPointSize(15.0);                  //设置点的大小
    glBegin(GL_POINTS);
        glColor3f(0.0,0.0,0.0);         //设置点的颜色,用三个浮点数表示颜色
        glVertex2f(-0.6,-0.6);          //两个浮点数表示的平面(顶)点
        glColor3f(1.0,0.0,0.0);
        glVertex2f(-0.6,0.6);
        glColor3f(0.0,0.0,1.0);
        glVertex2f(0.6,0.6);
        glColor3f(0.0,1.0,0.0);
        glVertex2f(0.6,-0.6);
    glEnd();
    glFlush();
}

int main(int argc,char** argv)
{
```

```
    glutInit(&argc,argv);
    glutCreateWindow("Points");
    glutDisplayFunc(display);
    glClearColor(1.0,1.0,1.0,0.0);
    glutMainLoop();
}
```

程序运行结果如图 4-3 所示。

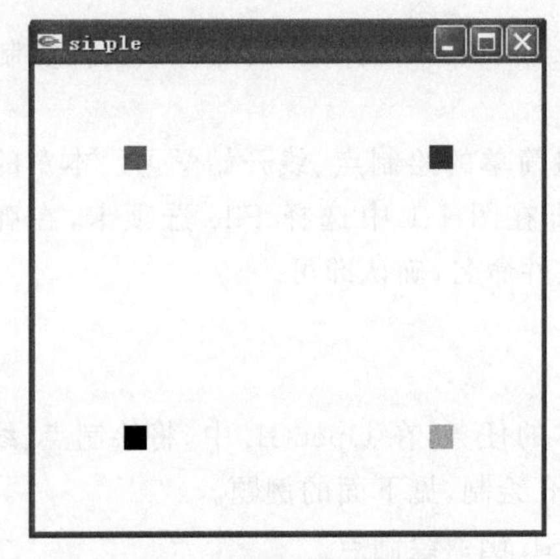

图 4-3　绘制不同颜色的点

如果去掉颜色设置语句 glColor3f(0.0,0.0,0.0)等，那么程序会使用默认颜色绘制出 15 个像素大小的点。

【例 4-2】 绘制直线段。

如果把例 4-1 程序中的 glBegin(GL_POLYGON)改为 glBegin(GL_LINES)(其他不改变)，就可以根据给出的点绘制出线段。例如，改后绘制出如图 4-4 所示的图形。

观察图形会发现，图 4-4 绘制的直线颜色有变化，是通过顶点颜色进行插值计算得到的。

如果把例 4-1 程序语句 glPointSize(15.0)修改为 glLineWidth(15.0)，就会改变线的宽度，绘制出如图 4-5 所示的图形。线变粗，颜色的变化也更加清楚。

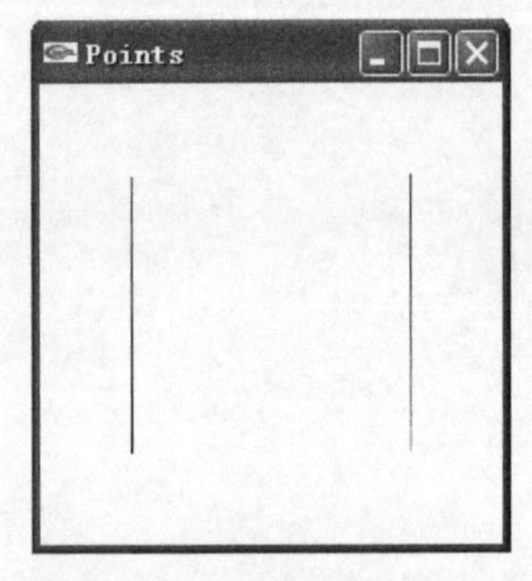

图 4-4　绘制颜色渐变的线段

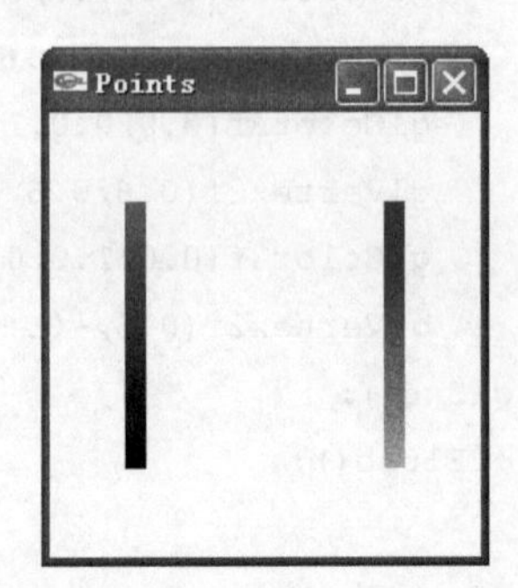

图 4-5　绘制颜色渐变的粗线段

4.1.3 绘制三角形与四边形

多边形是计算机图形学中最重要的图形单元，很多场合中计算机上的图形都是由众多的多边形构成的。在例4-3中学习使用OpenGL绘制多边形。

【例4-3】 绘制多边形。

建立一个C++ Source File，在其中设计下面的程序。

```
#include <glut.h>
void display()
{
    glClear(GL_COLOR_BUFFER_BIT);
    glBegin(GL_POLYGON);
        glVertex2f(-0.5,-0.3);
        glVertex2f(-0.3,0.3);
        glVertex2f(0.3,0.3);
        glVertex2f(0.8,-0.3);
    glEnd();
    glFlush();
}
int main(int argc,char** argv)
{
    glutInit(&argc,argv);
    glutCreateWindow("simple");
    glClearColor(1.0,1.0,1.0,0.8);
    glColor3f(0.0,0.0,1.0);
    glutDisplayFunc(display);
    glutMainLoop();
}
```

编译运行，运行结果如图4-6(a)所示。

如果在语句glVertex2f(0.8,－0.3)的下面加入语句glVertex2f(0.2,－0.8)，即增加一个顶点，运行结果如图4-6(b)所示。

如果加入的语句改为glVertex2f(0.2,0.6)，运行结果如图4-6(c)所示。

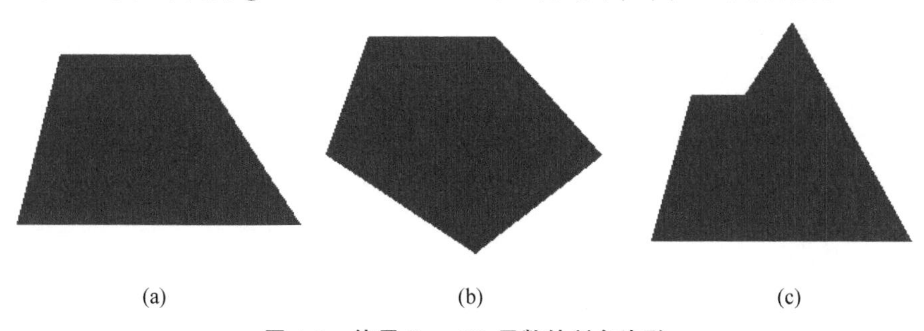

(a) (b) (c)

图4-6 使用OpenGL函数绘制多边形

可以看出，绘制多边形时，是顺次连接这些顶点，然后把最后一个点与第一个点连上，并填充区域。

【思考题】 下面的程序绘制出什么样的图形？

```
#include <glut.h>
void display()
{
    glClear(GL_COLOR_BUFFER_BIT);
    glBegin(GL_POLYGON);
        glVertex2f(-0.5,-0.5);
        glVertex2f(-0.5,0.5);
        glVertex2f(0.5,0.5);
        glVertex2f(0.5,-0.5);
    glEnd();
    glFlush();
}

int main(int argc,char** argv)
{
    glutInit(&argc,argv);
    glutCreateWindow("simple");
    glutDisplayFunc(display);
    glutMainLoop();
}
```

【例 4-4】 绘制一个白色背景的红色多边形。

```
#include <glut.h>
void display()
{
    glClear(GL_COLOR_BUFFER_BIT);
    glBegin(GL_POLYGON);
        glVertex2f(-0.6,-0.6);          //四个顶点
        glVertex2f(-0.6,0.6);
        glVertex2f(0.6,0.6);
        glVertex2f(0.6,-0.6);
    glEnd();
    glFlush();
}

void init()
{
    glClearColor(1.0,1.0,1.0,0.0);    //设置背景色,前三个参数都是1则为白色
    glColor3f(1.0,0.0,0.0);           //绘图颜色
}
```

```
int main(int argc,char** argv)
{
    glutInit(&argc,argv);
    glutInitDisplayMode(GLUT_SINGLE|GLUT_RGB);
    glutInitWindowSize(500, 500);
    glutInitWindowPosition(0, 0);
    glutCreateWindow("simple");
    glutDisplayFunc(display);
    init();
    glutMainLoop();
}
```

该程序运行结果如图4-7所示。

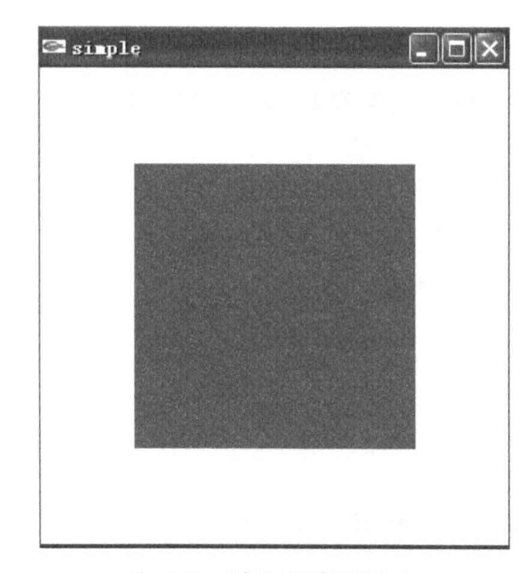

图4-7 绘制红色正方形

【例4-5】 改进例4-4程序,绘制一个白色背景下的红色五角星。

```
#include <glut.h>
#include <math.h>
void display()
{
    glClear(GL_COLOR_BUFFER_BIT);
    glBegin(GL_POLYGON);                                        //一共10个顶点
        double y=sin(3.14/5) * tan(3.14/5)-cos(3.14/5);     //计算顶点用
        glVertex2f(0,y);
        glVertex2f(-sin(3.14/5),-cos(3.14/5));
        glVertex2f(cos(3.14/10) * y,sin(3.14/10) * y);
        glVertex2f(-cos(3.14/10),sin(3.14/10));
        glVertex2f(sin(3.14/5) * y,-cos(3.14/5) * y);
        glVertex2f(0,1);
        glVertex2f(-sin(3.14/5) * y,-cos(3.14/5) * y);
        glVertex2f(cos(3.14/10),sin(3.14/10));
```

```
        glVertex2f(-cos(3.14/10) * y,sin(3.14/10) * y);
        glVertex2f(sin(3.14/5),-cos(3.14/5));
    glEnd();
    glFlush();
}

void init()
{
    glClearColor(1.0,1.0,1.0,0.0);
    glColor3f(1.0,0.0,0.0);
}
void main(int argc,char** argv)
{
    glutInit(&argc,argv);
    glutInitDisplayMode(GLUT_SINGLE|GLUT_RGB);
    glutInitWindowSize(500, 500);
    glutInitWindowPosition(0, 0);
    glutCreateWindow("star");
    glutDisplayFunc(display);
    init();
    glutMainLoop();
}
```

运行结果如图 4-8 所示。

将程序中的语句 glBegin(GL_POLYGON)改为 glBegin(GL_LINES)(其他语句不变),运行结果如图 4-9 所示。

图 4-8 绘制五角星

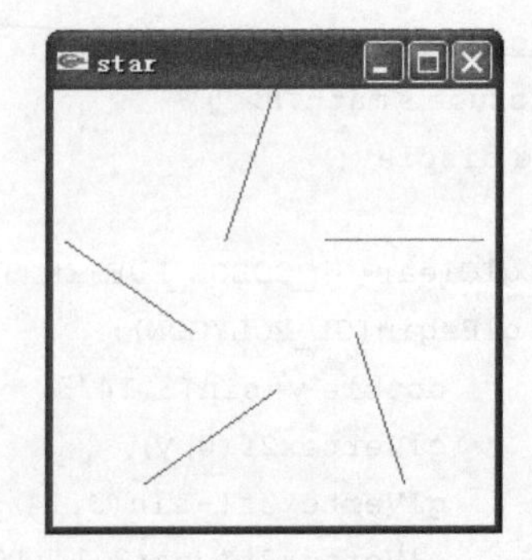

图 4-9 绘制五条线段

如果把参数 GL_LINES 修改为 GL_LINE_STRIP,那么每条线段的终点都是下一条线段的起点,因此会绘制出一个连续的折边图形。

如果把参数 GL_LINES 修改为 GL_LINE_LOOP,那么除了与 GL_LINE_STRIP 一

样连接线段外，还把最后一个顶点自动连接到第一个顶点上。实际上就是绘制线框多边形。

另外，如果 glBegin(GL_POINTS)修改为 glBegin(GL_TRIANGLES)，就会将 glBegin 与 glEnd 之间的每3个连续的顶点视为一个三角形，多余顶点会被忽略。而参数 GL_QUADS 将 glBegin 与 glEnd 之间的每4个连续的顶点视为一个四边形。

此外，类似的参数还有 GL_TRIANGLES_STRIP, GL_TRIANGLES_FAN, GL_QUADS_STRIP 等。

4.2 OpenGL 函数解析(一)

计算机语言的学习与本国语言、外国语言的学习有类似之处。多听、多说、多写，先读一个文章，然后分析其单词短语以及学习其中出现的语法现象。在这里，也参考外语学习方法，先读程序，然后研究其语句、语法、函数等。

4.2.1 颜色设置函数 glClearColor()与 glColor()

颜色设置函数 glClearColor()与 glColor()的使用频率较高。

1. glClearColor()

该函数形式为：

```
void glClearColor(GLfloat red, GLfloat green, GLfloat blue, GLfloat alpha);
```

四个参数中，前三个分别代表红、绿、蓝所占的分量，范围为浮点数0.0f～1.0f，最后一个参数是透明度 Alpha 值，范围也是0.0f～1.0f。

在 display 之前调用 glClearColor()，用来设置颜色缓存的清除值，即通常所说的背景色。

【思考题】 背景色为什么用 glClearColor 这个单词表示？

2. glColor3f()

该函数用来设置前景颜色，即绘图颜色。它的参数有一个，或者三个，三个参数时，分别代表红、绿、蓝所占的分量，类型是 float 型的。它的参数值的范围是0.0f～1.0f。一般地，可以将这三个参数值视为颜色的成分。

例如：

```
glColor3f(0.0, 0.0, 0.0); --> 黑色
glColor3f(1.0, 0.0, 0.0); --> 红色
glColor3f(0.0, 1.0, 0.0); --> 绿色
glColor3f(0.0, 0.0, 1.0); --> 蓝色
glColor3f(1.0, 1.0, 0.0); --> 黄色
glColor3f(1.0, 0.0, 1.0); --> 品红色
glColor3f(0.0, 1.0, 1.0); --> 青色
glColor3f(1.0, 1.0, 1.0); --> 白色
```

实际上，该函数的完整形式为：

```
Void glColor3{b i f d ub us ui}(TYPE r, TYPE g, TYPE b),
```

或者

```
Void glColor3{b i f d ub us ui}v(TYPE * color)
```

其中，3 可以和 b i f d ub us ui 之中的任何一个组合，分别表示字节、整型数、浮点数、双精度浮点数、无符号字节等。

还有一种表示形式：

```
Void glColor4{b i f d ub us ui}(TYPE r, TYPE g, TYPE b, TYPE a),
```

或者

```
Void glColor4{b i f d ub us ui}v(TYPE * color)
```

其中，v 的含义是颜色值存储在 color 指向的数组中，也可以理解为颜色向量。当然，前面是 4 时，color 指向的数组应该有 4 个元素。

4.2.2 绘制函数 glBegin()与 glEnd()

glBegin()与 glEnd()两个(函数)语句一起使用。glBegin()是开始画图，glEnd()是结束画图的意思。为了更好地绘图，glBegin()和 glEnd()之间可以使用很多函数，例如：

glColor *()：设置当前颜色。

glEvalCoord *()：产生坐标。

glNormal *()：设置法向坐标。

glVertex()：使用得更多，用来设置顶点坐标。

glBegin()与 glEnd()的使用频率较高，只要是利用点绘制图形，就需要将点坐标、连线方式、组面方式、纹理映射坐标等写入其中，完成模型构造。

当然，在平面图形时，也可以理解为完成了绘制。对于空间图形，这里只是完成了模型的构造，绘制时，还需要根据视点方向进行投影、消隐，同时要考虑光照效果等。这些需要其他函数或者程序段来完成。

4.2.3 窗口初始化函数 glutInitWindowSize()等

1. glutInitWindowPosition()与 glutInitWindowSize()

函数 glutInitWindowPosition()与 glutInitWindowSize()分别表示 glut 创建的画图窗口弹出后相对于计算机屏幕的位置和大小，单位是像素。

改变这两个函数的参数，观察 glut 画图窗口弹出的位置与大小，通过修改程序、修改参数了解掌握语句或者函数的意义与用法。

2. glutMainLoop()

该函数的目的是让程序不停地循环。如果是制作动画，那么这语句便会令动画不停地播放。

【思考题】 如果将前面例题程序中的语句 glutMainLoop()删除,程序的运行结果会有什么变化?

3. glFlush()

glFlush()是 OpenGL 的核心函数,用于强制刷新缓冲,保证绘图命令将被执行,而不是存储在缓冲区中等待其他的 OpenGL 命令。

【思考题】 在什么具体的情况下使用 glFlush()函数?

4.2.4 OpenGL 核心函数

OpenGL 函数分为第一类核心函数(gl 开头的)、第二类实用函数(glu 开头的)、第三类辅助函数(aux 开头的)或者工具函数(glut 开头的),三大类函数构成了三个函数库。

OpenGL 一共有一百多个核心函数,用于常规的、核心的图形处理。

1. 绘制基本几何图元的函数

如函数 glBegain()、glEnd()、glNormal * ()、glVertex * ()等。

2. 矩阵操作、几何变换和投影变换的函数

如入栈函数 glPushMatrix()、出栈函数 glPopMatrix()、装载函数 glLoadMatrix()、矩阵相乘函数 glMultMatrix(),指定当前矩阵函数 glMatrixMode()和矩阵单位化函数 glLoadIdentity(),平移函数 glTranslate * ()、旋转函数 glRotate * ()和缩放函数 glScale * (),平行投影函数 glOrtho()、透视投影函数 glFrustum()和视窗变换函数 glViewport()等。

3. 颜色、光照和材质的函数

如颜色设置函数 glColor * ()、glIndex * (),光照设置函数 glLight * ()、glLightModel * ()和材质设置效果函数 glMaterial()等。

4. 列表函数

有创建、结束、生成、删除和调用显示列表的函数 glNewList()、glEndList()、glGenLists()、glDeleteLists()和 glCallList()。

5. 纹理映射函数

主要有一维纹理函数 glTexImage1D()、二维纹理函数 glTexImage2D()、设置纹理参数、纹理环境和纹理坐标的函数 glTexParameter * ()、glTexEnv * ()和 glTetCoord * ()等。

6. 特殊效果函数

融合函数 glBlendFunc()、反走样函数 glHint()和雾化效果函数 glFog * ()。

7. 光栅化、像素操作函数

如像素位置函数 glRasterPos * ()、线型宽度设置函数 glLineWidth()、多边形绘制模式设置函数 glPolygonMode(),读取像素值函数 glReadPixel()、复制像素函数 glCopyPixel()等。

8. 选择与反馈函数

主要有渲染函数 glRenderMode()、缓冲区选择函数 glSelectBuffer()和缓冲区反馈函数 glFeedbackBuffer()等。

9. 曲线与曲面的绘制函数

生成曲线或曲面的函数 glMap *()、glMapGrid *()，求值函数 glEvalCoord *()与 glEvalMesh *()等。

10. 状态设置与查询函数

主要有 glGet *()、glEnable()、glGetError()等。

4.3 OpenGL 函数解析(二)

OpenGL 拥有众多的函数，这些函数完成各自的功能，下面继续选择一些函数进行解析。

4.3.1 调用函数绘制形体

下面给出一个例题，例题中使用了一些 OpenGL 函数。

【例 4-6】 使用 glut 库函数绘制一个具有真实感的球。

```
#include < glut.h >
void init(void)
{
    GLfloat light_position[ ] = {1.0, 1.0, 1.0, 0.0};
    glClearColor(0.0, 0.0, 1.0, 0.0);                //设置背景色为蓝色
    glShadeModel(GL_SMOOTH);
    glLightfv(GL_LIGHT0, GL_POSITION, light_position);
    glEnable(GL_LIGHTING);
    glEnable(GL_LIGHT0);
    glEnable(GL_DEPTH_TEST);
}
void display(void)
{
    glClear(GL_COLOR_BUFFER_BIT | GL_DEPTH_BUFFER_BIT);
    glutSolidSphere(1.0, 40, 50);                    //半径为 1,40 条纬线,50 条经线
    glFlush();
}
void reshape(int w, int h)
{
    glViewport(0, 0, (GLsizei) w, (GLsizei) h);
    glMatrixMode(GL_PROJECTION);
    glLoadIdentity( );
    if(w <= h)
        glOrtho(-1.5, 1.5, -1.5 * (GLfloat) h / (GLfloat) w,1.5 * (GLfloat) h /
(GLfloat) w, -10.0, 10.0);
    else
        glOrtho(-1.5 * (GLfloat) w / (GLfloat) h,1.5 * (GLfloat) w / (GLfloat)
```

```
h, -1.5, 1.5, -10.0, 10.0);
    glMatrixMode(GL_MODELVIEW);
    glLoadIdentity( ) ;
}
int main(int argc, char** argv)
{
    glutInit(&argc, argv);                      //GLUT 环境初始化
    glutInitDisplayMode(GLUT_SINGLE |GLUT_RGB |GLUT_DEPTH); //显示模式初始化
    glutInitWindowSize(300, 300);               //定义窗口大小
    glutInitWindowPosition(100, 100);           //定义窗口位置
    glutCreateWindow(argv [ 0 ]);               //显示窗口,窗口标题为执行函数名
    init( );                                    //调用 init()函数
    glutDisplayFunc(display);                   //调用函数
    glutReshapeFunc(reshape);                   //注册窗口大小改变时的响应函数
    glutMainLoop( );                            //进入 GLUT 消息循环,开始执行程序
    return 0;
}
```

运行结果如图 4-10(a)所示。

如果把语句 glutSolidSphere(1.0，40，50)修改为下面的语句：

```
glutSolidTeapot (0.9);              //绘制一个茶壶,尺寸为 0.9
glutSolidTorus (0.5,0.8,20,30);     //绘制环面内径 0.5,外径 0.8,后两个参数为分片数
glutSolidOctahedron();              //绘制一个实心的 8 个面的正多面体
```

就会分别绘制出图 4-10(b)～图 4-10(d)所示的图形。

(a)

(b)

(c)

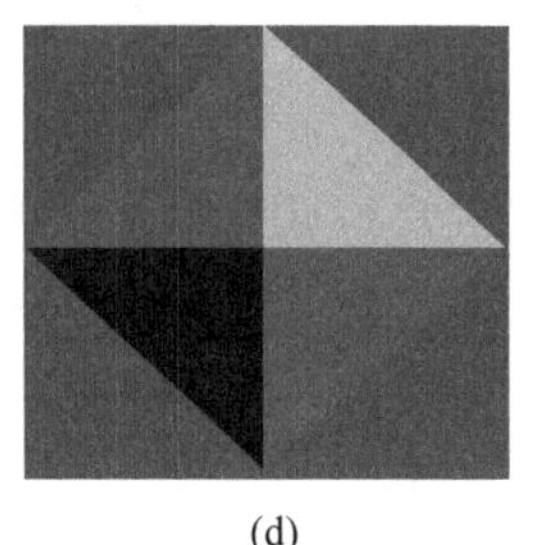

(d)

图 4-10 使用 glut 函数绘制出的真实感图形

4.3.2 裁剪函数 glOrtho()

glOrtho()创建一个正交平行的视景体。该函数一般用于物体不会因为离屏幕的远近而产生大小的变换的情况。

函数 glOrtho(left，right，bottom，top，near，far)中，参数 left 表示视景体左面的坐标，right 表示右面的坐标，bottom 表示下面的坐标，top 表示上面的坐标。

假设有一个球体，半径为 1，圆心在(0，0，0)，那么，设定 glOrtho(−1.5，1.5，−1.5，1.5，−10，10)；就可以将这个球体全部放到视景区内。

例4-6程序中，当w≤h时，计算h与w的比值，该比值大于等于1，所以不论该h与w是多少，球体都会位于裁剪区域之内。该函数的调用语句如下。

```
glOrtho (-1.5, 1.5, -1.5 * (GLfloat) h / (GLfloat) w,1.5 * (GLfloat) h /
(GLfloat) w, -10.0, 10.0);
```

当w>h时，计算w与h的比值，该比值大于1，所以，也可以保证球体位于裁剪区域之内。

4.3.3 形体函数 glutSolidSphere()等

为了方便，OpenGL提供了一些绘制各种形体的函数，例如glutWireSphere(1.0，40，50)是半径为1，具有40条纬线，50条经线的线框球体；glutSolidSphere(1.0，40，50)将上面的线框球体通过面片绘制成实心球体。纬线与经线少的时候，绘制出来的是多面体。

类似的函数还有很多，例如例4-6中的：

glutSolidTeapot()，绘制一个茶壶。

glutSolidTorus(0.5,0.8,20,30)，绘制环面内径为0.5，外径为0.8，后两个参数为分片数。

glutSolidOctahedron()，绘制一个实心的8个面的正多面体。

【例4-7】 绘制线框茶壶与实体茶壶。

将下面的语句写到例4-6的主函数中，运行时，便可以输入1或者2，然后绘制出线框茶壶或者实体茶壶。

```
printf("请选择:1.绘制线框茶壶。2.绘制实体茶壶。\n");
scanf("%d",&i);
if(i==1)
{
    glutDisplayFunc(display1);
    glutMainLoop();
}
else if(i==2)
{
    glutDisplayFunc(display2);
    glutMainLoop();
}
glutReshapeFunc(reshape);
```

再改写例4-6程序，设计出两个display()函数，一个命名为display1，一个命名为display2。

4.3.4 光照函数 glLight()

glLight*()函数的作用是设置光源。

glLight()函数有：glLightf()、glLighti()、glLightfv()、glLightiv()等。

例 4-6 中的语句 glLightfv(GL_LIGHT0, GL_POSITION, light_position)就是其中的一种。在这个函数中,第一个参数是光源的名字,一个程序中可以有几个光源,凭借这个名字区分是哪一个光源。第二个参数指定 light 的光照参数。可以选择的值有:

GL_AMBIENT:指定环境光。

GL_DIFFUSE:指定漫射光。

GL_SPECULAR:指定镜面光。

GL_POSITION:指定光源位置。

GL_SPOT_DIRECTION:指定光照方向。

GL_SPOT_EXPONENT:指定聚焦光源指数。

GL_SPOT_CUTOFF:指定光源的最大散布角。

GL_CONSTANT_ATTENUATION, GL_LINEAR_ATTENUATION, GL_QUADRATIC_ATTENUATION:指定三个光照衰减因子。

当第二个参数是 GL_POSITION 时,第三个参数 light_position 是光源的位置。

当对光源进行设置、定位后,还需要使用函数 glEnable(GL_LIGHTING)与 glEnable(GL_LIGHT0)等来启动光源。

4.3.5 OpenGL 实用函数

OpenGL 函数名的前 3 个字母(前缀)为 glu 的称为实用函数,一共有四十多个。

OpenGL 提供了强大的但是为数不多的绘图命令,所有较复杂的绘图都必须从点、线、面开始绘制。glu 为了减轻繁重的编程工作,glu 函数通过调用核心库的函数,封装了 OpenGL 函数,实现一些较为复杂的操作。此函数由 glu.dll 来负责解释执行。OpenGL 中的核心库和实用库可以在所有的 OpenGL 平台上运行。

实用函数主要有以下几种。

1. 辅助纹理贴图函数

如 gluScaleImage()、gluBuild1Dmipmaps()、gluBuild2Dmipmaps()。

2. 坐标转换和投影变换函数

定义投影方式函数 gluPerspective()、gluOrtho2D()、gluLookAt(),拾取投影视景体函数 gluPickMatrix(),投影矩阵计算函数 gluProject()和 gluUnProject()等。

3. 多边形镶嵌函数

gluNewTess()、gluDeleteTess()、gluTessCallback()、gluBeginPolygon()、gluTessVertex()、gluNextContour()、gluEndPolygon()等。

4. 二次曲面绘制函数

有绘制球面、锥面、柱面、圆环面函数 gluNewQuadric()、gluSphere()、gluCylinder()、gluDisk()、gluPartialDisk()、gluDeleteQuadric()等。

5. 非均匀有理 B 样条绘制函数

该种函数主要用来定义和绘制 Nurbs 曲线和曲面,包括 gluNewNurbsRenderer()、gluNurbsCurve()、gluBeginSurface()、gluEndSurface()、gluBeginCurve()、gluNurbsProperty()等。

6. 错误反馈函数

如获取出错信息函数 gluErrorString()。

4.4 一个运动的正方体

可以使用函数绘制正方体线框图，然后使用 OpenGL 函数很容易制作出动画效果。

4.4.1 三维正方体绘制与函数 gluLookAt()

下面设计程序，使用函数 glutWireCube()绘制正方体线框图。

【例 4-8】 绘制正方体线框图。

```
#include <GL/glut.h>
void display()
{
    glClear(GL_COLOR_BUFFER_BIT);
    glMatrixMode(GL_MODELVIEW);
    glLoadIdentity();
    gluLookAt(1,1,1,0,0,0,0,1,0);
    glutWireCube(3);                    //3 表示边长
    glutSwapBuffers();
}
void reshape(int w,int h)
{
    glViewport(0,0,w,h);
    glMatrixMode(GL_PROJECTION);
    glLoadIdentity();
    glOrtho(-4.0,4.0,-4.0,4.0,-4.0,4.0);
}
void init()
{
    glClearColor(1.0,1.0,1.0,1.0);
    glColor3f(0,0,0);
    glEnable(GL_LIGHTING);
    glEnable(GL_LIGHT0);
}
int main(int argc,char** argv)
{
    glutInit(&argc,argv);
    glutInitDisplayMode(GLUT_DOUBLE|GLUT_RGB);
    glutCreateWindow("simple");
    glutReshapeFunc(reshape);
    glutDisplayFunc(display);
    init();
```

```
    glutMainLoop();
    return(true);
}
```

程序运行后，显示的结果如图 4-11(a)所示。

语句 glOrtho(−4.0,4.0,−4.0,4.0,−4.0,4.0)是建立一个平行投影矩阵，定义一个正平行六面体作为观视体。

如果修改为 glOrtho(−2.0,2.0,−2.0,2.0,−4.0,4.0)，那么运行后显示的结果如图 4-11(b)所示。相当于把相机推向距离物体较近的位置。6 个参数分别代表观视体的左、右、下、上、近、远边界。

如果修改语句 gluLookAt 函数为 gluLookAt(1,1,0.5,0,0,0,0,1,0)，即改变一个参数，那么运行后效果如图 4-11(c)所示。与图 4-11(a)比较，图形改变了，因为 gluLookAt()代表着视点，就是眼睛从哪个位置看(摄像机在什么方位摄像)。

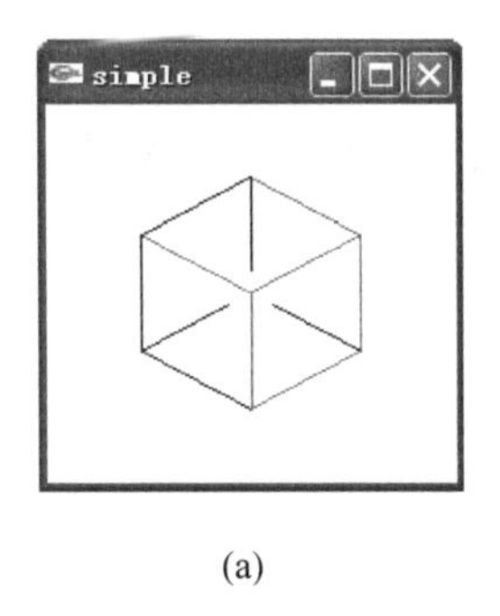

(a)

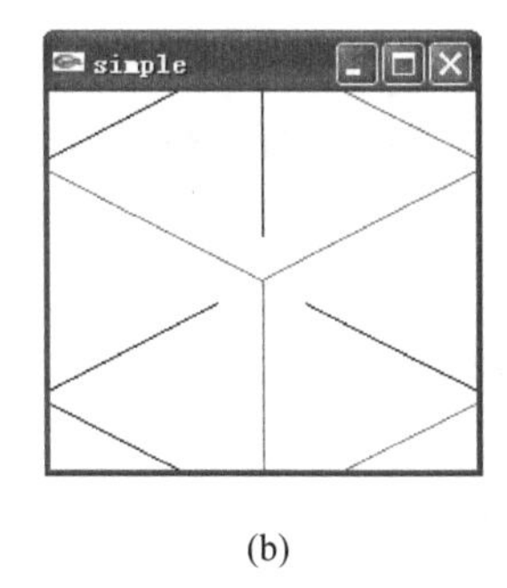

(b)

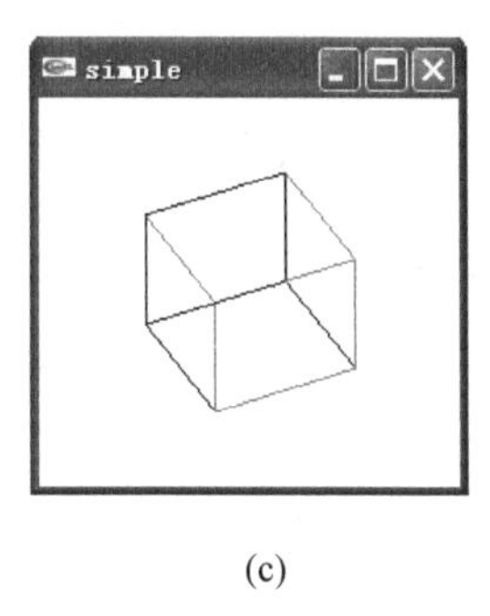

(c)

图 4-11　绘制三维线框立方体

函数 gluLookAt()的前三个参数构成空间中的一个点(视点)，中间三个参数构成一点(物体所在位置)，这两个点构成的空间向量就是视线方向。最后三个参数对相机进行约束。

【思考题】 这个程序与例 1-9 中的程序都是绘制线框立方体，那么它们的区别在哪里？

【例 4-9】 绘制正方体实体图。

在例 4-8 程序的基础上进行修改，首先把语句 glutWireCube(3)修改为 glutSolidCube(3)，运行程序，绘制出的图形如图 4-12(a)所示。

如果再把语句 gluLookAt(1,1,1,0,0,0,0,1,0)修改为：

```
gluLookAt(1,0.6,0.3,0,0,0,0,1,0),
```

绘制出的图形如图 4-12(b)所示。

如果修改为：

```
gluLookAt(0.3,0.6,0.3,0,0,0,0,1,0);
```

绘制出的图形如图 4-12(c)所示。

如果修改为：

```
gluLookAt(0.3,0.6,0.3,0,0,0,1,0,0);
```

绘制出的图形如图 4-12(d)所示。

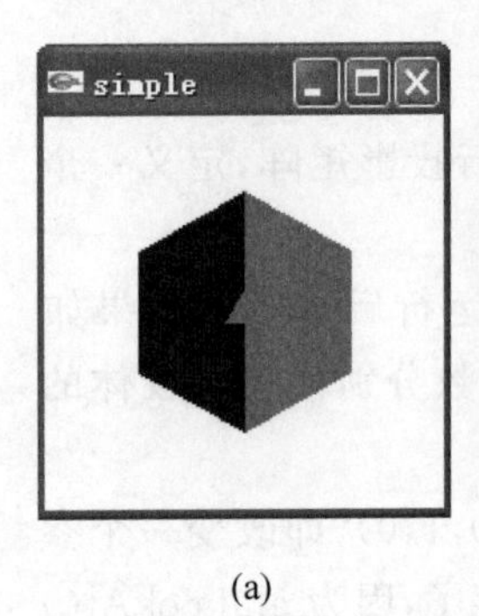

(a)

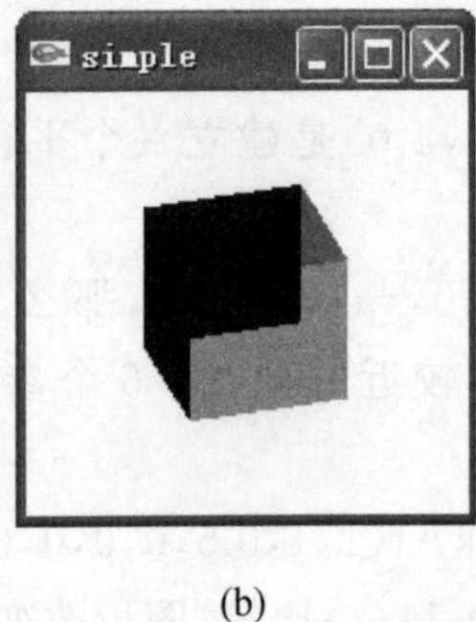

(b)

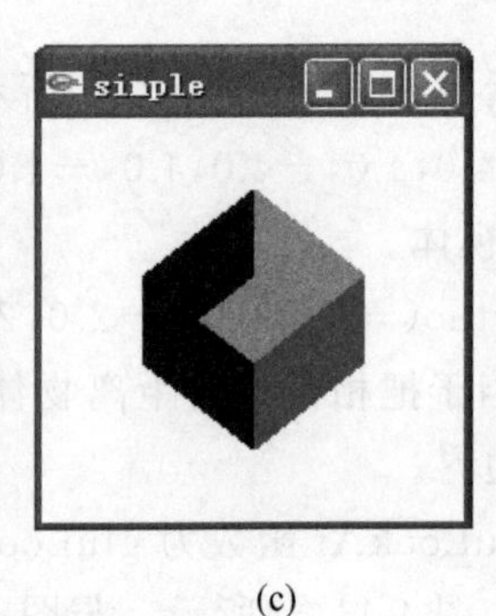

(c)

(d)

图 4-12 绘制三维实体立方体

语句 glutWireCube(3)绘制出的正方体，虽然程序中没有加入光照效果的语句，但是该函数语句也默认为每个面设置了不同的颜色(亮度)，否则就没有立体的效果了。

4.4.2 旋转函数 glRotatef()

使用 OpenGL 函数很容易实现动画效果，下面利用旋转函数 glRotatef()制作一个正方体旋转动画。

【例 4-10】 制作一个正方体旋转动画。

```
#include <GL/glut.h>
int axis;
float theta;
void display()
{
    glClear(GL_COLOR_BUFFER_BIT | GL_DEPTH_BUFFER_BIT);
    glMatrixMode(GL_MODELVIEW);
    glLoadIdentity();
    glRotatef(theta,1,0,0);                        //沿 X 轴旋转，每次转 theta
    gluLookAt(0.3,0.5,1,0,0,0,0,1,0);
    glutSolidCube(3);
    glutSwapBuffers();
}
void reshape(int w,int h)
{
    glViewport(0,0,w,h);
    glMatrixMode(GL_PROJECTION);
    glLoadIdentity();
    glOrtho(-4.0,4.0,-4.0,4.0,-4.0,4.0);
}
void spinCube()
```

```
{
    theta+=2.0;
    if(theta>360.0) theta-=360.0;                //旋转一周再开始
    glutPostRedisplay();
}
int main(int argc,char** argv)
{
    glutInit(&argc,argv);
    glutInitDisplayMode(GLUT_DOUBLE|GLUT_RGB);
    glutCreateWindow("simple");
    glutReshapeFunc(reshape);
    glutDisplayFunc(display);
    glutIdleFunc(spinCube);
    glutMainLoop();
    return(true);
}
```

程序运行后，一个全白的正方体在一个黑色的背景下旋转，其中的一帧如图4-13(a)所示。

把语句glutSolidCube(3)修改为glutWireCube(3)绘制出线框立方体，让其旋转，效果会好些，其中的一帧如图4-13(b)所示。

如果加入光照效果，那么绘制出一个具有真实感的立方体在旋转，其中的一帧如图4-13(c)所示。

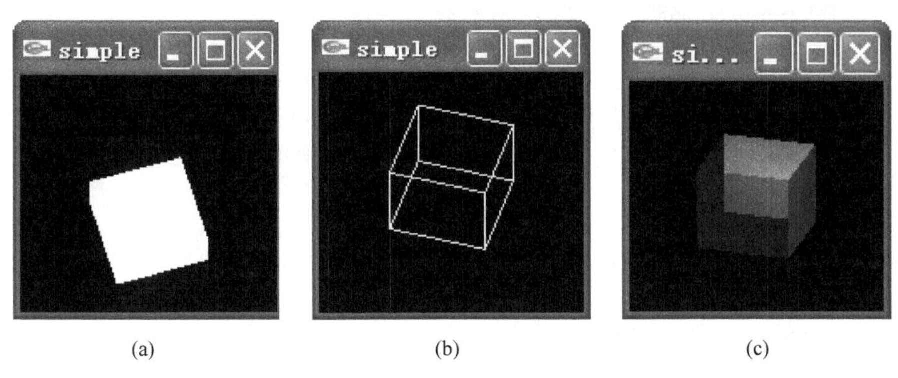

(a) (b) (c)

图4-13 绘制旋转效果正方体

如果把语句glutSolidCube(3)改为glutSolidSphere(2,6,12)或者glutWireSphere(2,6,12)等，就会绘制出一个(近似)球体或者(网格线)球在旋转。

函数glRotatef(theta,1,0,0)是让该语句下面绘制的图形绕向量(1,0,0)所在直线旋转，theta是旋转的角度。因为在函数spinCube()中，theta的值每次在增加，所以出现了绕轴旋转的动画效果。

实际上，在语句glutSolidCube(3)位置处，写上一组语句，绘制出某个物体，那么这个物体就会按照程序中规定的旋转路线进行旋转。

4.4.3 使用鼠标控制旋转轴

OpenGL本身也提供了交互操作功能，例如例4-11程序，可以单击鼠标控制正方体的旋转轴，这样可以人工参与到动画之中。

【例4-11】 使用鼠标控制(旋转)正方体的旋转轴。

```
#include <GL/glut.h>
int axis;
float theta[3];
void display()
{
    glClear(GL_COLOR_BUFFER_BIT | GL_DEPTH_BUFFER_BIT);
    glMatrixMode(GL_MODELVIEW);
    glLoadIdentity();
    glRotatef(theta[0],1,0,0);                 //沿X轴转动角度theta[0]
    glRotatef(theta[1],0,1,0);                 //沿Y轴转动角度theta[1]
    glRotatef(theta[2],0,0,1);                 //沿Z轴转动角度theta[2]
    gluLookAt(0.3,0.5,1,0,0,0,0,1,0);
    glutWireCube(3);
    glutSwapBuffers();
}
void mouse(int btn,int state,int x,int y)
{
    if(btn==GLUT_LEFT_BUTTON && state==GLUT_DOWN)
        axis=0;
    if(btn==GLUT_MIDDLE_BUTTON && state==GLUT_DOWN)
        axis=1;
    if(btn==GLUT_RIGHT_BUTTON && state==GLUT_DOWN)
        axis=2;
}
void reshape(int w,int h)
{
    glViewport(0,0,w,h);
    glMatrixMode(GL_PROJECTION);
    glLoadIdentity();
    glOrtho(-4.0,4.0,-4.0,4.0,-4.0,4.0);
}
void spinCube()
{
    theta[axis]+=2.0;              //theta数组的某个元素在变化,即沿着某个轴转动
    if(theta[axis]>360.0)theta[axis]-=360.0;
    glutPostRedisplay();
}
int main(int argc,char** argv)
```

```
{
    glutInit(&argc,argv);
    glutInitDisplayMode(GLUT_DOUBLE|GLUT_RGB);
    glutCreateWindow("simple");
    glutIdleFunc(spinCube);
    glutDisplayFunc(display);
    glutReshapeFunc(reshape);
    glutMouseFunc(mouse);            //调用鼠标函数
    glutMainLoop();
    return(true);
}
```

程序运行后，与例 4-10 一样，一个图形在旋转，但是当单击鼠标右键或者按住鼠标滚轮时，图形的旋转方向就会发生变化。

4.5 具有颜色插值效果的多面体

使用 OpenGL 绘制多面体，可以使用语句 glutSolidCube(3)等绘制，但更多的时候是使用绘制三维空间多边形的方法拼接成多面体。

4.5.1 多面体绘制

【例 4-12】 绘制一个具有颜色插值效果的多面体。

```
#include <GL/glut.h>
void display()
{
    glClear(GL_COLOR_BUFFER_BIT);
    glMatrixMode(GL_MODELVIEW);
    glLoadIdentity();
    gluLookAt(1,1,1,0,0,0,0,1,0);
    //glutSolidCube(3);
    GLfloat p1[]={0.5,-0.5,-0.5},p2[]={0.5,0.5,-0.5},    //顶点
    p3[]={0.5,0.5,0.5},p4[]={0.5,-0.5,0.5},
    p5[]={-0.5,-0.5,0.5},p6[]={-0.5,0.5,0.5},
    p7[]={-0.5,0.5,-0.5},p8[]={-0.5,-0.5,-0.5};
    GLfloat m1[]={1,0,0},m2[]={-1,0,0},m3[]={0,1,0},     //法向坐标
    m4[]={0,-1,0},m5[]={0,0,1},m6[]={0,0,-1};
    GLfloat c1[]={0,0,1},c2[]={0,1,1},c3[]={1,1,1},c4[]={1,0,1},  //颜色值
    c5[]={1,0,0},c6[]={1,1,0},c7[]={0,1,0},c8[]={1,1,1};
    glBegin(GL_QUADS);                      //绘制多个独立连线的四边形,即各个面
        glColor3fv(c1);glNormal3fv(m1);glVertex3fv(p1);
                                            //为该顶点(面)设置了法线方向
        glColor3fv(c2);glVertex3fv(p2);
```

```
        glColor3fv(c3);glVertex3fv(p3);
        glColor3fv(c4);glVertex3fv(p4);  //上面 4 个点组成一个面,每个顶点一个颜色
        glColor3fv(c5);glNormal3fv(m5);glVertex3fv(p5);
        glColor3fv(c6);glVertex3fv(p6);
        glColor3fv(c7);glVertex3fv(p7);
        glColor3fv(c8);glVertex3fv(p8);
        glColor3fv(c5);glNormal3fv(m3);glVertex3fv(p5);
        glColor3fv(c6);glVertex3fv(p6);
        glColor3fv(c3);glVertex3fv(p3);
        glColor3fv(c4);glVertex3fv(p4);
        glColor3fv(c3);glNormal3fv(m4);glVertex3fv(p3);
        glColor3fv(c2);glVertex3fv(p2);
        glColor3fv(c7);glVertex3fv(p7);
        glColor3fv(c8);glVertex3fv(p8);
        glColor3fv(c2);glNormal3fv(m5);glVertex3fv(p2);
        glColor3fv(c3);glVertex3fv(p3);
        glColor3fv(c6);glVertex3fv(p6);
        glColor3fv(c7);glVertex3fv(p7);
        glColor3fv(c1);glNormal3fv(m6);glVertex3fv(p1);   //一共 6 个面
        glColor3fv(c4);glVertex3fv(p4);
        glColor3fv(c5);glVertex3fv(p5);
        glColor3fv(c8);glVertex3fv(p8);  //颜色插值时先对边插值,再对面插值
    glEnd();
    glutSwapBuffers();
}
void reshape(int w,int h)
{
    glViewport(0,0,w,h);
    glMatrixMode(GL_PROJECTION);
    glLoadIdentity();
    glOrtho(-1.0,1.0,-1.0,1.0,-4.0,4.0);
    glClearColor(1.0,1.0,1.0,1.0);
}

int main(int argc,char** argv)
{
    glutInit(&argc,argv);
    glutInitDisplayMode(GLUT_DOUBLE|GLUT_RGB);
    glutInitWindowSize(200,200);
    glutInitWindowPosition(0,0);
    glutCreateWindow("simple");
    glutReshapeFunc(reshape);
    glutDisplayFunc(display);
    glutMainLoop();
```

```
    return(true);
}
```

该程序运行结果如图 4-14(a)所示。实际上绘制出一个具有颜色插值效果的正方体。

4.5.2 修改参数

在例 4-12 程序中,如果把顶点坐标改为下面的数据:

```
GLfloat p1[]={0.2,-0.5,-0.5},p2[]={0.6,0.5,-0.7},
p3[]={0.5,0.7,0.5},p4[]={0.5,-0.6,0.5},
p5[]={-0.5,-0.5,0.5},p6[]={-0.5,0.5,0.5},
p7[]={-0.5,0.4,-0.5},p8[]={-0.5,-0.3,-0.5};
```

运行结果如图 4-14(b)所示。
如果在此基础上,再改变颜色数据如下:

```
GLfloat c1[]={0,0,1},c2[]={0,1,1},
c3[]={0,1,1},c4[]={1,0,1},
c5[]={0,0,1},c6[]={0,1,1},
c7[]={0,1,1},c8[]={1,0,1};
```

运行结果如图 4-14(c)所示。

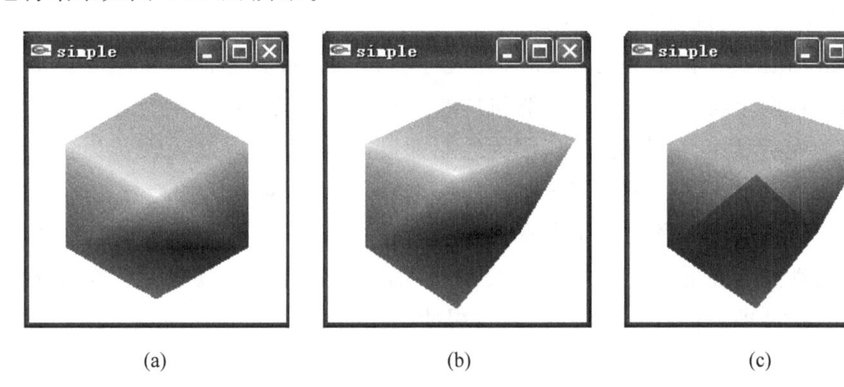

(a) (b) (c)

图 4-14 绘制颜色插值效果多面体

实际上,可以使用绘制多边形的方法绘制出任何形状、任何颜色的多面体。

4.6 OpenGL 函数解析(三)

鉴于 OpenGL 的函数较多,所以再选择一些常用的函数重点讲解。

4.6.1 平移函数 glTranslate()与缩放函数 glScalef()

在例 4-11 中,使用了旋转函数 glRotatef(),与该旋转函数在同一组的几何变换函数还有 glScalef()与 glTranslate()等。

函数 Void glScalef(GLfloat a, GLfloat b, GLfloat c)中 a,b,c 分别为三维形体在

X，Y，Z 轴方向的缩放比。如果某个参数是负数，是沿某个轴翻转 180°，例如，glScalef(1.0f，1.0f，-1.0f)是将模型关于 Z 轴翻转了 180°。

实际上，glRotatef()对坐标进行旋转，glScalef()是对坐标的缩放，glTranslate()是对坐标进行平移。当然，坐标系本身变化，物体的坐标也随之变化。

分析得知，函数 glTranslate()是实现平移，即沿某个向量平移。

4.6.2 面法向设置函数 glNormal3fv()

在例 4-12 中，绘制多面体时，使用了函数语句段 glBegin(GL_QUADS)与 glEnd()等绘制每个多边形面；使用函数 glColor3fv(c3)，glNormal3fv(m4)，glVertex3fv(p3)。其中，函数 glNormal3fv(m4)是用来设置面的法向的，根据向量 m4 可以知道该面的外侧的朝向，这对绘制形体是必要的。

在例 4-12 程序中，四个顶点确定一个面，每个面有一个法向。

4.6.3 双缓存函数 glutSwapBuffers()

程序中有语句函数 glutSwapBuffers()，该函数的用法是交换双缓存。

当窗口模式是双缓存时，此函数的功能就是把后台缓存的内容交换到前台显示。当然单缓存时，它的功能与 glFlush()相同。使用双缓存是为了把完整图画一次性显示在窗口上，更多的是为了实现更好的动画效果。

glutSwapBuffers()函数是 GLUT 库中用于实现双缓冲技术的一个重要函数。该函数的功能是交换两个缓冲区指针。计算机屏幕上的所有东西都是绘制出来的，这些绘制操作有一定的先后顺序，通常情况下，因为绘制速度非常快，所以使人误认为这些绘制操作是同时完成的。但当我们进行复杂的绘图操作时，因为绘制时间的差异，画面便可能有明显的闪烁。解决这个问题的一个办法是在一个缓存内计算、投影、加入光照，然后将绘制的东西一次性显示在屏幕上。所谓双缓冲技术，是指使用两个缓冲区：前台缓冲和后台缓冲。前台缓冲即我们看到的屏幕，后台缓冲则在内存当中，从而解决了绘制时间差导致的画面闪烁问题。

在 OpenGL 中实现双缓冲技术的方法有：

(1) 在调用 glutInitDisplayMode() 函数时，开启 GLUT_DOUBLE，即 glutInitDisplayMode(GLUT_RGB | GLUT_DOUBLE)。这里将参数 GLUT_SINGLE 替换为 GLUT_DOUBLE，意为要使用双缓存而非单缓存。

(2) 调用 glutDisplayFunc(display)注册回调函数时，在回调函数中所有绘制操作完成后调用 glutSwapBuffers()交换两个缓冲区指针，如例 4-12 所示。

4.6.4 透视投影函数 glFrustum()

glFrustum()为透视投影函数，其原型为：

```
void glFrustum(GLdouble left, GLdouble Right, GLdouble bottom, GLdouble top,
GLdouble near,GLdouble far);
```

其参数表示近裁剪平面的左下角点和右上角点的三维空间坐标，即(left，bottom，－near)和(right，top，－near)。最后一个参数 far 是远裁剪平面的 Z 负值，远裁剪平面的左下角点和右上角点空间坐标由函数根据透视投影原理自动生成。near 和 far 表示离视点的远近，它们总为正值。

与平行投影不同，该投影方式呈现出近大远小的特点。

【例 4-13】 使用透视投影，制作线框正方体动画。

```
#include<GL/glut.h>
float theta;
void init(void)
{
    glClearColor(0.0,0.0,0.0,0.0);
    glShadeModel(GL_FLAT);
}
void display(void)
{
    glClear(GL_COLOR_BUFFER_BIT);
    glColor3f(1.0,1.0,1.0);
    glLoadIdentity();
    glRotatef(theta,1,1,0);
    gluLookAt(0.0,0.0,5.0,0.0,0.0,0.0,0.0,1.0,0.0);
    glutWireCube(1);
    glutSwapBuffers();
    glFlush();
}
void reshape(int w,int h)
{
    glViewport(0,0,(GLsizei)w,(GLsizei)h);
    glMatrixMode(GL_PROJECTION);
    glLoadIdentity();
    glFrustum(-1.0,1.0,-1.0,1.0,1.5,20.0);     //透视投影函数
    glMatrixMode(GL_MODELVIEW);
}
void spinCube()
{
    theta+=0.2;
    if(theta>360.0)
        theta-=360.0;
    glutPostRedisplay();
}

int main(int argc,char**argv)
{
    glutInit(&argc,argv);
```

```
    glutInitDisplayMode(GLUT_DOUBLE);
    glutInitWindowSize(700,700);
    glutInitWindowPosition(10,10);
    glutCreateWindow(argv [0]);
    init();
    glutDisplayFunc(display);
    glutReshapeFunc(reshape);
    glutIdleFunc(spinCube);
    glutMainLoop();
    return 0;
}
```

该程序与例4-10的主要区别就是将平行投影语句glOrtho(－4.0,4.0,－4.0,4.0,－4.0, 4.0)改为透视投影语句glFrustum(－1.0,1.0,－1.0,1.0,1.5,20.0)，所以，正方体呈现出近大远小的特点。因为视点位置比较近，所以有些失真，即不像正方体了，如图4-15所示。

图4-15 透视正方体

4.6.5 工具函数glut

glut工具函数库包含三十多个函数，函数名前缀为glut。

glut是不依赖于某一平台的OpenGL工具包，函数以glut开头，它们作为aux辅助函数库更强的替代品，用简单的函数实现更为复杂的绘制功能，此函数由glut.dll来负责解释执行。由于glut中的窗口管理函数是不依赖于运行环境的，因此OpenGL中的工具库可以在各种操作系统下运行，特别适合于开发简单界面的OpenGL示例程序。

这部分函数主要有以下几种。

1. 初始化函数

void glutInit(int * argc,char** argv)，该函数用来初始化GLUT库，从主函数int main(int argc,char * argv[])获取两个参数。

2. 窗口初始化操作函数

窗口大小函数glutInitWindowSize()，窗口位置函数glutInitWindowPosition()，设置图形模式函数glutInitDisplayMode()，void glutPostRedisplay(void)将当前窗口标记上，标记其需要再次显示等。

3. 回调函数

响应刷新消息、定时器、键盘消息、鼠标消息等函数，分别为glutDisplayFunc()、glutReshapeFunc()、glutTimerFunc()、glutKeyboardFunc()、glutMouseFunc()。

4. 创建常用的三维形体

创建网状体和实心体，如glutSolidSphere()、glutWireSphere()等。这些和aux库的函数功能相同，与glu开头的绘制实体函数类似。

5. 菜单函数

创建添加菜单的函数 glutCreateMenu()、glutSetMenu()、glutAddMenuEntry()、glutAddSubMenu() 和 glutAttachMenu()。

6. 程序运行函数

函数 glutMainLoop(),让 glut 程序进入事件循环。

4.7 OpenGL 交互操作函数

实际上,在例 4-11 中已经使用了鼠标操作函数,这是属于 OpenGL 的,不是 VC++ 的系统函数。

4.7.1 鼠标操作

例 4-11 中已经使用了鼠标操作动画。例 4-14 是一个简单的鼠标操作程序。

【例 4-14】 单击鼠标左键退出程序。

```
#include <GL/glut.h>
void mymouse(int but,int s,int x,int y)
{
    if (s==GLUT_DOWN&&but==GLUT_LEFT_BUTTON)
        exit(0);
}
void display()
{
    glClear(GL_COLOR_BUFFER_BIT);
    glBegin(GL_POLYGON);
        glVertex2f(-0.6,-0.6);
        glVertex2f(-0.6,0.6);
        glVertex2f(0.6,0.6);
        glVertex2f(0.6,-0.6);
    glEnd();
    glFlush();
}
void main(int argc,char** argv)
{
    glutInit(&argc,argv);
    glutCreateWindow("simple");
    glutDisplayFunc(display);
    glutMouseFunc(mymouse);
    glutMainLoop();
}
```

该程序运行后,绘制出一个白色的正方形,单击鼠标左键退出程序。

程序中，使用函数 MouseFunc()处理鼠标事件，该函数的完整形式为：

```
void glutMouseFunc(void(* func)(int button,int state,int x,int y));
```

其中：

func：处理鼠标 click 事件的函数的函数名，例如例 4-14 中为 mymouse。

类似 mymouse 这样处理鼠标单击事件的函数，一共有 4 个参数。第一个参数表明哪个鼠标键被按下或松开，这个变量可以是下面三个值中的一个：

```
GLUT_LEFT_BUTTON
GLUT_MIDDLE_BUTTON
GLUT_RIGHT_BUTTON
```

第二个参数表明，函数被调用发生时鼠标的状态，也就是是被按下或松开，可能取值如下：

```
GLUT_DOWN
GLUT_UP
```

剩下的两个参数(x,y)提供了鼠标当前的绘图窗口坐标(以左上角为原点)。

另外，OpenGL 也支持鼠标移动事件与鼠标进入事件。

监测鼠标移动时，可以先设计一个函数，有两个整型的参数。然后使用函数 glutMotionFunc()在主函数中进行调用。

如果要监测按住鼠标移动的时候，需要使用函数 glutPassiveMotionFunc()在主函数中调用。

鼠标进入事件的监测，需要使用 glutEntryFunc()调用。

4.7.2 键盘操作

【例 4-15】 按字母 Q 键退出程序。

```
#include <GL/glut.h>
void mykey(unsigned char key,int x,int y)
{
    if(key=='q'||key=='Q')
          exit(0);
}
void display()
{   int x1=0,y1=0,x2=20,y2=20;
    glMatrixMode(GL_PROJECTION);
    glClearColor(1.0,1.0,1.0,1.0);
    glColor3f(1.0,0.0,0.0);
    glClear(GL_COLOR_BUFFER_BIT);
    glBegin(GL_POLYGON);
        glVertex2i(x1,y1);
```

```
        glVertex2i(x1,y2);
        glVertex2i(x2,y2);
        glVertex2i(x2,y1);
    glEnd();
    glFlush();
}
void main(int argc,char** argv)
{
    glutInit(&argc,argv);
    glutCreateWindow("simple");
    glutKeyboardFunc(mykey);
    glutDisplayFunc(display);
    glutMainLoop();
}
```

程序运行后,结果如图 4-16 所示。此时,按字母 Q 键,窗口关闭,程序退出。

另外,OpenGL 也提供了菜单制作等功能。

更多的时候,OpenGL 交互操作都交给 VC++ 等支持软件,以便更好地发挥各自的功能。这方面的内容在本章后面章节继续学习。

图 4-16 按字母键退出程序

4.7.3 菜单制作

OpenGL 也提供了菜单制作函数,例如:

1. int glutCreateMenu(void (* func)(int value));

当单击菜单时,调用自定义的回调函数 func(),函数 func()的参数 value 由所选择的菜单条目对应的整数值所决定。这个函数创建一个新的弹出式菜单。

2. void glutSetMenu(int menu);

设置当前菜单,获取当前菜单的标识符。

3. void glutAddMenuEntry(char * name, int value);

添加一个菜单条目。参数 name 为菜单名称,value 代表加入的菜单项,这个值就返回给上面的 glutCreateMenu()里调用的函数。

【例 4-16】 使用函数 glutCreateMenu()创建弹出式菜单。

设计程序如下。

```
#include<GL/glut.h>
int menu;
void processMenuEvents(int option) {
    //option,就是传递过来的 value 的值
    switch (option) {
    case 1:glClearColor(1.0,0.0,0.0,0.0);break;
```

```
        case 2:glClearColor(0.0,1.0,0.0,0.0);break;
        case 3:glClearColor(0.0,0.0,1.0,0.0); break;
        case 4:glClearColor(0.0,0.0,0.0,0.0); break;
        }
    }
    void createGlutMenus() {
        menu = glutCreateMenu(processMenuEvents);
        glutAddMenuEntry("Red",1);
        glutAddMenuEntry("Blue",2);
        glutAddMenuEntry("Green",3);
        glutAddMenuEntry("Black",4);
        glutAttachMenu(GLUT_RIGHT_BUTTON);
    }
    void reColor(int w, int h) {
        glLoadIdentity();
        glFlush();
    }
    void main(int argc, char **argv){
        glutInit(&argc, argv);
        glutInitDisplayMode(GLUT_DEPTH | GLUT_DOUBLE | GLUT_RGBA);
        glClearColor(1.0,1.0,1.0,0.0);
        glutInitWindowPosition(100,100);
        glutInitWindowSize(320,320);
        glutCreateWindow("CreatMenu");
        glutDisplayFunc(createGlutMenus);
        glutReshapeFunc(reColor);
        glutMainLoop();
    }
```

程序运行后，在窗口上单击右键，弹出菜单，选择某个选项，窗口颜色便随之改变，如图 4-17 所示。

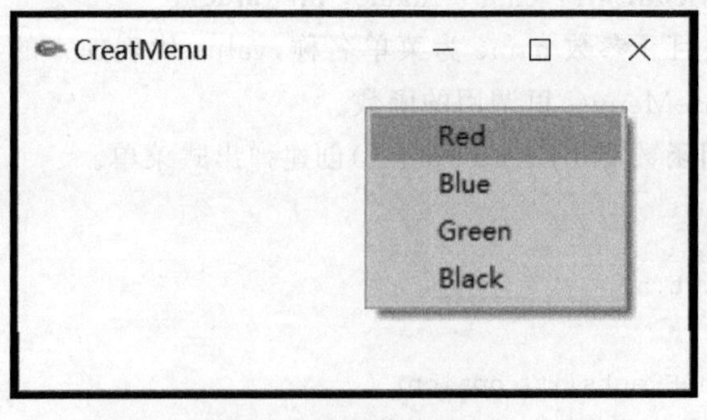

图 4-17 制作弹出式菜单

4.8 绘制实例

为进一步加深对 OpenGL 程序的理解，在这一节给出两个 OpenGL 程序设计实例。

4.8.1 绘制五角星

在例 4-5 中绘制了一个五角星，那个五角星还缺少真实感。这里给出一个程序，能够绘制出一个具有立体感的五角星。

【例 4-17】 绘制具有立体感的五角星。

根据给出五角星的中心坐标和半径，可以计算出五角星的 10 个顶点，10 个顶点分别用两个数组 a[5][2]与 b[5][2]表示，依次排列。然后使用绘制参数 GL_TRIANGLE_FAN 来连接各个顶点，同时中心坐标设置为黄色，各个顶点坐标设置为红色，实现插值效果，中间颜色变为浅红黄色，呈立体效果。

具体程序如下。

```
#include <GL/glut.h>
#include "math.h"
void display()
{
    float xr,a[5][2],b[5][2],X0=160,Y0=160,R=150;
    const float pi = 3.1415926;
    a[0][0] = X0; a[0][1] = Y0 + R;
    a[1][0] = X0 + R * sin(pi / 2.5);
    a[1][1]= Y0 + R * cos(pi / 2.5);
    a[2][0] = R * sin(pi / 5) + X0;
    a[2][1] = Y0 - R * cos(pi / 5);
    a[3][0] = -R * sin(pi / 5) + X0;
    a[3][1] =a[2][1];
    a[4][0] = X0 - R * sin(pi / 2.5);
    a[4][1] = a[1][1];
    xr = (a[1][1] - Y0) / cos(pi / 5);
    b[0][0] = X0 - sin(pi / 5) * xr;
    b[0][1] = a[1][1];
    b[1][0] = X0 + sin(pi / 5) * xr;
    b[1][1] = b[0][1];
    b[2][0] = sin(pi / 2.5) * xr + X0;
    b[2][1] = -cos(pi / 2.5) * xr + Y0;
    b[3][0] = X0; b[3][1] = -xr + Y0;
    b[4][0] = -sin(pi / 2.5) * xr + X0;
    b[4][1] = b[2][1];
    glBegin(GL_TRIANGLE_FAN);
        glColor3f(1.0,1.0,0.0);
```

```
        glVertex2f(X0,Y0);
        glColor3f(0.8,0.0,0.0);
        glVertex2f(b[0][0],b[0][1]);
        glColor3f(0.8,0.0,0.0);
        glVertex2f(a[0][0],a[0][1]);
        glColor3f(0.8,0.0,0.0);
        glVertex2f(b[1][0],b[1][1]);
        glColor3f(0.8,0.0,0.0);
        glVertex2f(a[1][0],a[1][1]);
        glColor3f(0.8,0.0,0.0);
        glVertex2f(b[2][0],b[2][1]);
        glColor3f(0.8,0.0,0.0);
        glVertex2f(a[2][0],a[2][1]);
        glColor3f(0.8,0.0,0.0);
        glVertex2f(b[3][0],b[3][1]);
        glColor3f(0.8,0.0,0.0);
        glVertex2f(a[3][0],a[3][1]);
        glColor3f(0.8,0.0,0.0);
        glVertex2f(b[4][0],b[4][1]);
        glColor3f(0.8,0.0,0.0);
        glVertex2f(a[4][0],a[4][1]);
        glColor3f(0.8,0.0,0.0);
        glVertex2f(b[0][0],b[0][1]);
    glEnd();
    glFlush();
}
void myReshape(GLsizei w, GLsizei h)
{
    glClear (GL_COLOR_BUFFER_BIT);
    glViewport(0, 0, w, h);
    glMatrixMode(GL_PROJECTION);
    glLoadIdentity();
    gluOrtho2D (0.0, (GLfloat)w, 0.0, (GLfloat)h);
    glMatrixMode(GL_MODELVIEW);
}
void main(int argc,char** argv)
{
    glutInit(&argc,argv);
    glutInitDisplayMode(GLUT_SINGLE|GLUT_RGB);
    glutInitWindowSize(320,320);
    glutInitWindowPosition(100,100);
    glutCreateWindow("simple");
    glutDisplayFunc(display);
    glutReshapeFunc (myReshape);
```

```
    glutMainLoop();
}
```

程序运行后,绘制出的五角星如图 4-18 所示。

图 4-18 具有真实感的五角星

4.8.2 运动的彩色正方体

例 4-10 制作了一个线框立方体动画效果,现在改进例 4-10,制作一个旋转的彩色立方体。

【例 4-18】 一个旋转的彩色立方体。

```
#include <GL/glut.h>
GLfloat step=0.0,s=0.1;
/* 定义立方体的顶点坐标值 */
static GLfloat  p1[]={0.5,-0.5,-0.5}, p2[]={0.5,0.5,-0.5},
                p3[]={0.5,0.5,0.5},p4[]={0.5,-0.5,0.5},
                p5[]={-0.5,-0.5,0.5}, p6[]={-0.5,0.5,0.5},
                p7[]={-0.5,0.5,-0.5}, p8[]={-0.5,-0.5,-0.5};
/* 定义立方体的各面方向值 */
static GLfloat  m1[]={1.0,0.0,0.0}, m2[]={-1.0,0.0,0.0},
                m3[]={0.0,1.0,0.0}, m4[]={0.0,-1.0,0.0},
                m5[]={0.0,0.0,1.0}, m6[]={0.0,0.0,-1.0};
/* 定义立方体的顶点颜色值 */
static GLfloat  c1[]={0.0,0.0,1.0},c2[]={0.0,1.0,1.0},
                c3[]={1.0,1.0,1.0},c4[]={1.0,0.0,1.0},
                c5[]={1.0,0.0,0.0},c6[]={1.0,1.0,0.0},
                c7[]={0.0,1.0,0.0},c8[]={1.0,1.0,1.0};
void myinit()
{
    GLfloat light_ambient[]={0.3,0.2,0.5};
    GLfloat light_diffuse[]={1.0,1.0,1.0};
    GLfloat light_position[] ={ 2.0, 2.0, 2.0, 1.0 };
    GLfloat light1_ambient[]={0.3,0.3,0.2};
    GLfloat light1_diffuse[]={1.0,1.0,1.0};
```

```
    GLfloat light1_position[] = { -2.0, -2.0, -2.0, 1.0 };
    glLightfv(GL_LIGHT0, GL_AMBIENT, light_ambient);
    glLightfv(GL_LIGHT0, GL_DIFFUSE, light_diffuse);
    glLightfv(GL_LIGHT0, GL_POSITION, light_position);
    glLightfv(GL_LIGHT1, GL_AMBIENT, light1_ambient);
    glLightfv(GL_LIGHT1, GL_DIFFUSE, light1_diffuse);
    glLightfv(GL_LIGHT1, GL_POSITION, light1_position);
    glLightModeli(GL_LIGHT_MODEL_TWO_SIDE,GL_TRUE);
    glEnable(GL_LIGHTING);
    glEnable(GL_LIGHT0);
    glEnable(GL_LIGHT1);
    glDepthFunc(GL_LESS);
    glEnable(GL_DEPTH_TEST);
    glColorMaterial(GL_FRONT_AND_BACK,GL_DIFFUSE);
    glEnable(GL_COLOR_MATERIAL);
}
void DrawColorBox(void)
{
    glBegin (GL_QUADS);
        glColor3fv(c1); glNormal3fv(m1); glVertex3fv(p1);
        glColor3fv(c2); glVertex3fv(p2);
        glColor3fv(c3); glVertex3fv(p3);
        glColor3fv(c4); glVertex3fv(p4);
        glColor3fv(c5); glNormal3fv(m5); glVertex3fv(p5);
        glColor3fv(c6); glVertex3fv(p6);
        glColor3fv(c7); glVertex3fv(p7);
        glColor3fv(c8); glVertex3fv(p8);
        glColor3fv(c5); glNormal3fv(m3); glVertex3fv(p5);
        glColor3fv(c6); glVertex3fv(p6);
        glColor3fv(c3); glVertex3fv(p3);
        glColor3fv(c4); glVertex3fv(p4);
        glColor3fv(c1); glNormal3fv(m4); glVertex3fv(p1);
        glColor3fv(c2); glVertex3fv(p2);
        glColor3fv(c7); glVertex3fv(p7);
        glColor3fv(c8); glVertex3fv(p8);
        glColor3fv(c2); glNormal3fv(m5); glVertex3fv(p2);
        glColor3fv(c3); glVertex3fv(p3);
        glColor3fv(c6); glVertex3fv(p6);
        glColor3fv(c7); glVertex3fv(p7);
        glColor3fv(c1); glNormal3fv(m6); glVertex3fv(p1);
        glColor3fv(c4); glVertex3fv(p4);
        glColor3fv(c5); glVertex3fv(p5);
        glColor3fv(c8); glVertex3fv(p8);
    glEnd();
```

```
}
void display()
{
    glClear(GL_COLOR_BUFFER_BIT | GL_DEPTH_BUFFER_BIT);
    s+=0.005;
    if(s>1.0) s=0.1;
    glPushMatrix();
    glScalef(s,s,s);
    glRotatef(step,0.0,1.0,0.0);
    glRotatef(step,0.0,0.0,1.0);
    glRotatef(step,1.0,0.0,0.0);
    DrawColorBox();
    glPopMatrix();
    glFlush();
    glutSwapBuffers();      /*交换缓存*/
}
void stepDisplay ()
{
    step = step + 1.0;
    if (step > 360.0)
    step = step - 360.0;
    display();
}
void myReshape(GLsizei w, GLsizei h)
{
    glViewport(0, 0, w, h);
    glMatrixMode(GL_PROJECTION);
    glLoadIdentity();
    if (w <= h)
    glOrtho (-1.5, 1.5, -1.5*(GLfloat)h/(GLfloat)w,
        1.50*(GLfloat)h/(GLfloat)w, -10.0, 10.0);
    else
    glOrtho (-1.5*(GLfloat)w/(GLfloat)h,
        1.5*(GLfloat)w/(GLfloat)h, -1.5, 1.5,  10.0, 10.0);
    glMatrixMode(GL_MODELVIEW);
    glLoadIdentity ();
}
void main(int argc,char** argv)
{
    glutInit(&argc,argv);
    glutInitDisplayMode(GLUT_DOUBLE|GLUT_RGB);
    glutInitWindowSize(500,400);
    glutCreateWindow("simple");
    myinit();
```

```
    glutReshapeFunc (myReshape);
    glutDisplayFunc(display);
    glutIdleFunc(stepDisplay);
    glutMainLoop();
}
```

程序运行后，屏幕上出现一个彩色正方体，从小到大，从里向外旋转而出，非常具有观赏性。截取其中的一帧，如图 4-19 所示。

图 4-19　一个旋转的正方体

习　　题

一、程序修改题

1. 修改例 4-1，然后观察分析运行结果。

(1) 删除一个(顶)点。

(2) 加入两个(顶)点。

(3) 在四个点正中央再绘制一个点。

(4) 将 glColor3f()设置的颜色改为红色。

(5) 修改语句 glPointSize(15,0)中的 15 改为 5，再改为 30。

2. 修改例 4-1，绘制三维空间中的点，使得绘制的点大一些，并多绘制出一些点。

3. 把例 4-1 程序语句 glBegin(GL_POLYGON)中的参数修改为如下所示，观察分析运行后的结果，从而了解下面参数的意义，以备以后使用时选择。

GL_POINTS	单个顶点集
GL_LINES	多组独立的双顶点线段
GL_TRIANGLES	单个连线多边形
GL_QUADS	多个独立连线四边形
GL_LINE_STRIP	不闭合折线
GL_LINELOOP	闭合折线
GL_TRIANGLE_STRIP	线形的连续三角形串
GL_TRIANGLE_FAN	扇形的连续三角形串

GL_QUAD_STRIP 连续的四边形串

4. 修改例4-4程序,使用三维空间中的点函数glVertex3f()绘制一个空间四边形,可以适当加入一些辅助函数。

5. 修改例4-6程序,观察分析。

(1) 修改Light_Position[]中的值。

(2) 修改glutSolidSphrer()函数中的参数值。

(3) 查找资料,然后修改glMatrixMode()中的参数值。

(4) 删除glMatrixMode()函数中的参数。

(5) 修改glOrtho()函数中的参数值。

(6) 删除语句glMatrixMode(GL_MODELVIEW)。

(7) 删除语句return 0。

6. 修改例4-7程序,使得输入a绘制线框茶壶,输入b绘制实体茶壶。

7. 修改例4-7程序,使得输入xiankuang绘制线框茶壶,输入shiti绘制实体茶壶。

8. 例4-7中,给出了一段程序,将其加入到例4.6程序中,再修改编写两个display程序,调试运行,观察分析。

9. 修改例4-8程序,观察分析结果。

(1) 将#include <GL/glut.h>修改为#include < glut.h>是否可以?为什么?

(2) 修改gluLookAt()中的参数。

(3) 修改glMatrixMode()中的参数。

(4) 修改glOrtho()中的参数值。

(5) 修改glColor3f()中的参数值,修改glClearColor()的参数值。

(6) 参考例4-6设置光照效果。

10. 修改例4-9程序,加入更多的光照函数,观察分析运行结果。

11. 修改例4-9程序,加入光照函数,再加入材质设置函数,观察分析运行结果。

12. 修改例4-10程序,观察分析结果。

(1) 修改glRotatef(theta,1,0,0)为glRotatef(theta,1,0,1)。

(2) 修改glRotatef(theta,1,0,0)为glRotatef(theta,0.5,0,0)。

(3) 修改gluLookAt()中的参数。

(4) 修改glutSolidCube(3)为glutWireCube(5)。

(5) 修改theta+=2.0为theta+=0.1。

(6) 将if(theta > 360.0) theta-=360.0;中的360.0改为180.0。

13. 修改例4-10程序,删除语句glutSolidCube(3),在这个位置用glBegin()与glEnd()形式绘制一个空间线框三棱锥。

14. 修改例4-11程序,观察分析结果。

(1) 修改后运行,单击鼠标右键,物体(坐标系)绕*X*轴旋转。

(2) 将线框正方体改为线框球。

(3) 将线框正方体改为茶壶。

(4) 增加一个功能,双击左键运动停止。

（5）增加一个功能，双击右键终止并退出程序。

15. 把例 4-11 中语句 glutWireCube(3)修改为一段绘制多面体的语句，然后运行分析。

16. 修改例 4-12 程序，观察分析程序运行结果。

（1）修改 gluLookAt()中的参数。

（2）修改数组 c5、c6 的值。

（3）修改数组 p1、p2 的值。

（4）使用顶点坐标计算法向量，然后赋值给 m1、m2、m3、m4、m5 和 m6，不改变其他语句。

（5）修改顶点坐标，然后计算（向外的）法向量值，赋值给 m1、m2、m3、m4、m5 和 m6。

（6）修改程序，绘制一个具有插值效果的四面体。

（7）删除含有 m1、m2、m3、m4 的语句。

（8）将语句 glColor3fv(c1)与 glNormal3fv(m1)调换一下位置。

（9）删除 glutSwapBuffers()和 glutMainLoop()。

17. 修改例 4-13，观察分析程序运行结果。

（1）修改 gluLookAt()中的参数值。

（2）修改 glRotatef()中的参数值。

（3）在程序中加入 glTranslate()，实现平移功能。

（4）加入鼠标单击功能，单击一次，物体平移一下。

（5）修改透视投影函数 glFrustum()的参数值。

18. 修改例 4-15 程序，按 Esc 键退出程序。

19. 修改例 4-18 程序，让其只旋转，而不改变其大小远近。

20. 修改例 4-18 程序，让其在旋转的同时还进行移动。

二、程序分析题

1. 读例 4-3 程序，回答问题。

（1）主函数 main()的两个参数分别是什么类型的变量？

（2）函数 glutInit()的参数分别是什么类型的变量？

（3）语句 glutCreateWindow("simple")实现什么功能？

（4）glClearColor(1.0,1.0,1.0,0.0)实现什么功能？为什么有 4 个参数？

（5）glColor3f(1.0,0,0)用来设置绘图颜色，这里绘图颜色是什么？

（6）在哪里、用哪个函数调用了 display()函数？

（7）删除语句 glutMainLoop();是否可以？该语句的作用是什么？

2. 读例 4-4 程序，解答问题。

（1）查找资料，确认语句 glutInitDisplayMode(GLUT_SINGLE|GLUT_RGB)的作用是什么？是否可以删除该语句？

（2）glutInitWindowPosition(0, 0)的作用是什么？

（3）改变主函数的返回值类型 int 是否可以？删除主函数的返回值类型是否可以？

（4）改变主函数的参数值类型是否可以？删除主函数的参数是否可以？

（5）在主函数中直接调用了 init()函数，那么是否可以在主函数中直接调用 display()函数？

（6）删除语句 glutInit()是否可以？

3. 例 4-5 的 10 个顶点分为 2 组，每组 5 个，都是均匀分布在两个同心圆上。

（1）外面大圆的半径多大？每两个点之间形成的圆心角多大？

（2）里面小圆的半径多大？每两个点之间形成的圆心角多大？

4. 编写或修改程序分析 GL_TRIANGLES_STRIP，GL_TRIANGLES_FAN，GL_QUADS_STRIP 等是绘制什么样的图形，在使用这两个参数编写程序时需要注意的地方有哪些？

5. 读例 4-6 程序，回答问题（一）。

（1）变量 light_position 只是一个自定义的数组，其作用是什么？

（2）该例题运行后 OpcnGL 绘图窗口的背景色是什么颜色？

（3）删除语句 glShadeModel(GL_SMOOTH);是否可以？

（4）函数 glLightfv()的三个参数中，最后一个参数在 init()函数中定义，其他两个参数是否在该程序中定义？

（5）函数 glEnable()的功能是什么？

（6）函数 glutSolidSphere(1.0，40，50)的三个参数分别决定了什么？

（7）该程序中函数 glClear()的参数一共有几个？分别代表什么？

（8）函数名 display()是否可以改变？

6. 读例 4-6 程序，回答问题（二）。

（1）函数 glViewport()实现的功能是什么？

（2）函数 glOrtho()中 6 个参数分别代表什么？参考图 3-10，并查找资料，进行分析。

（3）分析 glMatrixMode()函数的功用。

（4）分析 glLoadIdentity()函数的作用。

（5）是否可以将图 4-10 的四个图形绘制在一个 OpenGL 窗口中。

（6）推测该程序在绘图时，其视点位置在哪里？图 4-10 的光源大约在什么位置？

（7）分析 OpenGL 的默认（三维）坐标系的三个坐标轴以及原点的位置。

（8）OpenGL 中，还有哪些类似于 glutSolidSphere()的函数？都列举出来。

7. 下面是一个绘制真实感球的程序，线框正方体可以绘制出来，如果把注释的语句打开（取消注释），那么为什么绘制不出来线框球或者实体球？

```
#include <GL/glut.h>
void display()
{
    glClear(GL_COLOR_BUFFER_BIT);
    glMatrixMode(GL_MODELVIEW);
    glLoadIdentity();
    gluLookAt(1,1,1,0,0,0,0,1,0);
    //glutWireSphere(100,10,10);
    //glutSolidSphere(10,10,10);
```

```
        glutWireCube(3);
        glutSwapBuffers();
    }
    void reshape(int w,int h)
    {
    glViewport(0,0,w,h);
    glMatrixMode(GL_PROJECTION);
    glLoadIdentity();
    glOrtho(-4.0,4.0,-4.0,4.0,-4.0,4.0);
    }
    void init()
    {
        glClearColor(1.0,1.0,1.0,1.0);
        glColor3f(0,0,0);
    }
    int main(int argc,char** argv)
    {
        glutInit(&argc,argv);
        glutInitDisplayMode(GLUT_DOUBLE|GLUT_RGB);
        glutInitWindowSize(500,500);
        glutInitWindowPosition(0,0);
        glutCreateWindow("simple");
        glutReshapeFunc(reshape);
        glutDisplayFunc(display);
        init();
        glutMainLoop();
        return(true);
    }
```

8. 读关于 OpenGL 实用函数的资料，回答问题。

(1) glu 中的 u 是哪一个英文词的第一个字母？

(2) 查找相关资料，研究 gluBuildDmipmaps()函数的作用。

(3) 设计或利用程序分析 gluProject()与 gluUnProject()函数的用法。

(4) 到网上查找 OpenGL(小)程序，其中含有 gluNewTess()、gluDeleteTess()、gluTessCallback()等函数，分析其功用。

(5) 到网上查找 OpenGL(小)程序，其中含有 gluNewQuadric()、gluDeleteQuadric()等函数，分析其功用。

(6) 到网上查找 OpenGL(小)程序，其中含有 gluNurbsCurve()等函数，分析其功用。

9. 读例 4-8 程序，回答问题。

(1) 如果在 display()函数中删除 glutSwapBuffers()函数，程序运行结果是否会受到影响？

(2) 将 reshape()函数的函数名改为 re，其他不变，程序是否可以正常运行？

10. 读下面的程序,并运行,然后修改程序中可以修改的地方,观察分析运行后的结果。

```
#include < GL/glut.h >
/* 初始化材料属性、光源属性、光照模型,打开深度缓冲区 */
void init(void)
{
    GLfloat mat_ecular[] = { 1.0, 1.0, 1.0, 1.0 };
    GLfloat mat_shinine[] = { 50.0 };
    GLfloat light_position [ ] = { 1.0, 1.0, 1.0, 0.0 };
    glClearColor(0.0, 0.0, 0.0, 0.0);
    glShadeModel(GL_SMOOTH );
    //glMaterialfv(GL_FRONT, GL_ECULAR, mat_ecular);
    //glMaterialfv(GL_FRONT, GL_SHININE, mat_shinine);
    glLightfv(GL_LIGHT0, GL_POSITION, light_position);
    glEnable(GL_LIGHTING);
    glEnable(GL_LIGHT0);
    glEnable(GL_DEPTH_TEST);
}
/* 调用 GLUT 函数,绘制一个球 */
void display ( void )
{
    glClear(GL_COLOR_BUFFER_BIT | GL_DEPTH_BUFFER_BIT);
    glutSolidSphere(1.0, 40, 50);
    glFlush();
}
/* 定义 GLUT 的 reshape()函数,w、h 分别是当前窗口的宽和高 */
void reshape(int w, int h)
{
    glViewport(0, 0, (GLsizei) w, (GLsizei) h);
    glMatrixMode(GL_PROJECTION);
    glLoadIdentity();
    if (w <= h)
        glOrtho(-1.5, 1.5, -1.5 * ( GLfloat ) h / ( GLfloat ) w,1.5 * ( GLfloat ) h
/ ( GLfloat ) w, -10.0, 10.0 );
    else
        glOrtho(-1.5 * ( GLfloat ) w / ( GLfloat ) h,1.5 * ( GLfloat ) w /
(GLfloat) h, -1.5, 1.5, -10.0, 10.0);
    glMatrixMode(GL_MODELVIEW);
    glLoadIdentity();
}
/* 定义对键盘的响应函数 */
void keyboard(unsigned char key, int x, int y)
{
```

```
/*按 Esc 键退出*/
    switch(key) {
        case 27: exit( 0 );
        break;
    }
}
int main(int argc, char** argv)
{
    /*GLUT 环境初始化*/
    glutInit(&argc, argv);
    /* 显示模式初始化 */
    glutInitDisplayMode(GLUT_SINGLE |GLUT_RGB |GLUT_DEPTH);
    /* 定义窗口大小 */
    glutInitWindowSize(300, 300);
    /* 定义窗口位置 */
    glutInitWindowPosition(100, 100);
    /* 显示窗口,窗口标题为执行函数名 */
    glutCreateWindow(argv [ 0 ]);
    /* 调用 OpenGL 初始化函数 */
    init();
    /* 注册 OpenGL 绘图函数 */
    glutDisplayFunc(display);
    /* 注册窗口大小改变时的响应函数 */
    glutReshapeFunc(reshape);
    /* 注册键盘响应函数 */
    glutKeyboardFunc(keyboard);
    /* 进入 GLUT 消息循环,开始执行程序 */
    glutMainLoop();
    return 0;
}
```

修改程序,使其出现如图 4-20 所示图形。

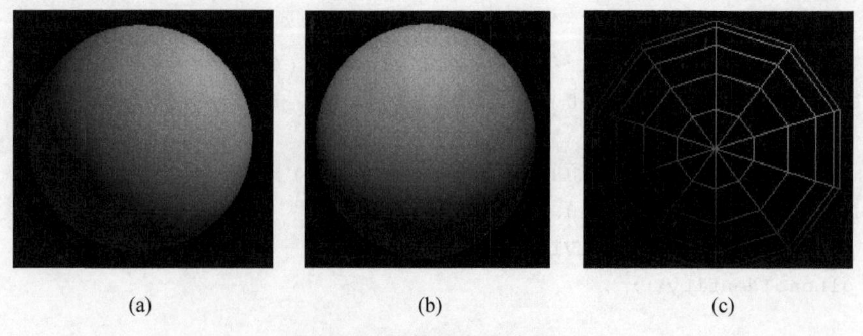

(a) (b) (c)

图 4-20 修改程序观察结果

11. 读例 4-10 程序，回答问题。

(1) 为什么将变量 axis 与 theta 定义为全局变量？

(2) glRotatef(1,0,0)的作用是沿着 X 轴旋转，那么是坐标系旋转，还是物体旋转？

(3) 解释语句 glutPostRedisplay()的作用。

12. 在例 4-11 中：①程序中 axis 变量一共出现几次？定义在哪儿？赋值在哪儿？用在何处？②btn 在三个分支语句中的值分别是什么？state 在三个分支语句中的值分别是多少？在程序中加入语句，输出这些整数的值。

13. 读例 4-12 程序，回答问题。

(1) 当改变顶点坐标后，其各个面的法向量也会随之改变，那么，如果不修改原程序中已经给定的法向量，运行结果是否正确？

(2) m1，m2 等作为法向量，其作用是什么？

(3) glColor3fv(c1)实现的功能是什么？

(4) 函数 glutInitDisplayMode(GLUT_DOUBLE|GLUT_RGB)的参数表示的意义是什么？

14. 在例 4-13 程序的主函数体中，使用了函数 glutIdleFunc(spinCube)，该函数实现的功能是什么？

15. 在例 4-14 中，语句 exit(0)实现的功能是什么？把例 4-14 的程序语句 glutMouseFunc(mymouse)修改为 glutEntryFunc(mymouse)，程序是否还能正常运行？

16. 运行例 4-16 程序后，为什么单击 Red 选项就可以改变窗口颜色为红色？从程序的角度分析研究。

17. 比较例 4-5 与例 4-17 的异同。

18. 阅读并且调试例 4-17 程序，回答问题。

(1) 将参数 GL_TRIANGLE_FAN 改为小写是否可以？

(2) GL_TRIANGLE_FAN 是要绘制一个什么图形？

(3) glColeo3f(1,1,0)设置的颜色是什么颜色？

(4) glColeo3f(0.8,0,0)是设置什么颜色？

(5) 该五角星各个顶点的坐标是如何计算的？R 是什么？xr 是什么？

19. 例 4-18 可以看作是在例 4-10 和例 4-12 的基础上改进完成的：

(1) 比较这两个例题的程序，寻找其动画制作语句的异同。

(2) 比较例 4-12 与例 4-18 顶点坐标以及颜色设置的异同。

(3) display()函数中的语句 glScale(s,s,s)的作用是什么？删除该语句，观察运行后的效果。

(4) 删除函数 myReshape()，程序是否还可以运行？动画效果是否改变？

(5) display()函数中，函数 glpushMatrix()与 glpopMatrix()起的作用是什么？是否可以将这两个语句删除？

图 4-21 一个有缺欠的五角星

20. 下面是一个绘制五角星的程序，绘制结果如图 4-21 所示，图形上有明显的缺欠，修改程序，绘制出一个完美

的五角星。

```
#include <GL/glut.h>
#include "math.h"
void display()
{
    float xr,a[5][2],b[5][2],X0=180,Y0=180,R=150;
    const float pi = 3.1415926;
    a[0][0] = X0; a[0][1] = Y0 + R;
    a[1][0] = X0 + R * sin(pi / 2.5);
    a[1][1]= Y0 + R * cos(pi / 2.5);
    a[2][0] = R * sin(pi / 5) + X0;
    a[2][1] = Y0 - R * cos(pi / 5);
    a[3][0] = -R * sin(pi / 5) + X0;
    a[3][1] =a[2][1];
    a[4][0] = X0 - R * sin(pi / 2.5);
    a[4][1] = a[1][1];
    xr = (a[1][1] - Y0) / cos(pi / 5);
    b[0][0] = X0 - sin(pi / 5) * xr;
    b[0][1] = a[1][1];
    b[1][0] = X0 + sin(pi / 5) * xr;
    b[1][1] = b[0][1];
    b[2][0] = sin(pi / 2.5) * xr + X0;
    b[2][1] = -cos(pi / 2.5) * xr + Y0;
    b[3][0] = X0; b[3][1] = -xr + Y0;
    b[4][0] = -sin(pi / 2.5) * xr + X0;
    b[4][1] = b[2][1];
    glBegin(GL_TRIANGLE_STRIP);
        glColor3f(0.8,0.8,0.0);
        glVertex2f(b[0][0],b[0][1]);
        glVertex2f(X0,Y0);
        glColor3f(0.8,0.0,0.0);
        glVertex2f(a[0][0],a[0][1]);
        glColor3f(0.8,0.8,0.0);
        glVertex2f(b[1][0],b[1][1]);
    //glEnd();
    //glBegin(GL_TRIANGLE_STRIP);
        glVertex2f(b[4][0],b[4][1]);
        glVertex2f(X0,Y0);
        glColor3f(0.8,0.0,0.0);
        glVertex2f(a[4][0],a[4][1]);
        glColor3f(0.8,0.8,0.0);
        glVertex2f(b[0][0],b[0][1]);
    //glEnd();
```

```
    //glBegin(GL_TRIANGLE_STRIP);
        glVertex2f(b[1][0],b[1][1]);
        glVertex2f(X0,Y0);
        glColor3f(0.8,0.0,0.0);
        glVertex2f(a[1][0],a[1][1]);
        glColor3f(0.8,0.8,0.0);
        glVertex2f(b[2][0],b[2][1]);
    //glEnd();
    //glBegin(GL_TRIANGLE_STRIP);
        glVertex2f(b[2][0],b[2][1]);
        glVertex2f(X0,Y0);
        glColor3f(0.8,0.0,0.0);
        glVertex2f(a[2][0],a[2][1]);
        glColor3f(0.8,0.8,0.0);
        glVertex2f(b[3][0],b[3][1]);
    //glEnd();
    //glBegin(GL_TRIANGLE_STRIP);
        glVertex2f(b[4][0],b[4][1]);
        glVertex2f(X0,Y0);
        glColor3f(0.8,0.0,0.0);
        glVertex2f(a[3][0],a[3][1]);
        glColor3f(0.8,0.8,0.0);
        glVertex2f(b[3][0],b[3][1]);
    glEnd();
    glFlush();
}
void myReshape(GLsizei w, GLsizei h)
{
    glViewport(0, 0, w, h);
    glMatrixMode(GL_PROJECTION);
    glClear(GL_COLOR_BUFFER_BIT);
    glClearColor(1.0,1.0,1.0,1.0);
    glLoadIdentity();
    gluOrtho2D(0.0, (GLfloat)w, 0.0, (GLfloat)h);
    glMatrixMode(GL_MODELVIEW);
}
void main(int argc,char** argv)
{
    glutInit(&argc,argv);
    glutInitDisplayMode(GLUT_SINGLE|GLUT_RGB);
    glutInitWindowSize(360,360);
    glutInitWindowPosition(100,100);
    glutCreateWindow("simple");
    glutDisplayFunc(display);
```

```
    glutReshapeFunc (myReshape);
    glutMainLoop();
}
```

三、程序设计题

1. 设计程序分析函数 Void glColor3{b i f d ub us ui}(TYPE r, TYPE g, TYPE b)，例如，分析当选择{b i f d ub us ui}之中的某一个时，需要注意的事项。

2. 设计程序，绘制一个简单图形，其中使用 glutInitWindowsSize() 函数与 glutCteateWindows()函数，分析这两个函数的作用。进一步验证是否可以同时创建两个 OpenGL 窗口？

3. 设计一个 OpenGL(含 C 语言)程序，要求其中使用纹理映射函数 gluScaleImage() 与 gluBuild1Dmipmaps()。

4. 设计一个小程序，其中使用 gluPerspective()函数与 gluLookAt()函数。

5. 设计一个小程序，其中使用 glBegin()与 glEnd()，以及函数 gluErrorString()等。

6. Nurbs 是非均匀有理 B 样条曲线的意思。查找资料，设计程序，使用函数 gluNewNurbsRenderer()、gluNurbsCurve()、gluBeginSurface()、gluEndSurface()、gluBeginCurve()以及函数 gluNurbsProperty()等绘制图形。

7. 参考并修改例 4-10，使用 glRotatef()以及绘制对象(例如 glutWireCube())等函数在屏幕中绘制一个线框正方体、一个线框球，使这两个物体沿不同的轴转动。

8. 参考例 4-11 等，设计程序，单击左键绘制 4 个点，单击右键绘制两条直线段，按住中间的滚轮绘制四边形。

9. 在例 4-4 程序中加入语句，使得单击鼠标左键，颜色改变。

10. 在例 4-11 程序中加入语句，使得单击鼠标右键，视点位置改变，其他不变。

11. 使用 glTranslate()函数等设计程序，制作二维或者三维动画效果。

12. 使用 glScale()函数等设计程序，制作二维或者三维动画效果。

13. 设计一个程序，单击鼠标左键绘制出一个红色正方形，单击鼠标右键绘制出一个蓝色正方形。

14. 编写一程序，单击字母 a 绘制出一个三角形，单击字母 b 绘制一个梯形。

15. 编写一程序，绘制成一个三角形，单击“右箭头”，向右移动。

16. 参考例 4-6 与例 4-16，设计一个菜单，菜单能够弹出 4 个选项，单击每个选项就可以绘制出不同的图形。

下面的习题要求使用 OpenGL 函数完成。

17. 绘制一个具有观赏价值的二维或者三维形体，并加入合适的光照效果。

18. 设计程序，绘制一个简易房屋。

19. 查找数据，参考其他程序，制作一个三维人体模型。

20. 设计程序，制作出下雨或者下雪的效果。

第5章 样条曲面

曲线与曲面是计算机图形学中重要的研究对象，是计算机绘图与动画技术的核心要素。

在计算机中，可以用离散的点来描述曲线曲面，也可以用直线段或者小平面片拼接在一起表示曲线曲面。平面曲线可以用一个一维数组描述，数组下标作为横坐标，数组元素的值作为纵坐标；空间曲线可以用三个一维数组描述，每个数组分别为 X、Y、Z 值，这便是参数方程表示方法；曲面可以用三维数组表示，也可以用一些三角形或者四边形的顶点数组表示。

5.1 三维空间样条曲线

在第 2 章中介绍了二维贝塞尔曲线等，现在讨论三维空间的样条曲线，主要介绍贝塞尔曲线与 B 样条曲线。

5.1.1 三维空间贝塞尔曲线

第 2 章中介绍的各种曲线都可以扩展到三维空间中来。例如，2.3 节中的式 2-8 表示的曲线是平面贝塞尔曲线，如果增加一个表达式，如式 5-1 所示，那么就表示三维空间中的贝塞尔曲线。

$$\begin{cases} x(t)=\sum_{i=0}^{n} x_i B_{i,n}(t) \\ y(t)=\sum_{i=0}^{n} y_i B_{i,n}(t) \\ z(t)=\sum_{i=0}^{n} z_i B_{i,n}(t) \end{cases} \tag{5-1}$$

式 5-1 中的 n 就是曲线的次数，当 $n=3$ 时，式 5-1 就表示空间三次贝塞尔曲线。

$B_{i,n}(t)=C_n^i t^i\ (1-t)^{n-i}$ 是伯恩斯坦多项式，这与二维情形相同。

式 2-12 是平面贝塞尔曲线的通用矩阵表示形式，在三维空间中，这个表示形式不变，只是 $\boldsymbol{P}(t)=\begin{bmatrix} x(t) \\ y(t) \\ z(t) \end{bmatrix}$，$\boldsymbol{P}_0=(x_0,y_0,z_0),\cdots,\boldsymbol{P}_3=(x_3,y_3,z_3)$。

例如，当 $\boldsymbol{P}[3][4]=\{\{1\quad 2\quad 5\quad 6\},\{1.5\quad 7\quad 11\quad 5\},\{2\quad 3\quad 6\quad 5.5\}\}$，即 4 个控制

点依次是(1,1.5,2),(2,7,3),(5,11,6),(6,5,5.5)时,其三维空间中的贝塞尔曲线如图5-1所示。

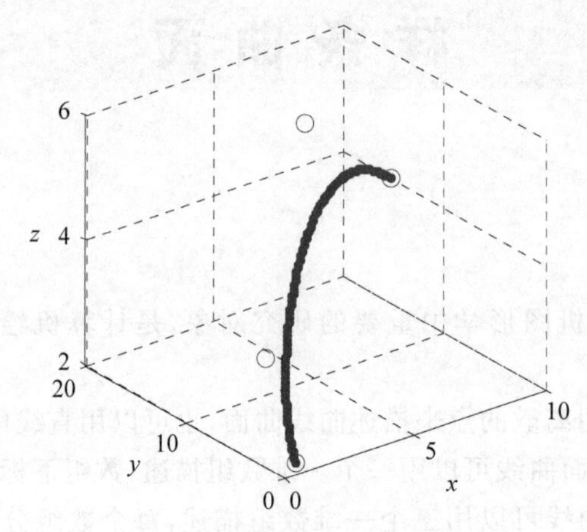

图 5-1　空间三次贝塞尔曲线

空间贝塞尔曲线的两个端点即是两端的控制点,其他控制点用来控制曲线的形状,图5-1中有4个控制点,生成的贝塞尔曲线是三次贝塞尔曲线。

与空间三次贝塞尔曲线类似,让式2-17中的$P(t)=[x(t),y(t),z(t)]$,就可以表示空间三次B样条曲线段。

上面介绍的各种曲线本质上都是多项式曲线,只因为给定的初始条件不同,或者曲线对控制点的要求不同,所以产生了区别。一个曲线的多种参数方程是可以互相转换的。

5.1.2　曲线的拼接

两条曲线端点处的函数值决定是否能实现拼接,函数值相同才可以拼接到一起。如果端点处的切线斜率(一阶导数)也相同就可以实现平滑连接,没有折起的棱角。有时根据具体问题,要求连接时函数值相同、一阶导数相同、二阶导数也相同,如果是三维空间曲线连接,还要求导数的方向也相同,这是一种更高要求的连接。

2.4.2节中的Hermite曲线给出了端点坐标值以及端点处的切向量,所以该方法绘制的曲线容易实现平滑连接。

如果两段贝塞尔曲线要实现光滑连接(一阶导数相同),那么需要满足一定的条件。

下面的例题研究的是两段三次贝塞尔曲线连接问题。

【例5-1】　给定4个控制点P_1、P_2、P_3、P_4,绘制出的三次贝塞尔曲线记为C_1,再根据另外4个控制点P_4、P_5、P_6、P_7可以绘制出三次贝塞尔曲线C_2。问这7个顶点满足什么条件时两条曲线在P_4点光滑连接(导数相等)?

由贝塞尔曲线的性质:贝塞尔曲线起点处切线与终点处切线分别是特征多边形的第一条边和最后一条边所在直线。所以,当P_3、P_4、P_5在一条直线上时,两条空间三次贝塞尔曲线在P_4点光滑连接。

5.1.3 三维空间B样条曲线

B样条曲线也属于一种由基函数乘以系数构造的参数曲线，其基函数与贝塞尔曲线不同，所以具有不同的性质。

【例5-2】 给定4个控制点 P_1、P_2、P_3、P_4 绘制出的三次 B 样条曲线段记为 C_1；再给定一点 P_5，绘制出由 P_2、P_3、P_4、P_5 控制的三次B样条曲线段记为 C_2，观察曲线段 C_1 与 C_2 的关系。

三次B样条曲线的基函数如下。

$$F_{0,3}(t)=\frac{1}{6}(-t^3+3t^2-3t+1)$$

$$F_{1,3}(t)=\frac{1}{6}(3t^3-6t^2+4)$$

$$F_{2,3}(t)=\frac{1}{6}(-3t^3+3t^2+3t+1)$$

$$F_{3,3}(t)=\frac{1}{6}t^3$$

三次B样条曲线段的参数方程如下。

$$\begin{cases}x(t)=F_{0,3}(t)x_0+F_{1,3}(t)x_1+F_{2,3}(t)x_2+F_{3,3}(t)x_3\\y(t)=F_{0,3}(t)y_0+F_{1,3}(t)y_1+F_{2,3}(t)y_2+F_{3,3}(t)y_3\\z(t)=F_{0,3}(t)z_0+F_{1,3}(t)z_1+F_{2,3}(t)z_2+F_{3,3}(t)z_3\end{cases}$$

建立单文档项目，在视图文件中OnDraw()函数的前面写入函数Draw3()如下。

```
void Draw3(float k[4][3],int color,CDC *p)
{
    float x,y,z;
    float f3t[4],kk[4][3]={0};
    for(int i=0;i<4;i++)
        for(int j=0;j<3;j++)
            kk[i][j]=k[i][j];
    for(float t=0;t<1;t=t+0.001)
    {
        f3t[0]=1/6.0*(-pow(t,3)+3*pow(t,2)-3*t+1);
        f3t[1]=1/6.0*(3*pow(t,3)-6*pow(t,2)+4);
        f3t[2]=1/6.0*(-3*pow(t,3)+3*pow(t,2)+3*t+1);
        f3t[3]=1/6.0*pow(t,3);
        x=f3t[0]*kk[0][0]+f3t[1]*kk[1][0]+f3t[2]*kk[2][0]+f3t[3]*kk[3][0];
        y=f3t[0]*kk[0][1]+f3t[1]*kk[1][1]+f3t[2]*kk[2][1]+f3t[3]*kk[3][1];
        z=f3t[0]*kk[0][2]+f3t[1]*kk[1][2]+f3t[2]*kk[2][2]+f3t[3]*kk[3][2];
        p->SetPixel((int)x+100,(int)y+100,color);
    }
}
```

在 OnDraw()函数中写入调用函数 Draw3()的代码,写入后 OnDraw()函数的代码如下(其中粗体是加入的语句)。

```
void CBbbView::OnDraw(CDC * pDC)
{
    CBbbDoc * pDoc = GetDocument();
    ASSERT_VALID(pDoc);
    //TODO: add draw code for native data here
    Float xyz1[4][3]={{20,100,110},{70,120,10},{200,60,20},{250,20,160}};
    Draw3(xyz1,0,pDC);
    Float xyz2[4][3]={{70,120,10},{200,60,20},{250,20,160},{150,16,178}};
    Draw3(xyz2,0,pDC);
}
```

编译运行,绘制出如图 5-2(a)所示的投影图形。

把语句

```
p->SetPixel((int)x+100,(int)y+100,color)
```

修改为:

```
p->SetPixel((int)x+100,(int)z+100,color)
```

绘制出如图 5-2(b)所示的投影图形。

把这个语句再修改为:

```
p->SetPixel((int)y+100,(int)z+100,color)
```

绘制出如图 5-2(c)所示的投影图形。

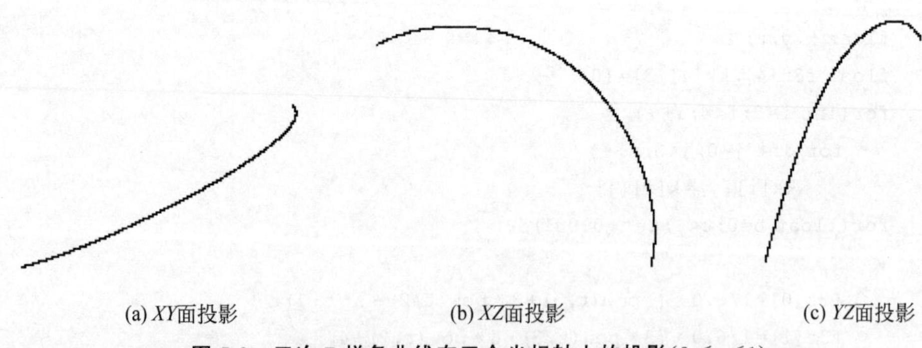

(a) *XY*面投影　　(b) *XZ*面投影　　(c) *YZ*面投影

图 5-2　三次 B 样条曲线在三个坐标轴上的投影($0<t<1$)

该程序绘制的曲线是三维空间中的曲线,在三个坐标平面上的投影都是样条曲线。本来是绘制两段曲线,但是这两段曲线("无缝地")连接在一起了。

为了更好地观察连接情况,把语句

```
for(float t=0;t<1;t=t+0.001)
```

修改为

```
for(float t=-1;t<1;t=t+0.001)
```

结果绘制出的对应各个坐标平面的投影图形如图 5-3 所示。从图上可以看到两段不同的曲线在某个点处光滑的连接过渡情形。

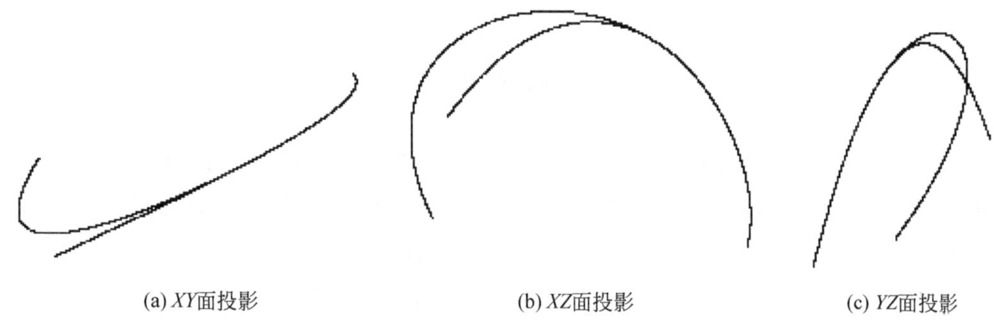

(a) XY面投影　　(b) XZ面投影　　(c) YZ面投影

图 5-3　三次 B 样条曲线在三个坐标轴上的投影($-1<t<1$)

【注】 该例题的坐标系是 VC++ 默认的坐标系,左上角为(0,0)点,横轴正方向向右,纵轴正方向向下。

【思考题】 在例 5-2 给出的条件下,为什么两个 B 样条曲线段能够实现光滑连接?参数 t 的范围为什么限制在 0～1 就可以无缝光滑连接?

与贝塞尔曲面类似,绘制 B 样条曲线也有快速算法。正是因为有快速绘制方法,所以这类曲线曲面才在图形绘制中被广泛使用。

5.1.4 三维空间分段插值曲线

给定三维空间中的一些离散点,然后求(或者绘制)满足一定条件的一条曲线,使得该曲线过这些离散点,这就是三维空间曲线插值问题。

与贝塞尔曲线以及 B 样条曲线不同的是,插值曲线必须过插值点。

给定三维插值点后,实现三维空间曲线插值有很多方法,其中,三次样条插值是比较常用的一种方法。

下面以一个具体例子说明三维空间中的三次样条插值问题。

给定 5 个点(1,1,1),(2,2,3),(3,6,5),(6,3,2),(9,6,1),求三维空间内顺次经过这 5 个点的两段三次样条插值曲线,使得在(3,6,5)点连续并且在该点的一阶导数与二阶导数相等,在点(1,1,1)处斜率向量为(−1,−1,−1),在点(9,6,1)处的斜率向量为(1,1,1)。

空间曲线可以视为两个曲面的交线,由式 5-2 确定,也可以由式 5-3 参数方程确定。

$$\begin{cases} F_1(x,y,z)=0 \\ F_2(x,y,z)=0 \end{cases} \tag{5-2}$$

$$\begin{cases} x=x(t) \\ y=y(t) \\ z=z(t) \end{cases} \tag{5-3}$$

所谓切向量，如果使用式5-3，就是指$\left(\frac{\mathrm{d}x}{\mathrm{d}t},\frac{\mathrm{d}y}{\mathrm{d}t},\frac{\mathrm{d}z}{\mathrm{d}t}\right)$。

对于上面的三维空间三次样条插值问题，使用待定系数法可以计算出三次样条插值曲线(段)。

5.2 贝塞尔曲面

在图形学中，贝塞尔曲面是常用的曲面之一。在前面绘制曲面的过程中，使用了方程进行绘制。对于计算机图形学中的一些曲面，例如贝塞尔曲面也有参数方程，可以使用方程绘制。不过，贝塞尔曲面以及B样条曲面除了可以使用方程绘制外，还可以使用递归快速算法进行绘制。使用贝塞尔曲面可以轻松绘制出高次多项式曲面，同时可以控制该曲面的大致形状。诸多的优点使得计算机图形学教材或者著作中都介绍这类曲面。

5.2.1 贝塞尔曲面的定义

下面给出贝塞尔曲面的参数表达形式：

在三维空间中，给定$(n+1)\times(m+1)$个点$P_{ij}=(x_{ij},y_{ij},z_{ij})$，$i=0,1,2,\cdots,n$；$j=0,1,2,\cdots,m$。

$$\begin{cases}X=f(u,v)=\sum\limits_{i=0}^{n}\sum\limits_{j=0}^{m}x_{ij}B_{i,n}(u)B_{j,m}(v)\\ Y=g(u,v)=\sum\limits_{i=0}^{n}\sum\limits_{j=0}^{m}y_{ij}B_{i,n}(u)B_{j,m}(v)\qquad 0\leqslant u\leqslant 1,0\leqslant v\leqslant 1\\ Z=h(u,v)=\sum\limits_{i=0}^{n}\sum\limits_{j=0}^{m}z_{ij}B_{i,n}(u)B_{j,m}(v)\end{cases}\tag{5-4}$$

其中，$B_{i,n}(u)=C_n^i u^i(1-u)^{n-i}$，$B_{j,m}(v)=C_m^j v^j(1-v)^{m-j}$是伯恩斯坦基函数，组合数$C_n^i=\frac{n!}{i!(n-i)!}$，$C_m^j=\frac{m!}{j!(m-j)!}$。

从式5-4看出，贝塞尔曲面的构造方式与贝塞尔曲线类似，基函数是相同的；只是贝塞尔曲面有三个变量，也就有三个参数方程构成方程组。当u,v在一个平面区域变化时，三维点(X,Y,Z)便形成了曲面。

5.2.2 双一次贝塞尔曲面

在式5-4中，如果$n=m=1$，那么得到的曲面称为双一次贝塞尔曲面。

【例5-3】 把$n=m=1$代入式5-4，求出双一次贝塞尔曲面的参数方程，分析双一次贝塞尔曲面片的特征。

把$n=m=1$代入后得：

$$\begin{cases}X=\sum_{i=0}^{1}\sum_{j=0}^{1}x_{ij}B_{i,1}(u)B_{j,1}(v)\\Y=\sum_{i=0}^{1}\sum_{j=0}^{1}y_{ij}B_{i,1}(u)B_{j,1}(v)\\Z=\sum_{i=0}^{1}\sum_{j=0}^{1}z_{ij}B_{i,1}(u)B_{j,1}(v)\end{cases}\Rightarrow\begin{cases}\boldsymbol{X}=[B_{0,1}(u)B_{1,1}(u)]\begin{bmatrix}x_{00}&x_{01}\\x_{10}&x_{11}\end{bmatrix}\begin{bmatrix}B_{0,1}(v)\\B_{1,1}(v)\end{bmatrix}\\\boldsymbol{Y}=[B_{0,1}(u)B_{1,1}(u)]\begin{bmatrix}y_{00}&y_{01}\\y_{10}&y_{11}\end{bmatrix}\begin{bmatrix}B_{0,1}(v)\\B_{1,1}(v)\end{bmatrix}\\\boldsymbol{Z}=[B_{0,1}(u)B_{1,1}(u)]\begin{bmatrix}z_{00}&z_{01}\\z_{10}&z_{11}\end{bmatrix}\begin{bmatrix}B_{0,1}(v)\\B_{1,1}(v)\end{bmatrix}\end{cases}$$

其中,基函数:

$$B_{0,1}(u)=1-u,\quad B_{1,1}(u)=u$$
$$B_{0,1}(v)=1-v,\quad B_{1,1}(v)=v$$

所以有

$$\begin{cases}X=(1-u)(1-v)x_{00}+u(1-v)x_{10}+(1-u)vx_{01}+uvx_{11}\\Y=(1-u)(1-v)y_{00}+u(1-v)y_{10}+(1-u)vy_{01}+uvy_{11}\\Z=(1-u)(1-v)z_{00}+u(1-v)z_{10}+(1-u)vz_{01}+uvz_{11}\end{cases}\tag{5-5}$$

写成矩阵表示形式为

$$\boldsymbol{P}(u,v)=[u\quad 1]\begin{bmatrix}-1&1\\1&0\end{bmatrix}\begin{bmatrix}\boldsymbol{P}_{00}&\boldsymbol{P}_{01}\\\boldsymbol{P}_{10}&\boldsymbol{P}_{11}\end{bmatrix}\begin{bmatrix}-1&1\\1&0\end{bmatrix}\begin{bmatrix}v\\1\end{bmatrix}\tag{5-6}$$

分析式5-5参数方程(组),该方程组有两个参数,各项的最高次数为2;方程中一共有4个控制点的12个坐标值;3个方程的形式是相同的,只是分别使用了控制点的 x、y 与 z 坐标值。使 u 与 v 在0~1变化,对应每一个(u, v)都能得到一个空间点(X, Y, Z)。

当 $u=0$、$v=0$、$u=1$、$v=1$ 其中一个成立时,便得到一条边界直线段;所以一共有4条边界直线段。当 u 或者 v 中一个不变,改变另外一个,得到的是一条直线段。

可以证明,双一次贝塞尔曲面是双曲抛物面。

下面编写程序绘制双一次贝塞尔曲面。

【例5-4】 绘制双一次贝塞尔曲面。

修改例5-2中相关语句如下。

```
double cv[4][3]={{20,10,110},{100,60,20},{90,20,10},{5,30,80}};
for(double u=0;u<1;u=u+0.05)
{   n=0;
    for(double v=0;v<1;v=v+0.05)
    {   x[m][n][0]=(1-u) * (1-v) * cv[0][0]+u * (1-v) * cv[1][0]+(1-u) * v * cv[2]
[0]+u * v * cv[3][0];
        x[m][n][1]=(1-u) * (1-v) * cv[0][1]+u * (1-v) * cv[1][1]+(1-u) * v * cv[2]
[1]+u * v * cv[3][1];
        x[m][n][2]=(1-u) * (1-v) * cv[0][2]+u * (1-v) * cv[1][2]+(1-u) * v * cv[2]
[2]+u * v * cv[3][2];
    n++;
}
```

绘制出的图形如图 5-4(a)所示。

如果把控制点赋值语句修改为如下所示，每次运行，或者调整运行后文档窗口，都可以重新绘制出新的曲面，图 5-4(b)和图 5-4(c)就是随机生成的两个曲面。

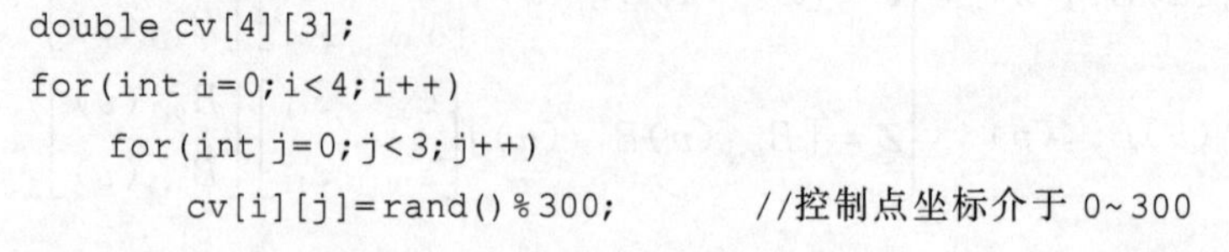

```
double cv[4][3];
for(int i=0;i<4;i++)
    for(int j=0;j<3;j++)
        cv[i][j]=rand()%300;          //控制点坐标介于 0~300
```

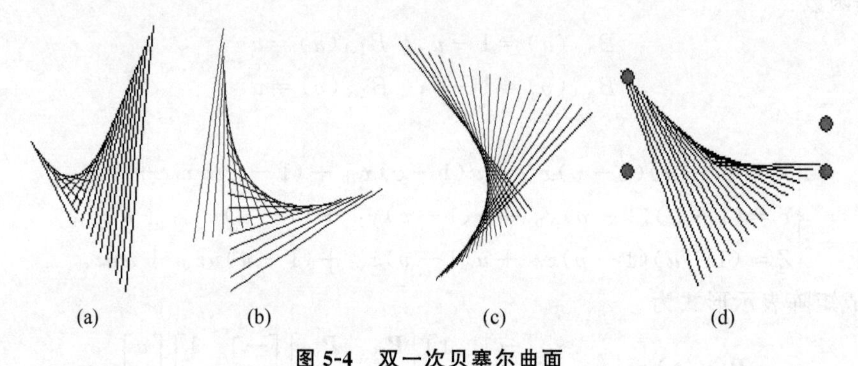

图 5-4　双一次贝塞尔曲面

【注】 空间中的一些直线也可以构成曲面。

【例 5-5】 绘制双一次贝塞尔曲面，并绘制出其 4 个控制点。

在例 5-4(从例 5-2 修改而来)中的函数 DrawCurve()的最后加入下面的语句。

```
CBrush b(RGB(255,0,0));
pDC->SelectObject(&b);
for(int r=0;r<4;r++)
{
    xx[r]=(cv[r][0]-p[0]/p[2]*cv[r][2])+100;
    yy[r]=(cv[r][1]-p[1]/p[2]*cv[r][2])+100;
    pDC->Ellipse(xx[r],yy[r],xx[r]+10,yy[r]+10);
}
```

运行程序，除了绘制出双一次贝塞尔曲面外，还绘制出 4 个控制点。为了清楚，用小椭圆代替了点。

5.2.3　双二次贝塞尔曲面

在式 5-4 中，令 $n=m=2$，得到的曲面称为双二次贝塞尔曲面。

当 $n=m=2$ 时，给定 $(n+1)\times(m+1)=9$ 个点 $P_{ij}=(x_{ij},y_{ij},z_{ij})$，其中，$i=0,1,2$；$j=0,1,2$。代入式 5-7：

$$P(u,v)=\sum_{i=0}^{2}\sum_{j=0}^{2}P_{ij}B_{i,2}(u)B_{j,2}(v)\quad 0\leqslant u\leqslant 1,0\leqslant v\leqslant 1 \tag{5-7}$$

其中，基函数：

$$B_{0,2}(u)=u^2-2u+1,\quad B_{1,2}(u)=-2u^2+2u,\quad B_{2,2}(u)=u^2$$
$$B_{0,2}(v)=v^2-2v+1,\quad B_{1,2}(v)=-2v^2+2v,\quad B_{2,2}(v)=v^2$$

把如式5-7所示双二次贝塞尔曲面的参数方程整理成矩阵表示形式为

$$\boldsymbol{P}(u,v)=[u^2\quad u\quad 1]\begin{bmatrix}1&-2&1\\-2&2&0\\1&0&0\end{bmatrix}\begin{bmatrix}\boldsymbol{P}_{00}&\boldsymbol{P}_{01}&\boldsymbol{P}_{02}\\\boldsymbol{P}_{10}&\boldsymbol{P}_{11}&\boldsymbol{P}_{12}\\\boldsymbol{P}_{20}&\boldsymbol{P}_{21}&\boldsymbol{P}_{22}\end{bmatrix}\begin{bmatrix}1&-2&1\\-2&2&0\\1&0&0\end{bmatrix}\begin{bmatrix}v^2\\v\\1\end{bmatrix}\tag{5-8}$$

其中,顶点矩阵实际上是3个矩阵,即9个控制点的 $\boldsymbol{X},\boldsymbol{Y},\boldsymbol{Z}$ 矩阵。即矩阵

$$\begin{bmatrix}\boldsymbol{P}_{00}&\boldsymbol{P}_{01}&\boldsymbol{P}_{02}\\\boldsymbol{P}_{10}&\boldsymbol{P}_{11}&\boldsymbol{P}_{12}\\\boldsymbol{P}_{20}&\boldsymbol{P}_{21}&\boldsymbol{P}_{22}\end{bmatrix}$$

相当于下面三个矩阵:

$$\begin{bmatrix}x_{00}&x_{01}&x_{02}\\x_{10}&x_{11}&x_{12}\\x_{20}&x_{21}&x_{22}\end{bmatrix},\begin{bmatrix}y_{00}&y_{01}&y_{02}\\y_{10}&y_{11}&y_{12}\\y_{20}&y_{21}&y_{22}\end{bmatrix},\begin{bmatrix}z_{00}&z_{01}&z_{02}\\z_{10}&z_{11}&z_{12}\\z_{20}&z_{21}&z_{22}\end{bmatrix}\tag{5-9}$$

对于每一个固定的(u,v),对于式5-9中的每一个矩阵(给定数值后),代入式5-8,都可以得到一个数值;三个矩阵得到三个数值,便是一个空间点的坐标(x,y,z)。

式5-9中的数值就是贝塞尔曲面的控制点的坐标。

图5-5是借助于MATLAB软件绘制的双二次贝塞尔曲面。

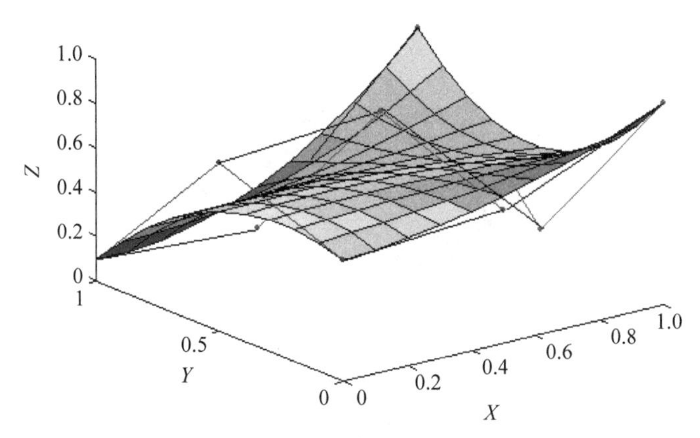

图5-5　9个控制点的双二次贝塞尔曲面及其控制网格

其9个控制点的坐标的 X、Y、Z 值如下。

$X=0$　0.5000　1.0000　0　0.5000　1.0000　0　0.5000　1.0000

$Y=0$　0　0　0.5000　0.5000　0.5000　1.0000　1.0000　1.0000

$Z=0.5468$　0.5978　0.9053　0.7596　0.8144　0.1088　0.0963　0.0580　0.7884

其中有4个控制点在曲面(的4个角)上。

5.2.4 双三次贝塞尔曲面的16个控制点

当$n=m=3$时,式5-4表示的曲面称为双三次贝塞尔曲面。

当$n=m=3$时,给定$(n+1)\times(m+1)=16$个点$P_{ij}=(x_{ij},y_{ij},z_{ij})$,其中,$i=0,1,2,3$;$j=0,1,2,3$。代入式5-10:

$$\boldsymbol{P}(u,v)=\sum_{i=0}^{3}\sum_{j=0}^{3}P_{ij}B_{i,3}(u)B_{j,3}(v)\quad 0\leqslant u\leqslant 1,\ 0\leqslant v\leqslant 1 \tag{5-10}$$

其中,基函数:

$$B_{0,3}(u)=u^3+3u^2-3u+1,B_{1,3}(u)=3u^3+6u^2+3u$$

$$B_{2,3}(u)=-3u^3+3u^2,B_{3,3}(u)=u^3$$

$$B_{0,3}(v)=v^3+3v^2-3v+1,B_{1,3}(v)=3v^3+6v^2+3v$$

$$B_{2,3}(v)=-3v^3+3v^2,B_{3,3}(v)=v^3$$

把式5-10整理成矩阵形式为

$$\boldsymbol{P}(u,v)=[u^3\quad u^2\quad u\quad 1]\begin{bmatrix}-1 & 3 & -3 & 1\\ 3 & -6 & 3 & 0\\ -3 & 1 & 0 & 0\\ 0 & 0 & 0 & 0\end{bmatrix}\begin{bmatrix}\boldsymbol{P}_{00} & \boldsymbol{P}_{01} & \boldsymbol{P}_{02} & \boldsymbol{P}_{03}\\ \boldsymbol{P}_{10} & \boldsymbol{P}_{11} & \boldsymbol{P}_{12} & \boldsymbol{P}_{13}\\ \boldsymbol{P}_{20} & \boldsymbol{P}_{21} & \boldsymbol{P}_{22} & \boldsymbol{P}_{23}\\ \boldsymbol{P}_{30} & \boldsymbol{P}_{31} & \boldsymbol{P}_{32} & \boldsymbol{P}_{33}\end{bmatrix}\begin{bmatrix}-1 & 3 & -3 & 1\\ 3 & -6 & 3 & 0\\ -3 & 1 & 0 & 0\\ 0 & 0 & 0 & 0\end{bmatrix}\begin{bmatrix}v^3\\ v^2\\ v\\ 1\end{bmatrix}$$

通常在实际工作中,一般使用三次以下的贝塞尔曲面进行物体建模与图形设计。三次贝塞尔曲面已经具有足够的形状变化。

图5-6就是一个16个控制点控制的三次贝塞尔曲面,同时(为了清晰)只绘制出了Y轴方向的网格线。

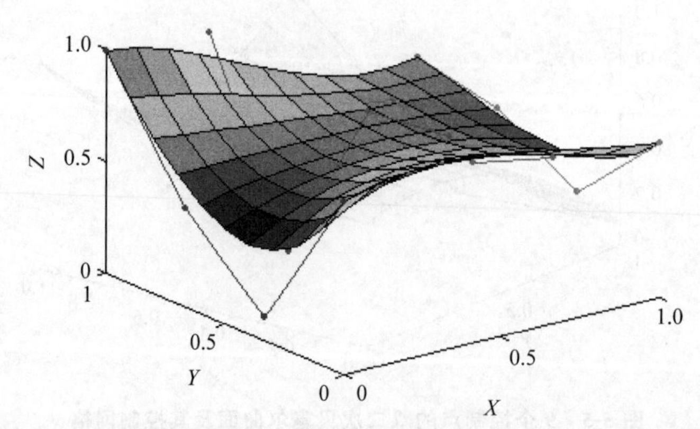

图5-6 16个控制点的双三次贝塞尔曲面及其Y轴方向上的控制网格

网格(控制)点的坐标点X、Y、Z分量如下。

$X=$

0	0.3333	0.6667	1.0000
0	0.3333	0.6667	1.0000
0	0.3333	0.6667	1.0000
0	0.3333	0.6667	1.0000

```
Y =
    0         0         0         0
    0.3333    0.3333    0.3333    0.3333
    0.6667    0.6667    0.6667    0.6667
    1.0000    1.0000    1.0000    1.0000
Z =
    0.7753    0.9560    0.7368    0.6921
    0.1062    0.9074    0.5621    0.3127
    0.4422    0.1361    0.6920    0.5365
    0.9969    0.9594    0.4999    0.6120
```

这个曲面也是在MATLAB中编写程序,使用方程绘制的。

事实上,给定贝塞尔曲面的控制点,可以使用递归算法进行绘制。该递归算法参考有关教材与著作。

【注】 贝塞尔曲面就是多项式曲面,只是计算曲面的出发点(或者说已知条件)不同而已。

5.2.5 曲面特性

与贝塞尔曲线类似,贝塞尔曲面具有如下特性。

1. 端点位置

点 $\boldsymbol{P}_{00}=\boldsymbol{P}(0,0)$,$\boldsymbol{P}_{0m}=\boldsymbol{P}(0,1)$,$\boldsymbol{P}_{n0}=\boldsymbol{P}(1,0)$,$\boldsymbol{P}_{nm}=\boldsymbol{P}(1,1)$是曲面 $\boldsymbol{P}(u, v)$的4个端点。

2. 边界线位置

贝塞尔曲面的4条边界线 $\boldsymbol{P}(0,v)$,$\boldsymbol{P}(u,0)$,$\boldsymbol{P}(1,v)$,$\boldsymbol{P}(u,1)$分别是以 $\boldsymbol{P}_{00}\boldsymbol{P}_{01}\boldsymbol{P}_{02}\cdots\boldsymbol{P}_{0m}$,$\boldsymbol{P}_{00}\boldsymbol{P}_{10}\boldsymbol{P}_{20}\cdots\boldsymbol{P}_{n0}$,$\boldsymbol{P}_{n0}\boldsymbol{P}_{n1}\boldsymbol{P}_{n2}\cdots\boldsymbol{P}_{nm}$,$\boldsymbol{P}_{0m}\boldsymbol{P}_{1m}\boldsymbol{P}_{2m}\cdots\boldsymbol{P}_{nm}$为控制多边形的贝塞尔曲线。

3. 端点处的切平面

每个端点以及拓扑意义上距离该端点最近的两个控制点构成了一个三角形,该三角形所在平面就是曲面在这个端点处的切平面。

4. 凸包性

贝塞尔曲面位于其控制点所在的凸包内。

5. 几何不变性

贝塞尔曲面的形状与坐标系选择无关,只与控制点的位置有关。

5.3 B样条曲面绘制

在B样条曲线基础上,可以构造B样条曲面。B样条曲面也是一种常用的参数曲面。

5.3.1 B样条曲面定义

在三维空间中,给定$(n+1)\times(m+1)$个点 $P_{ij}=(x_{ij},y_{ij},z_{ij})$,$i=0,1,2,\cdots,n$;$j=0,1,2,\cdots,m$。

$$\begin{cases} X = f(u,v) = \sum_{i=0}^{n}\sum_{j=0}^{m} x_{ij}F_{i,n}(u)F_{j,m}(v) \\ Y = g(u,v) = \sum_{i=0}^{n}\sum_{j=0}^{m} y_{ij}F_{i,n}(u)F_{j,m}(v) \quad 0 \leqslant u \leqslant 1,\ 0 \leqslant v \leqslant 1 \\ Z = h(u,v) = \sum_{i=0}^{n}\sum_{j=0}^{m} z_{ij}F_{i,n}(u)F_{j,m}(v) \end{cases} \tag{5-11}$$

其中，

$$F_{i,n}(u) = \frac{1}{n!}\sum_{k=0}^{n-i}(-1)^k C_{n+1}^k (u+n-i-k)^n$$

$$F_{j,m}(v) = \frac{1}{m!}\sum_{k=0}^{m-j}(-1)^k C_{m+1}^k (v+m-j-k)^m$$

$$(0 \leqslant u \leqslant 1,\ 0 \leqslant v \leqslant 1, i=0,1,2,\cdots,n,\ j=0,1,2,\cdots,m)$$

是伯恩斯坦基函数，组合数 $C_n^i = \frac{n!}{i!(n-i)!}, C_m^j = \frac{m!}{j!(m-j)!}$。

给定的 $(n+1)\times(m+1)$ 个点称为控制点，用直线段把相邻的控制点连接起来，形成一张网格，称这张网格为 $n \times m$ 次 B 样条曲面的特征网格。

与贝塞尔曲面一样，使用方程或者递归算法都可以绘制出双一次、双二次 B 样条曲面、双三次 B 样条曲面，研究其特性等。但是考虑到篇幅问题，这里只研究并绘制双二次 B 样条曲面。

当 $n=m=2$ 时，给定 $(n+1)\times(m+1)=9$ 个点 $P_{ij}=(x_{ij},y_{ij},z_{ij})$，其中，$i=0,1,2$；$j=0,1,2$。代入式 5-11：

$$P(u,v) = \sum_{i=0}^{2}\sum_{j=0}^{2} P_{ij}B_{i,2}(u)B_{j,2}(v) \quad 0 \leqslant u \leqslant 1,\ 0 \leqslant v \leqslant 1 \tag{5-12}$$

其中，基函数：

$$\begin{cases} B_{0,2}(u) = u^2 - 2u + 1, \quad B_{1,2}(u) = -2u^2 + 2u + 1, \quad B_{2,2}(u) = u^2 \\ B_{0,2}(v) = v^2 - 2v + 1, \quad B_{1,2}(v) = -2v^2 + 2v, \qquad B_{2,2}(v) = v^2 + v \end{cases} \tag{5-13}$$

根据基函数，把式 5-12 整理成矩阵形式为

$$\boldsymbol{P}(u,v) = [u^2 \quad u \quad 1]\begin{bmatrix} 1 & -2 & 1 \\ -2 & 2 & 0 \\ 1 & 1 & 0 \end{bmatrix}\begin{bmatrix} \boldsymbol{P}_{00} & \boldsymbol{P}_{01} & \boldsymbol{P}_{02} \\ \boldsymbol{P}_{10} & \boldsymbol{P}_{11} & \boldsymbol{P}_{12} \\ \boldsymbol{P}_{20} & \boldsymbol{P}_{21} & \boldsymbol{P}_{22} \end{bmatrix}\begin{bmatrix} 1 & -2 & 1 \\ -2 & 2 & 0 \\ 1 & 1 & 0 \end{bmatrix}\begin{bmatrix} v^2 \\ v \\ 1 \end{bmatrix} \tag{5-14}$$

其中，顶点矩阵实际上是 3 个矩阵，即 9 个控制点的 X,Y,Z 矩阵。

5.3.2 双二次 B 样条曲面

下面使用 VC++ 编写程序绘制双二次 B 样条曲面。

【例 5-6】 编写程序利用方程绘制双二次 B 样条曲面，并绘制出其 9 个控制点。

建立单文档项目，在其视图文件中把下面的函数写在 OnDraw() 函数的上面。

```
void DrawCurve(double p[3],CDC * pDC)
{
    double x[21][21][3];                    //曲面上的三维点坐标值
    double xs[21][21],ys[21][21];           //投影到平面后的二维坐标值
    int m=0,n;                              //表示数组下标用
    double cv[9][3],xx[9],yy[9];            //控制点以及其投影后的二维坐标
    for(int i=0;i<9;i++)
        for(int j=0;j<3;j++)
            cv[i][j]=rand()%150;            //控制点的坐标值为0~150
    for(double u=0;u<1.05;u=u+0.05)         //u与v的值0~1,间隔0.05取值
    {   n=0;
        for(double v=0;v<1.05;v=v+0.05)
        {                                   //表达式比较复杂,是从式5-12、式5-13推导出来的
            …                               //这段程序省略,省略掉的程序放到习题中
        }
        m++;
    }
    for(int j=0;j<21;j++)
    {   //先计算曲面上每条线的起点,然后把(光标)焦点移到起始点
        xs[0][j]=(x[0][j][0]-p[0]/p[2] * x[0][j][2])+200;
        ys[0][j]=(x[0][j][1]-p[1]/p[2] * x[0][j][2])+150;
        pDC->MoveTo((int)xs[0][j],(int)ys[0][j]);
        for(int i=0;i<21;i++)
        {   //这里语句要执行21*21次,共绘制出441条小线段
            xs[i][j]=(x[i][j][0]-p[0]/p[2] * x[i][j][2])+200;
            ys[i][j]=(x[i][j][1]-p[1]/p[2] * x[i][j][2])+150;
            pDC->LineTo((int)xs[i][j],(int)ys[i][j]);
        }                                   //该线框曲面由21条折线构成
    }
CBrush b(RGB(255,0,0));pDC->SelectObject(&b);   //填充画刷及顶点颜色定义
for(int r=0;r<9;r++)
    {   //计算顶点的投影坐标,然后绘制顶点(使用小圆代替点)
        xx[r]=(cv[r][0]-p[0]/p[2] * cv[r][2])+200;
        yy[r]=(cv[r][1]-p[1]/p[2] * cv[r][2])+150;
        pDC->Ellipse(xx[r],yy[r],xx[r]+10,yy[r]+10);
    }
}
```

在 OnDraw()函数中,写入下面的调用语句:

```
double t[3]={1.0,0.8,1.0};
DrawCurve(t,pDC);
```

程序运行后,随机绘制出二次B样条曲面及其控制点,选择其中几个,如图5-7所示。B样条曲面的控制点不在曲面上。

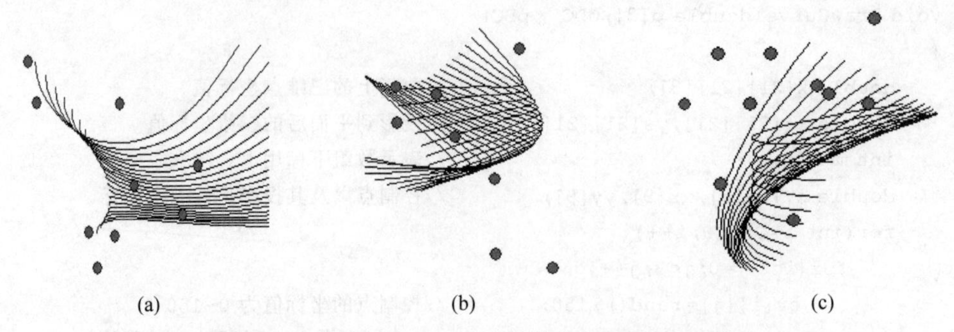

图 5-7 9个控制点的双二次B样条曲面及其控制点

作为多项式曲面,贝塞尔曲面与B样条曲面本质上是一样的,也是可以互相转换的。也就是给定一组贝塞尔曲面控制点,就能够求出对应的B样条曲面控制点,使得这两组控制点绘制出一样的曲面。

从贝塞尔曲面的特性可以推导出B样条曲面的一些特性。

5.4 OpenGL 曲线曲面绘制

OpenGL 提供了绘制一些特殊曲线、曲面的函数,例如,绘制贝塞尔曲线曲面、B样条曲线曲面、NURBS(NonUniform Rational B-Spline)等。

5.4.1 曲线绘制

下面先设计程序,绘制曲线,然后对 OpenGL 的函数语句进行分析。

【例 5-7】 绘制曲线。

```
#include <GL/glut.h>
GLfloat ctrlpoints[5][3] = {                    //定义5个控制点,三维,不过z值均为0
    {-4.0, -3.0, 0.0}, {-2.0, 3.0, 0.0},
    {2.0, -4.0, 0.0}, {3.0, 3.5, 0.0},{-4.0,-2.0,0.0}};
void myinit(void)
{
    glClearColor(1.0, 1.0, 1.0, 1.0);           //窗口背景色为白色
    glMap1f(GL_MAP1_VERTEX_3, 0.0, 1.0, 3, 5, &ctrlpoints[0][0]);
    glEnable(GL_MAP1_VERTEX_3);                 //启动求值器
    glShadeModel(GL_FLAT);
}
void display()
{
    int i;
    glClear(GL_COLOR_BUFFER_BIT);
    glColor3f(0.0, 0.0, 0.0);                   //绘图颜色为黑色
    glBegin(GL_LINE_STRIP);                     //绘制不闭合折线
```

```
        for (i = 0; i <= 30; i++)             //生成参数值,(转换为)从 0 到 1,共 31 个
            glEvalCoord1f((GLfloat) i/30.0); //产生曲线坐标值并绘制
    glEnd();
    glPointSize(5.0);
    glColor3f(0.0, 0.0, 1.0);
    glBegin(GL_POINTS);                       //显示控制点
        for(i = 0; i < 5; i++)
            glVertex3fv(&ctrlpoints[i][0]);
    glEnd();
    glFlush();
}
void myReshape(GLsizei w, GLsizei h)
{
    glVicwport(0, 0, w, h);
    glMatrixMode(GL_PROJECTION);
    glLoadIdentity();
    glOrtho(-5.0, 5.0, -5.0 * (GLfloat)h/(GLfloat)w,
        5.0 * (GLfloat)h/(GLfloat)w, -5.0, 5.0);  //投影平行六面体
    glMatrixMode(GL_MODELVIEW);
    glLoadIdentity();
}
void main(int argc,char** argv)
{
    glutInit(&argc,argv);
    glutCreateWindow("simple");
    myinit();
    glutDisplayFunc(display);
    glutReshapeFunc (myReshape);
    glutMainLoop();
}
```

运行程序,绘制出的曲线如图 5-8(a)所示。

语句 glMap1f(GL_MAP1_VERTEX_3, 0.0, 1.0, 3, 5, &ctrlpoints[0][0])称为一维求值器,参数 GL_MAP1_VERTEX_3 是希望得到曲线。如果换为 GL_MAP1_VERTEX_4,那么是计算四维点;如果换为 GL_MAP1_NORMAL,是计算法向量。0.0 与 1.0 是参数变化范围限制在 0～1,可以更改使其参数在更大(小)的区间变化。3 表示每段曲线跨过的控制点的个数。5 表示控制点的个数,即拟合(插值)多项式的次数加 1,该例使用的是 4 次多项式。&ctrlpoints[0][0]是取数组 ctrlpoints 的地址。

如果把语句 glMap1f(GL_MAP1_VERTEX_3, 0.0, 1.0, 3, 5, &ctrlpoints[0][0])修改为 glMap1f(GL_MAP1_VERTEX_3, 0.0, 1.0, 4, 5, &ctrlpoints[0][0]),那么程序运行结果如图 5-8(b)所示。如果修改为 glMap1f(GL_MAP1_VERTEX_3, 0.0, 1.0, 5, 5, &ctrlpoints[0][0]),那么程序运行结果如图 5-8(c)所示。

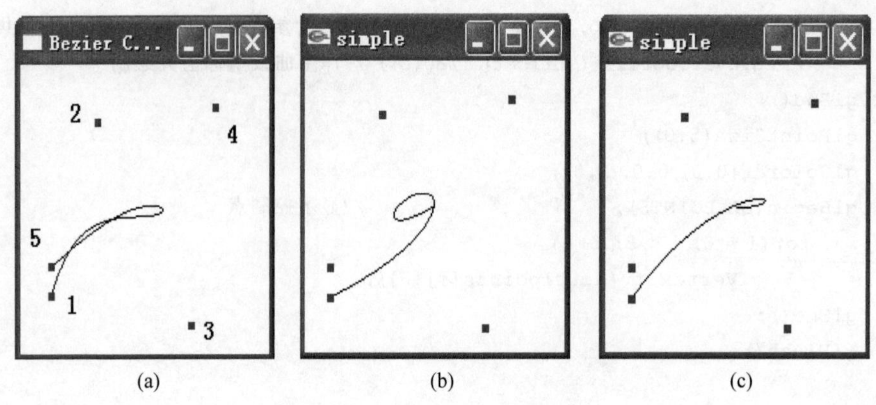

(a) (b) (c)

图 5-8　五个控制点的样条曲线

如果修改为

```
glMap1f(GL_MAP1_VERTEX_3, 0.0, 1.0, 3, 4, &ctrlpoints[0][0]);
glMap1f(GL_MAP1_VERTEX_3, 0.0, 1.0, 3, 3, &ctrlpoints[0][0]);
glMap1f(GL_MAP1_VERTEX_3, 0.0, 1.0, 4, 3, &ctrlpoints[0][0]);
```

运行结果分别如图 5-9(a)～图 5-9(c)所示。

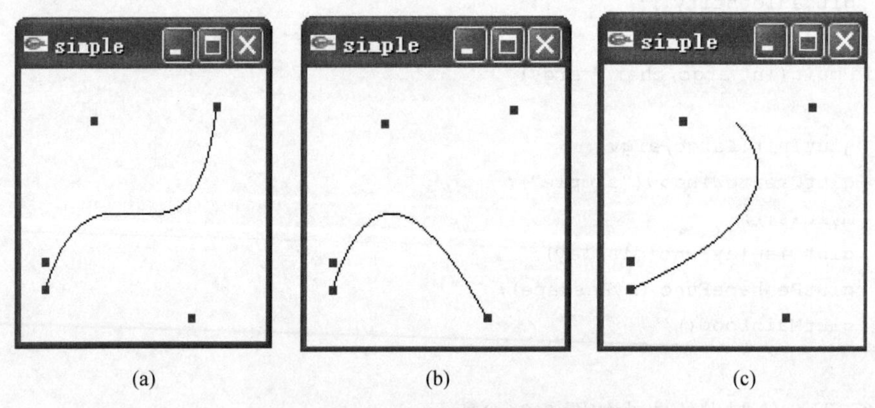

(a) (b) (c)

图 5-9　四个、三个控制点的样条曲线

除了绘制平面曲线外，还可以修改例 5-7 程序绘制空间样条曲线。例如，把顶点坐标修改为

```
GLfloat ctrlpoints[5][3] = {
    {-4.0, -3.0, 1.0}, {-2.0, 3.0, 2.0},
    {2.0, -4.0, 3.0}, {3.0, 3.5, -1.0},{-4.0,-2.0,-3.0}};
```

再把求值器语句修改为

```
glMap1f(GL_MAP1_VERTEX_3, 0.0, 1.0, 4, 5, &ctrlpoints[0][0]);
```

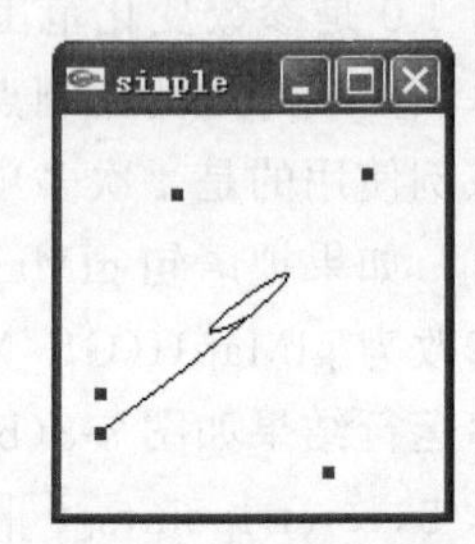

图 5-10　空间样条曲线

程序运行结果如图 5-10 所示。因为曲线在(某些)平面上的投影基本相同，所以与图 5-8(b)很接近。

5.4.2 曲面绘制

下面使用 OpenGL 函数绘制曲面。

【例 5-8】 绘制网格曲面。

把下面的程序写在 C++ Source File 中。

```
#include <GL/glut.h>
GLfloat ctrlpoints[4][4][3] = {                //4 乘以 4 一共 16 个(空间)控制点
    {{-2.5, -1.5, 2.0}, {-1.5, -1.5, 2.6},
    {0.5, -1.5, -2.0}, {1.5, -1.5, 2.0}},
    {{-1.5, -0.5, 1.0}, {-0.5, 1.5, 2.0},
    {0.5, 0.5, 1.0}, {1.5, -0.5, -1.0}},
    {{-1.5, 0.5, 2.0}, {-0.5, 0.5, 1.6},
    {0.8, 0.5, 3.0}, {1.5, -2.5, 1.5}},
    {{-1.5, 1.5, -2.0}, {-0.5, 1.5, -2.0},
    {0.5, 0.5, 2.0}, {2.5, 1.5, -1.5}}
};
void myinit()
{
    glClearColor(1.0, 1.0, 1.0, 1.0);
    glMap2f(GL_MAP2_VERTEX_3, 0, 1, 3, 4,
           0, 1, 12, 4, &ctrlpoints[0][0][0]);  //二维取值器
    glEnable(GL_MAP2_VERTEX_3);
    glMapGrid2f(20, 0.0, 1.0, 20, 0.0, 1.0); //参数平面区域[0,1,0,1]被分成 20×20
                                             //个网格区域
    glEnable(GL_DEPTH_TEST);
}
void display()
{
    int i, j;
    glClear(GL_COLOR_BUFFER_BIT | GL_DEPTH_BUFFER_BIT);
    glColor3f(0.0, 0.0, 1.0);
    glPushMatrix ();
    glRotatef(35.0, 1.0, 1.0, 1.0);            //以向量(1.0, 1.0, 1.0)为轴旋转 35°
    for(j = 0; j <= 8; j++) {                  //求值并绘制
        glBegin(GL_LINE_STRIP);
            for(i = 0; i <= 30; i++)
                glEvalCoord2f((GLfloat)i/30.0, (GLfloat)j/8.0);
        glEnd();
        glBegin(GL_LINE_STRIP);
            for(i = 0; i <= 30; i++)
                glEvalCoord2f((GLfloat)j/8.0, (GLfloat)i/30.0);
        glEnd();
    }
```

```
    glPopMatrix ();
    glFlush();
}
void myReshape(GLsizei w, GLsizei h)
{
    glViewport(0, 0, w, h);
    glMatrixMode(GL_PROJECTION);
    glLoadIdentity();
    glOrtho(-4.0, 4.0, -4.0 * (GLfloat)h/(GLfloat)w,
        4.0 * (GLfloat)h/(GLfloat)w, -4.0, 4.0);
    glMatrixMode(GL_MODELVIEW);
    glLoadIdentity();
}
    void main(int argc,char** argv)
{
    glutInit(&argc,argv);
    glutCreateWindow("simple");
    myinit();
    glutDisplayFunc(display);
    glutReshapeFunc (myReshape);
    glutMainLoop();
}
```

程序运行结果如图 5-11 所示。

如果把顶点数组定义语句、求值器语句、图形旋转语句分别修改为如下所示，绘制出的 3×3 个控制点曲面如图 5-12 所示。

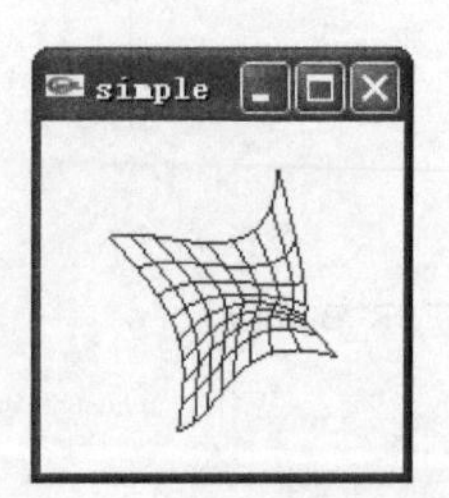

图 5-11　空间样条曲面

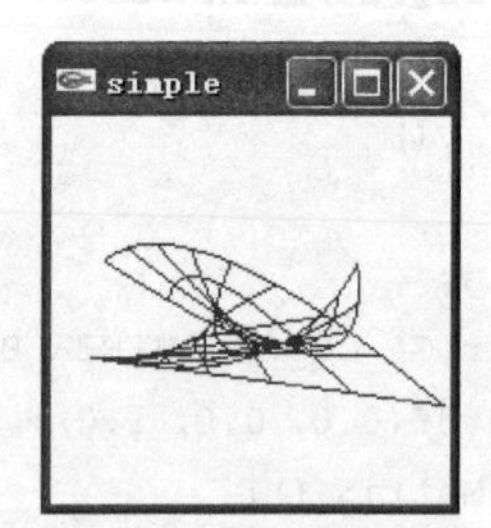

图 5-12　九控制点曲面

```
GLfloat ctrlpoints[3][3][3] = {
{{-2.5, -1.5, 2.0},{-3.5, -1.5, 2.6},{3.5, -1.5, -2.0}},
{{1.5, -2.5, 2.0},{-1.5, -0.5, 1.0},{-0.5, 1.5, 3.0}},
{{2.5, 0.5, 1.0},{2.5, -2.5, -1.0},{-2.5, 0.5, 2.0}}
};
glMap2f(GL_MAP2_VERTEX_3, 0, 1, 3, 3, 0, 1, 9, 3, &ctrlpoints[0][0][0]);与
glRotatef(-25.0, 1.0, 1.0, 0.0);
```

在此基础上，如果把循环语句修改为如下所示：

```
for(j = 0; j <= 30; j++) {
    glBegin(GL_LINE_STRIP);
    for(i = 0; i <= 30; i++)
        glEvalCoord2f((GLfloat)i/30.0, (GLfloat)j/30.0);
    glEnd();
    glBegin(GL_LINE_STRIP);
    for(i = 0; i <= 30; i++)
        glEvalCoord2f((GLfloat)j/30.0, (GLfloat)i/30.0);
    glEnd();
}
```

图 5-13 网格密集曲面

运行结果如图 5-13 所示。

如果将控制点数组 ctrlpoints 修改为

```
GLfloat ctrlpoints[4][4][3]={
    {{-2.5, -1.5, 2.0}, {1.5, -1.5, 2.6},{0.5, -1.5, -2.0}, {1.5, -1.5, -2.0}},
    {{-1.5, -0.5, 1.0}, {-0.5, 1.5, 2.0},{0.5, 0.5, 1.0}, {1.5, -0.5, -1.0}},
    {{1.5, 0.5, 2.0}, {0.5, 0.5, 1.6},{0.8, 0.5, 3.0}, {1.5, 2.5, 1.5}},
{{1.5, 1.5, -2.0}, {-0.5, 1.5, -2.0},{1.5, 1.5, 2.0}, {2.5, -1.5, -1.5}}};
```

那么运行结果如图 5-14(a)所示。

如果将控制点数组 ctrlpoints 修改为

```
GLfloat ctrlpoints[4][4][3]={
    {{-0.5, -1.5, 2.0},{1.5, -1.5, 2.6},{-0.5, -1.5, -2.0},{-1.5, -1.5, -2.0}},
    {{1.5, -0.5, 1.0}, {-0.5, -0.5, 2.0},{-0.5, 0.5, 1.0}, {-1.5, -0.5, -1.0}},
    {{-1.5, 1.5, 2.0}, {-1.5, 0.5, 1.6},{-0.8, 1.5, 3.0}, {1.5,-2.5, 1.5}},
    {{-1.5, 1.5, -2.0}, {-0.5, 1.5, -2.0},{1.5, 1.5, 2.0}, {2.5, -1.5, -1.5}}};
```

那么运行结果如图 5-14(b)所示。

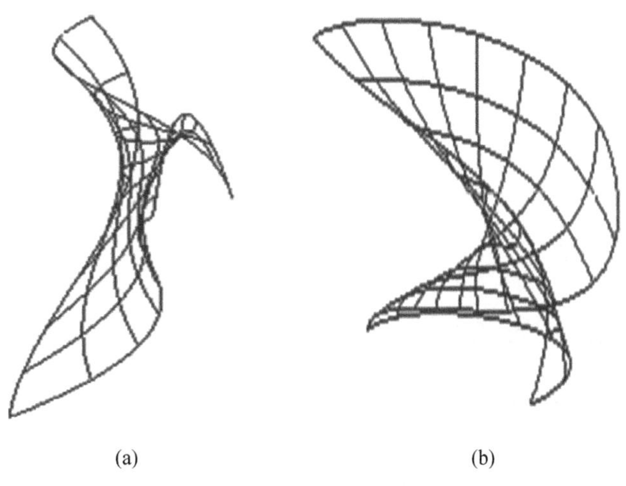

(a) (b)

图 5-14 修改控制点绘制曲面

5.4.3 绘制光滑曲面

如果把网格四边形变为面片，再加上光照效果等，那么就可以绘制出光滑曲面。

【例 5-9】 绘制具有光照效果的光滑曲面。

```
#include <GL/glut.h>
GLfloat ctrlpoints[3][3][3] = {
{{-2.5, -1.5, 2.0},{-2.5, -1.5, 2.6},{3.5, -1.5, -2.0}},
{{1.5, -2.5, 2.0},{-1.5, -0.5, 1.0},{-0.5, 1.5, 3.0}},
{{2.5, 0.5, 1.0},{2.5, -2.5, -1.0},{-2.5, 0.5, 2.0}}
};
void initlights()
{
    GLfloat ambient[] = { 0.4, 0.6, 0.2, 1.0 };
    GLfloat position[] = { 0.0, 1.0, 3.0, 1.0 };
    GLfloat mat_diffuse[] = { 0.2, 0.4, 0.8, 1.0 };
    GLfloat mat_specular[] = { 1.0, 1.0, 1.0, 1.0 };
    GLfloat mat_shininess[] = { 80.0 };
    glEnable(GL_LIGHTING);
    glEnable(GL_LIGHT0);
    glLightfv(GL_LIGHT0, GL_AMBIENT, ambient);
    glLightfv(GL_LIGHT0, GL_POSITION, position);
    glMaterialfv(GL_FRONT, GL_DIFFUSE, mat_diffuse);
    glMaterialfv(GL_FRONT, GL_SPECULAR, mat_specular);
    glMaterialfv(GL_FRONT, GL_SHININESS, mat_shininess);
}
void display()
{
    glClear(GL_COLOR_BUFFER_BIT | GL_DEPTH_BUFFER_BIT);
    glPushMatrix();
    glRotatef(-25.0, 1.0, 1.0, 1.0);
    glEvalMesh2(GL_FILL, 0, 20, 0, 20);
    glPopMatrix();
    glFlush();
}
void myinit()
{
    glClearColor (1.0, 1.0, 1.0, 1.0);
    glEnable (GL_DEPTH_TEST);
    glMap2f(GL_MAP2_VERTEX_3, 0, 1, 3, 3,
        0, 1, 9, 3, &ctrlpoints[0][0][0]);
    glEnable(GL_MAP2_VERTEX_3);
    glEnable(GL_AUTO_NORMAL);
    glEnable(GL_NORMALIZE);
```

```
    glMapGrid2f(20, 0.0, 1.0, 20, 0.0, 1.0);
    initlights();
}
void myReshape(GLsizei w, GLsizei h)
{
    glViewport(0, 0, w, h);
    glMatrixMode(GL_PROJECTION);
    glLoadIdentity();
    glOrtho(-4.0, 4.0, -4.0*(GLfloat)h/(GLfloat)w,
        4.0*(GLfloat)h/(GLfloat)w, -4.0, 4.0);
    glMatrixMode(GL_MODELVIEW);
    glLoadIdentity();
}
void main(int argc,char** argv)
{
    glutInit(&argc,argv);
    glutCreateWindow("simple");
    myinit();
    glutDisplayFunc(display);
    glutReshapeFunc (myReshape);
    glutMainLoop();
}
```

该程序运行结果如图5-15(a)所示。

如果使用例5-8中的控制点数组,那么运行结果如图5-15(b)所示曲面。与图5-15(a)极其相似,仔细比较例5-9中的控制点数组与例5-8中的控制点数组中的前9个点,也是几乎一样的。

如果在此基础上,再把求值器语句修改为如下所示:

```
glMap2f(GL_MAP2_VERTEX_3, 0, 1, 3, 4,0, 1, 12, 4, &ctrlpoints[0][0][0]);
```

程序运行结果如图5-15(c)所示。

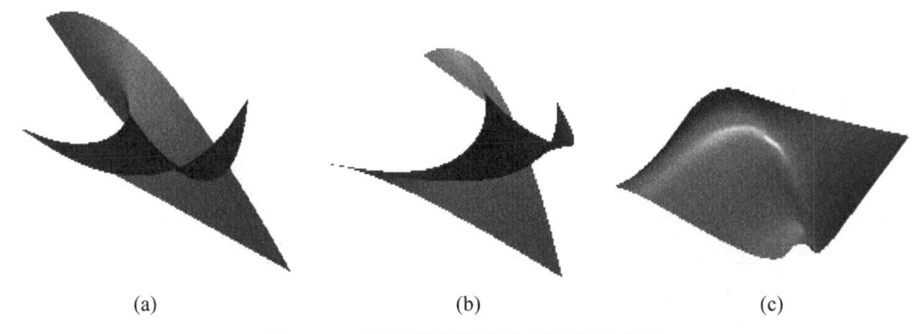

(a)　(b)　(c)

图5-15　具有光照效果的光滑样条曲面

5.5 OpenGL 函数解析(四)

在5.4节中已经使用了一些函数绘制曲线、曲面。OpenGL提供了绘制一些特殊曲线、曲面的函数,例如,绘制贝塞尔曲线曲面、B样条曲线曲面、NURBS(NonUniform Rational B-Spline)等。

下面介绍两个常用的函数glEvalMesh()与glMap2f()。

5.5.1 计算二维网格函数 glEvalMesh()

函数glEvalMesh()用来计算二维网格的点或线,其完整的形式为

```
void WINAPI glEvalMesh2(GLenum mode, GLint i1, GLint i2, GLint j1, GLint j2)
```

其中:

mode:该值指定是计算二维网格的点、线还是多边形,使用的符号常量是GL_POINT,GL_LINE或者GL_FILL。

i1:第一个网格域变量i的值。

i2:最后一个网格域变量i的值。

j1:第一个网格域变量j的值。

j2:最后一个网格域变量j的值。

该函数无返回值。

另外,函数glMapGrid2f()定义一个间隔相等的网格,其完整形式为

```
void WINAPI glMapGrid2f(
    GLint un,
    GLfloat u1,
    GLfloat u2,
    GLint vn,
    GLfloat v1,
    GLfloat v2
);
```

5.5.2 二维求值函数 glMap2f()

函数glMap2f()的作用是定义一个二维求值器,glMap2f()的完整形式如下。

```
void glMap2f( GLenum target,
              GLfloat u1,
              GLfloat u2,
              GLint ustride,
              GLint uorder,
              GLfloat v1,
              GLfloat v2,
```

```
            GLint vstride,
            GLint vorder,
            const GLfloat * points);
```

函数中各个参数含义如下。

target：指定由求值程序生成值的类型，是哪一种类型，在符号常量 GL_MAP2_VERTEX_3，GL_MAP2_VERTEX_4，GL_MAP2_INDEX，GL_MAP2_COLOR_4，GL_MAP2_NORMAL，GL_MAP2_TEXTURE_COORD_1，GL_MAP2_TEXTURE_COORD_2，GL_MAP2_TEXTURE_COORD_3 和 GL_MAP2_TEXTURE_COORD_4 中选择。

u1,u2：指定 u 的线性映射，由 glEvalCoord2 命令对这两个变量进行评控。u1,u2 最初的值分别为 0 和 1。

ustride：分别指定开始的控制点 R(i,j)和 R(i+1,j)的数目，ustride 初始值为 0。

uorder：指定控制数组在 u 轴上的维度，uorder 必须是正整数，初始值为 1。

v1,v2：指定 v 的线性映射，由 glEvalCoord2 命令指定的方程对这两个变量进行计算，v1,v2 最初的值分别为 0 和 1。

vstride：分别指定开始的控制点 R(i,j)和 R(i+1,j)的数目，vstride 初始值为 0。

vorder：指定控制数组在 v 轴上的维度，注意 vorder 必须是正数。vorder 的初始值为 1。

points：指定控制点数组的指针。

另外，还有一个相关函数 glMap2d()，这也是定义一个二维求值程序，只不过与 glMap2f()的区别是：glMap2f()的参数是 GLfloat 类型，而 glMap2d()的参数是 GLdouble 类型。

还有 glMap1d()和 glMap1f()，这两个函数是定义一个一维求值程序，可用于贝塞尔曲线的绘制。

习 题

一、程序修改题

1. 使用 OpenGL 画三维点线函数语句绘制例 5-2 中的曲线，再加入视点函数，从不同的角度观察曲线拼接情况。

2. 修改例 5-2 程序，使用式 3-1，参考例 3-2，绘制 B 样条曲线的三维投影图。

3. 单页双曲面的参数方程为

$$\begin{cases} x = a \cdot \sec u \cdot \cos u \\ y = b \cdot \sec u \cdot \sin u \\ z = c \cdot \mathrm{tg} u \end{cases}$$

下面使用 VC++ 单文档绘制单页双曲面，编写函数如下，放置在 OnDraw()函数的上面。

```
void DrawCurve(double p[3],CDC * pDC)
```

```
{
    double x[20][20][3];
    double xs[20][20],ys[20][20],a=100,b=100,c=150;
    for(int u=0;u<20;u=u+1)
        for(int v=0;v<20;v=v+1)
        {
            x[u][v][0]=a*cos((double)v)/cos((double)u);  //X 坐标值
            x[u][v][1]=b*sin((double)v)/cos((double)u);  //Y 坐标值
            x[u][v][2]=c*sin((double)u)/cos((double)u);  //Z 坐标值
        }
    for(int j=0;j<20;j++)
    {
        xs[0][j]=x[0][j][0]-p[0]/p[2]*x[0][j][2]+100;
        ys[0][j]=x[0][j][1]-p[1]/p[2]*x[0][j][2]+100;
        pDC->MoveTo((int)xs[0][j],(int)ys[0][j]);
        for(int i=0;i<20;i++)
        {
            xs[i][j]=x[i][j][0]-p[0]/p[2]*x[i][j][2]+100;
            ys[i][j]=x[i][j][1]-p[1]/p[2]*x[i][j][2]+100;
            pDC->LineTo((int)xs[i][j],(int)ys[i][j]);
        }
    }
}
```

在 OnDraw()函数中写入下面的语句进行调用。

```
double t[3]={1.0,0.8,1.0};
DrawCurve(t,pDC);
```

在 VC++ 中调试运行该程序。修改该程序,利用椭球面的参数方程,绘制椭球曲面。

4. 修改第3题中的程序,使用 OpenGL 画三维点函数等绘制椭球面、双曲面。

5. 改变例 5-4 程序中 CV 数组(4 个顶点)的值,运行分析程序。

6. 修改例 5-5 程序,将 4 个控制点设置为蓝点,并将点变得小一点儿。

7. 修改例 5-6 程序,改为绘制具有 16 个控制点的双三次 B 样条曲面。

8. 完善例 5-6 程序,将省略的代码补上,运行程序,观察绘制结果。

9. 修改例 5-6 程序,利用方程绘制双二次贝塞尔曲面,并绘制出其 9 个控制点。

10. 修改例 5-6 程序,把随机生成控制点改为在程序中给定 9 个控制点。

11. 对于 9 个控制点的贝塞尔曲面或者 B 样条曲面,改变中心控制点 P_{11} 的值能够调节双二次曲面片的凹凸。改变例 5-6 程序的中心控制点 P_{11},观察曲面的变化。

12. 修改例 5-4 程序,使得按住鼠标拖动就可以旋转图形,以便从多个角度观察曲面的形状。

13. 使用贝塞尔曲面的矩阵运算形式改写例 5-6 的程序,使其代码精炼一些。

14. 修改例 5-7 程序,使其随机生成 5 个控制点,运行程序,观察分析。

15. 修改例5-7程序，然后观察分析。

(1) 修改数组ctrlpoints的值，然后观察运行结果的变化。

(2) 修改函数glMap1f()的中间4个函数值，观察运行结果的变化。

16. 读例5-8程序，然后完成下面的工作。

(1) 随机产生16个控制点，赋值给ctrlpoints数组，运行观察分析。

(2) 修改glMap2f()函数的参数，观察运行结果。

(3) 修改glMapGrid2f()的参数，观察运行结果。

(4) 在程序中添加语句，绘制出图5-14的16个控制点。

17. 修改例5-8程序中的控制点，运行程序，观察分析。

二、程序分析题

1. 例5-2程序中，两段曲线的4个控制点分别是什么？共用的控制点分别是什么？

2. 在例5-4下面，有一个注释：空间的一些直线也可以构成曲面。如何理解这句话？

3. 读下面的程序段回答问题，这段程序是例5-6中省略掉的。

```
//表达式比较复杂,是从式4-17推导出来的
x[m][n][0]=(1-u)*(1-u)*(1-v)*(1-v)*cv[0][0]+(1-u)*(1-u)*(-2*u*u+2*
u)*cv[1][0]+(1-v)*(1-v)*(u*u+u)*cv[2][0]+(-2*v*v+2*v+1)*(1-u)*(1-
u)*cv[3][0]+(-2*v*v+2*v+1)*(-2*u*u+2*u)*cv[4][0]+(-2*v*v+2*v+1)
*(u*u+u)*cv[5][0]+v*v*(1-u)*(1-u)*cv[6][0]+v*v*(-2*u*u+2*u)*cv
[7][0]+v*v*(u*u+u)*cv[8][0];
//每计算一个曲面上的点的一个坐标分量就需要一次复杂的计算
x[m][n][1]=(1-u)*(1-u)*(1-v)*(1-v)*cv[0][1]+(1-u)*(1-u)*(-2*u*u+2*
u)*cv[1][1]+(1-v)*(1-v)*(u*u+u)*cv[2][1]+(-2*v*v+2*v+1)*(1-u)*(1-
u)*cv[3][1]+(-2*v*v+2*v+1)*(-2*u*u+2*u)*cv[4][1]+(-2*v*v+2*v+1)
*(u*u+u)*cv[5][1]+v*v*(1-u)*(1-u)*cv[6][1]+v*v*(-2*u*u+2*u)*cv
[7][1]+v*v*(u*u+u)*cv[8][1];
//可以用矩阵及循环处理这些表达式运算
x[m][n][2]=(1-u)*(1-u)*(1-v)*(1-v)*cv[0][2]+(1-u)*(1-u)*(-2*u*u+2*
u)*cv[1][2]+(1-v)*(1-v)*(u*u+u)*cv[2][2]+(-2*v*v+2*v+1)*(1-u)*(1-
u)*cv[3][2]+(-2*v*v+2*v+1)*(-2*u*u+2*u)*cv[4][2]+(-2*v*v+2*v+1)
*(u*u+u)*cv[5][2]+v*v*(1-u)*(1-u)*cv[6][2]+v*v*(-2*u*u+2*u)*cv
[7][2]+v*v*(u*u+u)*cv[8][2];
n++;
```

(1) 将$u<1.05$改为$u<=1$是否可以？

(2) 该程序段一共生成了多少个数？多少个三维空间点？

(3) 改进表达式，尽可能少计算乘法。

(4) 程序中m,n是用来做什么的？

(5) 可以使用CV数组的下标再建立一个二重循环，尝试完成该工作。

4. 读例5-7程序，然后回答问题。

(1) 该例题绘制的是分段光滑连接的贝塞尔曲线，对不对？修改程序分析验证。

(2) 图5-9(c)为什么只有一个顶点在曲线上？

5. 读例5-8程序，然后回答问题。

(1) 函数glEvalCoord2f()实现的功能是什么？

(2) 语句for(j=0;j<=8;j++)中的8改为10是否可以？

(3) for(j=0;j<=8;j++)的循环体中，嵌套了两个循环语句，删掉一个，程序运行结果会有什么变化？

6. 比较例5-8与例5-9程序的异同。

7. 为什么把例5-9中的求值语句修改为glMap2f(GL_MAP2_VERTEX_3，0，1，3，4，0，1，12，4，&ctrlpoints[0][0][0])，绘制出的图形竟然与原先图形差别那么大？

8. 读下面的程序，然后按要求修改程序，或者回答问题，

```
#include <GL/glut.h>
GLfloat ctrlpoints[3][3][3] = {
{{-2.5, -1.5, 2.0},{-2.5, -1.5, 2.6},{3.5, -1.5, -2.0}},
{{1.5, -2.5, 2.0},{-1.5, -0.5, 1.0},{-0.5, 1.5, 3.0}},
{{2.5, 0.5, 1.0},{2.5, -2.5, -1.0},{-2.5, 0.5, 2.0}}
};
void initlights()
{
    GLfloat ambient[] = {1.0, 0.0, 0.0, 0.0};
    GLfloat position[] = {0.0, 1.0, 3.0, 1.0};
    GLfloat mat_diffuse[] = {0.2, 0.4, 0.8, 1.0};
    GLfloat mat_specular[] = {1.0, 1.0, 1.0, 1.0};
    GLfloat mat_shininess[] = {45.0};
    glEnable(GL_LIGHTING);
    glEnable(GL_LIGHT0);
    glLightfv(GL_LIGHT0, GL_AMBIENT, ambient);
    glLightfv(GL_LIGHT0, GL_POSITION, position);
    glMaterialfv(GL_FRONT, GL_DIFFUSE, mat_diffuse);
    glMaterialfv(GL_FRONT, GL_SPECULAR, mat_specular);
    glMaterialfv(GL_FRONT, GL_SHININESS, mat_shininess);
}
void display()
{
    glClear(GL_COLOR_BUFFER_BIT | GL_DEPTH_BUFFER_BIT);
    glPushMatrix();
    glRotatef(100.0, 1.0, 1.0, 1.0);
    glEvalMesh2(GL_LINE, 0, 20, 0, 20);
    glPopMatrix();
    glFlush();
}
void myinit()
{
    glClearColor(1.0, 1.0, 1.0, 0.0);
```

```
    glEnable(GL_DEPTH_TEST);
    glMap2f(GL_MAP2_VERTEX_3, 0, 1, 6, 2,
        0, 1, 10, 4, &ctrlpoints[0][0][0]);
    glEnable(GL_MAP2_VERTEX_3);
    glEnable(GL_AUTO_NORMAL);
    glEnable(GL_NORMALIZE);
    glMapGrid2f(20, 0.0, 1.0, 20, 0.0, 1.0);
    initlights();
}
void myReshape(GLsizei w, GLsizei h)
{
    glViewport(0, 0, w, h);
    glMatrixMode(GL_PROJECTION);
    glLoadIdentity();
    glOrtho(-4.0, 4.0, -4.0*(GLfloat)h/(GLfloat)w,
        4.0*(GLfloat)h/(GLfloat)w, -4.0, 3.0);
    glMatrixMode(GL_MODELVIEW);
    glLoadIdentity();
}
void main(int argc,char** argv)
{
    glutInit(&argc,argv);
    glutCreateWindow("simple");
    myinit();
    glutDisplayFunc(display);
    glutReshapeFunc (myReshape);
    glutMainLoop();
}
```

(1) 在绘制网格曲面时,有时光照效果是多余的,删除程序中的光照语句,绘制出如图 5-16 所示的网格曲面。

(2) 将 GL/glut.h 修改为 glut.h,程序是否还可以运行?

(3) GLfloat 与 C 语言中的 float 有什么区别?

(4) GL_DEPTH_BUFFER_BIT 的含义是什么?在这个程序中,去掉它是否可以?

(5) 语句 glEvalMesh2(GL_LINE, 0, 20, 0, 20)实现了什么功能?

(6) 语句 glClearColor(1.0, 1.0, 1.0, 0.0) 实现了什么功能?

(7) 语句 glMap2f(GL_MAP2_VERTEX_3, 0, 1, 6, 2, 0, 1, 10, 4, &ctrlpoints[0][0][0])实现了什么功能?

(8) 语句 glMapGrid2f(20, 0.0, 1.0, 20, 0.0, 1.0)实现了什么功能?

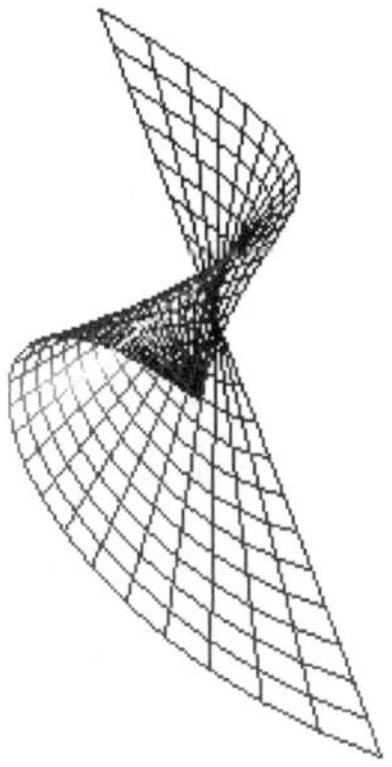

图 5-16 网格曲面

三、程序设计题

1. 当 $n=2$ 时，绘制 $B_{in}(t)=C_n^i t^i\ (1-t)^{n-i}$，$i=0,1,2$，一共3条曲线。

2. 当 $n=3$ 时，绘制 $B_{in}(t)=C_n^i t^i\ (1-t)^{n-i}$，$i=0,1,2,3$，一共4条曲线。

3. 当 $n=4$ 时，绘制 $B_{in}(t)=C_n^i t^i\ (1-t)^{n-i}$，$i=0,1,2,3,4$，一共5条曲线。

4. 三次B样条曲线的基函数如下：

$$F_{0,3}(t)=\frac{1}{6}(-t^3+3t^2-3t+1)$$

$$F_{1,3}(t)=\frac{1}{6}(3t^3-6t^2+4)$$

$$F_{0,3}(t)=\frac{1}{6}(-3t^3+3t^2+3t+1)$$

$$F_{0,3}(t)=\frac{1}{6}t^3$$

将这4条曲线绘制到一个图形中，$0\leqslant t\leqslant 1$。

5. 参考例3-4，以及5.1.2节中的控制点坐标，绘制出如图5-1所示的曲线。

6. OpenGL的曲面绘制函数有些复杂，设计程序分析其曲面绘制函数的各个参数的意义。

四、计算题

1. 给定三维空间中的三次贝塞尔曲线的4个控制点为 $\boldsymbol{P}[3][4]=\{\{1\quad 2\quad 5\quad 6\},\{1.5\quad 7\quad 11\quad 5\},\{2\quad 3\quad 6\quad 5.5\}\}$，即4个控制点依次是(1,1.5, 2),(2,7,3),(5,11,6),(6,5,5.5)时，写出该贝塞尔曲线的参数方程。

2. 计算由下面4个点控制的B样条曲线（记为A）的参数方程，计算其在 $t=1$ 时的函数值（记为 a），计算在 $t=1$ 时 X、Y、Z 关于 t 的导数值（分别记为X1t、Y1t、Z1t）。

```
{20,100,110},{70,120,10},{200,60,20},{250,20,160}
```

再计算下面4个点控制的B样条曲线（记为B）的参数方程，计算其在 $t=0$ 时的函数值（记为 b），计算在 $t=0$ 时 X、Y、Z 关于 t 的导数值（分别记为 $X0t$、$Y0t$、$Z0t$）。

```
{70,120,10},{200,60,20},{250,20,160},{150,16,178}
```

比较分析两次计算得到的函数值与导数值。

3. 给定5个点(1,1,1)、(2,2,3)、(3,6,5)、(6,3,2)、(9,6,1)，求三维空间内过这5个点的两个三次样条插值曲线（段），(1,1,1)点处斜率为−1，(9,6,1)点处的斜率为1。即求两个三次多项式，使得在(3,6,5)点连续并且在该点的一阶导数与二阶导数相等，在(1,1,1)与(9,6,1)点满足端点斜率条件。

如果有多条三次多项式都满足条件，那么绘制出两条连接在一起的即可。

4. 根据式5-8与式5-14计算，当给定B样条曲面的9个控制点时，如何计算出贝塞尔曲面的9个控制点，使得它们绘制出的曲面（片）相同。

五、证明题

1. 论证贝塞尔曲线起点处切线与终点处切线分别是特征多边形的第一条边和最后

一条边所在射线，并且切矢量的模长分别为相应边长的 n 倍，n 为特征多边形的边数。

2. 证明双一次贝塞尔曲面，当 u 或者 v 中一个不变，改变另外一个，得到的是一条直线段。

3. 论证双一次贝塞尔曲面片是双曲抛物面(马鞍面)的一部分，并且边界由 4 条直线段组成。双曲抛物面的直角坐标方程为

$$\frac{x^2}{a^2}-\frac{y^2}{b^2}=2z$$

4. 证明：双二次贝塞尔曲面片，当 $u=0$、$v=0$、$u=1$、$v=1$ 时，得到 4 条抛物线边界。当 u 或者 v 中一个不变，改变另外一个，得到的是一系列的抛物线。

第6章 几何造型与光照模型

在使用图形绘制软件(例如 3d Max)时,单击展开"形状"面板,选中某个形体,例如球、长方体等,到工作区内拖动鼠标便可以绘制出形体;还可以选中形体将其移动、拉大、拉长等;还可以将另外的形体与该形体叠加放到一起,软件自动求交、求和,生成新的形体。这些都属于几何造型研究的内容。

6.1 几何造型基本单元的组织

其实,三维实体模型的最简单形式是逐点描述方法,就是把该物体在空间上占据的点记载下来(点之间的距离满足视觉需要),存储再现。但是,由于需要记载的点太多,这种方法是不可行的。所以,要研究各种模型,使模型尽量减少描述物体的工作量。

一种自然的想法就是充分地使用线(段)、面(片)等描述三维物体。线段可以用顶点表示,面可以用边或顶点或控制点来表示。

为了详细地描述形体,在计算机内,把形体分为体、面、环、边、顶点 5 个层次。

体是由封闭的表面围成的维数一致的有效空间。

面是体的外表,一般可以由数学方程定义,具有方向性,方向分为内侧与外侧。面可以用一个外环与若干内环界定,面可以没有内环,但必须有外环。

环是有序、有向边组成的面上封闭的边界,环中各条边不能自交,相邻两条边共享一个端点。外环可以是多边形,也可以是其他曲线。

边是组成环的元素,由端点或曲线方程定义。

顶点是边的端点或者是曲线的型(插)值点,存在于实体的边界上。

几何体还可以用定义好的基本单元堆积组合而成,这些单元是标准几何体单元以及规则曲面等。几何体本质上是一些函数、点集合或者线面的集合,在计算机中表示几何体就是使用这些函数、点集合以及线面集合来描述。曲面片一般也是用折线或者直面片(连接在一起)表示。

研究模型的目的是为了更好地实现计算机存储、传输与重新绘制。模型构造是把基本几何单元作为要素,采用一些有效的方法把这些要素组合起来,以更好地实现几何体在计算机内的存储、传输、变换与显示等。

几何造型的三种主要模型为线框模型、表面模型和实体模型。

6.1.1 线框模型

线框模型是用顶点与棱边表示形体的一种模型。

线框模型是计算机图形学领域最早用来表示形体的模型，目前也被广泛使用。这种表示方法结构简单，易于理解，又是表面和实体模型的基础。

如图 6-1 所示的 4 个图形都是线框模型的一种投影显示。

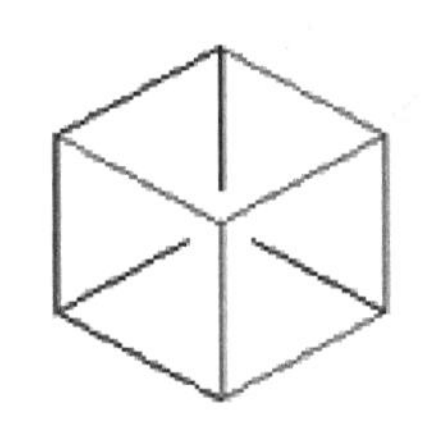 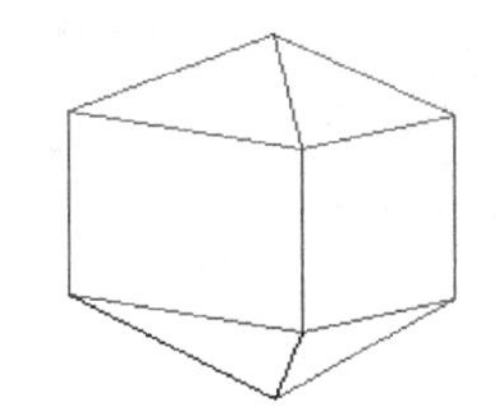 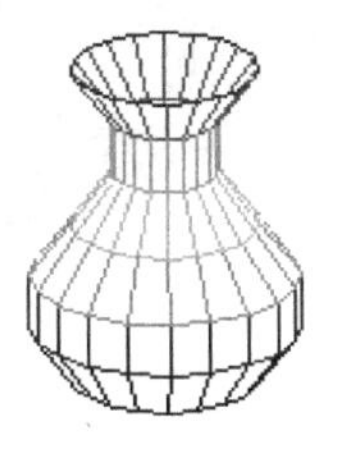 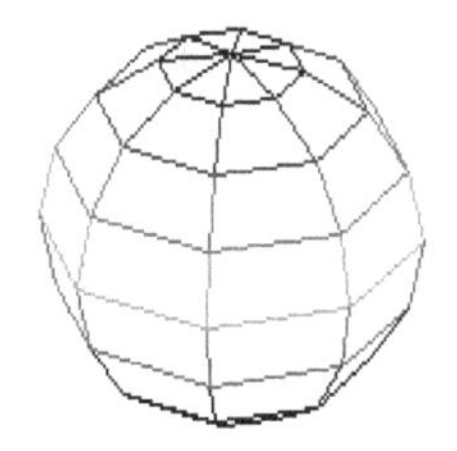

图 6-1 三维线框模型图

对于(凸)多面体，因为主要使用棱边来表达图形信息，所以适合于使用线框模型。

对于复杂的多面体以及各种曲面，线框模型就容易造成误解，所以还需要加入更多的描述信息。

【注】 线框图与线框模型不是同一个概念。线框模型绘制出来的一定是线框图，但是线框图也可能是使用另外的模型(表示的三维物体数据)绘制出来的。

6.1.2 表面模型

表面模型是用棱边围成的部分定义形体表面，由面的集合定义形体。表面模型是在线框模型的基础上，增加了有关面边的信息以及表面特征等。

表面模型一般用 3 个表描述，例如，图 6-2 的数据与结构可以用表 6-1 的 3 张表表示。

表 6-1 一个具体的表面模型结构与数据

面编号	棱编号			
一	1	2	5	4
二	3	7	8	6
三	1	3	7	2
四	2	7	8	5
五	4	6	8	5
六	1	3	6	4

棱编号	顶点编号	
1	[1]	[2]
2	[1]	[3]
3	[1]	[4]
4	[2]	[5]
5	[2]	[7]
6	[3]	[6]
7	[3]	[7]
8	[4]	[5]
9	[4]	[6]
10	[5]	[8]
11	[6]	[8]
12	[7]	[8]

顶点编号	坐标值		
	x	y	z
[1]	−1.0	−1.0	−2.0
[2]	−1.0	1.0	−2.0
[3]	−1.0	−1.0	1.0
[4]	2.0	−2.0	−2.0
[5]	2.0	2.0	−2.0
[6]	2.0	−2.0	2.0
[7]	−1.0	1.0	0.0
[8]	2.0	2.0	2.0

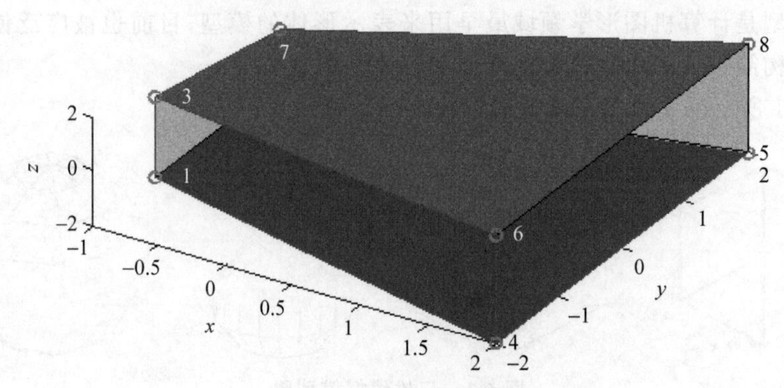

图 6-2 三维表面模型图

为了便于观察，图 6-2 的两个侧面没有绘制。

如果不固定表的长度，那么使用这种表就能够表示其他任何边数的多面体的线框图。

【思考题】 如何使用 VC++ 设计程序，充分利用链表等数据结构，输入是多面体的顶点、边与面的信息，再输入投影方向（向量）与投影平面（参数），输出是多面体的具有真实感的图形。

6.1.3 实体模型

表面模型确切地描述了表面信息，但是表面模型有时还不能明确表面的哪一侧存在实体。在一些实际应用领域（例如 CAD/CAM 领域），完整地表达实体信息是非常重要的。目前，几何体的实体造型技术已经发展成熟，成熟的实体造型技术就是建立在实体模型基础上。

实体模型完整地定义了三维实体，能够在计算机上进行准确的处理。

可以用下面的描述作为实体模型的定义。

(1) 能生成立体图形，能明确地定义立体图形的内外部。

(2) 可以提供清晰的剖面图。

(3) 方便图形存储、变换、显示等。

6.2 实体模型构造方法

由于实体模型的完整性与重要性，在这里主要研究实体模型。实体模型主要有边界表示法、分解表示法、扫描造型法等。这些方法可以完成某个特定几何体的造型，也可以作为几何体的通用模型使用。

6.2.1 边界表示法

一个形体的边界是形体与周围环境之间的分界面，如果完整准确地定义了一个形体的边界，那么这个形体就被唯一确定了。

边界表示（B-rep）法是在表面模型的基础上改进的。该方法以物体边界为主干，以表面模型为基础。因为要构造完整的实体，所以表面必须封闭、有向、不自交、有限和互相连接等。在这种表示方法中，既包含几何信息，又包含拓扑信息。几何信息标识形体的大小，拓扑信息标识顶点、棱边以及表面之间的相互连接关系。

1. 表面的封闭性与方向性

用边界表示法表示实体，如果边界不封闭的话，那实体就成为一个有漏洞的面片。

用边界表示法表示实体，边界上各个拼接在一起的表面没有方向的话，有时不知道哪里是内部，哪里是外部。例如，中间有洞的物体。

面的方向一般用边的连接顺序表示。

2. 使用多面体近似表示物体

图形学中，使用多面体表示物体是最常用的一种方法，这种方法具有计算速度快、存储空间小等优点。边界表示法比较适合于多面体的表示。

3. 翼边结构

翼边结构是边界表示法的最为典型的数据结构。它是一个基于多面体的表达模式。在顶点、棱边、表面组成的形体三要素中，翼边结构以边为核心组织数据。

下面介绍的翼边结构模型是1972年美国斯坦福大学的B.G.Baugart等提出的。

如图6-3所示，棱边有两个顶点，一个是起点，一个是终点。当形体是多面体时，棱边是一条有向线段。当形体是曲面体时，棱边可能为一个曲线段，需要在棱边的数据结构中设置一个指向曲线段的指针，或者使用其他方法记载该曲线段的信息，以便查找调用。

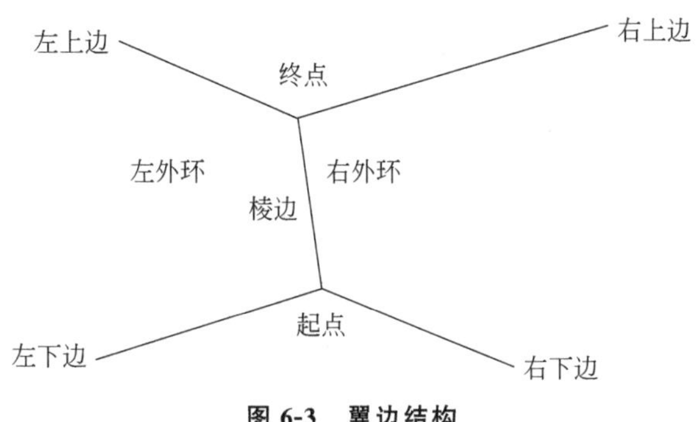

图6-3　翼边结构

此外，在翼边结构中，还需要用指针或其他方法记载棱边所邻接的两个表面上的环(左环与右环)。为了与其他边建立联系，数据结构中还设有4个指向边的指针，分别指向左上边、左下边、右上边、右下边。

边界表示法的优点是：可以直接使用几何体的顶点、边、面定义的数据完成有关几何体结构的运算，有利于生成和绘制线框图、投影图。缺点是数据结构复杂，数据存储量比较大，集合运算时间长，对实体的整体描述能力比较弱。

【注】 这里主要研究模型，即一般的结构，不是针对某个具体的形体。作为模型，给出具体形体数据(即顶点、边、面数据)，就是一个几何体；给出几何体的变换数据，就能够通过程序计算出变换后的几何体的形体数据，这种程序也必须是通用的。通用的概念在程序设计中是很重要的。

6.2.2 分解表示法

分解表示法是使用小的实体块堆积起来表示实体。

分解表示法主要有(四叉树)八叉树表示法、细胞分解法、空间堆叠法等。在这里主要介绍八叉树表示法。

八叉树的每个父节点都有8个子节点，这8个子节点从左到右标号为1、2、3、4、5、6、7、8，分别对应着空间的8个卦限，如图6-4(a)所示。

使用八叉树表示法，如图6-4(b)阴影所示物体，可以表示成如图6-4(c)所示的八叉树。

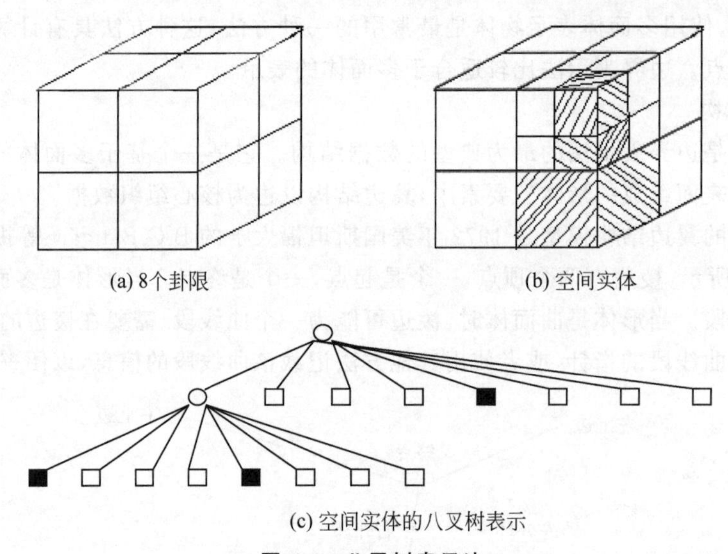

图6-4 八叉树表示法

用八叉树表示空间实体具有许多优点。例如，可以用统一而简单的标准几何体单元(例如正方体单元)表示空间任意形状的实体，数据结构简单；易于实现物体之间的集合运算，易于计算物体的体积、质量、转动惯量等。

在MATLAB的虚拟现实软件中，有一个网格造型节点ElevationGrid是一个几何造型节点，用来制作山状起伏网格面。图6-5就是使用鼠标在拉动网格进行造型，图6-6是用该方法制作的形体。从本质上讲，这种模型构造方法的数据存储就可以使用分解表示法实现。

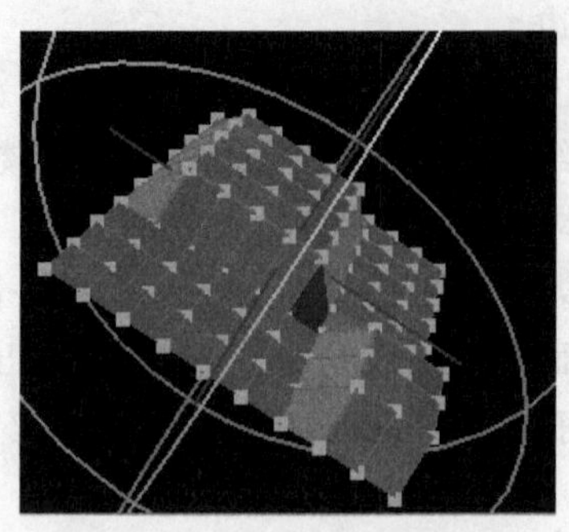

图6-5 拉动网格进行造型

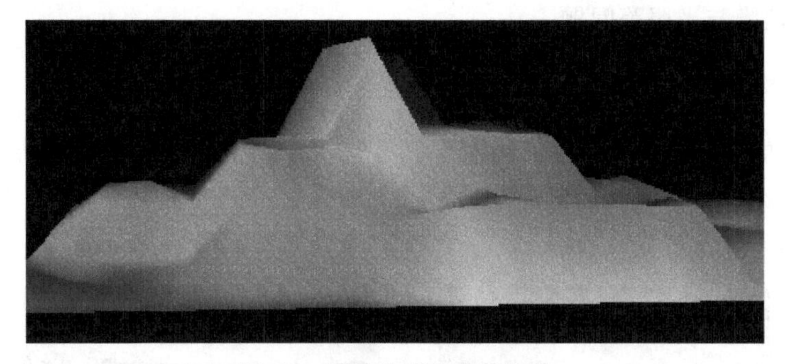

图 6-6　网格造型生成的物体

6.2.3　扫描造型法

扫描造型法的基本思想是：让一个形体在空间中运动，产生了由这个形体构成的集合，这个集合就是一个新的几何体。

简单的扫描形式有两种，即平移和旋转。

在各种图形软件中都提供了平移和旋转等造型功能，使用鼠标操作或者在对话框中添加参数数据就可以实现平移或旋转造型。图 6-7 就是使用 MATLAB 的虚拟现实工具箱绘制的。

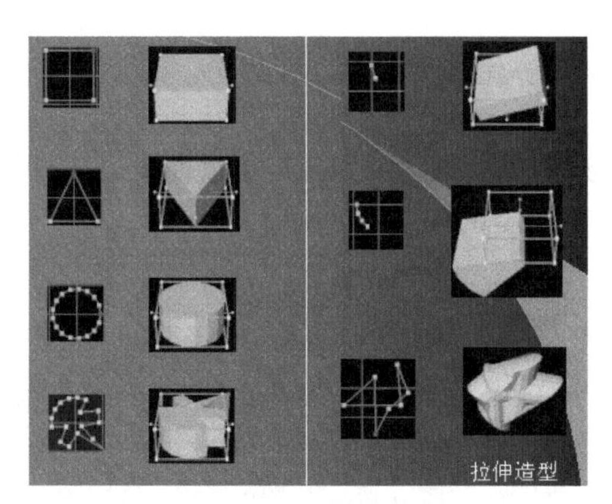

图 6-7　平移拉伸造型

从本质上讲，平移旋转造型的功能都是使用语言实现的。首先把这些功能制作成函数，然后开发图形软件把这些函数组织集成起来，在界面中实现调用。

【思考题】　如何使用 VC++ 实现拉伸功能？如何实现旋转功能？

6.3　场景构造与模型的重用

6.2 节中的造型方法多用在一个物体的建模中，一个场景中往往有多个物体，所以图形学中还要研究场景构造问题。

有了 6.2 节中的模型，使用各个物体模型，构造场景变得容易了。只是在显示的时候,需要考虑消隐与光照等问题。

6.3.1 场景构造

图6-8就是一个场景模型在不同视点下的显示,计算机内存储的数据是一样的,只是绘制时根据投影角度不同绘制出的图形不同。因为加入了光照,所以具有真实感。两个图形中的光照方向没有改变,场景变了,光照效果也随之改变了。

(a)

(b)

图6-8 不同投影方向的场景

从图6-8能够更好地理解什么是不同的角度显示物体,进而思考三维数据的二维化问题。

图6-9也算是一个场景(选自于MATLAB虚拟现实工具箱的一个例子),是一个由多个模块构成的房子,房内是空的。

图6-9 一个虚拟现实房子

可以在虚拟现实播放软件中进行“行走”,从门进入房子,就像真的进入一样,可以看见屋内的各个角落。实现这样的虚拟现实功能是十分必要的,可以用于科学实验、模型仿真等很多应用领域。

能够制作出逼真的虚拟现实效果,首先要归功于三维数据的作用,即模型的建立。虚拟现实就是根据“行走人”的位置与视点方向及范围确定显示哪些数据,然后进行绘制。

图6-10就是走进屋子后的一个场景。

图 6-10　屋内的场景

模型的构造是三维图形绘制的基础。模型构造好之后，也可以存储在模型库中，用于使用、修改再用等。模型可以是一个物体(实体)，也可以是一个场景。

6.3.2　模型重用

图 6-11 中的三个人使用的都是一个模型，只是颜色不同，"衣服"不同。像这种情形就是典型的模型重用。

6.3.3　布尔运算

在场景构造中，模型之间的连接关系很重要，其中布尔运算(逻辑加减)充当着重要的角色。

如图 6-12 所示图形就是使用了布尔运算。

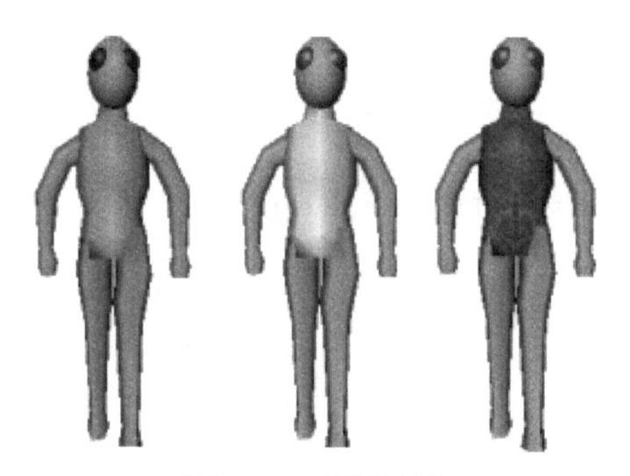

图 6-11　模型重用

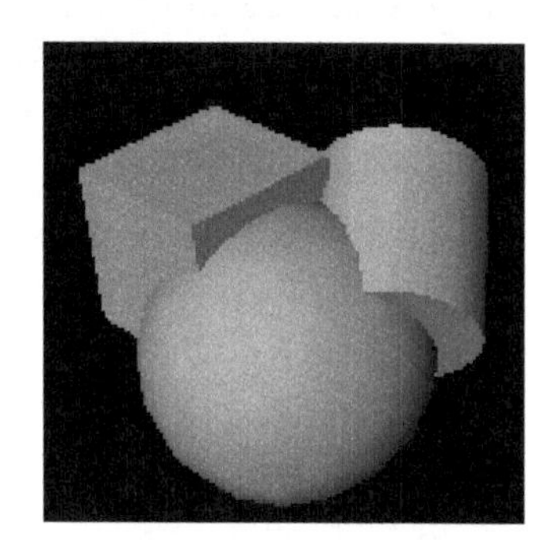

图 6-12　布尔运算

几何模型中存储着物体的位置信息、边界信息等，正是凭借着几何模型表示，才能更好地实现布尔运算。

当然，需要进行消隐等工作，消隐工作也要使用物体几何模型的数据。

几何造型是图形学的一项基本工作。研究几何造型的目的是：一方面根据需要，使用语言及软件制作具体的人造几何体；另一方面是给出统一的模型构造方法，以便研究如何开发几何体造型系统软件(例如 3ds Max 与 AutoCAD 等)。

计算机内的表达都是数字、数据以及结构、关系，显示出来的都是这些数据的某个投影面上的投影图。造型的时候应该考虑到如何更加方便于投影、裁剪、消隐、光照等。

这里研究的几何造型是指规则几何体造型，不规则物体造型是目前图形学研究的热点也是难点。

6.4 三维数据模型：地形图

计算机图形学（特别是三维图形学）中有很多绘制程序都是基于数据文件的。事实上，图形学就是根据（三维）数据进行绘制，绘制过程中考虑视点位置、光源位置等。三维数据模型是重要的，本章使用实例研究三维数据模型。下面使用一种数据文件绘制地形图。

6.4.1 绘制地形图程序

【例 6-1】 读入数据文件，绘制一个网格凸凹地形。

设计如下程序。

```
#include <glut.h>
#include <stdio.h>
#define    MAP_SIZE      1024               //定义符号常量
#define    STEP_SIZE     16
bool       bRender = 0;
GLbyte g_HeightMap[MAP_SIZE * MAP_SIZE];

GLvoid ReSizeGLScene(GLsizei width, GLsizei height)
{   //该函数只有一个投影裁剪语句,裁剪的场景很大
    glOrtho(-800.0,800.0,-800.0,800.0,-800.0,800.0);
}
void LoadRawFile(char * strName, int nSize, GLbyte * pHeightMap)
{
    FILE * pFile = NULL;
    pFile = fopen(strName, "rb");
    fread(pHeightMap, 1, nSize, pFile);    //读取文件数据到数组中
    fclose(pFile);
}
int InitGL(GLvoid)
{
    glShadeModel(GL_SMOOTH);
    glClearColor(0.0f, 0.0f, 0.0f, 0.5f);  //背景色为黑色
    glClearDepth(1.0f);
    glEnable(GL_DEPTH_TEST);
    glDepthFunc(GL_LEQUAL);
    glHint(GL_PERSPECTIVE_CORRECTION_HINT, GL_NICEST);
    LoadRawFile("Terrain.raw", MAP_SIZE * MAP_SIZE, g_HeightMap);
```

```
    return 1;
}
int Height(GLbyte * pHeightMap, int X, int Y)
{
    int x = X %MAP_SIZE;
    int y = Y %MAP_SIZE;
    if(!pHeightMap) return 0;
    return pHeightMap[x + (y * MAP_SIZE)];
}
void SetVertexColor(GLbyte * pHeightMap, int x, int y)
{
    if(!pHeightMap) return;
    float fColor = -0.15f + (Height(pHeightMap, x, y) / 256.0f);
    glColor3f(1, 1, fColor );
}
void RenderHeightMap(GLbyte pHeightMap[])
{
    int X = 0, Y = 0;
    int x, y, z;
    if(!pHeightMap) return;
    if(bRender)
        glBegin(GL_QUADS);              //bRender 为真,绘制填充多边形,即实体地形图
    else
        glBegin(GL_LINES);              //bRender 为假,绘制连线,即网格地形图
            for(X = 0; X < (MAP_SIZE-STEP_SIZE); X += STEP_SIZE)
                for (Y = 0; Y < (MAP_SIZE-STEP_SIZE); Y += STEP_SIZE)
                {   //下面的语句一共被执行多少次?
                    x = X;
                    y = Height(pHeightMap, X, Y);
                    z = Y;
                    //为下一个语句定义的顶点设置颜色
                    SetVertexColor(pHeightMap, x, z);
                    glVertex3i(x, y, z);  //第一个点坐标
                    x = X;
                    y = Height(pHeightMap, X, Y + STEP_SIZE);
                    z = Y + STEP_SIZE;
                    SetVertexColor(pHeightMap, x, z);
                    glVertex3i(x, y, z);  //第二个点坐标
                    x = X + STEP_SIZE;
                    y = Height(pHeightMap, X + STEP_SIZE, Y + STEP_SIZE );
                    z = Y + STEP_SIZE ;
                    SetVertexColor(pHeightMap, x, z);
                    glVertex3i(x, y, z);  //第三个点坐标
                    x = X + STEP_SIZE;
```

```
                y = Height(pHeightMap, X + STEP_SIZE, Y );
                z = Y;
                SetVertexColor(pHeightMap, x, z);
                glVertex3i(x, y, z);  //第四个点坐标
            }
    glEnd();
    glColor4f(1.0f, 1.0f, 1.0f, 1.0f);
    glutSwapBuffers();
}
void DrawGLScene()
{
    glClear(GL_COLOR_BUFFER_BIT | GL_DEPTH_BUFFER_BIT);
    gluLookAt(212, 60, 194,  186, 55, 171,  0, 1, 0);
    RenderHeightMap(g_HeightMap);
}

void main(int argc,char** argv)
{
    glutInit(&argc,argv);
    glutInitDisplayMode(GLUT_SINGLE|GLUT_RGB);
    glutInitWindowSize(500,400);
    glutCreateWindow("simple");
    InitGL();
    glutReshapeFunc(ReSizeGLScene);
    glutDisplayFunc(DrawGLScene);
    glutMainLoop();
}
```

程序运行后，绘制出从某个角度看上去一个起伏不平的网格状地形，如图 6-13 所示。

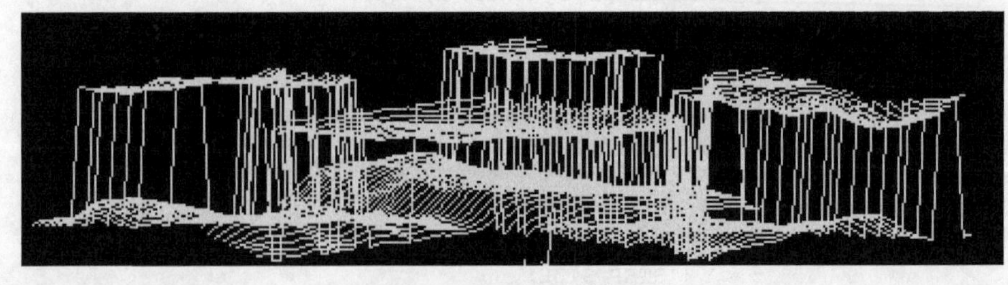

图 6-13　凸凹地形线框图

如果改变视点方向，例如改变为如下所示：

```
gluLookAt(212, 90, 194,  186, 65, 171,  0, 1, 0);
```

那么程序运行后，绘制出如图 6-14 所示的地形图。

例 6-1 的 OpenGL 程序多是使用 OpenGL 函数构造，借助于少量的 C 语句实现的。如果要更好地实现交互以及动画效果，需要借助于 VC++ 强大的交互功能以及其更加丰

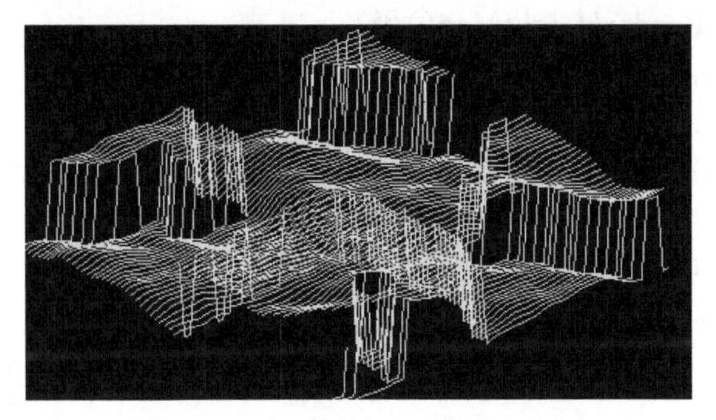

图 6-14 改变视点后的凸凹地形图

富的类函数。

下面对例 6-1 程序进行分析。

6.4.2 程序结构

下面是例 6-1 程序中的自定义函数及其调用关系，其中粗体字为被调用的函数名。

(1) `GLvoid ReSizeGLScene(GLsizei width, GLsizei height),`

该函数用来设置裁剪区域。

(2) `void LoadRawFile(char * strName, int nSize, GLbyte * pHeightMap),`

该函数用来读取地形数据。

(3)
```
int InitGL(GLvoid)
{ LoadRawFile( … )},
```

该函数用来初始化，调用了函数 LoadRawFile()。

(4) `int Height(GLbyte * pHeightMap, int X, int Y),`

该函数根据点的位置计算高度。

(5)
```
void SetVertexColor(GLbyte * pHeightMap, int x, int y)
{ float fColor = -0.15f + (Height(pHeightMap, x, y ) / 256.0f);},
```

该函数根据高度给出点的颜色，以便插值计算颜色。

(6)
```
void RenderHeightMap(GLbyte pHeightMap[])
{
    Height(pHeightMap, X, Y );
    SetVertexColor(pHeightMap, x, z);
},
```

程序的主要工作在这里，实现了网格绘制等功能。

(7)
```
void DrawGLScene()
{
    RenderHeightMap(g_HeightMap);
},
```

设置视点位置，调用 RenderHeightMap()函数。

(8)
```
void main(int argc,char** argv)
{
    InitGL();
    glutReshapeFunc(ReSizeGLScene);
    glutDisplayFunc(DrawGLScene);
},
```

主函数除了调用三个自定义函数外，还调用了几个 glut()函数，创建绘图窗口等。

6.4.3 读取数据文件

程序中的两个函数 LoadRawFile()与 InitGL()共同完成了读取地形数据的工作。

函数 LoadRawFile()的完整定义如下。

```
void LoadRawFile(char * strName, int nSize, GLbyte * pHeightMap)
{
    FILE *pFile = NULL;
    pFile = fopen(strName, "rb");
    fread(pHeightMap, 1, nSize, pFile);  //读取文件数据到数组中
    fclose(pFile);
}
```

strName 是读取的数据文件的文件名；"rb"是以二进制读取方式打开；pHeightMap 是指向字节型数组的指针变量，该数组用来存储读入的数据；nSize 表示读取多少。

函数 LoadRawFile()被函数 InitGL()调用，调用时参数如下。文件 Terrain.raw 是数据文件，里面存储着地形的顶点数据，该文件存放在项目所在的文件夹中。

```
int InitGL(GLvoid)
{
    …
    LoadRawFile("Terrain.raw", MAP_SIZE * MAP_SIZE, g_HeightMap);
    return 1;
}
```

MAP_SIZE 在程序中定义，大小为 1024。

6.4.4 网格地形绘制

例 6-1 的程序中，最重要的工作是在 RenderHeightMap()函数中完成的。关于这个函数，做如下解析。

通过函数名 void RenderHeightMap(GLbyte pHeightMap[])可知，该函数没有返回值，只是实现一定的绘制工作；该函数的参数是 GLbyte 类的数组，这个数组就是从数据文件读进来的数组。

程序中定义的 X，Y 与 x，y 是不同的变量，如下。

```
int X = 0, Y = 0;
int x, y, z;
```

语句 if(!pHeightMap) return;意味着如果 pHeightMap 为空,结束程序退出。

变量 bRender 用来决定是绘制网格地形,还是面片地形,如果为真,那么绘制众多的填充四边形;如果为假,绘制网格线,如下。

```
if(bRender)
    glBegin(GL_QUADS);
else
    glBegin(GL_LINES);
    //不论 bRender 是真是假,都要执行下面的嵌套循环语句
        for(X = 0; X < (MAP_SIZE-STEP_SIZE); X += STEP_SIZE)
            for(Y = 0; Y < (MAP_SIZE-STEP_SIZE); Y += STEP_SIZE)
            {   1024/16=64                  //下面语句一共被执行次 64 * 64 次
                x = X;
                y = Height(pHeightMap, X, Y);
                //将高度值赋值给 y,因为 OpenGL 默认三维坐标系中,y 正方向向上
                z = Y;
                OpenGL 默认三维坐标系,z 方向在水平面内,垂直向外;
                下面的语句为下一个语句定义的顶点设置颜色,实际上,该颜色设置并没有起
                到效果,所以简化程序,可以删掉这些语句,同时可以将前面的函数
                SetVertexColor 定义也删除
                SetVertexColor(pHeightMap, x, z);
                下面这个函数语句 glVertex3i()所用参数来自由上面的 x,y,z,函数中的 3
                表示三维点,i 表示顶点坐标是整数
                glVertex3i(x, y, z);        //第一个点坐标
                x = X;
                y = Height(pHeightMap, X, Y + STEP_SIZE );
                从上面以及下面的语句可以看出,高度信息是如何存储在数组中的
                z = Y + STEP_SIZE;
                SetVertexColor(pHeightMap, x, z);
                glVertex3i(x, y, z);        //第二个点坐标
                x = X + STEP_SIZE;
                y = Height(pHeightMap, X + STEP_SIZE, Y + STEP_SIZE );
                z = Y + STEP_SIZE;
                SetVertexColor(pHeightMap, x, z);
                glVertex3i(x, y, z);        //第三个点坐标
                x = X + STEP_SIZE;
                y = Height(pHeightMap, X + STEP_SIZE, Y );
                z = Y;
                SetVertexColor(pHeightMap, x, z);
                glVertex3i(x, y, z);        //第四个点坐标
                每循环一次,给定四个点坐标,绘制出一个空间四边形
            }
```

```
    glEnd();
```

6.4.5 加入灯光效果

如果不添加灯光效果，当变量 bRender 为真时，绘制出的地形图如图 6-15 所示，可以调整设置顶点的颜色，使得高度颜色变化大一些；也可以添加灯光，如图 6-16 所示。

图 6-15 不加光照的面片凸凹地形

图 6-16 加入光照的面片凸凹地形

【例 6-2】 修改例 6-1 程序，绘制一个面片拼凑的具有光照效果的凸凹地形。

修改例 6-1 程序如下。

首先把语句

```
bool    bRender = 0
```

修改为：

```
bool    bRender = 1
```

然后把语句

```
glClearColor(0.0f, 0.0f, 0.0f, 0.5f)
```

修改为：

```
glClearColor(1.0f, 1.0f, 1.0f, 0.5f);
```

再在函数 ReSizeGLScene()中加入下面一组光照函数。

```
GLfloat light_ambient[]={0.3,0.2,0.5};
GLfloat light_diffuse[]={1.0,1.0,1.0};
GLfloat light_position[] ={ 2.0, 2.0, 2.0, 1.0};
GLfloat light1_ambient[]={0.3,0.3,0.2};
GLfloat light1_diffuse[]={1.0,1.0,1.0};
GLfloat light1_position[] ={ -2.0, -2.0, -2.0, 1.0};
glLightfv(GL_LIGHT0, GL_AMBIENT, light_ambient);
glLightfv(GL_LIGHT0, GL_DIFFUSE, light_diffuse);
glLightfv(GL_LIGHT0, GL_POSITION, light_position);
glLightfv(GL_LIGHT1, GL_AMBIENT, light1_ambient);
glLightfv(GL_LIGHT1, GL_DIFFUSE, light1_diffuse);
glLightfv(GL_LIGHT1, GL_POSITION, light1_position);
glLightModeli(GL_LIGHT_MODEL_TWO_SIDE,GL_TRUE);
glEnable(GL_LIGHTING);
glEnable(GL_LIGHT0);
glEnable(GL_LIGHT1);
glDepthFunc(GL_LESS);
glEnable(GL_DEPTH_TEST);
glColorMaterial(GL_FRONT_AND_BACK,GL_DIFFUSE);
glEnable(GL_COLOR_MATERIAL);
```

编译运行，绘制出如图6-16所示的凸凹地形。

6.5 OpenGL中的光照效果

事实上，OpenGL中有许多可以直接使用的光照函数。调用这些函数，设置函数的参数，可以制作出较好的光照效果。这一节通过例题介绍如何使用这些光照函数。

6.5.1 按右键移动光源

光源可以安装在空间中的某个位置，也可以在程序中设置让其自动移动，还可以使用按键交互操作，让其移动。

【例6-3】 按右键移动光源，场景中呈现不同的光照效果。

建立一个C++ Source File，写入下面的程序。

```
#pragma comment(lib, "opengl32.lib")
#pragma comment(lib, "glu32.lib")
#pragma comment(lib, "glaux.lib")
#include <windows.h>
#include <GL/gl.h>
#include <GL/glu.h>
#include <GL/glaux.h>
void myinit(void);
void CALLBACK movelight(AUX_EVENTREC * event);
```

```
void CALLBACK display(void);
void CALLBACK myReshape(GLsizei w, GLsizei h);
static int step = 0;
void CALLBACK movelight()
{
    step = (step + 30) %360;                //光源移动的角度
}
void myinit(void)
{
    GLfloat mat_diffuse[]={0.0,0.5,1.0,1.0};
    GLfloat mat_ambient[]={0.0,0.2,1.0,1.0};
    GLfloat light_diffuse[]={1.0,1.0,1.0,1.0};
    GLfloat light_ambient[]={0.0,0.5,0.5,1.0};
    glMaterialfv(GL_FRONT_AND_BACK,GL_DIFFUSE,mat_diffuse);
    glLightfv(GL_LIGHT0,GL_DIFFUSE,light_diffuse);
    glLightfv(GL_LIGHT0,GL_AMBIENT,light_ambient);
    glEnable(GL_LIGHTING);
    glEnable(GL_LIGHT0);
    glDepthFunc(GL_LESS);
    glEnable(GL_DEPTH_TEST);
}
void CALLBACK display(void)
{
    GLfloat position[] ={0.0, 0.0, 1.5, 1.0};
    glClear(GL_COLOR_BUFFER_BIT | GL_DEPTH_BUFFER_BIT);
    glPushMatrix();
    glTranslatef(0.0, 0.0, -5.0);
    glPushMatrix();
    glRotated((GLdouble) step, -1.0, 1.0, 1.0);
    glRotated(0.0, 1.0, 0.0, 0.0);
    glLightfv(GL_LIGHT0, GL_POSITION, position);
    glTranslated(0.0, 0.0, 1.5);
    glDisable(GL_LIGHTING);
    glColor3f(1.0, 1.0, 0.0);
    auxSolidSphere(0.1);
    glEnable(GL_LIGHTING);
    glPopMatrix();
    auxSolidTorus(0.2, 0.8);          //绘制环形曲面,外径 0.8,内径 0.2
    glRotatef(30,1,1,0);              //沿 X 轴 Y 轴对角线旋转(下面的正方体),转 30°
    auxSolidCube(0.5);
    glTranslated(0.25, 0.3, 0.2);  //坐标移动然后绘制一个球,一个场景绘制多个物体
    auxSolidSphere(0.3);
    glPopMatrix();
    glFlush();
```

```
}
void CALLBACK myReshape(GLsizei w, GLsizei h)
{
    glViewport(0, 0, w, h);
    glMatrixMode(GL_PROJECTION);
    glLoadIdentity();
    gluPerspective(40.0, (GLfloat) w/(GLfloat) h, 1.0, 20.0);
    glMatrixMode(GL_MODELVIEW);
}
void main(void)
{
    auxInitDisplayMode(AUX_SINGLE | AUX_RGBA);
    auxInitPosition(0, 0, 500, 500);
    auxInitWindow("Moving Light");
    myinit();
    auxKeyFunc(AUX_RIGHT,movelight);     //触发键盘事件,调用函数
    auxReshapeFunc(myReshape);
    auxMainLoop(display);
}
```

程序运行后,出现如图 6-17(a)所示的场景,其中黄色的是光源,另外还有一个球,一个正方体,一个环形曲面。

按右箭头,光源沿圆周移动,场景中出现不同的光照效果,如图 6-17(b)~图 6-17(d)所示。

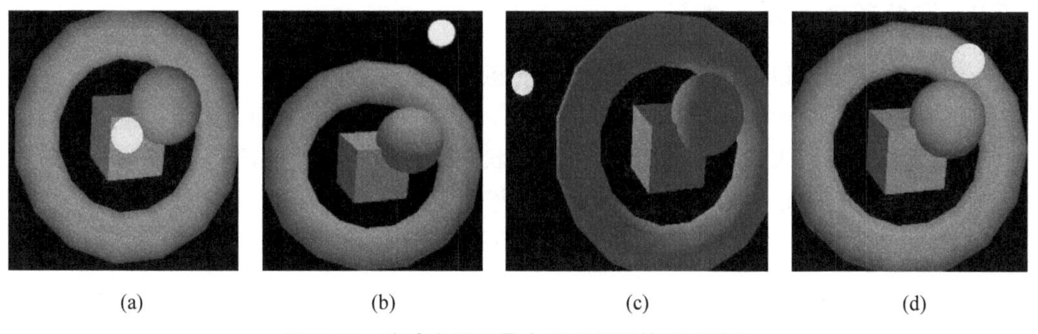

(a) (b) (c) (d)

图 6-17 移动光源场景中呈现不同的光照效果

这个程序没有使用 glut,而使用了 aux 辅助函数。aux 辅助函数与 glut 函数同属于辅助绘图函数,很多场合实现类似的功能。但是 aux 辅助函数不能在所有的 OpenGL 平台上运行,而 glut 可以。

以 gl 开头的函数是 OpenGL 核心绘图函数,以 glu 开头的函数是 OpenGL 实用绘图函数,提供坐标场景变换、纹理映射等功能,以 aux 为前缀的称为辅助函数,而以 glut 为前缀的一般称为工具函数。

下面修改例 6-3 程序,加入左键功能,使得按左键光源往回移动。

【例 6-4】 修改例 6-3 程序，使其具有更好的效果及功能。

（1）例 6-3 程序中，使用语句 auxSolidTorus(0.2，0.8)绘制出的环状曲面比较粗糙，如果在头文件处写入语句：

```
#include <GL/glut.h>
```

再把语句 auxSolidTorus(0.2，0.8)换为

```
glutSolidTorus(0.2, 0.8,20,30)
```

那么运行后该环面会有更好的效果。

（2）另外，光源只能使用右键按照一个方向转动，现在设计程序，可以使用左键向回移动。

在程序中加入如下函数：

```
void CALLBACK movelightLeft()
{
    step =(step -30) %360;
}
```

在主函数中加入如下语句：

```
auxKeyFunc(AUX_LEFT,movelightLeft);
```

程序运行后，按右键与按左键，光源会向相反的方向运动。

（3）还可以设计程序，使用向下或向上箭头让光源向不同的方向运动。

6.5.2 安装多个光源

在一个场景中可以安装多个光源，各个光源的类型可以不同。

【例 6-5】 在场景中安装多个光源。

光源可以定义成聚光灯形式，即将光的形状限制在一个圆锥内，下面程序中一共有两个光源，其中，光源 GL_LIGHT1 被设置为聚光形式。

该程序仍然使用 glaux.h 头文件等，具体设计如下。

```
#pragma comment(lib, "opengl32.lib")
#pragma comment(lib, "glu32.lib")
#pragma comment(lib, "glaux.lib")
#include <windows.h>
#include <GL/gl.h>
#include <GL/glu.h>
#include <GL/glaux.h>
void myinit(void);
void CALLBACK myReshape(GLsizei w, GLsizei h);
void CALLBACK display(void);
void myinit(void)
{
```

```
    GLfloat mat_ambient[]={0.2, 0.2, 0.2, 1.0};
    GLfloat mat_diffuse[]={0.8, 0.8, 0.8, 1.0};
    GLfloat mat_specular[] ={1.0, 1.0, 1.0, 1.0};
    GLfloat mat_shininess[] ={50.0};
    GLfloat light0_diffuse[]={0.0, 0.0, 1.0, 1.0};
    GLfloat light0_position[] ={1.0, 1.0, 1.0, 0.0};
    GLfloat light1_ambient[]={0.2, 0.2, 0.2, 1.0};
    GLfloat light1_diffuse[]={1.0, 0.0, 0.0, 1.0};
    GLfloat light1_specular[] ={1.0, 0.6, 0.6, 1.0};
    GLfloat light1_position[] ={-3.0, -3.0, 3.0, 1.0};
    GLfloat spot_direction[]={2.0,1.0,-1.0};
    glMaterialfv(GL_FRONT, GL_AMBIENT, mat_ambient);
    glMaterialfv(GL_FRONT, GL_DIFFUSE, mat_diffuse);
    glMaterialfv(GL_FRONT, GL_SPECULAR, mat_specular);
    glMaterialfv(GL_FRONT, GL_SHININESS,mat_shininess);
    glLightfv(GL_LIGHT0, GL_DIFFUSE, light0_diffuse);
    glLightfv(GL_LIGHT0, GL_POSITION,light0_position);
    glLightfv(GL_LIGHT1, GL_AMBIENT,light1_ambient);
    glLightfv(GL_LIGHT1, GL_DIFFUSE,light1_diffuse);
    glLightfv(GL_LIGHT1, GL_SPECULAR,light1_specular);
    glLightfv(GL_LIGHT1, GL_POSITION,light1_position);
    glLightf (GL_LIGHT1, GL_SPOT_CUTOFF, 60.0);
    glLightfv(GL_LIGHT1, GL_SPOT_DIRECTION,spot_direction);
    glEnable(GL_LIGHTING);
    glEnable(GL_LIGHT0);
    glEnable(GL_LIGHT1);
    glDepthFunc(GL_LESS);
    glEnable(GL_DEPTH_TEST);
}
void CALLBACK display(void)
{
    glClear(GL_COLOR_BUFFER_BIT | GL_DEPTH_BUFFER_BIT);
    auxSolidSphere(3.0);
    glFlush();
}
void CALLBACK myReshape(GLsizei w, GLsizei h)
{
    glViewport(0, 0, w, h);
    glMatrixMode(GL_PROJECTION);
    glLoadIdentity();
    glOrtho (-5.5, 5.5, -5.5* (GLfloat)h/(GLfloat)w,
          5.5* (GLfloat)h/(GLfloat)w, -10.0, 10.0);
}
void main(void)
```

```
{
    auxInitDisplayMode(AUX_SINGLE | AUX_RGBA);
    auxInitPosition(0, 0, 300, 300);
    auxInitWindow("Spotlight and Multi_lights ");
    myinit();
    auxReshapeFunc(myReshape);
    auxMainLoop(display);
}
```

程序运行后，绘制出如图6-18(a)所示的图形。图6-18(b)中的图形是使用glut函数绘制的面片更多的(多面体)球。

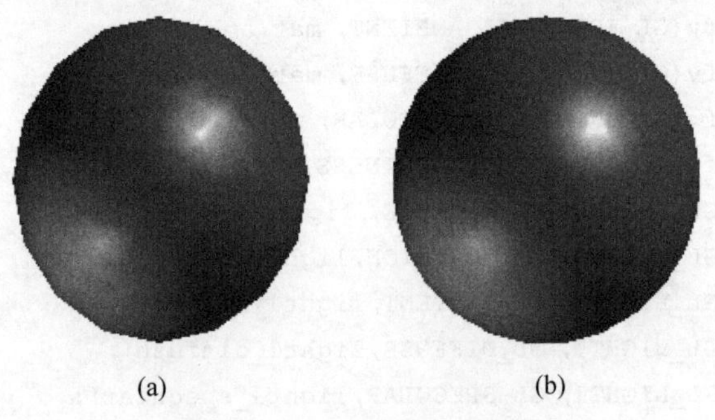

(a) (b)

图6-18 两个光源照射下的球

程序中，光源参数GL_SPOT_CUTOFF是设置锥形光的顶角角度的一半，参数GL_SPOT_EXPONENT是控制光的集中程度。

6.5.3 多个光源下的多个球体

下面修改例6-5程序，在场景中绘制多个球体，观察分析在多个光源下的照射效果。

【例6-6】 修改例6-5程序，在场景中绘制多个球体。

修改例6-5程序中的display()函数如下，其他不变。

```
void CALLBACK display(void)
{
    glClear(GL_COLOR_BUFFER_BIT | GL_DEPTH_BUFFER_BIT);
    glTranslated(-8.5, 0, 0);
    for(int i=0;i<10;i++)
        {glTranslated(1.3, 0, 0);
         glutSolidSphere(0.6,i+1,i+1);}
    glFlush();
}
```

程序运行后，绘制出如图6-19(a)所示的图形。

如果把display()函数修改为如下所示。

```
void CALLBACK display(void)
```

```
{
   glClear(GL_COLOR_BUFFER_BIT | GL_DEPTH_BUFFER_BIT);
   glTranslated(-5.2, 0, 0);
   for(int i=0;i<20;i++)
      {glTranslated(0.5, cos(i), sin(i));
       auxSolidSphere(0.8);}
   glFlush();
}
```

程序运行后，绘制出如图 6-19(b)所示的图形。

(a) 从多面体到球　　(b) 螺旋状球串

图 6-19　绘制多个球体

6.6　OpenGL 光照函数

在 OpenGL 中，最主要的光照函数是 glLight()。

6.6.1　关于 glLight()

glLight()函数的作用是设置光源。

glLight()函数共有四种形式：glLightf()、glLighti()、glLightfv()、glLightiv()。

四种函数的完整形式分别如下。

(1) void glLightf(GLenum light, GLenum pname, GLfloat param)

(2) void glLighti(GLenum light, GLenum pname, GLint param)

(3) void glLightfv(GLenum light, GLenum pname, GLfloat * params)

(4) void glLightiv(GLenum light, GLenum pname, GLfloat * params)

其中，各个参数的含义如下。

light：指定光源名。一个场景中可以有多个光源。

GLenum pname：指定 light 的光照参数。可以选择的值有环境光 GL_AMBIENT，漫反射光 GL_DIFFUSE，镜面光 GL_SPECULAR，光源位置 GL_POSITION，聚光方向 GL_SPOT_DIRECTION，聚光衰减 GL_SPOT_EXPONENT，会聚光发散角 GL_SPOT_CUTOFF，镜面光与反射光的衰减参数 GL_CONSTANT_ATTENUATION、GL_LINEAR_ATTENUATION 与 GL_QUADRATIC_ATTENUATION。

GLfloat param 或者 * params：指定光源 light 的设置值。

计算机图形学中，真实感图形主要凭借光照效果表达，这与绘画中的素描等道理是一样的。

一般地,简单光照模型中的几种光分为:辐射光(Emitted Light)、环境光(Ambient Light)、漫射光(Diffuse Light)和镜面光(Specular Light)。

辐射光是最简单的一种光,它直接从物体发出并且不受任何光源影响。

环境光是由光源发出经环境多次散射而无法确定其方向的光,即似乎来自所有方向。一般说来,房间里的环境光成分多些,户外的相反少些。当环境光照到曲面上时,它在各个方向上均等地发散(类似于无影灯光)。

漫射光来自某一个方向,一旦它照射到物体上,则在各个方向上均匀地发散出去。因此,无论视点在哪里它都一样亮,与视点所在位置无关。来自特定位置和特定方向的任何光,都可能有散射成分。

镜面光来自特定方向并沿另一方向反射出去,一个平行光束在高质量的镜面上产生100%的镜面反射。金属和塑料等不可能100%反射,而像地毯等几乎没有反射成分。

计算机图形学中,实体真实感图形有时靠颜色表达,靠各种颜色表达立体的信息。颜色表达方法实际上也是一种光照效果,因为颜色不同在人眼中就会产生不同的亮度反映。

另外,为了增加绘制物体的真实感,有时会根据物体的表面粗糙度等给物体加上材质(参数),材质不同,对光的反射等就不一样。

参考例6-5,分析各个参数的含义,以及参数的调用、使用方法。

6.6.2 多面体的光照效果

下面结合一个正方体给出各种光的效果。

【例6-7】 绘制具有光照效果的正方体。

```
#include <GL/glut.h>
void display()
{
    glClear(GL_COLOR_BUFFER_BIT);
    glMatrixMode(GL_MODELVIEW);
    glLoadIdentity();
    gluLookAt(1,1,1,0,0,0,0,1,0);
    glutSolidCube(3);
    glutSwapBuffers();
}
void reshape(int w,int h)
{
    glViewport(0,0,w,h);
    glMatrixMode(GL_PROJECTION);
    glLoadIdentity();
    glOrtho(-4.0,4.0,-4.0,4.0,-4.0,4.0);
    glClearColor(1.0,1.0,1.0,1.0);
}
void init()
{
```

```
    GLfloat light_P[]={1.0,2.0,3.0,1.0};
    glColor3f(0,0,0);
    glEnable(GL_LIGHTING);                          //启用光照
    glEnable(GL_LIGHT0);                            //给出并打开光源 GL_LIGHT0
    glLightfv(GL_LIGHT0,GL_POSITION,light_P);       //指定光源名以及光源位置
}
int main(int argc,char** argv)
{
    glutInit(&argc,argv);
    glutInitDisplayMode(GLUT_DOUBLE|GLUT_RGB);
    glutInitWindowSize(500,500);
    glutInitWindowPosition(0,0);
    glutCreateWindow("simple");
    glutReshapeFunc(reshape);
    glutDisplayFunc(display);
    init();
    glutMainLoop();
    return(true);
}
```

程序的运行结果如图 6-20(a)所示。修改光源位置为

```
GLfloat light_P[]={0.0,-1.0,-1.0,0.0};
```

运行结果如图 6-20(b)所示。

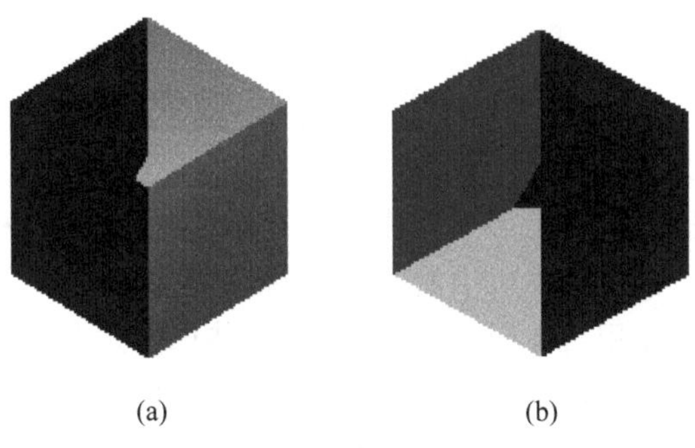

(a) (b)

图 6-20 绘制光照效果正方体

图 6-20 的光照效果并不好,因为没有设置环境光、没有设置形体反光特性等。

【例 6-8】 绘制具有光照效果的多面体。

使用绘制图 4-14(c)的程序,加入例 6-7 的 Init()函数,也就是加入光照效果。然后在主函数中调用,绘制出的图形如图 6-21(a)所示。

因为加入了光照,所以原先设置的颜色不再起作用了。

如果把 init()函数修改为

```
void init()
{
```

```
    GLfloat light_P[]={1.0,2.0,3.0,1.0};
    GLfloat light_D[]={1.0,0.0,0.0,1.0};          //漫反射光数据
    GLfloat light_S[]={1.0,1.0,1.0,1.0};          //镜面反射光数据
    GLfloat light_A[]={0.1,0.1,0.1,1.0};          //环境光数据
    glColor3f(0,0,0);
    glEnable(GL_LIGHTING);
    glEnable(GL_LIGHT0);
    glLightfv(GL_LIGHT0,GL_POSITION,light_P);
    glLightfv(GL_LIGHT0,GL_DIFFUSE,light_D);      //设置漫反射光
    glLightfv(GL_LIGHT0,GL_SPECULAR,light_S);
    glLightfv(GL_LIGHT0,GL_AMBIENT,light_A);
}
```

运行结果如图 6-21(b)所示。

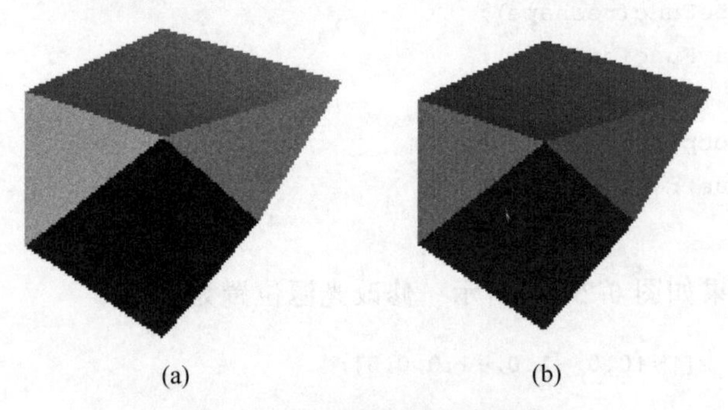

(a) (b)

图 6-21 绘制光照效果多面体

6.7 简单光照模型

人之所以能够看见物体,就是因为物体表面对光进行反射(或者本身发光),反射光进入人眼,从而感知物体。使用计算机绘制图形,线框图不需要加入光照,但是不能更好地描述物体,所以更多的是使用实体图,为了使三维物体的图形具有真实感,需要给物体加上细腻的光照效果。为建模后的物体添加光照效果,最好的办法是对物体可见面上的每一点都添加亮度与颜色。但是,这种方法工作量大,不易实现,所以,要充分利用物体的形状与连接信息添加光照效果。

6.7.1 镜面反射与视点位置

计算机图形学主要凭借灰度明暗制作光照效果。例 1-7 就是绘制了诸多的同心圆,随着半径的减小,同心圆线的颜色逐渐变亮。这样,中心的部分亮而周围区域暗,就出现了光照效果。

例 1-7 中,光是从正前方照射到球体。如果光不是从正前方照射到球体,例如,光从左上方照射到球体,视点方向正对球体中心、垂直指向纸面。如何编程序绘制具有光照效果的球体?从正上方照射球体呢?

计算机图形学中，会根据视线方向、物体形状、光源情况三个方面给物体添加光照效果。

常见的光类型有镜面反射光、漫反射光、环境光等。

下面讨论镜面反射光。

镜面反射光遵循反射定律，入射角等于反射角。产生镜面反射的条件是入射光一般是平行光，并且物体表面比较光滑。事实上，绝对光滑的物体是没有的，所以，反射光一般散布在反射方向周围的小范围内。

如图6-22所示，视点虽然不在镜面反射方向上，但是因为反射面不是绝对光滑的，所以在视点位置也可以得到一些反射的光。

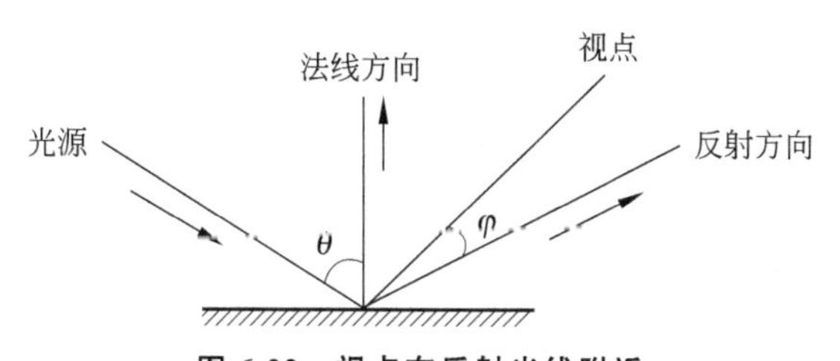

图6-22　视点在反射光线附近

B.T.Phong（冯）利用式6-1模拟镜面反射光的亮度。

$$I_s = I_p K_s \cos^n \varphi \tag{6-1}$$

式中，

I_s：观察者接收到的镜面反射光亮度。

I_p：入射光亮度。

φ：镜面反射方向与视线方向的夹角。

n：物体表面光滑度，一般取整数。

K_s：镜面反射系数（与材料性质和入射光波长有关）。

式中的余弦函数一般小于1，所以改变n值，就可以调节反射光的亮度。

【例6-9】　以三棱柱为例（如图6-23所示），平行光光源在[−1,−1,1]指向[0,0,0]方向，视点在[−0.6088,−0.7934,0.5000]指向[0,0,0]方向，计算三棱柱上可见面1、可见面2、可见面3的反射光亮度。

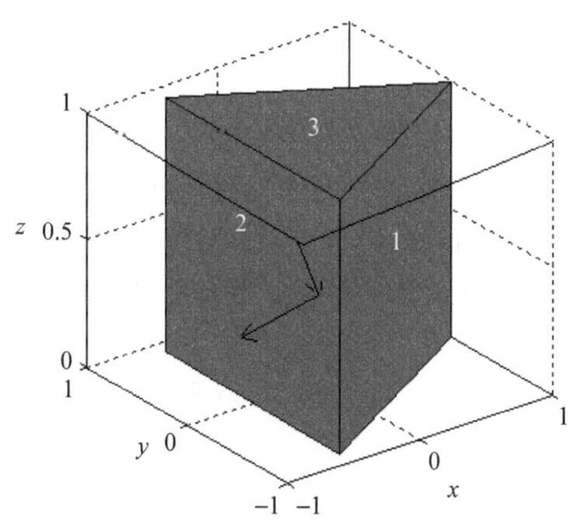

图6-23　没有光照效果的三棱柱

其中,柱体的顶点数据为:

$$X=\begin{matrix} 1.0000 & -0.5000 & -0.5000 \\ 1.0000 & -0.5000 & -0.5000 \end{matrix}$$

$$Y=\begin{matrix} 0 & 0.8660 & -0.8660 \\ 0 & 0.8660 & -0.8660 \end{matrix}$$

$$Z=\begin{matrix} 0 & 0 & 0 \\ 1 & 1 & 1 \end{matrix}$$

设入射光的亮度 $I_p=0.9$,物体表面光滑度 $n=3$,镜面反射系数 $K_s=1$。

先计算面1的镜面反射方向

取面1的3个顶点(−0.5000,−0.8660,0)、(1,0,0)、(1,0,1),根据这3个顶点,计算法线方向。

面1的法线方向为 $v_1=[0.8660,-1.5000,0]$

面2的法线方向为 $v_2=[-1,0,0]$

面3的法线方向为 $v_3=[0,0,1]$

面1光线不能照射到,所以没有反射光线。

面2的法向量即为折射光线的法向分量,所以,反射光线的向量为[−1,−1,−1],视线方向向量为[0.6088,0.7934,−0.5000],计算两向量夹角余弦值为0.4659。把该余弦值代入式6-1,其中,$K_s=1,n=2$,有

$$I_s=0.9\times1\times0.4659^3=0.0910$$

0.0910即为面2的镜面反射光亮度。

同理,可以计算出面3的反射光亮度,然后绘制出具有反射光的图形。

该例为平行光源,与光源远近无关。

在这个例子中,面1没有反射光,但是如果因此把面1置为黑色还是有些不妥,因为与一般自然情况不符。

为了更好地模拟光照效果,冯还给出了计算漫反射光与环境光的方法。

6.7.2 漫反射与环境光

不光滑的物体在接受光照时,向多个方向反射,这样的反射叫作漫反射。漫反射光的强度可以用朗伯(Lambert)定律计算,朗伯定律叙述如下。

设物体表面在 P 点的法向量为 $\boldsymbol{N}$,从 P 点指向光源的向量为 $\boldsymbol{L}$,两者夹角为 θ。点 P 处漫反射光的强度为

$$I_d=I_pK_d\cos\theta \tag{6-2}$$

式中,

I_d:表面漫反射光的亮度。

I_p:入射光亮度。

K_d：漫反射系数(与材料性质和入射光波长有关)，$0\leqslant K_d\leqslant 1$。

θ：入射光与法线间的夹角，$0\leqslant\theta\leqslant\frac{\pi}{2}$。

漫反射与视点无关。

【例 6-10】 为如图 6-23 所示三棱柱添加漫反射光照效果。

面 1 的法线方向为 $v_1=[0.8660,-1.5000,0]$

面 2 的法线方向为 $v_2=[-1,0,0]$

面 3 的法线方向为 $v_3=[0,0,1]$

面 1 光线照射不到，所以没有漫反射光线。

设入射光的亮度为 0.9，漫反射系数为 0.3。

从面 2 上一点指向(该平行)光源的向量为 $\boldsymbol{L}_2=[-1,-1,1]$，计算向量 $\boldsymbol{v}_2$ 与 $\boldsymbol{L}_2$ 夹角的余弦值为 0.3333。

面 2 的漫反射光亮度：$0.3333\times0.9\times0.3=0.09$。

从面 3 上一点指向(该平行)光源的向量为 $\boldsymbol{L}_2=[-1,-1,1]$，计算向量 $\boldsymbol{v}_3$ 与 $\boldsymbol{L}_2$ 夹角的余弦值为 0.3333。

面 3 的漫反射光亮度：$0.3333\times0.9\times0.3=0.09$。

下面再计算环境光，然后把反射光、漫反射光、环境光加在一起绘制上去。

环境反射光是由周围物体(包括墙面)多次反射后照射在该物体上的光。白天，没有被太阳直射的物体上接受的光就可以近似称为环境光。物体可见表面上得到的环境光是一样的。其光亮度可以表示为：

$$I_e=I_aK_a \tag{6-3}$$

式中，

I_e：物体的环境光反射亮度。

I_a：环境光亮度。

K_a：物体表面的环境光反射系数($0\leqslant K_a\leqslant 1$)。

设环境光亮度 I_a 为 0.1，物体表面的环境光反射系数 K_a 为 1。那么，物体的环境光反射亮度 I_e 为 $0.1\times1=0.1$。

把上面计算得到的反射光、漫反射光、环境光都添加上去，绘制出的柱体的光照效果如图 6-24 所示。

考虑三种光照效果的模型称为 Phong 光照模型。

6.7.3　Phong 光照模型

为了真实地表现光照效果，从视点观察到的物体表面上每点的亮度，应该为镜面反射光、漫反射光及环境光的总和，即

$$I=I_e+I_d+I_s=I_aK_a+I_p(K_d\cos\theta+K_s\cos^n\varphi) \tag{6-4}$$

当有 m 个光源的时候，就把各个光源的镜面反射光与漫反射光都汇集到一起，然后加上环境光，如式 6-5 所示。

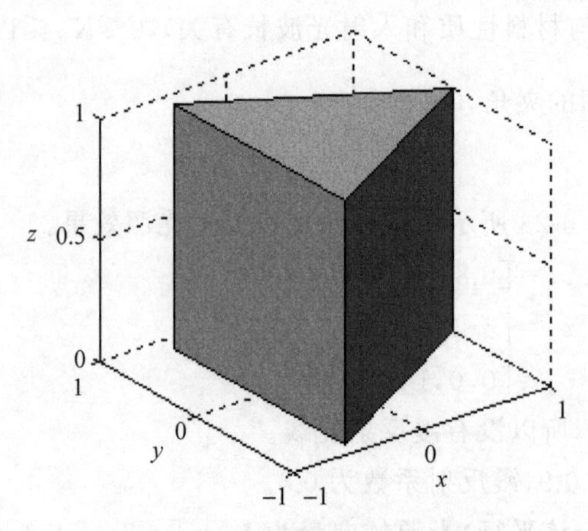

图 6-24 添加光照效果的三棱柱

$$I = I_a K_a + \sum_{i=1}^{m} I_{pi}(K_d \cos\theta_i + K_s \cos^n \varphi_i) \tag{6-5}$$

一般称式 6-5 为简单光照模型，也称为 Phong 光照模型。

Phong 光照模型具有很多优点，但是并不是光照的唯一模型，也不是什么场合都最适用的模型。

【注】 计算物体表面上的光亮度与光源位置有关，也与视点位置有关。光源不变，视点改变，每点光亮度要重新计算；视点不变，光源位置改变，每点光亮度也要重新计算。另外，如果物体本身发生形变或位置改变，也要重新计算表面上每点的光亮度。

6.8 明暗插值与阴影生成

Phong 光照模型是一个简单的光照模型，要更好地模拟自然光，需要考虑明暗插值与阴影生成等。

6.8.1 明暗插值方法

在计算机中，物体多数以多面体逼近的方法表示。如果使用上面介绍的简单光照模型，在多面体各个边界处光的亮度变化很陡，相邻的面之间亮度差别很大。这样不能真实地模拟光滑表面的光照效果，如图 6-25 所示。

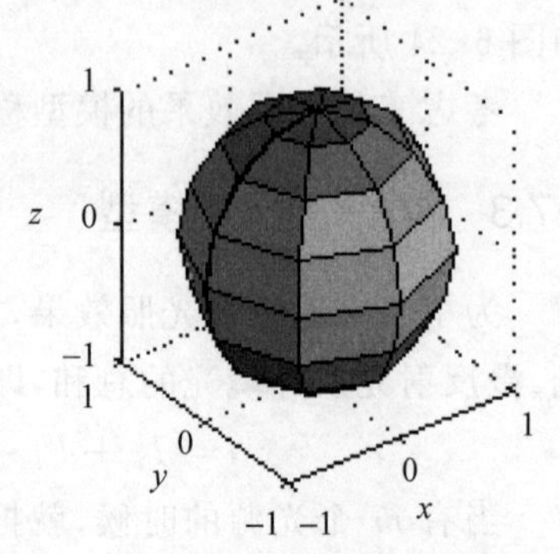

图 6-25 简单光照效果

可以使用下面的插值方法解决这个问题。第 4 章 OpenGL 中具有真实感的五角星以及彩色正方体都使用了颜色插值。颜色插值不仅限制在二维图形上，也不仅为了美观与多姿多彩，计算机图形学中，为了绘制具有真实感的图形，也要进行颜色插值以及亮度插值。下面介绍的两种插值方法都主要应用于三维真实感图形绘制。

1. 哥罗德(Gouraud)强度插值法

哥罗德插值方法首先计算多面体每个面的法向向量,然后计算一个顶点周围各个面法向向量的平均值(求向量和,然后除以面的个数)。把这个平均向量作为该顶点的法向向量。

按如此方法,求出每个顶点的法向向量。

根据法向向量,计算出每个顶点的亮度。

根据顶点的亮度,用插值方法计算每个边上各点的亮度。

根据边上各点的亮度,用插值方法计算区域内各点的亮度。

2. 冯(Phong)法向插值法

该方法首先计算多面体每个面的法向向量,然后计算一个顶点周围各个面的法向平均值(求向量和,然后除以面的个数),把这个平均向量作为该顶点的法向。如此求出每个顶点的法向向量。这个过程与哥罗德插值方法是相同的。

根据顶点法向向量,用插值方法求出每个边上各点的法向向量。

根据边上各点法向向量,用插值方法求出每个面上各点的法向向量。

根据面上各个点的法向向量,结合视点方向,计算每点的亮度。

事实上,这种方法因为是计算向量的插值,所以计算复杂性高于哥罗德插值方法,但是这种方法的效果优于哥罗德插值方法。

【思考题】 冯法向插值法与哥罗德强度插值法的区别在哪里?

图 6-26 就是使用亮度插值方法绘制出的光照效果。

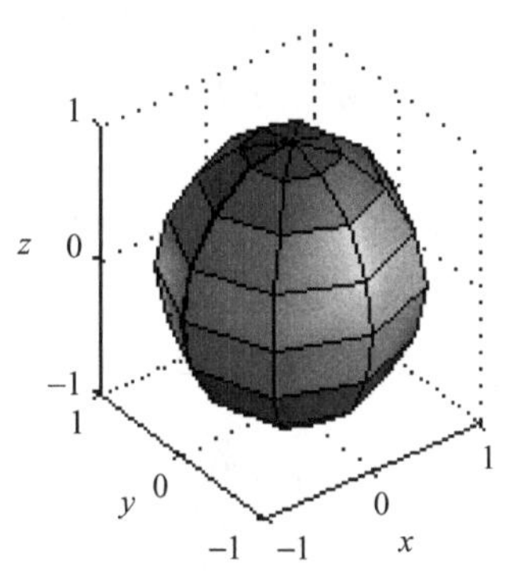

图 6-26 插值光照效果

6.8.2 阴影生成

阴影是指景物(场景)中没有被光源照射到的部分。阴影能够增加物体的深度感,增强图形的立体感和场景的层次感。

阴影可以分为自身阴影与投射阴影。由于物体本身遮挡而在自身的某些面产生的阴影叫作自身阴影;由于物体遮挡而使场景中其他物体得不到光照形成的阴影叫作投射阴影。

图形学中,研究如何使用算法程序模拟出阴影效果。

1. 自身阴影生成方法

首先,计算自身阴影区域,把光源看作视点,使用隐藏面检测算法,得到光源照射不到的区域。该区域即为阴影区域。

然后,根据视点位置计算可视面。

最后,求光源照射不到的区域与可视区域的交集,交集所表示的区域就是自身阴影区域,在该区域绘制上阴影颜色。

2. 投射阴影生成方法

目前为止，也已经有很多投射阴影生成算法。下面是一种光线跟踪生成方法。

首先，从视点出发，向阴影投射面发出一条射线，如果中间没有物体遮挡，那么射线与阴影投射面有一个交点。

然后，连接交点与光源，如果该交点与场景中物体相交，那么该点就是阴影区域的一点。否则，该点不在阴影区域。

用这种方法能够确定阴影区域。

阴影区域的暗度也不相同，所以，还要使用一些其他方法进行模拟。

6.8.3 透明性

在计算机绘图时，靠物体本身以及物体后面各点的亮度表现物体透明效果。如图6-27(a)所示，前后两个物体之间有个阴影，产生该阴影的原因是：背景反射回来的光先穿透后面物体，然后再穿过前面物体，到达视点；经过这个过程，没有直接穿过前面物体透过来的光多，所以有些发暗，形成阴影。

透明物体的亮度等于反射光亮度与透射光亮度的和，计算公式是：

$$I=(1-t)I_c+tI_t \quad 0\leqslant t\leqslant 1 \tag{6-6}$$

式中，$t=0$ 时对应不透明面，$t=1$ 时为透明面，t 也称为透明度。

在图6-27(b)中，光线1全部反射到光线2的方向，该反射光强度相当于式6-6中的 I_t；I_c 是 P 点的光亮度，主要是光线3射到点 P 的光亮效果，用Phong光照模型计算。

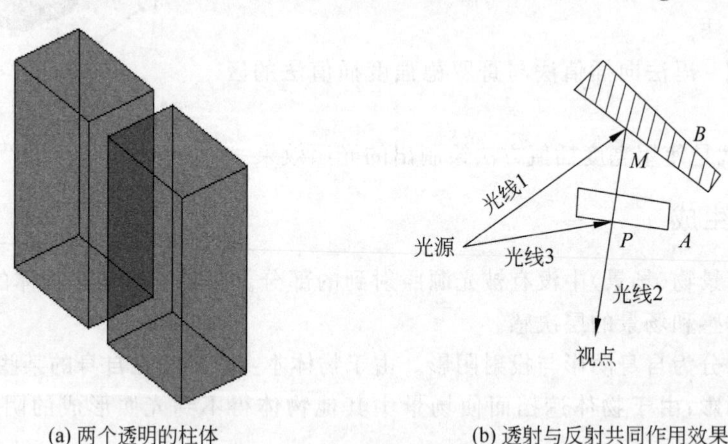

(a) 两个透明的柱体　　(b) 透射与反射共同作用效果

图6-27 物体透明效果的模拟

计算公式6-6只是一个近似模型，还可以构造复杂模型，以表现更加逼真的光照效果。

【注】 构造计算机光照模型，最基本的一点就是计算好到达视点的光的多少。一切光照效果都用到达视点的光的多少来描述。物体或者场景表面上的每个点都有一个光亮度，物体运动、场景变化、光源移动、新增加光源等，都要重新计算每一点的光亮度（也就是到达视点的光的多少）。

6.8.4 整体光照模型

这里介绍的整体光照模型是1980年由Whitted提出的。这个模型是在Phong简单光照模型中增加了环境镜面反射光亮度和环境透视光亮度。

$$I = I_1 + I_s K_s + I_t K_t \tag{6-7}$$

式中，

I_1：光源直接照射引起的反射光亮度，用Phong简单光照模型计算。

I_s：在镜面反射方向上其他物体向点P辐射的光亮度。

I_t：在折射方向上其他物体向点P辐射的光亮度。

K_s：景物表面的反射系数。

K_t：景物的透射系数。

I_s与I_t的计算可以使用光线跟踪算法，光线跟踪算法的主要思路是：利用光线可逆原理，让光线从视点出发，沿着视线方向寻找反射与透射物体，从而确定屏幕上每一点的亮度。

习 题

一、程序修改题

1. 修改例6-1程序，运行分析。

(1) 删除if(bReader)；glBegin(GL_QUADS)；else这三个语句是否影响程序运行？

(2) 修改函数glOrtho()的参数，观察运行结果的变化。

(3) 修改函数gluLookAt()的参数，观察运行结果。

(4) 修改函数glColor4f()的第4个参数，观察运行结果的变化。

(5) 修改MAP_SIZE与STEP_SIZE的值，观察结果。

(6) 将LoadRawFile()与Height()两个函数合为一个函数。

2. 修改例6-2中光照函数的参数值，观察结果变化。

3. 例6-3程序中使用了VC++ 6.0自带的glaux()函数，修改程序，将头文件改成glut.h，将aux开头的辅助函数改成glut开头的“辅助”函数。

4. 修改例6-5程序，观察分析运行结果。

(1) 修改数组mat_ambient的元素值。

(2) 修改数组mat_specular的元素值。

(3) 修改数组mat_shininess的元素值。

(4) 修改light0_position的元素值。

(5) 修改light1_position的元素值。

(6) 修改spot_direction的元素值。

(7) 修改auxSolidSphere(3.0)中的3.0。

(8) 修改glOrtho()函数的参数。

(9) 修改auxInitPosition()函数的参数。

5. 修改例 6-6 程序，观察分析运行结果。

(1) 修改 glTranslated()函数的参数。

(2) 修改循环次数。

(3) 修改 glutSolidSphere()函数的参数。

(4) 修改 auxSolidSphere()函数的参数。

(5) 修改程序，绘制出其他图形。

6. 修改例 6-7 程序，分析运行后的结果。

(1) 修改 gluLookAt()函数的参数。

(2) 修改 glOrtho()函数的参数。

(3) 修改 glClearColor()函数的参数。

(4) 修改 glColor3f()函数的参数。

(5) 修改"simple"为"Simple"。

7. 例 6-8 程序绘制出的图形在变成灰度图像后，明暗对比不明显，如图 6-21 所示，修改程序，使其变为灰度图像后，各个面的颜色对比变得明显。

二、程序分析题

1. 读例 6-1 程序，然后回答问题。

(1) 解释语句 glHint(GL_PERSPECTIVE_CORRECTION_HINT, GL_NICEST)的意义。

(2) 函数 Height()与函数 SetVertexColor()参数个数与类型都一样，为什么？这两个函数的返回值前者是 int，后者是 void，找到在什么位置调用了这两个函数。

(3) 删除主函数中语句 glutReshapeFunc(ReSizeGLScene)以及 ReSizeGLScene()函数定义，然后把 ReSizeGLScene()函数中的唯一一个语句写在其他某个函数中，是否可以？

(4) 主函数中语句 glutCreateWindow("simple")的参数是用来做什么的？

(5) 解释语句 gluLookAt(212, 60, 194, 186, 55, 171, 0, 1, 0)中各个参数的含义。

(6) 把函数 void DrawGLScene()的名字修改为 Draw，然后把主函数中的调用语句修改为 glutDisplayFunc(Draw)，程序是否与原先一样运行？

2. 读例 6-1 程序，然后回答问题。

(1) 数据文件是如何读取的？这些数据是用来做什么的？读出之后存储在哪里？一个 GLbyte 多大？

(2) 数据文件 Terrain.raw 多大？能存储多少个 GLbyte？如果把 Terrain.raw 重命名为 Terrain.txt，在调用时，也写上 Terrain.txt，是否可以？

(3) 顶点颜色设置是否有作用，删掉是否可以？如果可以删掉，都能删掉哪些和顶点颜色设置有关的语句？

(4) bRender 变量的作用是什么？

(5) 在语句 for(X = 0; X < (MAP_SIZE-STEP_SIZE); X += STEP_SIZE)与语句 for(Y = 0; Y < (MAP_SIZE-STEP_SIZE); Y += STEP_SIZE)中，为什么用 MAP_SIZE 减去 STEP_SIZE？MAP_SIZE 是否可以定义为大一些或者小一些的数？

STEP_SIZE 是否可以定义为 8 或者 24，如果将 STEP_SIZE 定义为 8，是否可以正常运行程序，如果可以运行，观察结果有什么变化。

(6) 为什么将高度信息赋值给 y？为什么(大)Y 加上 STEP_SIZE 赋值给(小)z？

(7) 当 bRender 变量为假时，嵌套的 for 语句中一共运行了多少次？一共绘制了多少条线？

(8) X=0，Y=0 时，Height 返回的高度值是多少？X，Y 分别等于(0，16)、(16，16)、(16，0)时，返回的高度值是多少？

3. 读例 6-3 程序，然后回答问题。

(1) 语句 static int step = 0；定义了一个静态全局变量，为什么把该变量定义为全局变量，放在程序的最前面？

(2) 如果让运行后每次按键灯移动得慢一些，如何修改程序？

(3) 如果在程序运行时不显示灯，如何修改程序？

(4) 语句 glRotatef(30，1，1，0)；实现什么功能？

(5) 语句 glTranslated(0.25，0.3，0.2)；实现平移，是平移该语句前面的物体(图形)，还是后面的物体(图形)？

(6) 解释语句 gluPerspective(40.0，(GLfloat) w/(GLfloat) h，1.0，20.0)；。

4. 读例 6-5 程序，然后回答问题。

(1) 在一个程序中，出现自定义函数名的时候，有三种可能，一种是定义，一种是调用，还有一种是声明。在例题中有语句 void myinit(void)；放在程序的前部，语句后直接加上分号，属于上面三种情况的哪一种？

(2) 在例题中，定义了两个灯光，灯光 GL_LIGHT0 并没有定义 GL_SPECULAR，那么 GL_LIGHT0 就没有反射光(SPECULAR)吗？

(3) 材质定义中有一个 mat_specular 数组，有一个 light1_specular 数组，如下所示，问这两个反射光(SPECULAR)数组在哪里被调用？

```
GLfloat mat_specular[] = {1.0, 1.0, 1.0, 1.0}
GLfloat light1_specular[] = {1.0, 0.6, 0.6, 1.0}
```

(4) 使用语句 glLightf(GL_LIGHT1，GL_SPOT_CUTOFF，60.0)；想完成什么功能？其他的灯光设置函数 glLightfv()后面有字母“v”，而这个函数为什么没有加字母“v”？

(5) 语句 auxInitDisplayMode(AUX_SINGLE | AUX_RGBA)；中，参数 AUX_SINGLE 是什么含义？

(6) 语句 glMatrixMode(GL_PROJECTION)；中，参数 GL_PROJECTION 的功能是什么？

三、程序设计题

1. 修改例 6-3 程序，使得按下向上箭头与向下箭头，光源向上、向下运动。

2. 修改例 6-5、例 6-6 程序，绘制多个球体组成的、具有光照效果的各种形体。

3. 用 VC++ 自带的绘图函数以及界面交互制作功能设计程序，首先在单文档窗口中绘制一个（线）椭圆，椭圆上的点用不同颜色绘制，各个区间用不同的亮颜色绘制。然后单击鼠标，沿某条直线绘制众多的椭圆，这样就可以绘制出一个具有亮度效果的柱体。

4. OpenGL 提供了很多专用的绘图函数，在 OpenGL 中可以更方便图形绘制。例如，可以绘制线框图，稍加改动就可以绘制面片图，可以加入光照，可以随意改变视点，可以随意放大缩小投影区域，可以很容易加入材质与纹理，可以很容易移动旋转等。设计 OpenGL 程序，绘制习题 5 第一题程序修改题的第 3 小题，即绘制的单页双曲面等，从而体会 OpenGL 的绘图优势。

5. 使用如表 6-1 所示的数据存储结构，设计程序，给定一个多面体的顶点，以及边的相关信息，再给定（斜）投影方向，就可以绘制出该多面体在 *XOY* 投影面上的（斜）投影图。多面体的每个面用不同的颜色填充。

6. 例 6-1 程序所绘制的面片地形图不是很真实，原因主要在于颜色以及面片的数量不合适等，修改该程序，使其绘制出的地形图更具有真实感。

四、计算题

1. 使用第 3 章习题第二大题计算题的第 9 小题的模型与数据，利用哥罗德强度插值法计算面 1 与面 2 交线上的每点的光亮度。平行光的方向为(−1，−1，1)点指向(0，0，0)点，使用如式 6-2 所示的漫反射光照模型，不考虑其他光照，入射光强度为 1，漫反射系数为 1。

2. 读下面图形变换程序，数组 X、Y、Z 中存储着一个多面体的顶点数组的 x、y、z 值，点(0，0，1)与(−0.86，0，0.5)是变换前多面体的两个顶点，计算下面程序段运行后这两个点的新位置。

```
for (int i=1;i<=3;i++)
    for (int j=1;j<=3;j++){
        a=X[i][j]; b=Y[i][j]; c=Z[i][j];
        X1[i][j]=2*pow(a,2)+3*b;
        Y1[i][j]=5*pow(c,2)-a*b;
        Z1[i][j]=b^2;
    }
```

五、问答题

1. 谈一下什么是几何造型？

2. 为什么用线段以及面片表示物体是一个常用的方法？

3. 对于一些不规则物体，如云、火焰、爆炸效果等，应该如何构造其几何模型？

4. 什么是实体模型？实体模型的常用表示方法有哪几种？

5. 比较边界表示法与分解表示法二者的异同，并指出这两种方法的优缺点，以及各自的适用范围。

6. 扫描造型法在各种三维图形软件中都有应用，一般是使用鼠标拖动或旋转实现扫描造型，然后直接绘制出来。思考一下如何使用 OpenGL 编写程序实现这一功能。

7. 谈一下什么是模型重用，以及模型重用的意义。

8. 实际上 OpenGL 可以直接实现布尔运算，将几个形体绘制在一起，OpenGL 根据视点位置自动消隐、投影，绘制出如图 6-12 所示图形。请设计一个 OpenGL 程序，实现该功能，然后观察分析。

第7章 纹理映射：飘动的图像与旋转的地球

纹理映射(Texture Mapping)，也称纹理贴图，就是把一幅图像贴到物体的表面上来增强真实感，可以和光照计算、图像混合等技术结合起来形成许多非常真实而漂亮的效果。在三维图形绘制过程中，纹理映射的方法运用的较多，比如绘制一面墙，只需将墙的主体框架构造好，可以创建三维长方体作为墙体，然后选择合适风格的墙纸(图像)按照一定规则粘贴上去。

7.1 使用 Win32 应用程序运行 OpenGL 程序

在 1.5 节中介绍了使用 Win32 应用程序绘制图形、制作动画。在第 7 章、第 8 章中都将在 Win32 应用程序中使用 OpenGL 进行程序设计。

7.1.1 关于 Win32 应用程序

Win32 应用程序本质上是 32 位的 Windows 程序，区别于最初的 DOS 应用程序、Win16 应用程序。DOS 应用程序是以前的 DOS 操作系统下的应用程序；Win16 是以前 Windows 3.X 操作系统下的应用程序；Win32 是 Windows NT/2000/XP/2003 操作系统下的应用程序。

Win32 有时也指 32 位的 Windows API(应用程序接口)函数，这些接口函数多是对 Windows 操作系统的调用，有时使用 C 语言调用更加方便。

在 VC++ 6.0 问世之前，程序员多是使用 Win32 接口函数进行 Windows 编程，烦琐复杂，工作量很大。VC++ 遵循 C++ 语法规则将这些接口函数封装，这便是 VC++ 中的 MFC(微软基础类)。

MFC 以 C++ 类的形式封装了 Windows 的 API，并且构造了一些应用程序框架，例如，第 1 章中的 MFC App Wizard 中的单文档、多文档、对话框等，以减少应用程序开发人员的工作量。

MFC 是 Windows API 与 C++ 的完美结合，是微软的专业 C++ SDK(软件开发工具)，主要是便于进行 Windows 下应用程序的开发。因为 MFC 是对 API 的封装，所以，隐藏了开发人员在 Windows 下用调用接口函数的细节，如应用程序实现消息的处理、设备环境绘图等。所以方便的同时，也造成了 MFC 对类封装中的一定程度的冗余和迂回。

因为编译器简单，调用 Windows API 更加直接，所以在不必要使用 C++ 的时候，在没有更多调用 Windows API 的时候，许多程序员还是喜欢使用 Win32 程序。VC++ 的最新版本也保留着 Win32 程序设计接口。

Win32 函数使用的是 C 语言规范，可以在 C++ 编译器上运行，可以在 MFC 中使用。

在使用 C++ Source File 进行 OpenGL 程序设计时，运行程序，一般弹出两个窗口，一个是 C++ Source File 自带的（有时默认为黑色背景的）、显示结果的窗口；一个是 OpenGL 代码，例如语句 glutCreateWindow("simple")创建的窗口，如图 7-1 所示。一个语句能创建一个窗口，显然这也是调用 Windows API 接口函数而构造的新函数，即 glutCreateWindow 本质上也是一个函数。

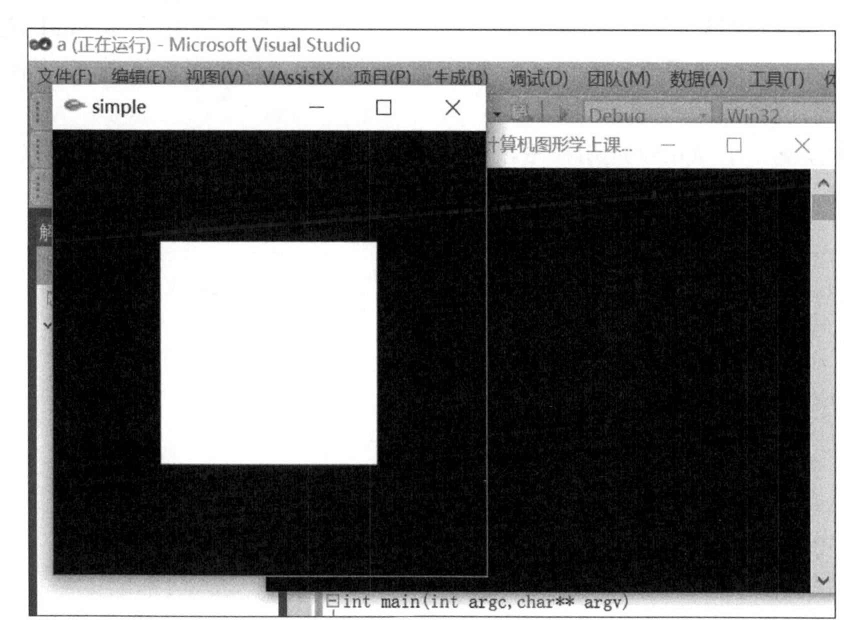

图 7-1　OpenGL 创建的窗口

如图 7-1 所示窗口是一个简单的窗口，没有工具栏，只有左上角有个简易的下拉菜单项。

使用 Win32 创建的简单项目，其提供的窗口具有了菜单项，并且，运行后只弹出一个绘图窗口，如图 7-2 所示。

OpenGL001
文件(F)　帮助(H)

图 7-2　VC++ 中 Win32 项目运行后的窗口

在 VC++ 6.0 中，利用“新建”“项目”创建“Win32 应用程序”时，有三个选项，一个是空项目，一个是简单项目，另一个是典型项目；这三个选项创建的项目大体是一样的，后面的比前面的要多一些（系统自动生成的）功能。

空项目中没有可以编写代码的文件，所以需要把程序，包括生成 OpenGL 绘图窗口的程序一起制作成文件，然后将该文件添加到项目中。

简单项目中有一个代码文件，所以可以将程序复制到这个代码文件中。文件名为 Pic.bmp。

7.1.2　一个飘动的图像

下面利用 Win32 应用程序制作一个飘动的图像的动画。

【例 7-1】　调试运行下面的 Win32 应用程序。在该程序中使用了 OpenGL 进行图形动画制作，同时也构建了用于 OpenGL 程序运行的框架。该程序运行后，一个图像卷曲并飘动。

首先，建立一个 Win32 应用程序，选空项目，导入（Import）下面的（程序）文件；再把程序使用的一个图像也复制到项目的工作文件夹中，就可以调试运行了。

```
#include "stdafx.h"
#pragma comment(lib, "opengl32.lib")      //使用 aux 辅助函数，没有使用 glut
#pragma comment(lib, "glu32.lib")
#pragma comment(lib, "glaux.lib")
#include <windows.h>
#include <stdio.h>
#include <math.h>
#include <gl\gl.h>
#include <gl\glu.h>
#include <gl\glaux.h>

HDC       hDC=NULL;                        //Windows 创建绘制窗口等所用的变量
HGLRC     hRC=NULL;
HWND      hWnd=NULL;
HINSTANCE    hInstance;
bool      keys[256];
bool      active=TRUE;
bool      fullscreen=FALSE;
LRESULT  CALLBACK WndProc(HWND, UINT, WPARAM, LPARAM);   //框架系统所用函数声明

float    points[55][55][3];                 //图形顶点坐标数组
int  wiggle_count = 0;
GLfloat xrot;
GLfloat yrot;
GLfloat zrot;
GLfloat hold;
GLuint   texture[1];

AUX_RGBImageRec * LoadBMP(char * Filename)          //自定义读入图像函数，返回
                                                    //AUX_RGBImageRec 类型指针
```

```
{
    FILE * File=NULL;
    if(!Filename)                                    //Filename 是参数,调用时传入
    {
        return NULL;
    }
    File=fopen(Filename,"r");
    if(File)
    {
        fclose(File);
        return auxDIBImageLoad(Filename);            //读入并返回图像
    }
    return NULL;
}
int LoadGLTextures()
{
    int Status=FALSE;
    AUX_RGBImageRec * TextureImage[1];
    memset(TextureImage,0,sizeof(void * ) * 1);
    if(TextureImage[0]=LoadBMP("Pic.bmp"))           //调用前面定义的 LoadBMP()
                                                     //函数,实施读取工作
    {
        Status=TRUE;
        glGenTextures(1, &texture[0]);               //生成纹理
        glBindTexture(GL_TEXTURE_2D, texture[0]);    //绑定
        glTexImage2D(GL_TEXTURE_2D, 0, 3, TextureImage[0]->sizeX,
TextureImage[0]->sizeY, 0, GL_RGB, GL_UNSIGNED_BYTE, TextureImage[0]->data);
                                                     //定义二维纹理映射
        glTexParameteri(GL_TEXTURE_2D,GL_TEXTURE_MIN_FILTER,GL_LINEAR);
                                                     //纹理控制
        glTexParameteri(GL_TEXTURE_2D,GL_TEXTURE_MAG_FILTER,GL_LINEAR);
                                                     //均为线性插值
    }
    return Status;
}
GLvoid ReSizeGLScene(GLsizei width, GLsizei height)//场景设置,类似于前面章节例
                                                     //题中的 reshape
{
    if(height==0)
    {
        height=1;
    }
    glViewport(0,0,width,height);
    glMatrixMode(GL_PROJECTION);
```

```
    glLoadIdentity();
    gluPerspective(45.0f,(GLfloat)width/(GLfloat)height,0.1f,100.0f);
    glMatrixMode(GL_MODELVIEW);
    glLoadIdentity();
}
int InitGL(GLvoid)                                  //初始化函数
{
    if(!LoadGLTextures())
    {
        return FALSE;
    }
    glEnable(GL_TEXTURE_2D);                        //启动纹理功能
    glShadeModel(GL_SMOOTH);
    glClearColor(0.0f, 0.0f, 0.0f, 0.5f);          //黑色背景
    glClearDepth(1.0f);
    glEnable(GL_DEPTH_TEST);
    glDepthFunc(GL_LEQUAL);
    glHint(GL_PERSPECTIVE_CORRECTION_HINT, GL_NICEST);
    glPolygonMode(GL_BACK, GL_FILL);               //多边形的填充模式,背景黑色
    glPolygonMode(GL_FRONT, GL_LINE);              //前景字体设置
    for(int x=0; x<55; x++)                        //生成55*55个三维空间顶点坐标
    {
        for(int y=0; y<55; y++)
        {
            points[x][y][0]=float((x/6.0f)-5.5f);  //x,y方向缩小倍数
            points[x][y][1]=float((y/6.0f)-5.5f);
            points[x][y][2]=float(cos((((x/3.5f)*50.0f)/360.0f)*3.141592654
*2.0f));
        }                                          //z方向卷起
    }
    return TRUE;
}
int DrawGLScene(GLvoid)                             //绘制函数
{
    int x, y;
    float f_x, f_y, f_xb, f_yb;
    glClear(GL_COLOR_BUFFER_BIT | GL_DEPTH_BUFFER_BIT);
    glLoadIdentity();
    glTranslatef(0.0f,0.0f,-10.0f);                //平移
    glRotatef(xrot,1.0f,0.0f,0.0f);                //绕x旋转,旋转角度为xrot
    glRotatef(yrot,0.0f,1.0f,0.0f);
    glRotatef(zrot,0.0f,0.0f,1.0f);
    glBindTexture(GL_TEXTURE_2D, texture[0]);
    glBegin(GL_QUADS);                             //绘制54*54个独立连线四边形
```

```
    for(x = 0; x < 54; x++)
    {
        for(y = 0; y < 54; y++)
        {
            f_x =float(x)/54.0f;
            f_y =float(y)/54.0f;
            f_xb =float(x+1)/54.0f;
            f_yb =float(y+1)/54.0f;
            glTexCoord2f(f_x, f_y);                //定义纹理坐标
            glVertex3f(points[x][y][0], points[x][y][1], points[x][y][2]);
                                                   //空间四边形顶点
            glTexCoord2f(f_x, f_yb);
            glVertex3f(points[x][y+1][0], points[x][y+1][1], points[x][y+1][2]);
            glTexCoord2f(f_xb, f_yb);
            glVertex3f( points[x+1][y+1][0], points[x+1][y+1][1], points[x+1]
[y+1][2]);
            glTexCoord2f(f_xb, f_y);
            glVertex3f(points[x+1][y][0], points[x+1][y][1], points[x+1][y][2]);
        }
    }
    glEnd();
    if(wiggle_count == 2)           //循环过程中,wiggle_count 的值每次增加 1
    {
        for(y = 0; y < 55; y++)
        {
            hold=points[0][y][2];
            for(x = 0; x < 54; x++)
            {
                points[x][y][2] = points[x+1][y][2];    //改变顶点,串动
            }
            points[54][y][2]=hold;//以此改变图形(图像)的形状与位置等
        }
        wiggle_count = 0;           //当值为 2 时,到这里令其为 0,该变量始终在 0~2 变化
    }
    wiggle_count++;
    xrot+=0.4f;                     //每次旋转的角度在改变,该值越大,转动的速度越快
    yrot+=0.3f;
    zrot+=0.5f;
    return TRUE;
}

//以下各个函数均为构造框架所用函数,可以只使用,慢慢消化!!
GLvoid KillGLWindow(GLvoid)
{
```

```
    if (hRC)
    {
        if(!wglMakeCurrent(NULL,NULL))
        {
            MessageBox(NULL,"Release Of DC And RC Failed.","SHUTDOWN ERROR",MB_
OK | MB_ICONINFORMATION);
        }
        if(!wglDeleteContext(hRC))
        {
            MessageBox(NULL,"Release Rendering Context Failed.","SHUTDOWN
ERROR",MB_OK | MB_ICONINFORMATION);
        }
        hRC=NULL;
    }
    if(hDC && !ReleaseDC(hWnd,hDC))
    {
        MessageBox(NULL,"Release Device Context Failed.","SHUTDOWN ERROR",MB_
OK | MB_ICONINFORMATION);
        hDC=NULL;
    }
    if(hWnd && !DestroyWindow(hWnd))
    {
        MessageBox(NULL,"Could Not Release hWnd.","SHUTDOWN ERROR",MB_OK | MB_
ICONINFORMATION);
        hWnd=NULL;
    }
    if(!UnregisterClass("OpenGL",hInstance))
    {
        MessageBox(NULL,"Could Not Unregister Class.","SHUTDOWN ERROR",MB_OK |
MB_ICONINFORMATION);
        hInstance=NULL;
    }
}
//函数 CreateGLWindow()是用来创建 OpenGL 工作窗口的。全屏功能被本书作者去掉了
BOOL CreateGLWindow(char* title, int width, int height, int bits, bool
fullscreenflag)
{
    GLuint      PixelFormat;
    WNDCLASS    wc;
    DWORD       dwExStyle;
    DWORD       dwStyle;
    RECT        WindowRect;
    WindowRect.left=(long)0;
    WindowRect.right=(long)width;
```

```
    WindowRect.top=(long)0;
    WindowRect.bottom=(long)height;
    fullscreen=fullscreenflag;
    hInstance           = GetModuleHandle(NULL);
    wc.style            = CS_HREDRAW | CS_VREDRAW | CS_OWNDC;
    wc.lpfnWndProc      = (WNDPROC) WndProc;
    wc.cbClsExtra       = 0;
    wc.cbWndExtra       = 0;
    wc.hInstance        = hInstance;
    wc.hIcon            = LoadIcon(NULL, IDI_WINLOGO);
    wc.hCursor          = LoadCursor(NULL, IDC_ARROW);
    wc.hbrBackground    = NULL;
    wc.lpszMenuName     = NULL;
    wc.lpszClassName    = "OpenGL";
    if(!RegisterClass(&wc))
    {
        MessageBox(NULL,"Failed To Register The Window Class.","ERROR",MB_OK|
MB_ ICONEXCLAMATION);
        return FALSE;
    }
    else
    {
        dwExStyle=WS_EX_APPWINDOW | WS_EX_WINDOWEDGE;
        dwStyle=WS_OVERLAPPEDWINDOW;
    }
    AdjustWindowRectEx(&WindowRect, dwStyle, FALSE, dwExStyle);
    if (!(hWnd=CreateWindowEx(  dwExStyle,"OpenGL",title,dwStyle |WS_
CLIPSIBLINGS | WS _ CLIPCHILDREN, 0,  0,  WindowRect. right - WindowRect. left,
WindowRect.bottom-WindowRect.top, NULL, NULL, hInstance, NULL)))  {
        KillGLWindow();
        MessageBox(NULL,"Window Creation Error.","ERROR",MB_OK| MB_
ICONEXCLAMATION);
        return FALSE;
    }
    static    PIXELFORMATDESCRIPTOR pfd=
    {
        sizeof(PIXELFORMATDESCRIPTOR),
        1,
        PFD_DRAW_TO_WINDOW |
        PFD_SUPPORT_OPENGL |
        PFD_DOUBLEBUFFER,
        PFD_TYPE_RGBA,
        bits,
        0, 0, 0, 0, 0, 0,
```

```
        0,
        0,
        0,
        0, 0, 0, 0,
        16,
        0,
        0,
        PFD_MAIN_PLANE,
        0,
        0, 0, 0
    };
    if (!(hDC=GetDC(hWnd)))
    {
        KillGLWindow();
        MessageBox(NULL,"Can't Create A GL Device Context.","ERROR", MB_OK|MB_
ICONEXCLAMATION);
        return FALSE;
    }
    if(!(PixelFormat=ChoosePixelFormat(hDC,&pfd)))
    {
        KillGLWindow();
        MessageBox(NULL,"Can't Find A Suitable PixelFormat.","ERROR", MB_OK|MB
_ICONEXCLAMATION);
        return FALSE;
    }
    if(!SetPixelFormat(hDC,PixelFormat,&pfd))
    {
        KillGLWindow();
        MessageBox(NULL,"Can't Set The PixelFormat.","ERROR",MB_OK|MB_
ICONEXCLAMATION);
        return FALSE;
    }
    if(!(hRC=wglCreateContext(hDC)))
    {
        KillGLWindow();
        MessageBox(NULL,"Can't Create A GL Rendering Context.","ERROR", MB_OK|
MB_ICONEXCLAMATION);
        return FALSE;
    }
    if(!wglMakeCurrent(hDC,hRC))
    {
        KillGLWindow();
        MessageBox(NULL,"Can't Activate The GL Rendering Context.","ERROR", MB_
OK|MB_ICONEXCLAMATION);
```

```
        return FALSE;
    }
    ShowWindow(hWnd,SW_SHOW);
    SetForegroundWindow(hWnd);
    SetFocus(hWnd);
    ReSizeGLScene(width, height);//调用程序中自定义的 OpenGL 函数 ReSizeGLScene()
    if(!InitGL())                //调用程序中自定义的 OpenGL 函数 InitGL()
    {
        KillGLWindow();
        MessageBox(NULL,"Initialization Failed.","ERROR",MB_OK|MB_
ICONEXCLAMATION);
        return FALSE;
    }
    return TRUE;
}
//应用程序的 WndProc()函数,在其中写入执行语句、调用函数等
LRESULT CALLBACK WndProc(HWND hWnd,UINT uMsg,WPARAM wParam,LPARAM lParam)
{
    switch(uMsg)
    {
        case WM_ACTIVATE:
        {
            if(!HIWORD(wParam))
            {
                active=TRUE;
            }
            else
            {
                active=FALSE;
            }
            return 0;
        }
        case WM_SYSCOMMAND:
        {
            switch(wParam)
            {
                case SC_SCREENSAVE:
                case SC_MONITORPOWER:
                return 0;
            }
            break;
        }
        case WM_CLOSE:
        {
```

```
            PostQuitMessage(0);
            return 0;
        }
        case WM_KEYDOWN:
        {
            keys[wParam] = TRUE;
            return 0;
        }
        case WM_KEYUP:
        {
            keys[wParam] = FALSE;
            return 0;
        }
        case WM_SIZE:
        {
            ReSizeGLScene(LOWORD(lParam),HIWORD(lParam));
                                              //调用程序中制作的 OpenGL 函数
            return 0;
        }
    }
    return DefWindowProc(hWnd,uMsg,wParam,lParam);
}
//主函数
int WINAPI WinMain (HINSTANCE hInstance, HINSTANCE   hPrevInstance, LPSTR
lpCmdLine,  int CmdShow)
{
    MSG msg;
    BOOL done=FALSE;
    if(!CreateGLWindow("Waving Picture",640,480,16,fullscreen))
    {
        return 0;
    }
    while(!done)
    {
        if(PeekMessage(&msg,NULL,0,0,PM_REMOVE))
        {
            if(msg.message==WM_QUIT)
            {
                done=TRUE;
            }
            else
            {
                TranslateMessage(&msg);
                DispatchMessage(&msg);
```

```
            }
        }
        else
        {
            if((active && !DrawGLScene()) || keys[VK_ESCAPE])
            {
                done=TRUE;
            }
            else            {
                SwapBuffers(hDC);
            }
            if(keys[VK_F1])
            {
                keys[VK_F1]=FALSE;
                KillGLWindow();
                fullscreen=!fullscreen;
                if(!CreateGLWindow("Waving Picture",640,480,16,fullscreen))
                {
                    return 0;
                }
            }
        }
    }
    KillGLWindow();
    return(msg.wParam);
}
```

该程序运行后，一个图像（存储在工作文件夹中的）在窗口中摆动。选取其中三帧如图 7-3 所示。

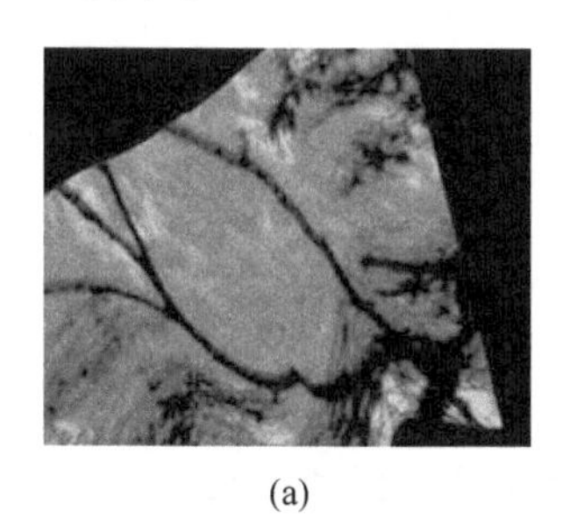
(a)

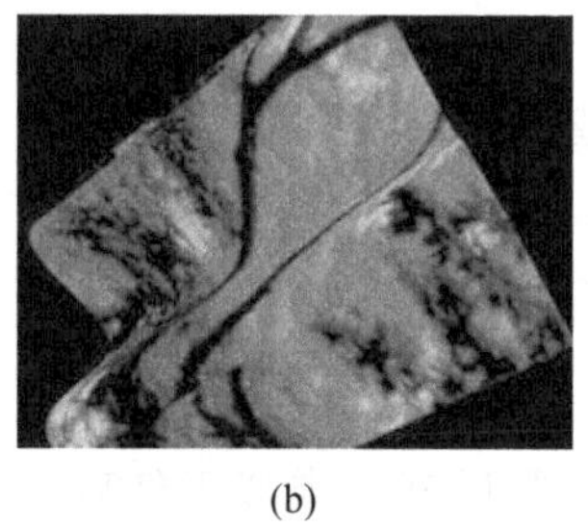
(b)

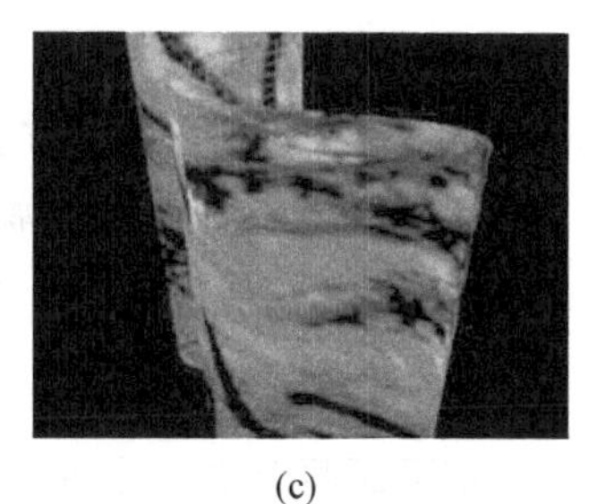
(c)

图 7-3　飘动的图像

7.1.3　修改程序制作更多的飘动效果

接下来的工作是修改例 7-1 的程序，制作出更多的动画效果。

例 7-1 中，使用 Win32 应用程序的“空项目”；实际上，也可以使用 Win32 应用程序的

“简单项目”或者“典型项目”来运行例 7-1 程序。

建立一个 Win32 应用程序，选择“简单项目”，在 VC++ 6.0 中，就是选择 A simple Win32 application.，将项目中 cpp 文件的已有代码删除，将自己编写的代码复制到该文件中，调试运行。

建立 Win32 应用程序时，选择“典型项目”，在 VC++ 6.0 中，就是选择 A typical "Hello World!" application.，将项目中 cpp 文件的已有代码删除，将自己编写的代码复制到该文件中，调试运行。事实上，Win32 应用程序的三个选项“空项目”“简单项目”或者“典型项目”都可以用来编译运行 OpenGL 程序。

【例 7-2】 修改例 7-1 程序，制作出更多的动画效果。

(1) 一个最简单实用的方法是更换程序所用图像，这只需要把拟使用的图像放入该程序的工作路径(图像为 bmp 文件)，然后修改函数 LoadGLTextures()中的语句：

```
if(TextureImage[0]=LoadBMP("Pic.bmp"))
```

再把 Pic.bmp 换为要使用的图像名即可。

(2) 把语句 points[x][y][0]=float((x/6.0f)-5.5f)修改为：

```
points[x][y][0]=float(sin((x/6.0f)-5.5f))
```

绘制出的图像是卷曲的。

(3) 把旋转角度的变量值

```
xrot+=0.4f;
yrot+=0.3f;
zrot+=0.5f;
```

修改为：

```
xrot+=0.3f;
yrot+=0.2f;
zrot+=0.1f;
```

旋转角度改变缩小，动画节奏变慢。

(4) 把下面两个语句注释掉，图像不再卷曲成一团。

```
//xrot+=0.4f;
//yrot+=0.3f;
```

(5) 把下面两个语句注释掉，图像飘动类似于红旗飘动，只是飘动一会儿要卷曲成一团。

```
//xrot+=0.4f;
yrot+=0.3f;
//zrot+=0.5f;
```

在这几个语句的后面加上下面的分支语句后，就出现了红旗飘动的效果，此时，如果把纹理图像变为红旗图像，那么就可以制作出红旗飘动的动画。

```
if(yrot>30)
    yrot=0;
```

【例 7-3】 修改例 7-1 程序，不使用图像，制作出一个网格飘动的动画效果。

对该程序进行大幅度修改，删除所有与纹理贴图有关的语句，只保留绘制网格物体以及部分动画制作语句。具体修改方法是：函数 GLvoid KillGLWindow(GLvoid)以下语句不变，函数声明 LRESULTCALLBACK WndProc(HWND, UINT, WPARAM, LPARAM)以上的语句不变，其余部分修改如下。

```
GLvoid ReSizeGLScene(GLsizei width, GLsizei height)
{
    glViewport(0,0,width,height);
    glMatrixMode(GL_PROJECTION);
    glLoadIdentity();
    gluPerspective(45.0f,(GLfloat)width/(GLfloat)height,0.1f,100.0f);
    glMatrixMode(GL_MODELVIEW);
    glLoadIdentity();
}
int InitGL(GLvoid)
{
    glClearColor(0.0f, 0.0f, 0.0f, 0.5f);
    glPolygonMode(GL_BACK, GL_FILL);
    glPolygonMode(GL_FRONT, GL_LINE);
    for(int x=0; x<55; x++)
    {
        for(int y=0; y<55; y++)
        {
            float tt=(((x/3.5f) * 50.0f)/360.0f) * 3.141592654 * 2.0f;
            points[x][y][0]=float((x/6.0f)-5.5f);
            points[x][y][1]=float((y/6.0f)-5.5f);
            points[x][y][2]=float(cos(tt));
        }
    }
    return TRUE;
}
int DrawGLScene(GLvoid)
{
    int x, y;
    xrot+=0.4f;
    yrot+=0.3f;
    zrot+=0.5f;
    glClear(GL_COLOR_BUFFER_BIT | GL_DEPTH_BUFFER_BIT);
    glLoadIdentity();
    glTranslatef(0.0f,0.0f,-10.0f);
```

```
        glRotatef(xrot,1.0f,0.0f,0.0f);
        glRotatef(yrot,0.0f,1.0f,0.0f);
        glRotatef(zrot,0.0f,0.0f,1.0f);
        glBegin(GL_QUADS);                    //绘制 54 * 54 个独立连线四边形
        for(x = 0; x < 54; x++)
        {
            for(y = 0; y < 54; y++)
            {
                //每个空间四边形的四个顶点
                glVertex3f(points[x][y][0], points[x][y][1], points[x][y][2]);
                glVertex3f(points[x][y+1][0],points[x][y+1][1],points[x][y+1][2]);
                glVertex3f(points[x+1][y+1][0],points[x+1][y+1][1],points[x+1][y
+1][2]);
                glVertex3f(points[x+1][y][0], points[x+1][y][1], points[x+1][y][2]);
            }
        }
        glEnd();
        return TRUE;
}
```

该程序运行后只有网格与白色被衬，图形转动，但是顶点没有置换，所以没有抖动的效果。截取的中间图形见图 7-4。

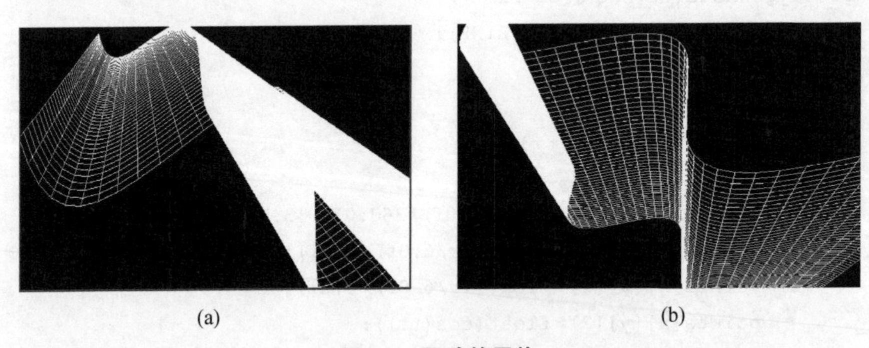

(a) (b)

图 7-4 飘动的网格

修改程序是学习程序设计的最好方法，有些语句不需要立即读懂，在以后的学习中逐渐理解即可。语言是工具，使用是第一重要的。

下面对例 7-1 程序进行解析。

7.2 构建 OpenGL 程序运行框架

在使用 VC++ 进行程序设计时，建立一个单文档项目，使用 MFC 的绘图语句，便可以绘图，因为在单文档项目中已经设置好绘图窗口，或者说，已经让绘图函数可以在窗口中绘图了。在使用 VC++ 进行程序设计时，建立一个 C++ Source File，可以编译运行 C

与 C++ 程序，但是编写绘图程序，还需要加入一些头文件或者加入一些和绘图窗口初始化的代码。例如，第 4 章中学习 OpenGL 时，加入的 glut 头文件以及主函数中的一些函数语句 glutCreateWindow("Points")等。有了这些前期准备工作，才可以使用 C++ Source File，调用 OpenGL 函数进行绘图。

7.2.1　函数 CreateGLWindow()

在 Win32 应用程序中，没有提供 OpenGL 绘图窗口，所以需要构筑。例 7-1 中的函数 CreateGLWindow()就是要生成具有绘图功能的窗口。运行例 7-1 后，共弹出两个窗口，后弹出的便是该函数创建的。

函数 CreateGLWindow (char * title, int width, int height, int bits, bool fullscreenflag)一共有 5 个参数：

title 是窗口标题，在 Win32 的接口函数 CreateWindowEx(dwExStyle,"OpenGL", title, dwStyle |WS_CLIPSIBLINGS |WS_CLIPCHILDREN,0, 0, WindowRect.right-WindowRect.left, WindowRect.bottom-WindowRect.top, NULL, NULL, hInstance, NULL))) 中被调用，也就是说，真正的创建功能是系统函数 CreateWindowEx()完成的。

width 与 height 是窗口的宽与高，也是在系统函数 CreateWindowEx()中被调用。

bits 与像素设置有关。

fullscreenflag 确定是否全屏显示。

使用这一函数，给定 5 个参数，便可以创建 OpenGL 绘图窗口。

这个函数，也可以移植到其他 Win32 程序中，用来创建绘图窗口。

这个函数在主函数 WinMain()中被调用。

在函数 CreateGLWindow()中，多次调用函数 KillGLWindow()，函数 KillGLWindow()是用来关闭绘图窗口，释放占用资源的。

7.2.2　函数 KillGLWindow()

函数 KillGLWindow()没有参数，也没有返回值。其主要功能就是释放资源，如果不能释放，便弹出消息框，给出提示信息。

```
GLvoid KillGLWindow(GLvoid)
{
    if(hRC)          //是否有着色描述表
    {
        if(!wglMakeCurrent(NULL,NULL))
        {
            //如果不能释放 DC 和 RC 描述表的话,MessageBox()将弹出错误消息,告知我们
            //DC 和 RC 无法被释放
        }
        if(!wglDeleteContext(hRC))
        {
            //如果无法删除着色描述表的话,将弹出错误消息告知我们 RC 未能成功删除
```

```
            //然后 hRC 被设为 NULL
        }
        //下面的分支语句与 if(hRC)是并列的
        if(hDC && !ReleaseDC(hWnd,hDC))
        {
            //查看是否存在设备描述表,如果有尝试释放它。如果不能释放设备描述表将弹出错误
            //消息,然后将 hDC 设为 NULL
        }
        if(hWnd && !DestroyWindow(hWnd))
        {
            //查看是否存在窗口句柄,调用 DestroyWindow(hWnd)来尝试销毁窗口。如果不能的
            //话弹出错误窗口,然后 hWnd 被设为 NULL
        }
        if(!UnregisterClass("OpenGL",hInstance))
        {
            //最后要做的事是注销这个窗口类,销毁窗口。接着在打开其他窗口时,不会收到诸如
            //"Windows Class already registered"(窗口类已注册)的消息
        }
    }
```

7.2.3 函数 LRESULT CALLBACK WndProc()

下面讨论函数 LRESULT CALLBACK WndProc()。

LRESULT CALLBACK 其实是宏，表示函数的返回类型。其实，这就表示了 WinProc()函数是一个回调函数。在得到 Message 消息以后系统会进行回调，这就需要编写一个回调函数来响应。为了区别于其他函数，在回调函数前加上 LRESULT CALLBACK。

Windows 程序是事件驱动的，每个窗口都有一个消息处理函数。在消息处理函数中，对传入的消息进行处理。

语句 switch(uMsg)构成的分支语句是整个程序的主干，用来处理传入的消息。

语句 case WM_ACTIVATE：等用来检测并处理消息。

在语句 case WM_SIZE：中调用了自定义函数 ReSizeGLScene()，意味着当窗口大小改变时，自动调用函数 ReSizeGLScene()。

7.2.4 函数 int WINAPI WinMain()

WinMain()是一个函数，该函数的功能是被系统调用，作为一个 32 位应用程序的入口点。WinMain()函数应初始化应用程序，显示主窗口，进入一个消息接收与发送循环，这个循环是应用程序执行其余部分的顶级控制结构。

函数 CreateGLWindow()在该函数中两处被调用；函数 KillGLWindow()在两处被调用；函数 DrawGLScene()在函数中间部分语句 if ((active && ! DrawGLScene()) || keys[VK_ESCAPE])中被调用。

7.2.5 OpenGL 的 glaux()辅助函数

在 VC++ 6.0 中，有一个辅助函数库，即 glaux 库，其功能相当于 glut。在例 7-1 的程序开始部分，使用了下面的语句，所以不需要引入使用 glut。

```
#pragma comment(lib, "opengl32.lib")
#pragma comment(lib, "glu32.lib")
#pragma comment(lib, "glaux.lib")
#include <gl\gl.h>
#include <gl\glu.h>
#include <gl\glaux.h>
```

在例 7-1 程序中，开始部分，有下列语句：

```
AUX_RGBImageRec * LoadBMP(char * Filename)
return auxDIBImageLoad(Filename);
AUX_RGBImageRec * TextureImage[1];
```

这些 AUX 开头的词组都是在 glaux 中定义的。

glaux 库一共包含三十多个函数，函数名前缀为 aux。

这部分函数提供窗口管理、输入输出处理以及绘制一些简单三维物体。此函数由 glaux.dll 来负责解释执行。这些辅助函数不能在所有的 OpenGL 平台上运行，更多的开发人员喜欢使用 glut 作为辅助工具函数。

glaux 辅助函数主要包括以下几类。

1. 窗口初始化和退出函数

auxInitDisplayMode()和 auxInitPosition()。

2. 窗口处理和时间输入函数

auxReshapeFunc()、auxKeyFunc()和 auxMouseFunc()。

3. 颜色索引装入函数

auxSetOneColor()。

4. 三维物体绘制函数

包括网状体和实心体，这里以网状体为例，绘制立方体 auxWireCube()、长方体 auxWireBox()、环形圆纹面 auxWireTorus()、圆柱 auxWireCylinder()、二十面体 auxWireIcosahedron()、八面体 auxWireOctahedron()、四面体 auxWireTetrahedron()、十二面体 auxWireDodecahedron()、圆锥体 auxWireCone()和茶壶 auxWireTeapot()。如果绘制实体，只需将 Wire 改成 Solid 即可，例如，绘制实立方体函数为 auxSolidCube()。

5. 背景过程管理函数

auxIdleFunc()。

6. 程序运行函数

auxMainLoop()。

7.3 网格制作与图像映射

例 7-1 动画制作的主体思路是：先生成网格，然后将图像映射到网格上，之后让网格动，图像随着网格而动，出现了动画效果。

7.3.1 顶点生成

在函数 InitGL()中，使用了下面的语句生成了网格顶点。

```
for(int x=0; x<55; x++)                                          //生成 55*55 个三维空间顶点坐标
{
    for(int y=0; y<55; y++)
    {
        points[x][y][0]=float((x/6.0f)-5.5f);     //x,y 方向缩小倍数
        points[x][y][1]=float((y/6.0f)-5.5f);
        points[x][y][2]=float(cos((((x/3.5f)*50.0f)/360.0f)*3.141592654*2.0f));
                                                  //z 方向卷起
    }
}
```

三维数组 points 相当于空间中有序的三维点组，这里有 55×55 个点。这些点的 X 与 Y 都是等距离分布的，而 Z 值是呈现三角函数震荡的。

7.3.2 网格制作

在函数 DrawGLScene()中，使用了下面的语句绘制网格面。

```
glBegin(GL_QUADS);                          //绘制 54*54 个独立连线四边形
for(x = 0; x < 54; x++)
{   因为要连接四边形，所以到 54 为止；
    for(y = 0; y < 54; y++)
    {
        f_x = float(x)/54.0f;
        f_y = float(y)/54.0f;
        f_xb = float(x+1)/54.0f;
        f_yb = float(y+1)/54.0f;
        glTexCoord2f(f_x, f_y);             //定义纹理坐标
        glVertex3f(points[x][y][0],points[x][y][1],points[x][y][2]);
                                            //空间四边形顶点，三个坐标构成一个顶点
        glTexCoord2f(f_x,f_yb);
        glVertex3f(points[x][y+1][0],points[x][y+1][1],points[x][y+1][2]);
                                            //第 2 个顶点都是 y 值加 1，即先沿 y 轴方向找点
        glTexCoord2f(f_xb, f_yb);
        glVertex3f(points[x+1][y+1][0],points[x+1][y+1][1],points[x+1][y+1][2]);
                                            //第 3 个顶点是 x 值加 1，即再沿 x 轴正方向找点
```

```
        glTexCoord2f(f_xb, f_y);
        glVertex3f(points[x+1][y][0],points[x+1][y][1], points[x+1][y][2]);
                                //第 4 个顶点是 x 值加 1,y 值加 1 后,即再沿 y 轴负方向找点
    }
}
glEnd();
```

当 x=0 时，沿着 Y 的方向，绘制一列(空间)四边形；当 x 每增加 1，便沿着 Y 的方向再绘制一列，直到循环结束。

事实上，该例题也提供了一种存储数据、绘制空间网格曲面的方法。

7.3.3　运动的网格

上面介绍了绘制网格，那么，网格运动是如何产生的呢？是由下面的程序产生了运动。

```
if(wiggle_count == 2)           //循环过程中,wiggle_count 的值每次增加 1
{
    for(y = 0; y < 55; y++)
    {
        hold=points[0][y][2];
        for(x = 0; x < 54; x++)
        {
            points[x][y][2] = points[x+1][y][2];    //改变顶点,串动
        }
        points[54][y][2]=hold;   //以此改变图形(图像)的形状与位置等
    }
    wiggle_count = 0;            //当值为 2 时,到这里令其为 0,该变量始终在 0~2 变化
}
wiggle_count++;
xrot+=0.4f;                     //每次旋转的角度在改变,该值越大,转动的速度越快
yrot+=0.3f;
zrot+=0.5f;
```

在这段程序中，语句 points[x][y][2] = points[x+1][y][2]；实现了一种串动，沿 X 轴方向的串动。

Hold 的值是数组 points 的 x 下标为 0 时的 z 值，即第 0 列的 z 值；语句 points[54][y][2] =hold 将 x 下标为 54 的一列的 z 值设置为与第 0 列相同，使其处于同一个高度。

语句 xrot+=0.4f；等实现了网格的旋转。

7.3.4　图像定义为纹理

在例 7-1 程序中，函数 LoadGLTextures()除了读取图像外，更主要的工作是将图像定义为纹理映射的对象，具体语句如下。

```
glGenTextures(1, &texture[0]);                  //生成纹理
glBindTexture(GL_TEXTURE_2D, texture[0]);       //绑定
```

```
glTexImage2D(GL_TEXTURE_2D, 0, 3, TextureImage[0]->sizeX, TextureImage[0]->
sizeY, 0, GL_RGB, GL_UNSIGNED_BYTE, TextureImage[0]->data);
glTexParameteri(GL_TEXTURE_2D,GL_TEXTURE_MIN_FILTER,GL_LINEAR);
glTexParameteri(GL_TEXTURE_2D,GL_TEXTURE_MAG_FILTER,GL_LINEAR);
```

这些语句有点儿类似于固定模式，也就是当要进行图像纹理映射时，就会把这样的语句写上，当然，参数不同，效果或者结果是不一样的。

7.3.5 图像映射到网格

在例 7-1 的函数 DrawGLScene()中，实现了图像纹理到网格的映射。

语句：

```
f_x = float(x)/54.0f;
f_y = float(y)/54.0f;
f_xb = float(x+1)/54.0f;
f_yb = float(y+1)/54.0f;
```

将所有的 x，y 坐标都缩小了 54 倍，目的是将纹理坐标归一化为 0～1。

语句：

```
glTexCoord2f(f_x, f_y);
glVertex3f(points[x][y][0], points[x][y][1], points[x][y][2]);
```

将图像纹理坐标与网格坐标绑定到一起，即将小图像块的左上角与小网格的左上角“钉”在一起。

语句：

```
glTexCoord2f(f_x, f_yb);
glVertex3f(points[x][y+1][0], points[x][y+1][1], points[x][y+1][2]);
glTexCoord2f(f_xb, f_yb);
glVertex3f(points[x+1][y+1][0], points[x+1][y+1][1], points[x+1][y+1][2]);
glTexCoord2f(f_xb, f_y);
glVertex3f(points[x+1][y][0], points[x+1][y][1], points[x+1][y][2]);
```

分别将小图像块的各个角与小网格的对应角“钉”在一起；这样，当网格动时，图像也会随之而动，就仿佛是图像在动。

该例题一共大约 55×55 个网格，能够满足视觉体验；如果减少网格，可能会出现不真实的感觉。

7.4 OpenGL 函数解析（五）

例 7-1 基于图像的动画使用了 OpenGL 的纹理映射技术，下面讨论纹理映射技术。

7.4.1 OpenGL 纹理映射

在三维图形绘制及动画制作中，纹理映射（Texture Mapping）是一种常用的方法。

纹理映射也俗称为"贴皮"，例如，例7-1中图像飘动的图像映射到网格上；再如，绘制一面砖墙，可以用一幅真实的砖墙图像或照片作为"纹理"贴到一个矩形（或者长方体）上等。

纹理映射能够保证在变换多边形时，多边形上的纹理图案也随之变化。纹理映射也常常运用在其他一些领域，如仿真、游戏、舞台布置等。

图像一般是矩形的，但是物体的形状却是各种各样，所以在进行图像纹理映射时，需要进行一些约定。

图形动画制作软件都提供了纹理映射功能，OpenGL也提供了一些专门用于纹理映射的函数。

7.4.2　OpenGL纹理定义函数glTexImage()

二维纹理定义的函数是：

```
void glTexImage2D(GLenum target,GLint level,GLint components,GLsizei width,
                  glsizei height,GLint border,GLenum format,GLenum type,
                  const GLvoid * pixels);
```

参数target一般使用常数GL_TEXTURE_2D。

参数level设置纹理映射的级别。

参数components是一个从1到4的整数，指定图像数据的内部格式。

参数width和height给出了纹理图像的长度和宽度。

参数border为纹理边界宽度，它通常为0，纹理映射的最大尺寸依赖于OpenGL，但它至少必须是使用64×64（若带边界为66×66）大小的图像，若width和height设置为0，则纹理映射有效地关闭。

参数format和type描述了纹理映射的格式和数据类型，它们在这里的意义与在函数glDrawPixels()中的意义相同，事实上，纹理数据与glDrawPixels()所用的数据有同样的格式。参数format可以是GL_COLOR_INDEX、GL_RGB、GL_RGBA、GL_RED、GL_GREEN、GL_BLUE、GL_ALPHA、GL_LUMINANCE或GL_LUMINANCE_ALPHA。类似地，参数type是GL_BYPE、GL_UNSIGNED_BYTE、GL_SHORT、GL_UNSIGNED_SHORT、GL_INT、GL_UNSIGNED_INT、GL_FLOAT或GL_BITMAP。

参数pixels指向纹理图像数据，该数据描述了纹理图像本身和它的边界。

纹理不仅可以是二维的，也可以是一维的或三维的。

一维纹理定义的函数是：

```
void glTexImage1D(GLenum target,GLint level,GLint components,GLsizei width,
           GLint border,GLenum format,GLenum type,const GLvoid * pixels);
```

除了第一个参数target应设置为GL_TEXTURE_1D外，其余所有的参数与函数TexImage2D()的一致，不过纹理图像是一维纹理数组，其宽度值必须是2的幂，若有边界则为2^m+2。

7.4.3 OpenGL 纹理控制函数 glTexParameter()

纹理映射实施在渲染期间，因此，纹理映射并没有真正应用到物体表面，而是应用到某个表面区域的(窗口坐标系)投影像素上。每个纹理单元可以覆盖多个像素，这称为放大；或者多个纹理单元覆盖一个像素，称为缩小。

OpenGL 中的纹理控制函数是：

```
void glTexParameter{if}[v](GLenum target,GLenum pname,TYPE param);
```

第一个参数 target 可以是 GL_TEXTURE_1D 或 GL_TEXTURE_2D，它指出是一维或二维纹理说明参数；后两个参数可以取值如下。

GL_TEXTURE_WRAP_S 与 GL_CLAMP，GL_REPEAT；

GL_TEXTURE_WRAP_T 与 GL_CLAMP，GL_REPEAT；

GL_TEXTURE_MAG_FILTER 与 GL_NEAREST，GL_LINEAR；

GL_TEXTURE_MIN_FILTER 与 GL_NEAREST，GL_LINEAR 等。

例如，经常这样配置参数：

```
glTexParameteri(GL_TEXTURE_2D, GL_TEXTURE_WRAP_S, GL_REPEAT)
```

或者

```
glTexParameteri(GL_TEXTURE_2D, GL_TEXTURE_MAG_FILTER, GL_NEAREST)
```

函数的第二个参数指定滤波方法，其中，参数值 GL_TEXTURE_MAG_FILTER 指定为放大滤波方法，GL_TEXTURE_MIN_FILTER 指定为缩小滤波方法。

第三个参数说明滤波方式，若选择 GL_NEAREST，则采用坐标最靠近像素中心的像素，这有可能使图像走样；若选择 GL_LINEAR，则采用最靠近像素中心的四个像素的加权平均值。GL_NEAREST 所需计算比 GL_LINEAR 要少，因而执行得更快，但 GL_LINEAR 提供了比较光滑的效果。

7.4.4 纹理与多边形颜色的融合

OpenGL 提供了纹理与多边形颜色融合的功能，以便提供更好的图形与动画制作技术。

使用语句：

```
glEnable(GL_BLEND);
glBlendFunc(两个参数);
```

就可以实现颜色融合，融合的方法是纹理颜色与多边形各个面计算得到的颜色相乘。

还可以通过下面的函数实现融合。

```
void glTexEnv{if}[v](GLenum target,GLenum pname,TYPE param);
```

参数 target 必须是 GL_TEXTURE_ENV；若参数 pname 是 GL_TEXTURE_ENV_MODE，则参数 param 可以是 GL_DECAL、GL_MODULATE 或者 GL_BLEND，以说明

纹理值与原来表面颜色的处理方式；若参数 pname 是 GL_TEXTURE_ENV_COLOR，则参数 param 是包含四个浮点数(分别是 R、G、B、a 分量)的数组。

默认的颜色融合方式与下面的函数等价。

```
glTexEnv{if}[v](GL_TEXTURE_ENV, GL_TEXTURE_ENV_MODE, GL_MODULATE);
```

可以在具体例题中更换各种融合方式，加深对这些函数的理解。

7.4.5　OpenGL 纹理坐标生成函数 gltexCoord()

在绘制纹理映射场景时，不仅要给每个顶点定义几何坐标，而且也要定义纹理坐标。经过多种变换后，几何坐标决定顶点在屏幕上绘制的位置，而纹理坐标决定纹理图像中的哪一个纹理单元(或纹理图像像素)赋予该顶点，然后进行插值计算。

纹理图像是方形数组，纹理坐标通常可定义成一、二、三或四维形式，称为 s，t，r 和 q 坐标，以区别于物体坐标(x，y，z，w)和其他坐标。一维纹理常用 s 坐标表示，二维纹理常用(s，t)坐标表示，三维纹理用(s，t，r)坐标表示，q 坐标像 w 一样，经常取值为 1，主要用于建立齐次坐标。

OpenGL 坐标定义的函数是：

```
void gltexCoord{1 2 3 4}{s i f d}[v](TYPE coords);
```

设置当前纹理坐标，接着调用 glVertex*()所产生的顶点与当前的纹理坐标绑定在一起。

对于 gltexCoord1，s 坐标被设置成给定值，t 和 r 设置为 0，q 设置为 1。

对于 gltexCoord2，可以设置 s 和 t 坐标值，r 设置为 0，q 设置为 1。

对于 gltexCoord3，q 设置为 1，其他坐标按给定值设置。

用 gltexCoord4 可以给定所有的坐标。使用适当的后缀(s，i，f 或 d)和 TYPE 的相应值(glshort、glint、glfloat 或 gldouble)来说明坐标的类型。

在某些场合(环境映射等)下，为获得特殊效果，需要自动产生纹理坐标，并不要求函数 gltexCoord()为每个物体顶点赋予纹理坐标值。

OpenGL 提供了自动产生纹理坐标的函数，如下。

```
void glTexGen{if}[v](GLenum coord, GLenum pname, TYPE param);
```

第一个参数必须是 GL_S、GL_T、GL_R 或 GL_Q 中的一个，它指出纹理坐标 s，t，r，q 中的哪一个要自动产生。

第二个参数值为 GL_TEXTURE_GEN_MODE、GL_OBJECT_PLANE 或 GL_EYE_PLANE。

第三个参数 param 是一个定义纹理产生参数的指针，其值取决于第二个参数 pname 的设置，当 pname 为 GL_TEXTURE_GEN_MODE 时，param 是一个常量，即 GL_OBJECT_LINEAR、GL_EYE_LINEAR 或 GL_SPHERE_MAP，它们决定用哪一个函数来产生纹理坐标。

7.4.6 OpenGL 纹理映射函数应用实例

【例 7-4】 纹理映射函数的应用。

建立一个 C++ Source File 文件，写入下面的程序。

```
#include <GL/glut.h>
#include <math.h>
#define ImageWidth 64
GLbyte stripeImage[3 * ImageWidth];
float    points[55][55][3];
int w=200,h=200;
void makeStripeImage(void)                               //绘制纹理图像函数
{
    for (int j = 0; j < ImageWidth; j++) {
        stripeImage[3 * j] =25;
        stripeImage[3 * j+1] =155-2 * j;
        stripeImage[3 * j+2] =255;
    }
}
GLfloat sgenparams[] = {1.0, 1.0, 1.0, 0.0};
void myinit(void)
{
    glClearColor (1.0, 1.0, 1.0, 0.0);
    makeStripeImage();
    glTexEnvf(GL_TEXTURE_ENV, GL_TEXTURE_ENV_MODE, GL_MODULATE);
    glTexParameterf(GL_TEXTURE_1D, GL_TEXTURE_MIN_FILTER, GL_LINEAR);
    glTexImage1D(GL_TEXTURE_1D, 0, 3, ImageWidth, 0, GL_RGB, GL_UNSIGNED_BYTE,
stripeImage);
    glTexGeni(GL_S, GL_TEXTURE_GEN_MODE, GL_OBJECT_LINEAR);
    glTexGenfv(GL_S, GL_OBJECT_PLANE, sgenparams);
    glEnable(GL_TEXTURE_GEN_S);
    glEnable(GL_TEXTURE_1D);
    glMaterialf(GL_FRONT, GL_SHININESS, 64.0);
}

void myReshape(GLsizei w, GLsizei h)
{
    float a=15;
    glViewport(0, 0, w, h);
    glMatrixMode(GL_PROJECTION);
    glLoadIdentity();
    glOrtho(-a, a, -a * (GLfloat)h/(GLfloat)w,a * (GLfloat)h/(GLfloat)w, -a, a);
    glMatrixMode(GL_MODELVIEW);
    glLoadIdentity();
```

```
}

void  myDraw(void)
{
    for(int xx=0; xx<55; xx++)
    {
        for(int yy=0; yy<55; yy++)
        {
            float tt=(((xx/3.5f) * 50.0f)/360.0f) * 3.141592654 * 2.0f;
            points[xx][yy][0]=float((xx/6.0f)-5.5f);
            points[xx][yy][1]=float((yy/6.0f)-5.5f);
            points[xx][yy][2]=float(cos(tt));
        }
    }
    glBegin(GL_QUADS);                          //绘制 54 * 54 个独立连线四边形
    for( int x = 0; x < 54; x++)
    {
        for(int y = 0; y < 54; y++)
        {
            glVertex3f(points[x][y][0], points[x][y][1], points[x][y][2]);
            glVertex3f(points[x][y+1][0],points[x][y+1][1],points[x][y+1][2]);
            glVertex3f(points[x+1][y+1][0],points[x+1][y+1][1],points[x+1]
[y+1][2]);
            glVertex3f(points[x+1][y][0], points[x+1][y][1], points[x+1][y][2]);
        }
    }
    glEnd();
    glutSwapBuffers();
}
void display()
{
    glClear(GL_COLOR_BUFFER_BIT | GL_DEPTH_BUFFER_BIT);
    glPushMatrix();
    glRotatef(25.0, 1.0, 0.0, 0.0);
    myDraw();
    glPopMatrix();
    glFlush();
}

void main(int argc,char** argv)
{
    glutInitDisplayMode(GLUT_DOUBLE| GLUT_RGB);
    glutInitWindowSize(500, 500);
    glutCreateWindow("Wave Map");
```

```
    myinit();
    glutReshapeFunc(myReshape);
    glutDisplayFunc(display);
    glutMainLoop();
}
```

编译运行，绘制出的图形如图 7-5(a)所示。

下面对该程序进行修改，以便更好地理解纹理映射函数的使用。

(1) 把下面两个语句注释掉。

```
//glTexGeni(GL_S, GL_TEXTURE_GEN_MODE, GL_OBJECT_LINEAR);
//glTexGenfv(GL_S, GL_OBJECT_PLANE, sgenparams);
```

运行结果如图 7-5(b)所示。

(2) 把下面两个语句注释掉。

```
//glEnable(GL_TEXTURE_GEN_S);
```

运行结果如图 7-5(c)所示。

(3) 如果把数组 sgenparams[]赋值语句修改为如下所示，其他语句不变，运行结果如图 7-5(d)所示。

```
GLfloat sgenparams[] = {0.0, 1.0, 0.0, 0.0};
```

(4) 把旋转语句修改为 glRotatef(25.0, 1.0, 1.0, 1.0)，图形显示方位改变，如图 7-5(e)所示。

(5) 改变语句 float a=15 中 a 值的大小，显示出的图形也随之改变。

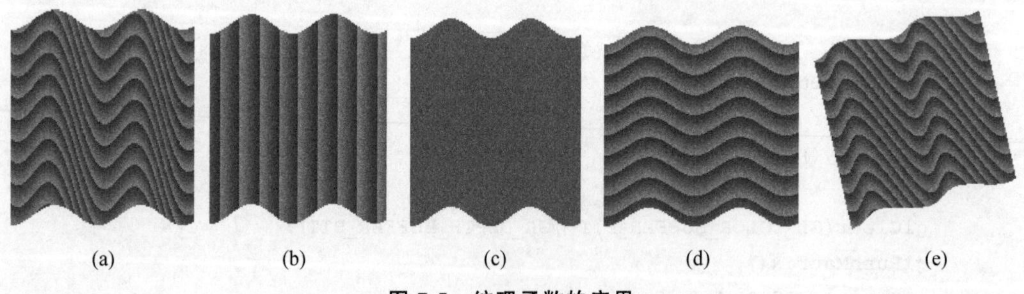

(a) (b) (c) (d) (e)

图 7-5 纹理函数的应用

7.5 旋转的地球

下面研究如何将一个世界地图图像作为纹理，映射到一个球体上，再制作出旋转动画效果。

7.5.1 程序实现

【例 7-5】 使用键盘控制运动的球。

这里使用例 7-1 的程序框架，使用记事本建立一个 f.cpp 文件，建立 Win32 空应用项目，导入 f.cpp 文件。

f.cpp 文件是这样构建的，首先复制例 7-1 程序的开始部分，即头文件部分、变量定义部分，然后在程序开始部分（函数定义前）加入该例的下面的定义。

```
static GLfloat LightAmb[] = {0.7f, 0.7f, 0.7f, 1.0f};
static GLfloat LightDif[] = {1.0f, 1.0f, 1.0f, 1.0f};
static GLfloat LightPos[] = {4.0f, 4.0f, 6.0f, 1.0f};
GLUquadricObj    *q;
GLfloat      xrot      =  0.0f;
GLfloat      yrot      =  0.0f;
GLfloat      xrotspeed =  0.0f;
GLfloat      yrotspeed =  0.0f;
GLfloat      zoom      = -7.0f;
GLfloat      height    =  2.0f;
GLuint       texture[1];
```

读取图像函数 AUX_RGBImageRec * LoadBMP(char * Filename)与 int LoadGLTextures()仍然使用例 7-1 的同名函数代码，也复制到这个程序中。

然后写入下面几个函数代码：

```
int InitGL(GLvoid)    {
    if(!LoadGLTextures())
    {
        return FALSE;
    }
    glShadeModel(GL_SMOOTH);
    glClearColor(0.2f, 0.5f, 1.0f, 1.0f);
    glClearDepth(1.0f);
    glClearStencil(0);
    glEnable(GL_DEPTH_TEST);
    glDepthFunc(GL_LEQUAL);
    glHint(GL_PERSPECTIVE_CORRECTION_HINT, GL_NICEST);
    glEnable(GL_TEXTURE_2D);
    glLightfv(GL_LIGHT0, GL_AMBIENT, LightAmb);
    glLightfv(GL_LIGHT0, GL_DIFFUSE, LightDif);
    glLightfv(GL_LIGHT0, GL_POSITION, LightPos);
    glEnable(GL_LIGHT0);
    glEnable(GL_LIGHTING);
    q = gluNewQuadric();
    gluQuadricNormals(q, GL_SMOOTH);
    gluQuadricTexture(q, GL_TRUE);
    glTexGeni(GL_S, GL_TEXTURE_GEN_MODE, GL_SPHERE_MAP);
    glTexGeni(GL_T, GL_TEXTURE_GEN_MODE, GL_SPHERE_MAP);
    return TRUE;
}
```

```
void DrawObject()
{
    glColor3f(1.0f, 1.0f, 1.0f);
    glBindTexture(GL_TEXTURE_2D, texture[0]);
    gluSphere(q, 2.0f, 32, 16);
    glBindTexture(GL_TEXTURE_2D, texture[0]);
    glColor4f(1.0f, 1.0f, 1.0f, 0.8f);
    glEnable(GL_BLEND);
    glBlendFunc(GL_SRC_ALPHA, GL_ONE);
    glEnable(GL_TEXTURE_GEN_S);
    glEnable(GL_TEXTURE_GEN_T);
    gluSphere(q, 2.0f, 32, 16);
    glDisable(GL_TEXTURE_GEN_S);
    glDisable(GL_TEXTURE_GEN_T);
    glDisable(GL_BLEND);
}
int DrawGLScene(GLvoid)
{
    glClear(GL_COLOR_BUFFER_BIT | GL_DEPTH_BUFFER_BIT | GL_STENCIL_BUFFER_
BIT);
    double eqr[] = {0.0f,-1.0f, 0.0f, 0.0f};
    glLoadIdentity();
    glTranslatef(0.0f, -0.6f, zoom);
    glColorMask(0,0,0,0);
    glEnable(GL_STENCIL_TEST);
    glStencilFunc(GL_ALWAYS, 1, 1);
    glStencilOp(GL_KEEP, GL_KEEP, GL_REPLACE);
    glDisable(GL_DEPTH_TEST);
    glEnable(GL_DEPTH_TEST);
    glColorMask(1,1,1,1);
    glStencilFunc(GL_EQUAL, 1, 1);
    glStencilOp(GL_KEEP, GL_KEEP, GL_KEEP);
    glEnable(GL_CLIP_PLANE0);
    glClipPlane(GL_CLIP_PLANE0, eqr);
    glDisable(GL_CLIP_PLANE0);
    glDisable(GL_STENCIL_TEST);
    glLightfv(GL_LIGHT0, GL_POSITION, LightPos);
    glEnable(GL_BLEND);
    glDisable(GL_LIGHTING);
    glColor4f(1.0f, 1.0f, 1.0f, 0.8f);
    glBlendFunc(GL_SRC_ALPHA, GL_ONE_MINUS_SRC_ALPHA);
    glEnable(GL_LIGHTING);
    glDisable(GL_BLEND);
    glTranslatef(0.0f, height/2, 0.0f);
```

```
    glRotatef(xrot, 1.0f, 0.0f, 0.0f);
    glRotatef(yrot, 0.0f, 1.0f, 0.0f);
    DrawObject();
    xrot += xrotspeed;
    yrot += yrotspeed;
    glFlush();
    return TRUE;
}
void ProcessKeyboard()
{
    if (keys[VK_RIGHT])     yrotspeed += 0.08f;
    if (keys[VK_LEFT])      yrotspeed -= 0.08f;
    if (keys[VK_DOWN])      xrotspeed += 0.08f;
    if (keys[VK_UP])        xrotspeed -= 0.08f;
    if (keys['A'])          zoom +=0.05f;
    if (keys['Z'])          zoom -=0.05f;
}
```

接下来，把例 7-1 程序中 GLvoid KillGLWindow(GLvoid)定义及其下面所有代码复制进来。

在 WinMain()函数中的语句 SwapBuffers(hDC)下面写入语句：

```
ProcessKeyboard();
```

用来调用键盘操作函数。

编译运行程序后，绘制出如图 7-6(a)所示的图形，按上下左右键，球向各个方向旋转，增加按键次数，球转动速度加快。按 A 键，球向视点移动，变大；按 Z 键，球远离视点，变小。

纹理图像是一个地球图像，因为这个图像有白色的边缘，所以映射后出现了白色的条带。

7.5.2　去掉图像的白边

下面将图像的白色边界部分割掉，然后再修改程序，使得世界地图更好地映射到球体上。

【例 7-6】　修改分析例 7-5 程序。

首先把纹理图像的白边去掉，打开例 7-5 项目，对程序进行修改。

把 DrawObject()函数修改为如下所示。

```
void DrawObject()
{
    glColor3f(1.0f, 1.0f, 1.0f);
    glBindTexture(GL_TEXTURE_2D, texture[0]);
    gluSphere(q, 2.0f, 32, 16);
    glEnable(GL_BLEND);
    glBlendFunc(GL_SRC_ALPHA, GL_ONE);
}
```

运行程序，绘制出如图 7-6(c)所示的图形。除了没有白色条带外，该球变得不透明了，有些发暗。图 7-6(b)是没有去掉图像白边时运行的结果。

(a)

(b)

(c)

图 7-6 各种效果的运动中的球

7.5.3 球的上下左右移动

修改程序，使得在键盘上按下上下箭头，球体可以上下移动。

把 ProcessKeyboard()函数中的下面语句修改为如下所示。

```
void ProcessKeyboard()
{
    if (keys[VK_RIGHT])     yrotspeed += 0.02f;
    if (keys[VK_LEFT])      yrotspeed -= 0.02f;
    if (keys[VK_DOWN])      xrotspeed += 0.02f;
    if (keys[VK_UP])        xrotspeed -= 0.02f;
```

即把每次按键后的增减值变小，那么运行后，按下键后地球转动明显变慢。偌大的地球用小小的键盘需要艰难的操作，具有真实感。

如果在 ProcessKeyboard()函数中加入下面两个语句：

```
if (keys[VK_PRIOR])          height +=0.03f;
if (keys[VK_NEXT])           height -=0.03f;
```

那么，运行后，按 Page Up 与 Page Down 键，就会让球上下移动。

如果在 ProcessKeyboard()函数中再加入语句：

```
if (keys['Q'])               hor +=0.03f;
if (keys['X'])               hor -=0.03f;
```

在函数 DrawGLScene()中语句 glTranslatef(0.0f, height/2, 0.0f)的下面加入语句：

```
glTranslatef(hor, 0.0f, 0.0f);
```

再在程序前面变量定义处定义变量 hor，如下：

```
GLfloat   hor    =  0.0f;
```

运行程序，当按 Q 与 X 键后，就可以左右移动球体。

习　　题

一、程序修改题

1. 修改例 7-1 程序，观察分析运行结果的变化。

(1) 删除语句 bool keys[256]；。

(2) 删除语句 bool active＝TRUE；。

(3) 删除语句 bool fullscreen＝FALSE；。

(4) 更换图片，并且将名称 pic.bmp 改为 P.bmp；。

(5) 修改相应语句代码，使其能够读入 JPG 图像。

(6) 将语句 GLuint texture[1]改为 GLuint texture，然后修改程序中相关语句，使程序可以正常运行。

(7) 将语句 for(x＝0；x＜45；x＋＋)改为 for(x＝0；x＜30；x＋＋)。

(8) 删除语句 zrot＋＝0.55；。

(9) 将语句 points[x][y][z]＝points[x＋1][y][z]修改为 points[x][y][z]＝points[x][y＋1][z]。

(10) 删除所有与 kill GLwimdow()有关的代码，包括这个函数本身。

(11) 修改主函数中的 Create GLWindow()函数调用语句为：

```
Create GLWindow("waving",240,240,16,0);
```

(12) 删除主函数中分支语句 if(keys[VK_F1])的全部。

2. 修改例 7-1 程序，删除用于 Win32 的辅助代码，将其改为在 C++ Source File 上运行的程序。

3. 在例 7-2 基础上，继续修改例 7-1 程序。

4. 修改例 7-3 程序，观察分析运行结果。

(1) 修改 gluPerspective()函数的参数值。

(2) 将 glPolygonMode()的参数 GL_BACK 修改为 GL_FRONT。

(3) 将 glBegin(GL_QUADS)修改为 glBegin(GL_LINE_STRIP)。

(4) 将 glBegin(GL_QUADS)修改为 glBegin(GL_LINE_TRIANGLES)。

(5) 将程序中的 cos(tt)修改为 sin(tt)。

5. 修改例 7-5 程序，然后运行，观察分析。

(1) 建立一个 Win32 应用程序，选择“简单项目”，然后把例 7-5 代码复制到该简单项目中，调试运行。

(2) 参考例 7-4，将例 7-5 程序必要的代码复制到 C++ Source file 中，编译运行。

(3) 将 if(keys['A'])中的'A'修改为'S'。

(4) 将 xrotspeed＋＝0.08f 中的 0.08 改为 0.002。

(5) 将语句 if(keys[VK_DOWN])删除，将 xrotspeed＋＝0.08f 归入到上一个分支语

句中。

二、程序分析题

1. 读例 7-1 程序,回答下面的问题。

(1) 该程序经过改造后,是否可以使用 VC++ Source File 运行?如果可以改造,如何改造?使用 Win32 项目有什么优点?有什么缺点?

(2) 该程序是先绘制网格,然后粘贴纹理,那么网格有多少个顶点?

(3) GLfloat 是 OpenGL 的一个数据类型,与 C 语言中的 float 有什么区别?

(4) auxDIBImageLoad(Filename)是一个 OpenGL 辅助函数,该函数的返回值类型是什么?

(5) 语句 memset(TextureImage,0,sizeof(void *) * 1);要实现什么功能?

(6) 如果把 AUX_RGBImageRec * TextureImage[1];修改为 AUX_RGBImageRec * TextureImage;,程序是否还能运行,如果不能,需要怎样修改?

(7) 语句 glGenTextures(1, &texture[0]);中的 texture[0]是在哪里定义的?是什么类型的变量?

(8) TextureImage[0]->sizeX 说明 TextureImage[0]是一个指针型变量,还说明什么?

(9) 语句 glRotatef(zrot,0.0f,0.0f,1.0f);是绕 Z 轴旋转,旋转角度是 zrot,zrot 是在哪里定义的,又是在哪里赋值的?

(10) 如果把语句 if(wiggle_count == 2)修改为 if(wiggle_count == 3),程序的运行结果会有什么变化?

(11) 图像飘动,本质上是网格在变化,网格变化除了旋转外,还有形状变化,是哪个或者哪些语句致使网格形状发生了改变?

(12) 如果把 hold=points[0][y][2]修改为 hold=points[0][y][1],程序运行结果会有什么变化?

(13) 如果把循环语句

```
for(x = 0; x < 54; x++)
{   points[x][y][2] = points[x+1][y][2];  }
```

修改为:

```
for(x = 0; x < 53; x++)
    {   points[x][y][2] = points[x+2][y][2];  }
```

程序运行后结果有什么变化?

(14) 如果想让图像中间隆起,然后恢复,再隆起,再恢复,如何修改程序?

(15) Win32 项目也有一个主函数,在主函数 int WINAPI WinMain()中,什么地方调用了前面的 OpenGL 程序(函数)?

(16) 函数 LRESULT CALLBACK WndProc()是 Win32 项目的重要函数之一,在这个函数中也调用了 OpenGL 程序函数,请查找。

(17) 函数 BOOL CreateGLWindow(char * title, int width, int height, int bits,

bool fullscreenflag)是为了运行 OpenGL 程序特意设计的自定义函数，程序中在哪里调用了该函数？

(18) GLvoid KillGLWindow(GLvoid)也是为了使用 OpenGL 而设计的自定义函数，有哪个函数调用了函数 KillGLWindow()？

2. 读例 7-5 回答问题。

(1) 变量 xrot，xrotspeed，zoom，height 分别是用来做什么的？

(2) 函数 glShadeModel()的作用是什么？

(3) 函数 glClearDapth(1,0)的功能是什么？

(4) 函数 glClearStencil(0)实现了什么功能？

(5) 解释函数 glHint()的作用。

(6) 语句 gluQuadricNormals(q,GL_SMOOTH)是否可以删除？

(7) 函数 DrawObject()中有两个 gluSphere(q,2.0f,32,16)语句，是否可以删除一个？

(8) glColorMask()函数在什么时候使用？该程序中使用了几次？是否可以删除？

(9) 程序中以 glStencil 开头的函数共有几个？一共出现了多少次？这些函数的区别在哪里？

三、程序设计题

1. 参考例 7-5 程序，将例 4-10 的正方体贴上一个图案，然后实现转动的动画效果。

2. 三维纹理映射函数是这样定义的：

```
void glTexImage3D(GLenum target, GLint level, GLint components, GLsizei width,
glsizei height, glsizei depth, GLint border, GLenum format, GLenum type, GLvoid
*pixels);
```

查找有关资料，编写一个简单的使用三维纹理映射函数的程序。

3. 修改例 7-3 程序，使得滚动鼠标滚轮时，地球绕着一个固定的轴(如地轴)旋转。

第 8 章

不规则图形：粒子系统与迭代吸引子

不规则图形绘制是图形学的重要分支之一，粒子系统与迭代吸引子都是不规则图形的绘制技术。

8.1 使用粒子系统制作爆炸效果

粒子系统是三维计算机图形学中模拟一些（不规则）模糊现象的技术，而这些现象用其他传统的绘制及渲染技术难以实现。

8.1.1 粒子系统

经常使用粒子系统模拟的现象有爆炸、火、烟、流水、火花、落叶、云、雾、雪、尘等这样的视觉效果。随着研究的深入，粒子系统的功能逐步完善，可以模拟更多的自然现象。为了增加现象的真实性，粒子系统通过物理定律等控制粒子的行为，例如，结合空间扭曲等对粒子流造成的引力、阻挡、风力等进行仿真。

粒子系统的视觉效果是凭借系统内粒子参数决定的。粒子行为参数可以包括粒子生成速度（即单位时间粒子生成的数目）、粒子速度向量（例如什么时候向什么方向运动）、粒子寿命（经过多长时间粒子湮灭）、粒子颜色、在粒子生命周期中的变化以及其他参数等。

下面以爆炸效果与水流效果为例，介绍粒子系统的基本原理与技术。

爆炸效果是一种常见的自然现象。随机生成大量的粒子，放置在一个初始的空间内；然后让粒子向四周运动，运动过程中颜色变亮；将每个粒子贴上一个纹理图像，以便更好地模拟爆炸效果；有些粒子飞到视窗之外，让有些粒子在视窗之内就消失（生命周期结束）。这样就可以实现一个爆炸效果。

8.1.2 爆炸效果的程序实现

设计例 8-1，制作爆炸效果。

【例 8-1】 利用粒子系统方法制作爆炸效果。

粒子系统是计算机图形学中为了绘制云、雾、雪雨、水、火等自然景观引入的方法。3ds Max 等软件都提供了该方法。下面的程序就是使用了粒子系统的思想与方法。

首先使用记事本设计一个 cpp 文件，本例取名为 e.cpp，保存时一定选择“所有文件”，然后写上“e.cpp”保存，否则可能存为 txt 文件。

在 VC++ 中建立 Win32 应用程序项目，选择 ⦿ An empty project.，确认后，进入设计窗口，该项目没有任何文件，如图 8-1(a)所示。在 Source Files 上右击，在弹出的快捷菜单中选择 Add Files to Folder...，接下来在弹出的文件对话框中查找并选择刚建立的 e.cpp 文件，找到后确认，该文件就被导入到这个项目中。

导入后如图 8-1(b)所示。

(a)

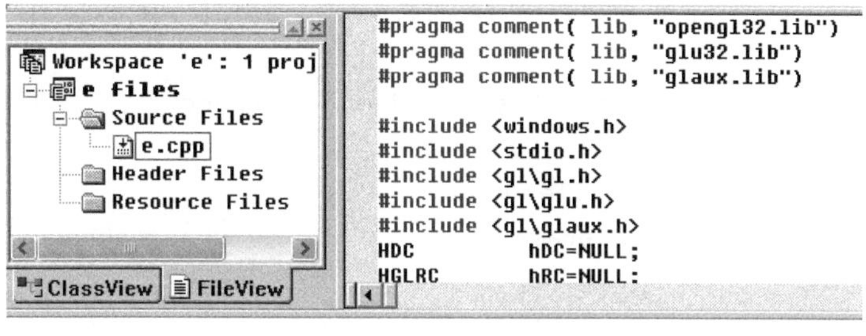

(b)

图 8-1　导入文件到空项目中

文件 e.cpp 构造如下。

首先复制例 7-1 的声明语句，即 LRESULT CALLBACK WndProc(HWND, UINT, WPARAM, LPARAM);之前的内容，都是包含文件以及系统变量定义等。

然后把下面的程序写入进去。

```
#define  MAX_PARTICLES  1500              //粒子数
bool  rainbow=true,sp,rp;                 //
float   slowdown=2.0f,xspeed,yspeed,zoom=-40.0f;
GLuint  k,col,delay,texture;
typedef struct                            //定义结构体类型,对粒子特性进行详细描述
{
    bool    active;
    float    life;
    float    fade;
    float    r;
    float    g;
    float    b;
    float    x;
    float    y;
    float    z;
    float    xi;
    float    yi;
    float    zi;
    float    xg;
    float    yg;
    float    zg;
}
particles;                                //结构体变量名
```

```
particles  particle[MAX_PARTICLES];                    //结构体数组,装载粒子
static GLfloat colors[12][3]=                          //为粒子定义(生命期内的)各种颜色
{
    {1.0f,0.5f,0.5f},{1.0f,0.75f,0.5f},{1.0f,1.0f,0.5f},{0.75f,1.0f,0.5f},
    {0.5f,1.0f,0.5f},{0.5f,1.0f,0.75f},{0.5f,1.0f,1.0f},{0.5f,0.75f,1.0f},
    {0.5f,0.5f,1.0f},{0.75f,0.5f,1.0f},{1.0f,0.5f,1.0f},{1.0f,0.5f,0.75f}
};
AUX_RGBImageRec * LoadBMP(char * Filename)             //读取纹理图像函数
{
        FILE * File=NULL;
        if(!Filename)
        {
            return NULL;
        }
        File=fopen(Filename,"r");
        if(File)
        {
            fclose(File);
            return auxDIBImageLoad(Filename);
        }
        return NULL;
}

int LoadGLTextures()                                   //读取图像
{
        int Status=FALSE;
        AUX_RGBImageRec * TextureImage;
        memset(TextureImage,0,sizeof(void *) * 1);
        if(TextureImage=LoadBMP("Par.bmp"))
        {
            Status=TRUE;
            glGenTextures(1, &texture);
            glBindTexture(GL_TEXTURE_2D, texture);
            glTexParameteri(GL_TEXTURE_2D,GL_TEXTURE_MIN_FILTER,GL_LINEAR);
            glTexImage2D(GL_TEXTURE_2D, 0, 3, TextureImage->sizeX,
TextureImage->sizeY, 0, GL_RGB, GL_UNSIGNED_BYTE, TextureImage->data);
        }
        if(TextureImage)
        {
            if(TextureImage->data)
            {
                free(TextureImage->data);
            }
            free(TextureImage);
```

```
        }
        return Status;
}
GLvoid ReSizeGLScene(GLsizei width, GLsizei height)  //场景绘制函数
{
    glViewport(0,0,width,height);
    glMatrixMode(GL_PROJECTION);
    glLoadIdentity();
    gluPerspective(45.0f,(GLfloat)width/(GLfloat)height,0.1f,200.0f);
    glMatrixMode(GL_MODELVIEW);
    glLoadIdentity();
}
int InitGL(GLvoid)                                  //初始化各个变量
{
    if(!LoadGLTextures())
    {
        return FALSE;
    }
    glClearColor(0.0f,0.0f,0.0f,0.0f);
    glEnable(GL_BLEND);
    glBlendFunc(GL_SRC_ALPHA,GL_ONE);
    glEnable(GL_TEXTURE_2D);
    for(k=0;k<MAX_PARTICLES;k++)
    {
        particle[k].life=1.0f;                      //生命周期设为 1
        particle[k].fade=float(rand()%100)/1000.0f+0.003f;
                                            //每个粒子的生命周期缩短速度不同
        particle[k].r=colors[k*(12/MAX_PARTICLES)][0];
        particle[k].g=colors[k*(12/MAX_PARTICLES)][1];
        particle[k].b=colors[k*(12/MAX_PARTICLES)][2];
        particle[k].xi=float((rand()%50)-26.0f)*10.0f;
        particle[k].yi=float((rand()%50)-25.0f)*10.0f;
        particle[k].zi=float((rand()%50)-25.0f)*10.0f;
        particle[k].xg=0.0f;
        particle[k].yg=-0.8f;
        particle[k].zg=0.0f;
    }
    return TRUE;
}
int DrawGLScene(GLvoid)                             //绘制
{
    glClear(GL_COLOR_BUFFER_BIT | GL_DEPTH_BUFFER_BIT);
    glLoadIdentity();
    for(k=0;k<MAX_PARTICLES;k++)
```

```
    {
        float x=particle[k].x;
        float y=particle[k].y;
        float z=particle[k].z+zoom;
        glColor4f(particle[k].r,particle[k].g,particle[k].b,particle[k].
life);
        glBegin(GL_TRIANGLE_STRIP);
            glTexCoord2d(1,1); glVertex3f(x+0.5f,y+0.5f,z);
                                                    //x 等来自于粒子结构体
            glTexCoord2d(0,1); glVertex3f(x-0.5f,y+0.5f,z);
            glTexCoord2d(1,0); glVertex3f(x+0.5f,y-0.5f,z);
            glTexCoord2d(0,0); glVertex3f(x-0.5f,y-0.5f,z);
        glEnd();
        particle[k].x+=particle[k].xi/(slowdown*1000); //粒子的位置在变
        particle[k].y+=particle[k].yi/(slowdown*1000);
        particle[k].z+=particle[k].zi/(slowdown*1000);
        particle[k].xi+=particle[k].xg;                //xi 的增长与 xg 有关
        particle[k].yi+=particle[k].yg;                //xg 与 yg 在前面赋值
        particle[k].zi+=particle[k].zg;
        particle[k].life-=particle[k].fade;
    }
    return TRUE;
}
```

在上面这段程序的下面,再复制例7-1中函数语句 GLvoid KillGLWindow(GLvoid)下面的内容到新建的这个文件中。这些内容都是与系统窗口生成、与OpenGL连接等有关。

好在例7-1中的各个函数名与本例一样,所以在后面函数中的调用语句不需要更改。程序运行后,出现爆炸效果,如图8-2所示。

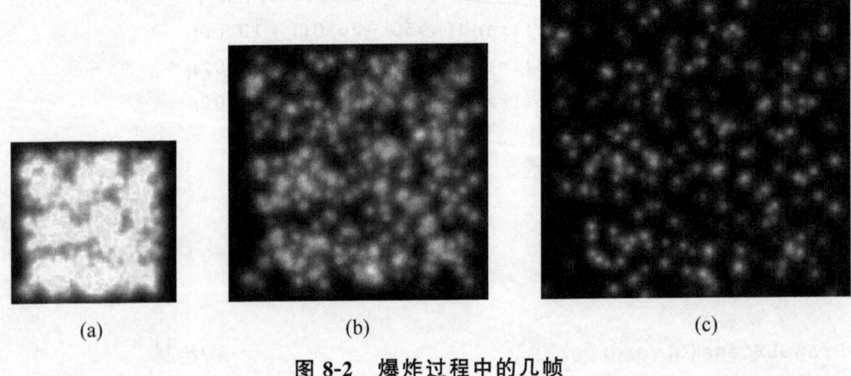

图 8-2 爆炸过程中的几帧

当然,也可以使用 Win32 应用程序中的"简单项目",将例8-1中的代码以及例7-1中的那些辅助代码一起粘贴到简单项目的 cpp 文件中,覆盖原有内容。这样,也可以在

Win32 应用程序中运行该例题。

8.1.3　程序解析

如何使用计算机制作爆炸效果？首先，要选择使用什么开发工具来开发。开发工具可以分为两大类，一类是用于动画制作的软件，一类是语言及函数库。在这里选择使用语言来开发，使用 VC++ 中的 C 语言以及 OpenGL 函数来开发。例 8-1 是使用 VC++ 中 Win32 应用程序来完成这一工作的。

如何使用 VC ++ 中的 C 语言以及 OpenGL 函数制作爆炸效果？因为使用了 OpenGL 函数，所以使得程序设计变得容易了很多。

OpenGL 的核心函数都是相同的，但是与 glut 等价的"壳"却有几个，微软的 Aux 便是之一。考虑到使用的是 VC++，以及让读者更多地了解 OpenGL，所以，这里仍然选择微软的 Aux 作为 OpenGL 的辅助函数。

1. 粒子爆炸效果的制作方法

例 8-1 的主要方法如下。

首先定义并制作众多的小形体（以下称为粒子），虽然是随机生成，但是初始位置距离很近。

然后为每一个小形体贴图，这样效果会更好。

每个小粒子都有自己的位置，即用(x,y,z)表示的空间位置。程序运行后，让每个小粒子沿各个方向向四周运动，即增加（或者减少）其 X 轴、Y 轴、Z 轴的值。

再将视点位置确定，那么动画效果就制作出来了。OpenGL 自动处理三维到二维的投影问题。

为了更加真实，设置了一个重力效果，即是将 Y 轴（OpenGL 上下方向为 Y 轴）每次都减少一点儿。

为了更加真实，为每个粒子设置了一个生命周期，这样，在运行的过程中，有的粒子就消失了，这与真实情况更加接近。

2. 程序中各个函数的调用关系

例 8-1 中一共有 5 个函数：

```
AUX_RGBImageRec * LoadBMP(char * Filename)
int LoadGLTextures()
GLvoid ReSizeGLScene(GLsizei width, GLsizei height)
int InitGL(GLvoid)
int DrawGLScene(GLvoid)
```

函数 LoadGLTextures()调用函数 LoadBMP()，一起完成纹理图像的读取工作；函数 InitGL()中调用了函数 LoadGLTextures()。InitGL()与函数 ReSizeGLScene()在 Win32 的窗口创建函数 CreateGLWindow()中被调用；函数 DrawGLScene()在"程序执行"函数 WndProc()中被调用。

3. 函数 LoadBMP()中的结构体与函数

函数 LoadBMP()的参数是指向字符的指针类型，用来输入文件名；函数 LoadBMP()

的返回值类型为指向结构体类型 AUX_RGBImageRec 的指针类型，AUX_RGBImageRec 的定义是在 glaux.h 中声明的，具体如下。

```
typedef struct AUX_RGBImageRec {
Glint sizeX, sizeY;
Unsigned char * data;
} AUX_RGBImageRec
```

函数 LoadBMP()的函数体内，多数语句都是 C 语言的常用语句，只有一个函数 auxDIBImageLoad()是 OpenGL 函数，用于把图像读到内存之中。

4. 函数 LoadGLTextures()

语句 AUX_RGBImageRec * TextureImage 是定义了一个指向结构体类型 AUX_RGBImageRec 的指针；memset(TextureImage,0,sizeof(void *)*1)是读入的图像开辟一个新的内存区，TextureImage 是起始位置，sizeof(void *)*1 是开辟的内存区的大小。

调用函数 LoadBMP()，然后将其作为纹理是在下面函数段中进行的。

```
if (TextureImage=LoadBMP("Par.bmp"))
    {
        Status=TRUE;
        glGenTextures(1, &texture);
        glBindTexture(GL_TEXTURE_2D, texture);
        glTexParameteri(GL_TEXTURE_2D,GL_TEXTURE_MIN_FILTER,GL_LINEAR);
        glTexImage2D(GL_TEXTURE_2D, 0, 3, TextureImage->sizeX, TextureImage-
> sizeY, 0, GL_RGB, GL_UNSIGNED_BYTE, TextureImage->data);
    }
```

如果函数 LoadBMP("Par.bmp")没有读取成功，那么分支体中的其他语句不会执行。

读取成功，那么先将变量 Status 设置为"TRUE"；接下来 4 个语句将该图像设置为纹理。

5. 函数 InitGL()

函数 InitGL()无参数，返回值类型为整数。该函数用来给出粒子的初始位置、粒子的初始颜色、粒子的各个方向上的附加增量(包括重力增量)，当然也给出了初始化背景颜色。

在这个初始化函数中，首先调用函数 LoadGLTextures()，如果读取图像不成功，那么直接返回，退出程序；如果读取图像成功，那么，进行一些初始化，主要是对粒子(结构体成员)赋值。

从语句 for (k=0;k<MAX_PARTICLES;k++)的循环条件可以看出，一共生成了 MAX_PARTICLES 个粒子。

语句 particle[k].fade=float(rand()%100)/1000.0f+0.003f 将每个粒子的成员变量 fade 设置为一个随机的小于 0.1 的数，每个粒子的衰退速度不同。

下面三个语句用来设置粒子的三基色，随着 k 值的增加，颜色值也增大。

```
particle[k].r=colors[k*(12/MAX_PARTICLES)][0];
particle[k].g=colors[k*(12/MAX_PARTICLES)][1];
particle[k].b=colors[k*(12/MAX_PARTICLES)][2];
```

下面三个语句与随机生成粒子的位置有关，这些数值构成的三维点都在[−250,250]×[−250,250]×[−250,250]这样一个空间区域内。

```
particle[k].xi=float((rand()%50)-26.0f)*10.0f;
particle[k].yi=float((rand()%50)-25.0f)*10.0f;
particle[k].zi=float((rand()%50)-25.0f)*10.0f;
```

初始位置是这样，在函数 DrawGLScene()中，粒子的位置会随着程序的运行而改变。

6. 函数 DrawGLScene()

函数 DrawGLScene()无参数，返回值类型为整型。该函数被调用一次，就循环 MAX_PARTICLES 次，particle[k].x 等在变化，所以，每次都为第 k 个粒子赋予新的位置，z 值更是特殊，单独加上一个 zoom，其值为−40。

```
float x=particle[k].x;
float y=particle[k].y;
float z=particle[k].z+zoom;
```

默认情况下，OpenGL 的空间坐标系 Z 轴是前后方向，强调前后方向的变化是为了视觉效果。

粒子的颜色使用初始值中的颜色：

```
glColor4f(particle[k].r,particle[k].g,particle[k].b,particle[k].life);
```

下面语句段是为每个粒子绘制形体并贴图：

```
glBegin(GL_TRIANGLE_STRIP);
      glTexCoord2d(1,1); glVertex3f(x+0.5f,y+0.5f,z);
      glTexCoord2d(0,1); glVertex3f(x-0.5f,y+0.5f,z);
      glTexCoord2d(1,0); glVertex3f(x+0.5f,y-0.5f,z);
      glTexCoord2d(0,0); glVertex3f(x-0.5f,y-0.5f,z);
glEnd();
```

每个粒子是一个小四面体，位置随着 k 值的改变而改变。

从下面三个语句可以看出 particle[k].xi 主要是作为 particle[k].x 的增量，当然，作为增量之前要先除以一个系数。

```
particle[k].x+=particle[k].xi/(slowdown*1000);
particle[k].y+=particle[k].yi/(slowdown*1000);
particle[k].z+=particle[k].zi/(slowdown*1000);
```

为了更好地制作爆炸效果，particle[k].xi 等也有增量，如下所示。

```
particle[k].xi+=particle[k].xg;
particle[k].yi+=particle[k].yg;
particle[k].zi+=particle[k].zg;
```

最后从语句 particle[k].life-=particle[k].fade 可以看出，particle[k]的生存周期在减小，每次减小量为 particle[k].fade。

8.1.4 修改程序实现更多效果

下面修改例 8-1，制作出更多的动画效果，并更好地学习理解例 8-1 程序。

【例 8-2】 对例 8-1 程序进行修改分析。

(1) 把语句

```
particle[k].life-=particle[k].fade
```

修改为：

```
particle[k].life-=0.5*particle[k].fade;
```

例子的存活时间增加，爆炸残片停留时间变长，爆炸片较多，有些像烟花。

如果把这句话注释掉：

```
//particle[k].life-=particle[k].fade;
```

那么所有粒子都在飞行，直到远离。

那么究竟是哪个语句或者哪几个语句在主宰粒子的生存时间呢？绝不会因为定义为 life，就可以起到这样的作用。

使用 VC++ 的查找功能（工具条中的 ），查找到该程序中与 particle[k].life 有关的语句有且只有：

```
glColor4f(particle[k].r,particle[k].g,particle[k].b,particle[k].life);
```

正是这个语句决定了粒子的显示时间。如果把该语句修改为如下所示：

```
glColor4f(particle[k].r,particle[k].g,particle[k].b,1);
```

观察结果，与把语句

```
//particle[k].life-=particle[k].fade;
```

注释掉一样。

读者可以把 glColor4f 的第四个参数修改为 0～1 的另外常数，观察结果变化情况。

事实上，函数 glColor4f()的第 4 个参数是控制透明度的，为 1 时绝对可见，为 0 时完全透明，即不显示（粒子的）前景色，显示背景色。

(2) 把函数 int InitGL(GLvoid)中的下面两个语句注释掉一个：

```
glEnable(GL_BLEND);
glBlendFunc(GL_SRC_ALPHA,GL_ONE);
```

那么程序运行后会出现球状“粒子”向四外飞去的情形，图 8-3 是中间的两帧。

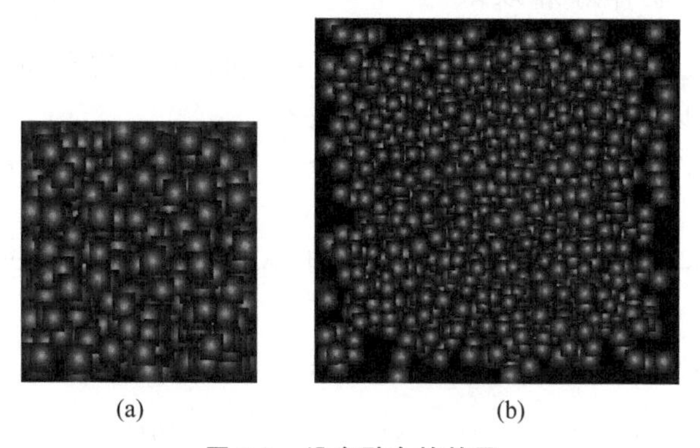

(a) (b)

图 8-3 没有融合的效果

(3) 加入旋转语句，会出现很多意外的效果，例如，在函数 ReSizeGLScene(GLsizei width, GLsizei height)中加入语句：

```
glRotatef(60,0.0f,1.0f,0.0f);
```

爆炸体会成圆形，如图 8-4(a)所示。

如果把旋转语句加入到绘制函数 DrawGLScene(GLvoid)的循环语句中，如下所示(粗斜体为加入语句)。

```
for (k=0;k<MAX_PARTICLES;k++)
{
    float x=particle[k].x;
    float y=particle[k].y;
    float z=particle[k].z+zoom;

    glRotatef(90,0.0f,0.0f,1.0f);
    glRotatef(10,0.0f,1.0f,0.0f);

    glColor4f(particle[k].r,particle[k].g,particle[k].b,particle[k].life);
```

那么程序运行后会出现环状爆炸效果，如图 8-4(b)所示。

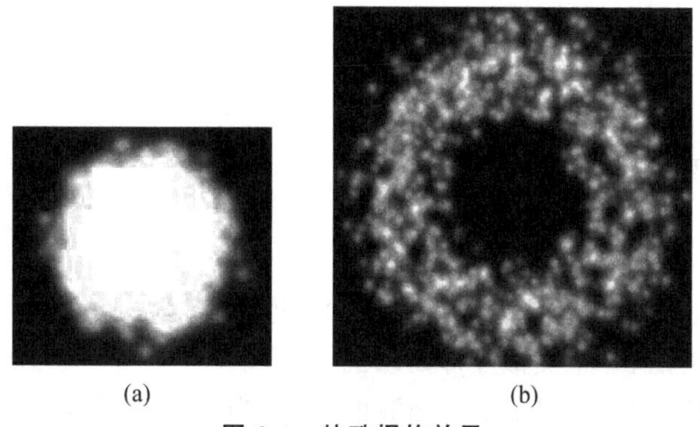

(a) (b)

图 8-4 特殊爆炸效果

8.1.5 使用 VC++ 制作爆炸效果

前面使用粒子技术制作了爆炸效果。作为一种动画制作技术,也可以使用 VC++ 的绘图函数实现,也可以使用一些软件实现这种技术。

下面首先使用 VC++ 的 MFC 单文档,设计一个倒计时程序,显示到 0 时,制作一个爆炸效果。

【例 8-3】 制作一个倒计时程序,在窗口中显示“9”“8”…“1”“0”,然后开始一个工作。

设计下面程序段,写在单文档项目的 OnDraw()函数中。

```
char s[10]={'9','8','7','6','5','4','3','2','1','0'};
for(int i=0;i<10;i=i++)
{
    pDC->TextOut(100,100,s[i]);
    Sleep(1000);
}
```

运行程序后,即可完成一个简单的(倒计时)动画,其缺点是字小,另外,倒计时结束后没有实现任何效果。

先修改程序,让其字体变大。设计程序如下。

```
char s[10]={'9','8','7','6','5','4','3','2','1','0'};
    CFont f;
    LOGFONT t;
    t.lfHeight=200;
    t.lfWeight=30;
    t.lfWidth=180;
    t.lfEscapement=0;
    t.lfItalic=false;
    t.lfUnderline=false;
    t.lfStrikeOut=false;
    t.lfOrientation=0;
    t.lfCharSet=GB2312_CHARSET;
    f.CreateFontIndirect(&t);
    pDC->SelectObject(&f);
    for(int i=0;i<10;i=i++)
    {
        pDC->TextOut(300,100,s[i]);
        Sleep(1000);
    }
```

该程序运行后,字体变大,但是倒计时后,“0”停留在屏幕上。

下面制作倒计时后,一个类似爆炸的动画。

设计下面的程序,写在 OnDraw()函数的后部,当倒计时后,绘制出一条条彩色的射

线，如图 8-5 所示。

```
pDC->FillSolidRect(300,100,200,200,RGB(255,255,255));
int m,n,q;
CPen pen, * pCPen;
for(int k=0;k<500;k++)
{
    m=rand()%500;                           //m,n,q都是小于500的整数
    n=rand()%500;
    q=rand()%255;
    pen.CreatePen(1,0,RGB(m/2,n/2,q));      //颜色也是随机的
    pCPen=pDC->SelectObject(&pen);
    pDC->SelectObject(&pCPen);
    pDC->MoveTo(300,100);
    pDC->LineTo(m,n);
    Sleep(1);                               //休眠 1ms
    pen.DeleteObject();
}
```

图 8-5 倒计时后绘制彩色射线

这个程序运行后，窗口较小，所以动画效果不好，那么如何使得运行后窗口自动最大化呢？下面的操作可以实现该功能。

打开文件 MainFrm.cpp，找到函数：

```
int CMainFrame::OnCreate(LPCREATESTRUCT lpCreateStruct)
```

在该函数的最后加入下面的语句段，那么运行后文档窗口自动最大化。

```
WINDOWPLACEMENT lw, * lpw;
lpw=&lw;
```

```
GetWindowPlacement(lpw);
lpw->showCmd=SW_SHOWMAXIMIZED;
SetWindowPlacement(lpw);
```

8.1.6 使用 3ds Max 制作下雪动画

3ds Max 是一个非常优秀的三维建模与动画制作软件。使用 3ds Max 可以制作出逐帧动画、形变动画与路径动画,也可以制作出粒子系统的效果,例如制作下雨、下雪等。下面介绍使用 3ds Max 8 制作下雪的动画,以此了解软件也具有的更加广泛的动画制作技术。

【例 8-4】 使用软件 3ds Max 制作下雪效果。

默认情况下,3ds Max 工作区有 4 个区域,可以从多个角度方位对物体进行观察与造型。右部区域提供了造型、修改、光照等工具。默认工具是造型/几何体/基本几何体,可以绘制 box、cone、sphere 等。

制作下雪功能的步骤如下。

(1) 单击 Standard Primitiv 下拉框,选中 Particle Systems,面板中出现了如图 8-6(a)所示诸选项,四个工作区如图 8-6(b)所示。

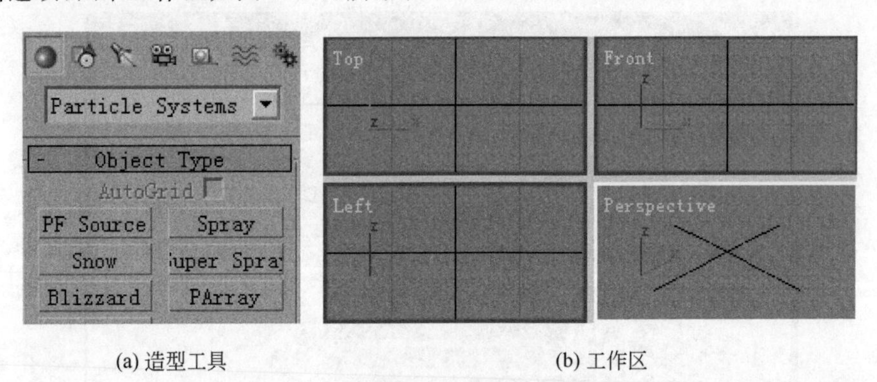

(a) 造型工具　　　　(b) 工作区

图 8-6　3ds Max 6 造型工具与工作区

(2) 单击 Snow 按钮,在 Perspective 工作区中拉出一个区域,如图 8-7 所示。

(3) 单击动画控制工具条中的“播放”按钮,就可以在各个工作区中观察到下雪的效果,如图 8-8 所示。

在造型工具栏下面的参数设置区域可以设置雪花颜色、雪花大小、重量、分布等很多特性,设置完后,该雪的特性就随之改变了。

其实,使用语言制作动画与使用软件制作动画本质上是相同的。另外,为了更好地完成动画制作,有时软件与语言结合在一起使用。Flash 软件与 3ds Max 软件都有脚本语言,来完成更加复杂的设计任务。

3ds Max 软件是一个经典的、优秀的三维造型与动画制作软件,但是尽管如此,还是有很多功能并不理想,所以使用语言开发图形动画程序有不可替代的优势。

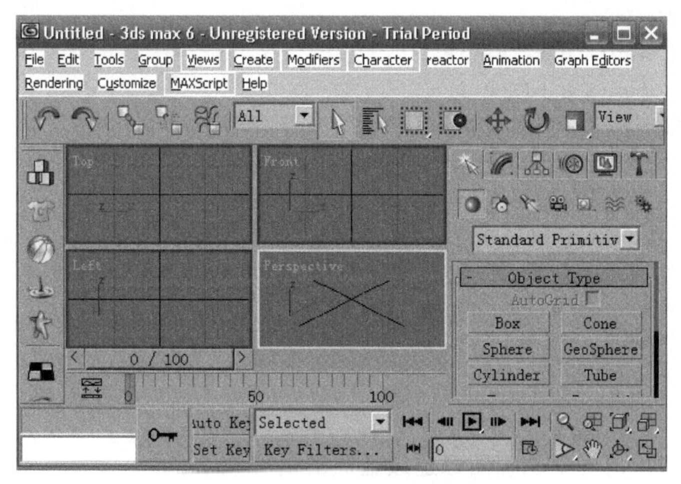

图 8-7　3ds Max 6 工作界面

(a) 动画控制工具条

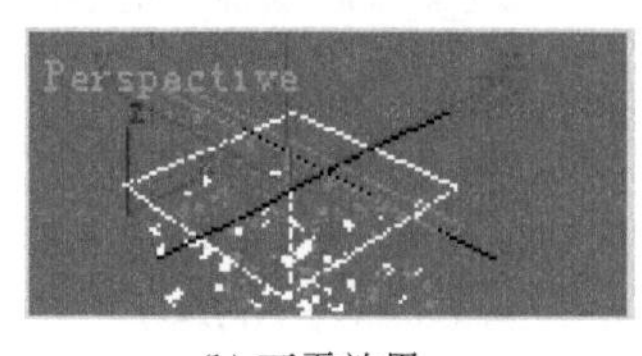

(b) 下雪效果

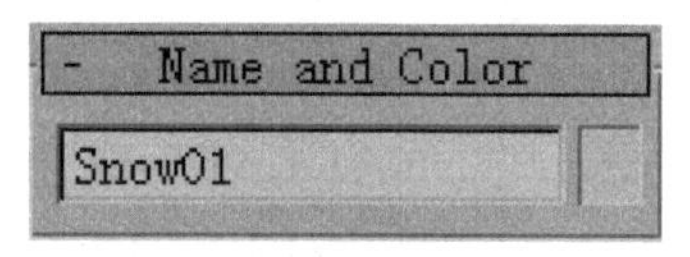

(c) 雪颜色设置框

图 8-8　下雪制作播放工具与参数设置界面

8.2　基于图像的图形绘制

图形与图像有着本质的区别，一般来说，图形更多的是人工制作的，而图像是自然的，一般是拍摄下来的；图形需要的存储数据较少，图像需要更多的存储空间。图形与图像又有着本质的联系，例如，使用图像可以制作动画，可以提取出信息数据构造图形，这就是基于图像的图形绘制技术。

8.2.1　图像动画制作

下面首先介绍使用图像制作动画。实际上，在例 1-30 中，已经使用图形制作动画，是使用语句函数一幅一幅播放。下面设计函数，使用循环语句播放图像，这样可以简化程序。

【例 8-5】　连续播放多幅图像制作动画。

建立单文档项目，在项目组织区中打开资源文件夹，在项目名上右击，使用 Import 命令导入三幅图像，放入 Bitmap 文件夹中，如图 8-9 左部所示。本例使用了 Windows 画图绘制了三幅图像，存储在硬盘中，然后导入到项目里。导入后自动命名为 IDB_BITMAP1、IDB_BITMAP2、IDB_BITMAP3。

设计如下程序段，写入 OnDraw()函数中，如图 8-9 所示。

```
CBitmap b[3];
b[0].LoadBitmap(IDB_BITMAP1);
b[1].LoadBitmap(IDB_BITMAP2);
b[2].LoadBitmap(IDB_BITMAP3);
CDC d;d.CreateCompatibleDC(pDC);
for(int i=0;i<3;i++)
{
    d.SelectObject(&b[i]);
    pDC->BitBlt(5,5,300,300,&d,1,1,SRCCOPY);
    Sleep(100);
    Invalidate();                                    //连续播放
}
```

编译运行项目，出现了三幅图像连续播放的动画效果。

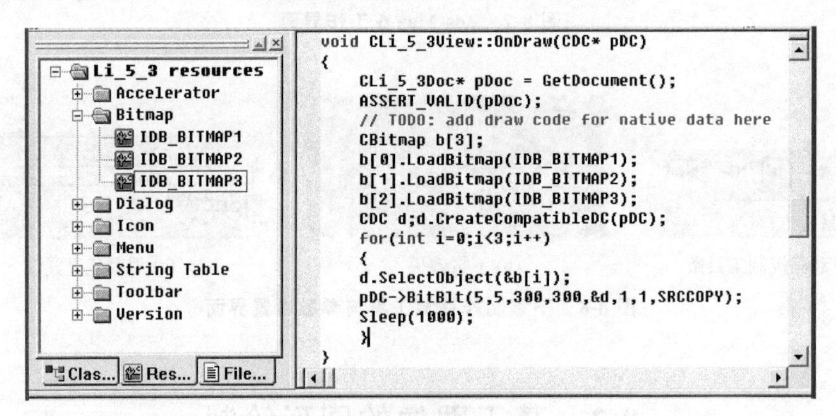

图 8-9 播放图像制作动画

该例题还可以加入更多的图像，制作出效果更好的动画。

在设计程序时，可以利用字符串(数组)操作函数，使用循环语句读取图像，这样可以避免图像多时程序代码过长。

从例 8-5 可以看到，只要把图像(bmp 格式)导入到项目中，就可以制作出逐帧动画，也就是可以完成序列图像播放。目前，有些动画作品就是先手工绘制，然后扫入计算机，进行动画编辑与制作。制作的方法与例 8-5 类似。

使用软件制作逐帧动画与使用语言制作逐帧动画本质上是相同的。软件 Flash 与 3ds Max 等都提供了逐帧动画制作功能，其方法也是把每一帧图像或图形存入播放数组，然后进行逐帧播放。

8.2.2 基于图像的三维图形建模

利用二维(投影)图像恢复物体三维(形状等)信息，这样的数学过程和计算机技术称为三维重建。它根据真实场景的图像数据重建出具有准确几何信息的三维模型。这些精确的三维模型，不仅能够提供场景可视化和虚拟漫游方面的功能，还可以满足数据的存档、测量和分析等更高层次的需求，尤其适用于数字文物及古建筑、数字博物馆、城市规

划、医学研究、航天、造船、司法、工业测量、电子商务等一系列领域，因此有着广阔的应用前景。三维重建是计算机图形学、图像处理和计算机视觉研究中的一个重要课题，基于图像的三维重建又包括单幅图像和多幅图像重建。

例如，医学检测用的B超与CT成像，都利用了基于图像的建模技术。多次扫描得到的数据等价于多个图像，然后利用这些二维图像构造三维数据，最后绘制出来。

虚拟现实，例如网上试衣系统，目前正在研究之中，其功能有待于进一步提高。给出身体的多个侧面图像，再根据衣服的图像或者尺寸大小，将虚拟的消费者试穿效果再现出来，这也属于基于图像的绘制技术。

基于图像的建模方法是一种新的方法，有着重要的意义以及较好的发展前景。

8.3　OpenGL 图像操作

OpenGL 提供了图像绘制功能、像素操作功能、某些图像读取与显示等功能。

8.3.1　二值图形绘制

所谓二值图形就是使用两种颜色（一般用黑白）绘制图形（或者图像），很多实际图形应用场合只需要两种颜色就可以表达清楚。

字符一般都是用二值图形（图像）来表示的，例 8-6 就是使用 OpenGL 绘制字符。

【例 8-6】 绘制字符。

```
#include <GL/glut.h>
GLubyte rasterF[12] = {                    //十六进制数组成的 Glubyte 类型的数组
    0xc0, 0xc0, 0xc0, 0xc0, 0xc0,0xfc,
    0xfc, 0xc0, 0xc0, 0xc0, 0xff,0xff};
GLubyte rasterE[12] = {
    0xff, 0xff, 0xc0, 0xc0, 0xc0,0xfc,
    0xfc, 0xc0, 0xc0, 0xc0, 0xff,0xff};
void myinit()
{
    glPixelStorei(GL_UNPACK_ALIGNMENT, 1);
    glClearColor(0.0, 0.0, 0.0, 0.0);  //黑色背景
    glClear(GL_COLOR_BUFFER_BIT);
}
void display()
{
    glColor3f(1.0, 0.0, 1.0);
    glRasterPos2i(100, 200);             //设置坐标位置
    glBitmap(8, 12, 0.0, 0.0, 20.0, 20.0, rasterF);
    glColor3f(1.0, 1.0, 0.0);
    glRasterPos2i(150, 200);             //重新设置坐标位置，上面的偏移量不起作用了
    glBitmap(8, 12, 0.0, 0.0, 0.0, 0.0, rasterE);
```

```
    glFlush();
}
void myReshape(GLsizei w, GLsizei h)
{
    glViewport(0, 0, w, h);
    glMatrixMode(GL_PROJECTION);
    glLoadIdentity();
    glOrtho(0, w, 0, h, -1.0, 1.0);
}
void main(int argc, char** argv)
{
    glutInit(&argc, argv);
    glutCreateWindow("simple");
    myinit();
    glutDisplayFunc(display);
    glutReshapeFunc(myReshape);
    glutMainLoop();
}
```

该程序运行结果如图 8-10 所示。

语句 glBitmap(8，12，0.0，0.0，20.0，20.0，rasterF)是该程序中最重要的一个函数，8 与 12 分别为高度与宽度；0.0 与 0.0 设当前位置的偏移量为 0，即在当前位置绘制；20.0 与 20.0 是绘制完后，将当前坐标(焦点)位置横纵坐标都增加 20；rasterF 是绘图用数组。

该例中，字符大小为 12 行 8 列的方阵，每一行数据用 8 位十六进制数表示，放大后如图 8-11 所示。

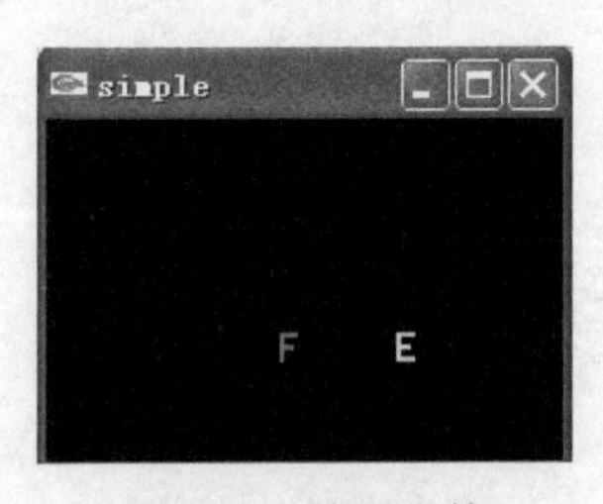

图 8-10 绘制字符

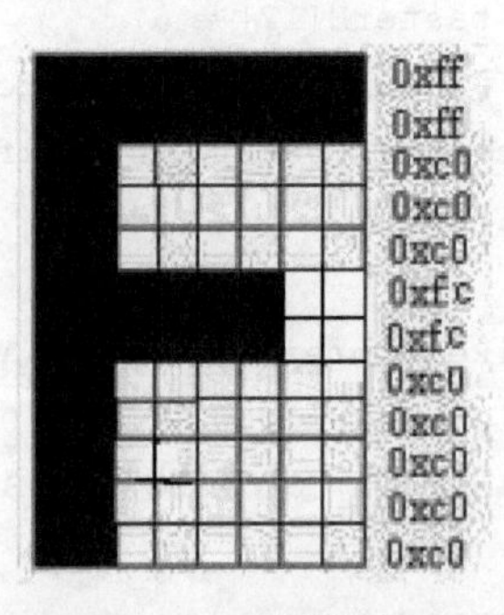

图 8-11 字符的表达

如果把上面程序中的绘制字母“F”的数组修改为如下所示：

```
GLubyte rasterF[24] = {
    0xc0, 0xc0, 0xc0, 0xc0, 0xc0, 0xc0, 0xc0, 0xc0, 0xc0, 0xc0,
    0xfc, 0xfc, 0xfc, 0xfc, 0xc0, 0xc0, 0xc0, 0xc0, 0xc0, 0xc0,
    0xff,0xff,0xff,0xff};
```

再修改绘图语句如下：

```
glBitmap (8, 24, 0.0, 0.0, 20.0, 20.0, rasterF);
```

那么，程序运行后将会绘制出一个高24、宽8的"F"。

【例8-7】 绘制棋盘。

```
#include <GL/glut.h>
GLubyte wb[2]= {0x00, 0xff};
GLubyte c[512] ;
void myinit()
{
    glClearColor(0.0, 0.0, 0.0, 0.0);
    glClear(GL_COLOR_BUFFER_BIT);
}
void display()
{
    int i,j;
    for(i=0;i<64;i++)                    //在此再一次体会循环嵌套语句的妙处
        for(j=0;j<8;j++)
            c[i * 8+j]=wb[(i/8+j)%2];   //因为对2取余数,wb数组下标只能为0或者1
    glColor3f(1.0, 0.0, 0.0);
    glBitmap(64, 64, 0.0, 0.0, 0.0, 0.0, c);
    glFlush();
}
void main(int argc,char** argv)
{
    glutInit(&argc,argv);
    glutCreateWindow("simple");
    myinit();
    glutDisplayFunc(display);
    glutMainLoop();
}
```

编译运行程序，绘制的棋盘如图8-12所示。

图8-12　棋盘

8.3.2　读写像素

OpenGL提供了最基本的像素读和写函数。

读取像素函数：

```
void glReadPixels(GLint x,GLint y,GLsizesi width,GLsizei height, GLenum
format,GLenum type,GLvoid * pixel);
```

函数参数x,y定义要读取的图像块左下角点的坐标；width和height分别是要读取图像块的高度和宽度；* pixel是一个指针，指向存储图像数据的数组；参数format规定所读像素数据元素的颜色格式(索引值或R、G、B、A值等)；参数type指出元素的数据类型。

写入(绘制)像素函数:

```
void glDrawPixels(GLsizesi width,GLsizei height,GLenum format, GLenum type,
GLvoid *pixel);
```

函数参数 format 和 type 与函数 glReadPixels()中同名参数意义相同,pixel 指向的数组内存储着要绘制的像素数据。调用该函数前必须先设置当前坐标(焦点)位置,以确定绘制图像的位置。

【例 8-8】 绘制图形,然后读取图形以及背景的颜色值。

```
#include <GL/glut.h>
#include <stdio.h>
void myinit()
{
    glClearColor(0.0,0.5,1.0,1.0);
    glReadBuffer(GL_BACK);                  //为读操作选择一个缓存
    glPixelStorei(GL_PACK_ALIGNMENT,1);    //设置像素存储模式参数 GL_PACK_ALIGNMENT
                                            //的值为 1
}
void display()
{
    glClear(GL_COLOR_BUFFER_BIT);
    glColor3ub(255,255,0);                  //用无符号单字节整型数设置彩色颜色
    glRecti(25,25,75,75);                   //以整数参数形式绘制一个矩形
    glFlush();
}
void myReshape(GLsizei w, GLsizei h)
{
    glViewport(0, 0, w, h);
    glMatrixMode(GL_PROJECTION);
    glLoadIdentity();
    gluOrtho2D(0.0, (GLfloat)w, 0.0, (GLfloat)h);
    glMatrixMode(GL_MODELVIEW);
}
void mouse(int s,int b,int x,int y)
{
    GLubyte pixels[3];                                          //定义无符号字节数组
    glutPostRedisplay();
    if(b==GLUT_LEFT_BUTTON && s==GLUT_DOWN){
    glReadPixels(x,y,1,1,GL_RGB,GL_UNSIGNED_BYTE,pixels); //读取一个像素颜色
    printf("%d %d %d\n",pixels[0],pixels[1],pixels[2]);   //在控制台输出颜色值
    }
}
void main(int argc,char** argv)
```

```
{
    glutInit(&argc,argv);
    glutInitDisplayMode(GLUT_SINGLE|GLUT_RGB);
    glutInitWindowSize(100,100);                    //设置绘图窗口大小
    glutInitWindowPosition(150,150);                //设置绘图窗口弹出位置
    glutCreateWindow("simple");                     //创建窗口,标题为 simple
    myinit();
    glutDisplayFunc(display);
    glutMouseFunc(mouse);
    glutReshapeFunc (myReshape);
    glutMainLoop();
}
```

该程序运行后，绘制出一个黄色的矩形，在该黄色矩形上单击鼠标，显示出其颜色值为 255 255 0，在背景上单击鼠标，显示出背景色为 0 128 255，如图 8-13 所示。

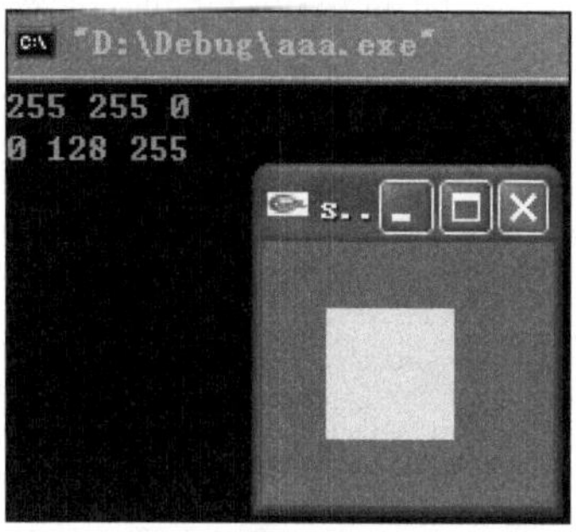

图 8-13 绘制图形并提取颜色值

【例 8-9】 给定像素的颜色值绘制图形(图像)。

```
#include <GL/glut.h>
#include "stdio.h"
void myinit()
{
    glClearColor(0.0,0.5,1.0,1.0);
    glDrawBuffer(GL_BACK);
}
void display()
{
    glClear(GL_COLOR_BUFFER_BIT);
    glRasterPos2f(20,20);                           //移动光标(焦点)到(20,20)位置
    GLubyte pixels[50][3];
    for(int i=0;i<50;i++)
        for(int j=0;j<3;j++)
            pixels[i][j]=25;                        //数组赋值,作为图形的颜色
    glDrawPixels(50,50,GL_RGB,GL_UNSIGNED_BYTE,pixels);  //绘制
    glFlush ();
}

void myReshape(GLsizei w, GLsizei h)
{
    glViewport(0, 0, w, h);
    glMatrixMode(GL_PROJECTION);
    glLoadIdentity();
    gluOrtho2D (0.0, (GLfloat)w, 0.0, (GLfloat)h);
```

```
    glMatrixMode(GL_MODELVIEW);
}

void main(int argc,char** argv)
{
    glutInit(&argc,argv);
    glutInitDisplayMode(GLUT_SINGLE|GLUT_RGB);
    glutInitWindowSize(100,100);
    glutInitWindowPosition(150,150);
    glutCreateWindow("simple");
    myinit();
    glutDisplayFunc(display);
    glutReshapeFunc (myReshape);
    glutMainLoop();
}
```

该程序的运行结果如图 8-14(a)所示。

如果把函数 display()修改为如下所示，程序的其他语句不变，那么运行结果如图 8-14(b)所示。

```
void display()
{
    glClear(GL_COLOR_BUFFER_BIT);
    GLubyte pixels[3];
    for(int i=0;i<50;i++)
    {
        for(int j=0;j<3;j++)
            pixels[j]=25;
        glRasterPos2f(20+i,20+i);                    //把光标移到参数表示的位置
        glDrawPixels(30,30,GL_RGB,GL_UNSIGNED_BYTE,pixels);
    }
    glFlush();
}
```

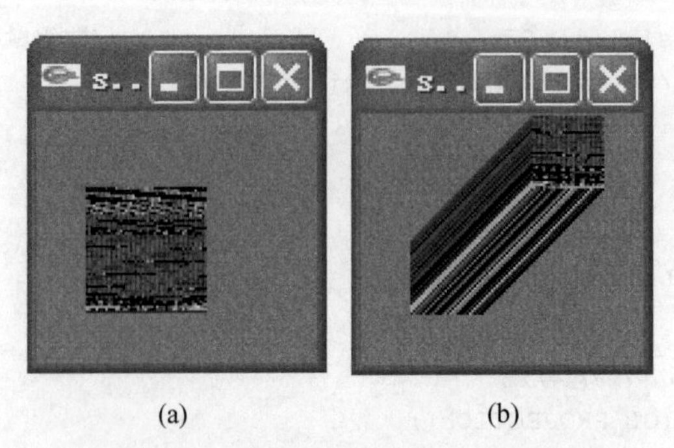

(a) (b)

图 8-14 给定像素值绘制图形(图像)

除了提供读写像素函数外，OpenGL 还提供了像素复制等功能。

8.3.3 像素复制

OpenGL 提供的像素复制函数是：

```
void glCopyPixels(GLint x,GLint y,GLsizesi width,GLsizei height,GLenum type);
```

这个函数的功能是复制左下角点在(x,y)，尺寸为 width、height 的矩形区域内像素数据，复制后直接进行绘制，以当前坐标位置作为图像的左上角。

【例 8-10】 绘制并复制图形。

```
#include <GL/glut.h>
#include <math.h>
void P()
{
    glBegin(GL_POLYGON);
        for(float t=0;t<6.5;t=t+0.2)
        {
            glColor3f(1-t/6, t/6, t/6);
            glVertex2f(5.0*cos(t), 5.0*sin(t));
        }
    glEnd();
}
void SourceImage()
{
    glPushMatrix();
    glLoadIdentity();
    glTranslatef(6.0,10.0,0.0);
    glScalef(0.2,0.2,0.2);
    P();
    glPopMatrix();
}
void display()
{
    int i;
    SourceImage();                                  //绘制原始图像
    for(i=0;i<4;i++)                                //复制图像
    {
      glRasterPos2i(1+i*2,i*2-1);
      glCopyPixels(120,310,170,120,GL_COLOR);
    }
    glFlush();
}
void myReshape(GLsizei w, GLsizei h)
```

```
{
    glViewport(0, 0, w, h);
    glMatrixMode(GL_PROJECTION);
    glClear (GL_COLOR_BUFFER_BIT);
    glLoadIdentity();
    gluOrtho2D (0.0, 15.0, 0.0, 15.0 * (GLfloat) h/(GLfloat) w);
    glMatrixMode(GL_MODELVIEW);
}
void main(int argc,char** argv)
{
    glutInit(&argc,argv);
    glutInitWindowSize(500,500);
    glutCreateWindow("simple");
    glutReshapeFunc (myReshape);
    glutDisplayFunc(display);
    glutMainLoop();
}
```

该程序运行后，先绘制一个彩色的球（左上角），然后再复制并绘制几个同样的球，如图 8-15 所示。由于复制的是矩形区域，绘制时也是绘制矩形区域，所以出现了图形缺失（或者说是被覆盖）的情况。

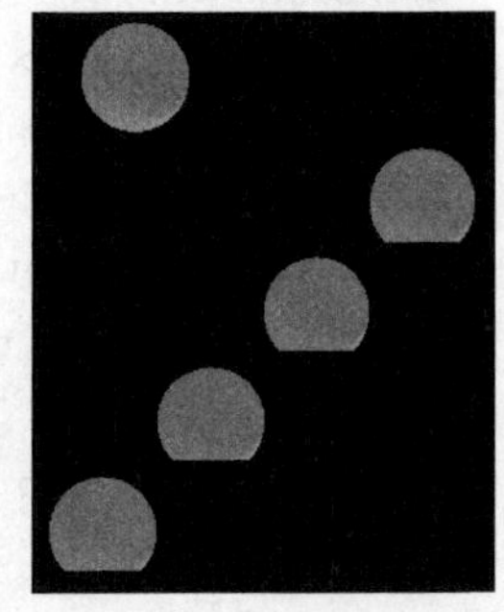

图 8-15　复制图像

另外，OpenGL 还提供了从硬盘设备等读取图像的功能，也设计了图像缩放等函数。

8.4　OpenGL 函数解析（六）

下面介绍几个与图像处理相关的 OpenGL 函数。

8.4.1　OpenGL 函数 glDrawBuffery()与 glReadBuffer()

函数 glDrawBuffer()指定要写入的缓存，glReadBuffer()指定要读取的缓存。

使用双缓存，通常只绘制后缓存，并在绘制完成后交换缓存。通过调用函数 glDrawBuffer()可以同时绘制前缓存和后缓存。

1. 函数 glDrawBuffer()

函数 glDrawBuffer()的完整形式为：

```
void glDrawBuffer(GLenum mode);
```

其功能是指定要写入或消除的颜色缓存以及禁用之前被启用的颜色缓存，可以一次性启用多个缓存。

GLenum mode 可以是下面的参数。

GL_FRONT：该选项是单缓存的默认值，即写前缓存。

GL_FRONT_RIGHT：写入右前缓存。

GL_NONE：没有(不设置)缓存区被写入。

GL_FRONT_LEFT：写入左前缓存。

GL_FRONT_AND_BACK：前后缓存都开启。

GL_RIGHT：写入右缓存。

GL_AUXi：i表示第几个辅助缓存。

GL_LEFT：写入左缓存。

GL_BACK_RIGHT：写入右后缓存。

GL_BACK：双缓存的默认值，即写后缓存。

GL_BACK_LEFT：写入左后缓存。

【注】 启用多个缓存用于写操作时，只要其中一个缓存存在，就不会发生错误。如果指定的缓存都不存在，就会发生错误。

2. 函数 glReadBuffer()

函数 glReadBuffer()的完整形式为：

```
void glReadBuffer(GLenum mode);
```

其功能是启用以前被函数 glReadBuffer()启用的缓存，接下来可以调用函数 glReadPixels()，glCopyPixels()，glCopyTexImage*()，glCopyTexSubImage*()和 glCopyConvolutionFilter*()读取缓存。

参数 mode 取值如下。

GL_FRONT：使用该参数，意味着单缓存。

GL_FRONT_RIGHT：以下这些参数与前面 glDrawBuffer 中类似，只是这里为读取。

GL_BACK_RIGHT。

GL_FRONT_LEFT。

GL_LEFT。

GL_AUX。

GL_BACK_LEFT。

GL_BACK：使用该参数，意味着单缓存。

GL_RIGHT。

【注】 启用缓存用于读取操作时，指定的具体的缓存必须存在，否则将发生错误。这一点与写缓存不同。

3. 简单说明

OpenGL 并不是直接在屏幕上绘制图元，而是先渲染到缓冲区中，然后再交换到屏幕上。颜色缓冲区有两个，一个是前颜色缓冲区，一个是后颜色缓冲区。因为绘制的本质就是在每个像素点上绘制出颜色，所以这里也称为颜色缓冲区。OpenGL 默认是在后颜色缓冲区中绘制，然后再通过 glutSwapBuffers(或者操作系统的缓冲区交换函数)交换前后缓冲区。也可以直接在前缓冲区中进行绘制，这样能够看到一些动画的绘制效果。

8.4.2 OpenGL 函数 glutBitmapCharacter()

在这一节中，首先给出 glutBitmapCharacter()的用法，包括其参数的用法；然后给出简单实用的程序进行说明。

glutBitmapCharacter()函数的调用形式为：glutBitmapCharacter(font，character)，该函数是 glut 工具函数，用于在 glut 窗口某位置显示字符。

参数 font 设置字符的字体，可以使用的形式有：GLUT_BITMAP_8_BY_13，GLUT_BITMAP_9_BY_15，GLUT_BITMAP_TIMES_ROMAN_10，GLUT_BITMAP_TIMES_ROMAN_24 等。

参数 character 是要显示的字符。

【例 8-11】 使用 glutBitmapCharacter()函数在 glut 窗口中绘制字符。

设计程序如下：

```
#include<GL/glut.h>
void myinit(void)
{
    glClearColor(1.0,1.0,1.0,0.0);
    glColor3f(1.0,0.0,0.0);
    glLoadIdentity();
    gluOrtho2D(0.0,100.0,0.0,100.0);
}
void drawtext()
{
    glClear(GL_COLOR_BUFFER_BIT);
    float x=60;
    float y=30;
    char * string="Thanks to you!";
    char * c;
    glRasterPos2f(x,y);
    for(c=string; * c!='\0';c++)
    {
        glutBitmapCharacter(GLUT_BITMAP_8_BY_13, * c);
    }
}
void display(void)
{
    glClear(GL_COLOR_BUFFER_BIT);
    glViewport(0,0,100,100);
    drawtext();
    glFlush();
}
int main(int argc,char** argv)
{
```

```
    glutInit(&argc,argv);
    glutInitDisplayMode(GLUT_SINGLE|GLUT_RGB);
    glutInitWindowSize(200,80);
    glutInitWindowPosition(0,0);
    glutCreateWindow("Bitmap character");
    glutDisplayFunc(display);
    myinit();
    glutMainLoop();
}
```

程序运行后，显示的结果如图 8-16 所示。

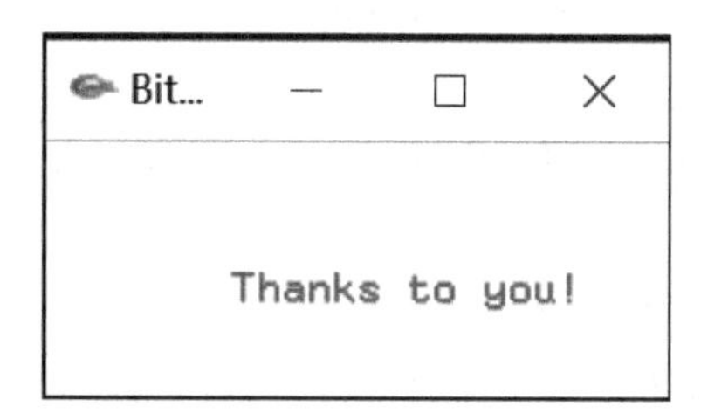

图 8-16　显示字符

8.4.3　OpenGL 图像操作函数

1. glRasterPos()

函数 void glRasterPos4d(GLdouble x, GLdouble y, GLdouble z = 0, GLdouble w = 1)也可以写成 void glRasterPos4dv(const GLdouble * v)，该函数使用模型观视矩阵与投影矩阵确定当前光栅位置坐标。

2. glWindowPos()

函数 glWindowPos(Type x, Type y, Type z)是用窗口坐标指定当前光栅位置，不必进行矩阵变换、裁剪或纹理坐标生成。z 值被变换为由 glDepthRange()设置的当前近侧平面值和远侧平面值。

3. glBitmap()

函数 void glBitmap (GLsizei, GLsizei height, GLfloat xorig, GLfloat yorig, GLfloat, GLfloat, const GLubyte * bitmap)是用来绘制由 bitmap 指定的位图，bitmap 是一个指向位图图像的指针，位图的原点是当前光栅位置，如果当前光栅位置无效，则这个函数不会绘制任何东西。width 和 height 表示位图的宽度和高度。xmove 和 ymove 表示位图光栅化之后光栅坐标的 x 增加值和 y 增加值。

4. glReadPixels()

函数 void glReadPixels(GLint x, GLint y, GLsizei width, GLsizei height, GLenum format, GLenum type, GLvoid * pixels)从缓冲区中的一个矩形区域读取像素数据，这个矩形区域的左下角窗口坐标为(x,y)，宽度和高度分别为 width,height。

5. glMinmax()与 glMinmax()

函数 glMinmax(GLenum target,GLenum internalFormat,GLboolean sink)与函数

glMinmax(GL_MINMAX, GL_RGB, GL_FALSE),再加上函数语句 glEnable(GL_MINMAX)可以计算图像的最小像素值和最大像素值。

6. glHistogram()

函数 glHistogram(GLenum target, GLsizei width, GLenum internalFormat, GLboolean sink)与函数 glHistogram(GL_HISTOGRAM, HISTOGRAM_SIZE, GL_RGB, GL_FALSE)定义了图像的灰度直方图数据。

7. glConvolutionFilter()

函数 glConvolutionFilter2D(GLenum target, GLenum , GLsizei width, GLsizei height, GLenum format, GLenum type, const GLvoid *image)定义一个二维卷积过滤器,其中,参数 target 必须是 GL_CONVOLUTION_2D。

8.5 迭代吸引子图形绘制

例 1-12 绘制出的图形就是近似的混沌吸引子。例 2-29 与例 2-30 绘制出的树与山也是近似的吸引子,因为树与山具有自相似结构,所以通常将这样的吸引子叫作分形图。

8.5.1 正弦函数与二元二次随机多项式函数迭代

下面利用正弦函数曲面和随机曲面进行迭代,来绘制吸引子。正弦函数和随机多项式函数构成的迭代表达式如下。

$$\begin{cases} z_1 = f(x,y) = \sin(k(x^2+y^2)) \\ z_2 = g(x,y) = a_0 + a_1x + a_2y + a_3x^2 + a_4y^2 + a_5xy \end{cases} \qquad \begin{cases} x = z_1 \\ y = z_2 \end{cases}$$

【例 8-12】 正弦函数与多项式函数迭代,绘制吸引子图形。

在 VC++ 的单文档项目中,将下面程序段写入 OnDraw()函数中。

```
double k,x,y;
k=3.14;
double a[6],b[6],xx[10000],yy[10000];
double xmax,ymax,xmin,ymin;
for(int i=0;i<6;i++)
{
    a[i] = rand()/32767.0-0.5;
}
FILE * fp;          //加入文件操作,将随机生成的多项式系数写入文件,存储保留观察分析
fp = fopen(".\\a.txt","wb+");
for(i=0;i<10;i++)
{
    fprintf(fp,"%lf ",a[i]);
}
fclose(fp);
int p=0;
xmax = -10; xmin = 100; ymax = -10; ymin = 100;
```

```
for(x=-1;x<=1;x=x+0.1)
    for(y=-1;y<=1;y=y+0.1)
    {   //计算多项式的最大值与最小值(近似的)
        xx[p]=a[0]+a[1]*x+a[2]*y+a[3]*pow(x,2)+a[4]*pow(y,2)+a[5]*x*y;
        if(xx[p]>xmax)
            xmax = xx[p];
        if(xx[p]<xmin)
            xmin = xx[p];
        p++;
    }
    x=0.2;y=0.3;
    double x1,y1;
    for(i=0;i<=2000;i++)
    {
        x1=a[0]+a[1]*x+a[2]*y+a[3]*pow(x,2)+a[4]*pow(y,2)+a[5]*x*y;
        if(x1>=0)    //将多项式调整到-1~+1
            x1=(x1-xmin)/(abs(xmax-xmin)+0.001);
        else
            x1=-(x1-xmin)/(abs(xmax-xmin)+0.001);
        y1=sin((pow(x,2)+pow(y,2))*k);
        x=x1;y=y1;
        pDC->SetPixel(int(x*100)+120,int(y*100)+150,RGB(0,0,0));
    }
```

运行程序，就可以绘制出吸引子。因为是随机生成多项式函数的系数，所以，每次产生的吸引子并不相同。

实际上，调整多项式结构，增加或者删除多项式的某项，都可以产生新的结果。

8.5.2 调整正弦函数观察迭代结果

现在调整正弦函数，例如，修改为 $f(x,y)=\sin(k(x^3+y))$ 和 $f(x,y)=\sin(k(x+y^3))$，其中，$k=3.14159$。依旧是采用8.5.1节的方法，当迭代函数式为 $f(x,y)=\sin(k(x+y^3))$ 时，可以绘制出众多的、几乎不可穷尽的吸引子图形，如图8-17所示的三个图形。

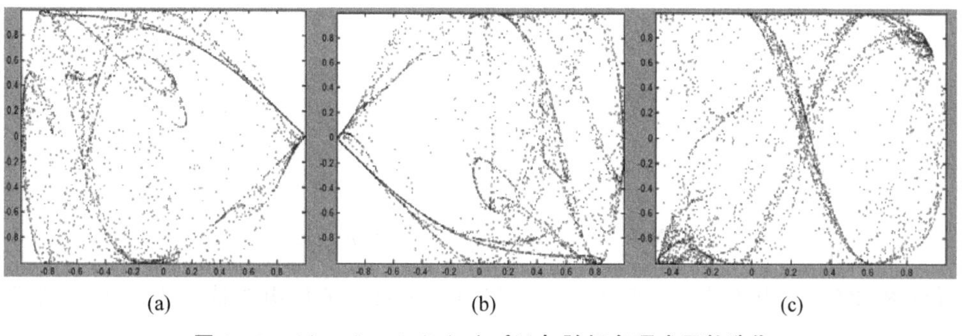

(a) (b) (c)

图 8-17 $f(x,y)=\sin(k(x+y^3))$ 与随机多项式函数迭代

图 8-17(a)的参数与系数为：

```
k =3.1416
a =0.1090    0.9112   -0.9439    0.7408   -0.2494
```

图 8-17(b)的参数与系数为：

```
k=3.1416
a=-0.4614    0.3433    0.0344   -0.7099    0.2883
```

图 8-17(c)的参数与系数为：

```
k=3.1416
a=-0.6409   -0.1945   -0.2987   -0.5702   -0.3411
```

当迭代函数式为 $f(x,y)=\sin(k(x^3+y))$时，绘制出的图形如图 8-18 所示，多项式的系数与图 8-17 相同。

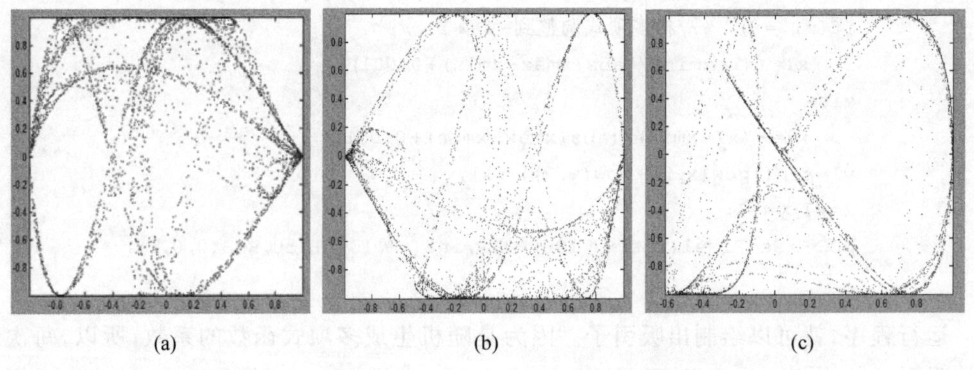

图 8-18 $f(x,y)=\sin(k(x^3+y))$与随机多项式函数迭代

8.5.3 离散余弦变换基函数作为辅助函数

在多次的实验过程中发现，两个随机多项式构造迭代系统，极难出现吸引子。使用一个正弦函数与随机多项式构造迭代系统，很容易出现混沌。下面使用离散余弦变换基函数代替正弦函数与随机多项式构造迭代系统，迭代绘制吸引子。这里将正弦函数或者离散余弦变换基函数等叫作辅助函数。

下式就表示离散余弦变换的基函数，一共 $M\times N$ 个。

$$\alpha_p\alpha_q\cos\frac{\pi(2m+1)p}{2M}\cos\frac{\pi(2n+1)q}{2N},\quad 0\leqslant p\leqslant M-1, 0\leqslant q\leqslant N-1$$

其中，$\alpha_p=\begin{cases}\dfrac{1}{\sqrt{M}}, & p=0\\ \sqrt{\dfrac{2}{M}}, & 1\leqslant p\leqslant M-1\end{cases}\qquad \alpha_q=\begin{cases}\dfrac{1}{\sqrt{N}}, & q=0\\ \sqrt{\dfrac{2}{N}}, & 1\leqslant q\leqslant N-1\end{cases}$

【例 8-13】 使用离散余弦变换基函数与随机多项式函数构造迭代表达式，绘制吸引子图形。

使用下面的算法描述绘制。

```
定义所需要用到的参数
for x=-1:0.03:1
    for y=-1:0.03:1
        计算随机多项式的最大值与最小值
    end
end
xmax=最大值;xmin=最小值;
给迭代用的 x 和 y 赋初始值;
for i=1:1000
    把初始值 x 和 y 代入随机多项式函数与离散余弦变换基函数中计算 z1 和 z2;
    用下面的公式调整随机多项式函数:
    z1(i)=2*(z1(i)-0.5*(xmax+xmin))/(xmax-xmin)
    用下面的公式调整离散余弦变换基函数:
    z2(i)=z2(i)*t,将该函数放大一定倍数;
    把 z1 赋值给 x,把 z2 赋值给 y;
end
for i=1:1000
    绘制出数组 z1 和 z2 中的点
end
```

在程序运行结果中选择 4 个，如图 8-19 所示。

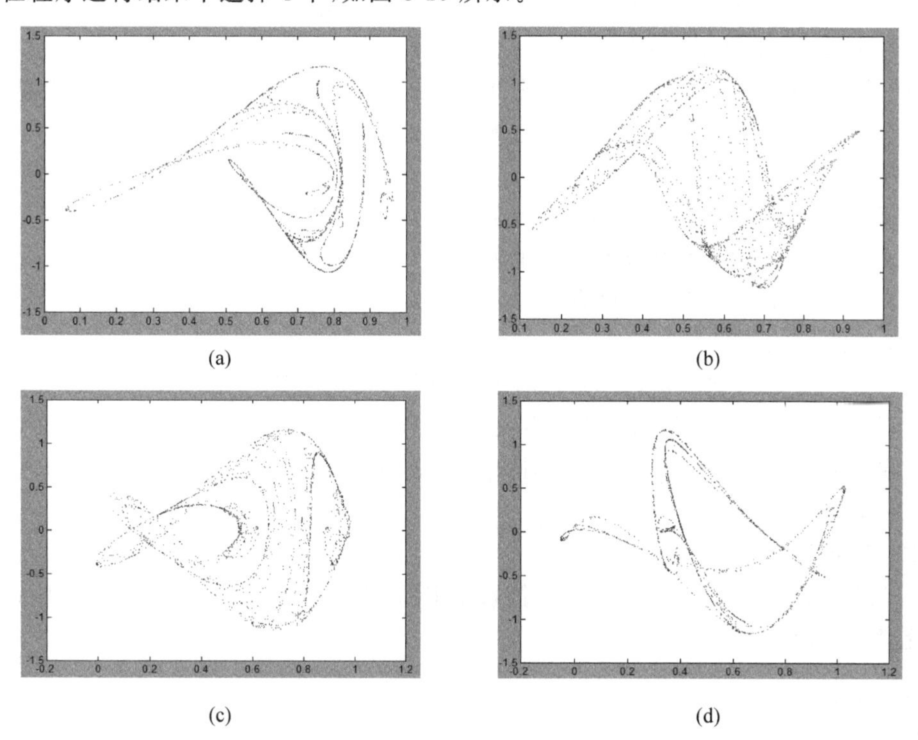

图 8-19　离散余弦变换基函数与随机多项式迭代

图 8-19(a)系数为：

```
a =0.2727   -0.1981  -0.0268   0.5009  -0.7476  -0.9139  -0.2581
```

图 8-19(b)系数为：

```
a =0.4082   -0.0782  -0.2715  -0.4395  -0.8476  -0.1108  -0.6686
```

图 8-19(c)系数为：

```
a =0.6870   -0.1525   0.0895   0.0559  -0.6298  -0.8366  -0.0718
```

图 8-19(d)系数为：

```
a =0.7117    0.4488  -0.6018  -0.6854  -0.2590   0.7245   0.3695
```

图 8-17～图 8-19 都是使用 MATLAB 软件绘制的。

习　题

一、程序修改题

1. 修改例 8-1 程序，然后调试运行，观察绘制结果。

(1) 将程序中的粒子数 1500 修改为 3000。

(2) 修改数组 colors 的元素值。

(3) 将语句 particle[k].yg＝－0.8f 中的－0.8 修改为 0.8。

(4) 注释掉语句 particle[k].yi＋＝particle[k].yg;。

(5) 将 glBegin(GL_TRIANGLE_STRIP)与 glEnd()之间语句中的 0.5 都改成 0.1。

2. 修改例 8-3 程序，使其效果更接近爆炸效果。

3. 修改例 8-6 程序，绘制字母“B”。

4. 添加绘制语句，绘制出棋盘的四周边界。

5. 修改例 8-8 程序，分析运行结果的变化。

(1) 修改 glCorlor3ub()参数值。

(2) 修改 glRecti()的参数值。

(3) 修改程序，使得单击鼠标右键时提取像素点的颜色值。

6. 修改例 8-11 程序，使输出的文字大一些。

7. 修改例 8-12 程序，将语句 y1＝sin(pow(x,2)＋pow(y,2) * k)；修改为 y1＝cos(5 * x) * cos(6 * y);。

二、程序分析题

1. 例 8-1 的程序是从 Nehe 教程中摘取出来的，原来的 int DrawGLScene(GLvoid)函数的完整代码如下。

```
int DrawGLScene(GLvoid)                        //Here's Where We Do All The Drawing
{
    glClear(GL_COLOR_BUFFER_BIT | GL_DEPTH_BUFFER_BIT);
```

```
                                         //Clear Screen And Depth Buffer
    glLoadIdentity();                    //Reset The ModelView Matrix
    for(loop=0;loop<MAX_PARTICLES;loop++)    //Loop Through All The Particles
    {
        if(particle[loop].active)        //If The Particle Is Active
        {
            float x=particle[loop].x;        //Grab Our Particle X Position
            float y=particle[loop].y;        //Grab Our Particle Y Position
            float z=particle[loop].z+zoom;   //Particle Z Pos + Zoom
            //Draw The Particle Using Our RGB Values, Fade The Particle Based On
It's Life
            glColor4f(particle[loop].r,particle[loop].g,particle[loop].b,
particle[loop].life);
            glBegin(GL_TRIANGLE_STRIP);      //Build Quad From A Triangle Strip
                glTexCoord2d(1,1); glVertex3f(x+0.5f,y+0.5f,z);   //Top Right
                glTexCoord2d(0,1); glVertex3f(x-0.5f,y+0.5f,z);   //Top Left
                glTexCoord2d(1,0); glVertex3f(x+0.5f,y-0.5f,z);
                                         //Bottom Right
                glTexCoord2d(0,0); glVertex3f(x-0.5f,y-0.5f,z);
                                         //Bottom Left
            glEnd();                         //Done Building Triangle Strip
            //Move On The X Axis By X Speed
            particle[loop].x+=particle[loop].xi/(slowdown*1000);
            //Move On The Y Axis By Y Speed
            particle[loop].y+=particle[loop].yi/(slowdown*1000);
            //Move On The Z Axis By Z Speed
            particle[loop].z+=particle[loop].zi/(slowdown*1000);
            particle[loop].xi+=particle[loop].xg;
                                         //Take Pull On X Axis Into Account
            particle[loop].yi+=particle[loop].yg;
                                         //Take Pull On Y Axis Into Account
            particle[loop].zi+=particle[loop].zg;
                                         //Take Pull On Z Axis Into Account
            particle[loop].life-=particle[loop].fade;
                                         //Reduce Particles Life By 'Fade'
            if(particle[loop].life<0.0f)     //If Particle Is Burned Out
            {
                particle[loop].life=1.0f;    //Give It New Life
                particle[loop].fade=float(rand()%100)/1000.0f+0.003f;
                                         //Random Fade Value
                particle[loop].x=0.0f;       //Center On X Axis
                particle[loop].y=0.0f;       //Center On Y Axis
                particle[loop].z=0.0f;       //Center On Z Axis
                //X Axis Speed And Direction
```

```
                particle[loop].xi=xspeed+float((rand()%60)-32.0f);
                //Y Axis Speed And Direction
                particle[loop].yi=yspeed+float((rand()%60)-30.0f);
                particle[loop].zi=float((rand()%60)-30.0f);
                                                //Z Axis Speed And Direction
                particle[loop].r=colors[col][0];
                                                //Select Red From Color Table
                particle[loop].g=colors[col][1];
                                                //Select Green From Color Table
                particle[loop].b=colors[col][2];
                                                //Select Blue From Color Table
            }
            //If Number Pad 8 And Y Gravity Is Less Than 1.5 Increase Pull Upwards
            if (keys[VK_NUMPAD8] && (particle[loop].yg<1.5f)) particle[loop].
    yg+=0.01f;
            //If Number Pad 2 And Y Gravity Is Greater Than -1.5 Increase
    Pull Downwards
            if (keys[VK_NUMPAD2] && (particle[loop].yg>-1.5f)) particle[loop].
    yg-=0.01f;
            //If Number Pad 6 And X Gravity Is Less Than 1.5 Increase Pull Right
            if (keys[VK_NUMPAD6] && (particle[loop].xg<1.5f)) particle[loop].
    xg+=0.01f;
            //If Number Pad 4 And X Gravity Is Greater Than -1.5 Increase
    Pull Left
            if(keys[VK_NUMPAD4] && (particle[loop].xg>-1.5f)) particle[loop].
    xg-=0.01f;
            if(keys[VK_TAB])                    //Tab Key Causes A Burst
            {
                particle[loop].x=0.0f;          //Center On X Axis
                particle[loop].y=0.0f;          //Center On Y Axis
                particle[loop].z=0.0f;          //Center On Z Axis
                particle[loop].xi=float((rand()%50)-26.0f)*10.0f;
                                                //Random Speed On X Axis
                particle[loop].yi=float((rand()%50)-25.0f)*10.0f;
                                                //Random Speed On Y Axis
                particle[loop].zi=float((rand()%50)-25.0f)*10.0f;
                                                //Random Speed On Z Axis
            }
        }
    }
    return TRUE;                                //Everything Went OK
}
```

分析比较上面的代码与例 8-1 程序中函数 int DrawGLScene(GLvoid)中代码的异

同。并尝试使用上面的代码替换例8-1中函数int DrawGLScene(GLvoid)中代码后，调试运行，观察分析。

2. 读例8-1程序，然后解答下面各问题。

(1) 将该程序改在C++ Source File上运行。

(2) 将该程序改在MFC单文档上运行。

(3) 该程序的爆炸效果，在视觉上是粒子向四周运动，是哪些语句决定了粒子向四周运动？

(4) xi、yi、zi起什么作用？xg、yg、zg起什么作用？

(5) 为什么粒子往前来，越来越大？

(6) 为什么注释掉融合语句，粒子会变成小圆粒？

(7) 将glBegin与glEnd(包括这两个语句)之间的代码删除，运行程序，观察结果。

(8) 为什么粒子的颜色随着时间的增加而改变？哪些语句实现了这个功能？

(9) 有些粒子随着时间推移，逐渐消失，这一功能是哪些语句实现的？

(10) 修改程序，制作出粒子流淌(或者液体流淌)的效果。

(11) 在程序中加入更多的各种力的作用，使得爆炸效果更加复杂化。

(12) 在这个爆炸效果中，能够循环播放，这一功能是哪些语句实现的？

3. 结合例2-29与例8-8，分析研究GetPixel()函数与glReadpixels()函数的异同。

4. 结合例2-29与例8-9，分析研究SetPixel()函数与glDrawPixels()函数的异同。

5. 例8-9中，程序语句glRasterPoszf(20+i,20+i)实现的功能是什么？

6. 读例8-10程序，回答问题。

(1) 语句for(float t=0;t<6.5;t=t+0.2)中，改变6.5与0.2的值，会影响哪些效果？

(2) 函数glRasterPoszi(1+i&2,i&2-1)实现的功能是什么？

(3) 函数glCopyPixels(120,310,170,120,GL_CoLoR)实现的功能是什么？

(4) 函数glTranslatef(6.0,10.0,0.0)实现的功能是什么？

(5) 函数glScalef(0.2,0.2,0.2)实现的功能是什么？

7. 例8-11程序中，函数glutBitmapCharacter()有两个参数，分别是什么类型？第一个参数决定了什么？第二个参数的作用是什么？

8. 例8-12程序中，为什么要使用语句x1=(x1-Xmin)/(abs(Xmax-Xmin)+0.001)进行“归一化”？为什么要加上0.001？

9. 下面的程序是要绘制一个螺旋，设置缓冲区初值后，用glDrawBuffer(GLenum GL_FRONT)写入前缓冲，再利用glReadBuffer(GLenum GL_FRONT)读取前缓冲颜色，运行下列程序，该程序是否有错误？如果有，改正错误，并分析该程序。

```
#include<GL/glut.h>
static void RenderScene()
{
    static GLdouble dRadius = 0.1;
    static GLdouble dAngle = 0.0;
    if(dAngle == 0.0)
```

```
    {
        glClear(GL_COLOR_BUFFER_BIT);
    }
    glColor3f(0.0f, 1.0f, 0.0f);
    glBegin(GL_POINTS);
        glVertex2f(dRadius * cos(dAngle), dRadius * sin(dAngle));
    glEnd();
    dRadius *= 1.01;
    dAngle += 0.1;
    if(dAngle > 30.0)
    {
        dRadius = 0.1;
        dAngle = 0.0;
    }
    glFlush();
}
    Void gldrawBuffer(GLenum GL_FRONT){
    GL_RED_BITS_=0;
    GL_GREEN_BITS_=255;                        //设置缓冲区 gl_front(默认值)为绿色
    GL_BLUE_BITS_=0;
    }
//定时绘制
static void Timer(int value)
{
    glDrawBuffer(GL_FRONT);                    //选择默认缓冲区
    glReadBuffer(GL_FRONT);                    //读取默认缓冲区
    glutTimerFunc(50, Timer, 0);
    glutPostRedisplay();
}
```

三、程序设计题

1. 在例 8-3 中，如果把绘制线段改成绘制点，并让某些点随着运动而消失，会与爆炸效果更加接近，尝试按这种想法修改程序。

2. 学习使用一种三维动画制作软件，例如学习 3ds Max 软件等。

3. 修改例 8-6 程序，使得绘制的字符大一些。

4. 修改例 8-6 程序，绘制出字符“1”“2”“3”。

5 修改例 8-8 程序，读取一个区域的像素数据，然后写在一个文件中，存储在机器的硬盘某个目录下。

6. 修改例 8-10 程序，使得复制后的图像不被覆盖，露出完整的球体来。

7. 设计程序，读入一个你喜欢的照相机拍摄的图像，绘制到 OpenGL 窗口中。

8. 将例 8-12 改为使用 OpenGL 函数实现。

9. 将例 8-13 用程序实现。

第9章 飞机动画制作与改进

本章介绍在MFC单文档环境下运行OpenGL程序，选择一个飞机动画制作实例进行讲解。该实例首先读入飞机模型数据，然后使用MFC提供的类函数等辅助OpenGL制作出动画效果，包括一些交互操作等。

9.1 使用单文档运行OpenGL程序

前面章节介绍过使用C++ Source File运行OpenGL程序，介绍了使用Win32平台运行OpenGL程序，下面介绍使用MFC单文档运行OpenGL程序。

9.1.1 单文档OpenGL程序

在单文档项目中进行OpenGL程序设计，最大的优势是能够更好地实现交互功能以及与机器设备等进行各种连接。

【例9-1】 建立单文档程序，使用OpenGL进行简单的程序设计。

(1) 建立一个单文档程序(单击菜单栏上的“文件”菜单，然后单击其子菜单“新建”，在出现的对话框中选择Project，然后选择MFC AppWizard[exe]，在弹出的对话框中选择“单文档”)，命名为MyOpenGL。

(2) 使用类向导(MFC ClassWizard)的消息映射在MyOpenGLView.cpp中添加对应消息WM_CREATE，WM_DESTROY，WM_LBUTTONUP的成员函数如下。

```
OnCreate(LPCREATESTRUCT lpCreateStruct);
OnDestroy();
OnLButtonUp(UINT nFlags, CPoint point);
```

(3) 在视图文件MyOpenGLView.cpp中加入代码。

加入的代码部分如以下粗体字所示。

```
CMyOpenGLView::CMyOpenGLView()
{
    bkcolor[0]=0.0f;
    bkcolor[1]=0.1f;
    bkcolor[2]=0.1f;
    my_pDC=NULL;
}
```

```
void CMyOpenGLView::mydraw()                          //可以在该函数中加入 OpenGL 代码
{
}
void CMyOpenGLView::OnDraw(CDC* pDC)
{
    CMyOpenGLDoc* pDoc = GetDocument();
    ASSERT_VALID(pDoc);
    static BOOL bBusy = FALSE;
    if(bBusy) return;
    bBusy = TRUE;
    glClear(GL_COLOR_BUFFER_BIT | GL_DEPTH_BUFFER_BIT);
    mydraw();                                         //调用绘图函数
    glMatrixMode(GL_PROJECTION);
    glLoadIdentity();
    glViewport(0, 0, 200, 200);
    glFinish();
    SwapBuffers(wglGetCurrentDC());
    bBusy = FALSE;
}
int CMyOpenGLView::OnCreate(LPCREATESTRUCT lpCreateStruct)
{
    if (CView::OnCreate(lpCreateStruct) == -1)
        return -1;
    myfirst();
    return 0;
}
void CMyOpenGLView::myfirst()
{
    PIXELFORMATDESCRIPTOR pfd;
    int       n;
    HGLRC       hrc;
    my_pDC = new CClientDC(this);
    ASSERT(my_pDC != NULL);
    if (!mypixelformat())
        return;
    n =::GetPixelFormat(my_pDC->GetSafeHdc());
    ::DescribePixelFormat(my_pDC->GetSafeHdc(), n, sizeof(pfd), &pfd);
    hrc = wglCreateContext(my_pDC->GetSafeHdc());
    wglMakeCurrent(my_pDC->GetSafeHdc(), hrc);
    GetClientRect(&my_oldRect);
    glClearDepth(1.0f);
    glEnable(GL_DEPTH_TEST);
    glMatrixMode(GL_MODELVIEW);
    glLoadIdentity();
```

```
}
BOOL CMyOpenGLView::mypixelformat()
{
    static PIXELFORMATDESCRIPTOR pfd =
    {
        sizeof(PIXELFORMATDESCRIPTOR),
        1,
        PFD_DRAW_TO_WINDOW |
          PFD_SUPPORT_OPENGL|                    //支持 OpenGL
          PFD_DOUBLEBUFFER,                      //双缓存
        PFD_TYPE_RGBA,
        24,
        0, 0, 0, 0, 0, 0,
        0,
        0,
        0,
        0, 0, 0, 0,
        32,
        0,
        0,
        PFD_MAIN_PLANE,
        0,
        0, 0, 0
    };
    int pixelformat;
    if ( (pixelformat = ChoosePixelFormat(my_pDC->GetSafeHdc(), &pfd)) == 0)
    {
        MessageBox("ChoosePixelFormat failed");
        return FALSE;
    }
    if (SetPixelFormat(my_pDC->GetSafeHdc(), pixelformat, &pfd) == FALSE)
    {
        MessageBox("SetPixelFormat failed");
        return FALSE;
    }
    return TRUE;
}
void CMyOpenGLView::OnDestroy()
{
    CView::OnDestroy();
    HGLRC  hrc;
    hrc = ::wglGetCurrentContext();
    ::wglMakeCurrent(NULL,  NULL);
    if (hrc)
```

```
        ::wglDeleteContext(hrc);
    if (my_pDC)
        delete my_pDC;
}
void CMyOpenGLView::OnLButtonUp(UINT nFlags, CPoint point)
{
      if(bkcolor[2]>1.0){
          bkcolor[0]=0.0f;
          bkcolor[1]=0.1f;
          bkcolor[2]=0.1f;
     }else{
          bkcolor[0]=bkcolor[0];
          bkcolor[1]=bkcolor[1]+0.1f;
          bkcolor[2]=bkcolor[2]+0.2f;
     };
    glClearColor(bkcolor[0],bkcolor[1],bkcolor[2],1.0);
    RedrawWindow();
    CView::OnLButtonUp(nFlags, point);
}
```

(4) 在 MyOpenGLView.h 中加入代码（加入头文件、public 与 protected 变量，粗体的为加入的代码）。

```
#include "gl\glut.h"

public:
    CClientDC * my_pDC;
    CRect my_oldRect;
    float bkcolor[3];

protected:
    void mydraw();
    BOOL mypixelformat();
    void myfirst();
```

编译运行，出现黑色背景的文档，在文档上单击鼠标左键，背景颜色变浅，再单击，又变浅，几次后重新回到黑色背景。图 9-1 是截取的两个单击后的效果图。

OpenGL 作为一个不属于 VC++（或者说微软）的库函数，所以需要一些代码进行连接等。类似例 9-1 那样处理后就可以在单文档中进行 OpenGL 程序设计了。现在，要充分地利用例 9-1 的程序，可以进一步修改该程序完成更复杂的功能；或者基于这个程序，设计其他程序。

例 9-1 中有一个函数 mydraw()，在这个程序中加入 OpenGL 等绘图语句，就可以绘制图形了。

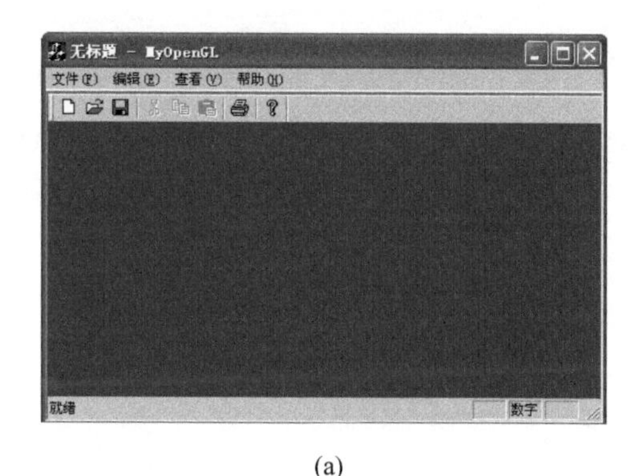

(a)

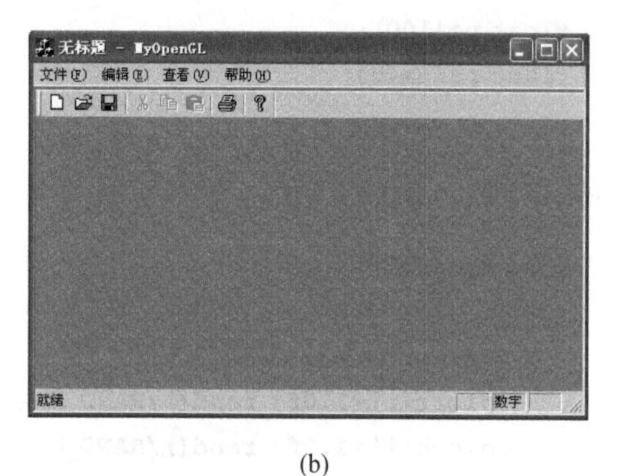

(b)

图 9-1 单击鼠标左键文档背景颜色改变

【例 9-2】 在例 9-1 的 mydraw()函数中添加代码绘制图形。

如果把下面的代码写入例 9-1 的 mydraw()函数,那么就会绘制出一个矩形。如果单击鼠标,背景色依旧改变。

```
glBegin(GL_POLYGON);
    glVertex2f(-0.6,-0.6);
    glVertex2f(-0.6,0.6);
    glVertex2f(0.6,0.6);
    glVertex2f(0.6,-0.6);
glEnd();
```

如果写入的是绘制三维图形的语句,那么加入视点设置语句等就可以绘制三维图形。

除了绘制规则几何图形、凸凹地形外,使用 OpenGL 还可以绘制出不规则图形及其制作出更复杂的动画效果。

读者可以将前面章节的 OpenGL 程序选择一些复制到例 9-1 的框架中,调试、运行、观察并分析。

9.1.2 星空闪烁动画

下面在例 9-1 程序中添加代码,实现动画效果。

【例 9-3】 在例 9-1 的基础上制作星星闪烁的效果。

打开例 9-1 的项目,然后按照下面几步添加程序。

(1) 在 CMyOpenGLView.cpp 文件的前部加入下面(该文件的全局)的变量定义,这些变量是在该文件中要使用的。

```
float colorr[100];
float colorb[100];
float colorg[100];
float mpointsize[100];
float px[100];
float py[100];
```

```
float pz[100];
float psize[8];
```

(2) 设计下面的随机数生成函数，写在 CMyOpenGLView.cpp 文件的前部（调用该函数的另外那个函数的上面）。

```
void myrand()
{
    for(int i=0 ;i<100;i++){
    colorr[i]=1.0f * rand()/RAND_MAX;
    colorb[i]=1.0f * rand()/RAND_MAX;
    colorg[i]=1.0f * rand()/RAND_MAX;
    mpointsize[i]=3.0f * rand()/RAND_MAX;
    px[i]=1.0f * (rand()-rand())/RAND_MAX;
    py[i]=1.0f * (rand()-rand())/RAND_MAX;
    pz[i]=1.0f * (rand()-rand())/RAND_MAX;
    };
}
```

(3) 填写绘图函数 mydraw()如下。(mydraw()函数在例 9-1 中已经定义了，但是内部没有代码。)

```
void CMyOpenGLView::mydraw()
{
    SetTimer(1, 500, NULL);
    myrand();
    GLfloat fPointsize[2];
    glGetFloatv(GL_POINT_SIZE_RANGE,fPointsize);
    for(int i=0;i<8;i++){
        psize[i]=fPointsize[0] * (8-i)/2;
    };
    glPushMatrix();
    for(int k=0 ;k<100;k++){
            glPointSize(mpointsize[k]);
            glColor3f(colorr[k],colorg[k],colorb[k]);
            glBegin(GL_POINTS);
                glVertex3f(px[k],py[k],pz[k]);
            glEnd();
    };
    glPopMatrix();
}
```

(4) 对于 void CMyOpenGLView::OnDraw(CDC * pDC)，只修改其中一个语句，为的是加大投影区域。

```
{
```

```
//只修改这一句
    glViewport(0, 0, 600, 400);
}
```

(5) 使用类向导加入 OnTimer()函数，并写入一个语句，如下(粗体字)所示。

```
void CMyOpenGLView::OnTimer(UINT nIDEvent)
{
    Invalidate(FALSE);
    CView::OnTimer(nIDEvent);
}
```

编译运行，就出现了许多小星星闪烁的效果，如图 9-2 所示。如果单击文档，背景色依然是逐渐变浅。似乎天逐渐在变亮，这是作者修改参考文献中程序制作的，效果不是很好，有待于进一步改进。

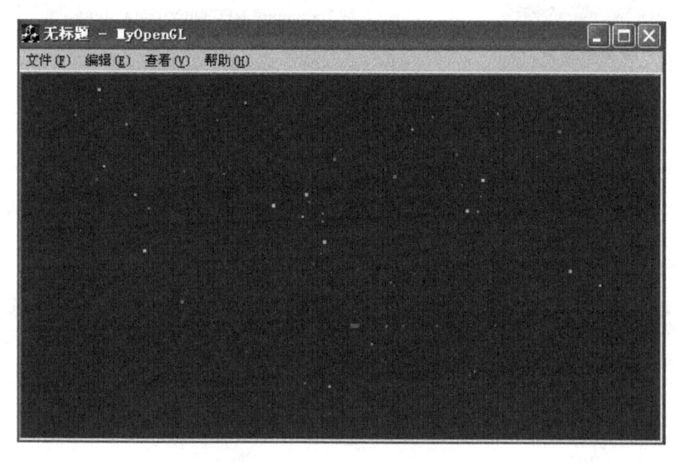

图 9-2　星星闪烁动画

9.1.3　将项目框架加入 VC++ 选项

在前面，单击"文件""新建""项目"，然后选择 VC++ 提供的已经作好的选项；事实上，可以将某一个 VC++ 项目作为框架，添加到这个向导中，以后开发类似项目时，直接使用该选项向导就可以。

【例 9-4】　在应用程序向导(AppWizard)中加入"OpenGL 单文档"选项。

可以把例 9-1 制作好的项目加入到应用程序向导(AppWizard)中，这样，如果再建立基于单文档的 OpenGL 程序时，就可以直接打开该向导，进行程序添加即可。

加入的方法如下。

首先，启动 VC++ 6.0，新建一个 Custom AppWizard 项目，命名(本例为 OpenGL 单文档)，如图 9-3 所示。

单击 Ok 按钮，弹出如图 9-4 所示的对话框，选择 An existing project 单选按钮。然后单击 Next 按钮，在新弹出的对话框中单击 Browse 按钮选择要作为向导的项目，本例

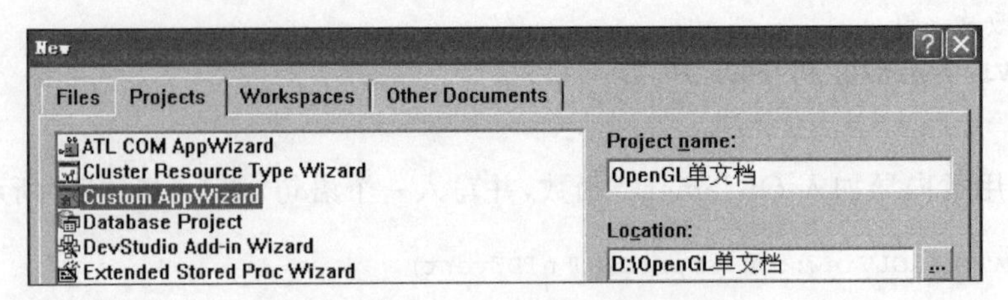

图 9-3 新建 Custom AppWizard 项目

是选择例 9-1 的程序，选中后，单击 Finish 按钮。

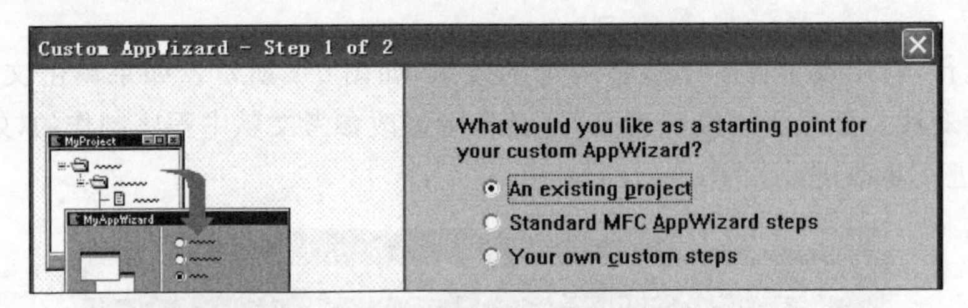

图 9-4 选择存在的项目

此时，VC++ 的工作区中打开了例 9-1 项目，不过此次打开是为了建立向导，所以，如果编译运行，那么下次打开程序向导（AppWizard）时，就会出现 OpenGL 单文档 AppWizard，如图 9-5 所示。

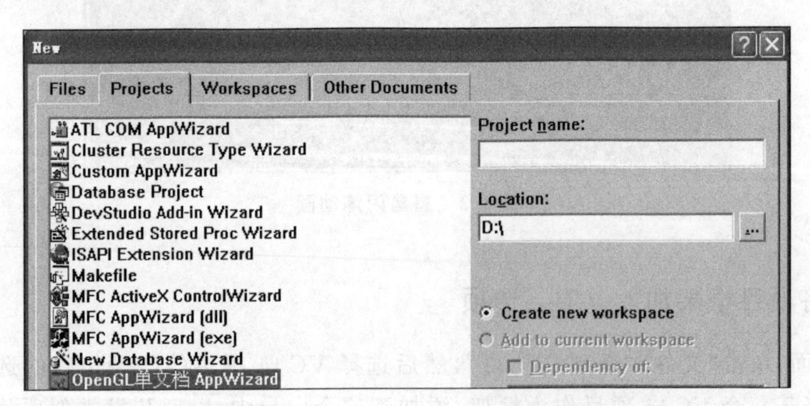

图 9-5 在程序向导中加入了“OpenGL 单文档 AppWizard”选项

9.2 飞机模型

在已有的程序基础上进行新的工作，充分地利用现有的程序资源，这既是学习的过程，也是工作的起点。事实上，分析分解与改进程序应该作为一种新的学习方法。该方法早已经被诸多程序员所使用，作为信息类专业的学生，应该尽快掌握这种学习方法。

本章后面的程序分析与设计都是在 VC++ 单文档中进行的，是在一个飞机动画的基础上展开的。飞机动画源程序下载于 CSDN（http://download.csdn.net/），在分析讲解的基础上对该程序进行了修改，实现了一些新的功能。

9.2.1 运行飞机动画游戏程序

该飞机动画程序可到CSDN下载，名为FIGHTERTEST，也可以参考作者修改后的程序。

【例9-5】 调试运行飞机动画程序。

启动VC++打开该项目，或者直接在FIGHTERTEST文件夹中双击文件FIGHTERTEST.DSW打开项目。

项目中的各个cpp文件名如图9-6所示。其中，MilkshapeModel.cpp，Model.cpp，Texture.cpp是后加入到该项目中的。项目自动生成的各个cpp文件中，有的也加入了代码，加入代码最多的是FighterTestView.cpp。

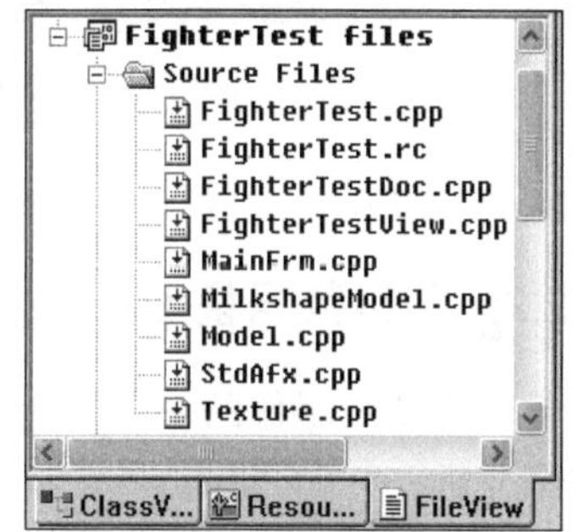

图9-6　飞机动画项目中的cpp文件

项目运行后，出现单文档窗口，有大地与天空，飞机在飞行，大地飞速后移，同时飞机在喷射白色的“子弹”。这应该属于低空飞行，飞行效果很好，真的要再次感谢该程序的设计与提供者。因为是在“飞行”，截取的时候效果远远逊色于真实的动画效果，所以，一定要运行该程序，真正地体验畅快淋漓的飞行效果。很多时候，动画给人带来的感受远远超出静止的图像，如图9-7所示。

图9-7　动画游戏飞机在飞行

(1) 按左箭头、右箭头按键，飞机分别会慢慢向左右转动。

(2) 按1、2、3键，会改变视点的远近。

(3) 按A键，控制飞机发射子弹，按S键可以关闭开启天空，按M键可以让飞机喷出烟雾。

飞机转动以及烟雾效果如图9-8所示。

图 9-8 动画游戏飞机喷出烟雾

下面对程序进行深入分析。

9.2.2 飞机数据模型分析

飞机动画制作的一个最主要工作是飞机三维模型的制作，下面对飞机模型制作方法进行分析。

【例 9-6】 分析飞机模型是如何制作的，研究其几何造型与材质设置方法。

从类名上看，Model 与 MilkshapeModel 这两个类(头文件)或者 cpp 文件中极有可能与飞机模型制作有关。

(1) 先打开 Model.h 文件。

Model.h 文件定义了类 class Model，主要内容如下。

```
class Model
{
    public:                                             //结构体类型定义
        struct Mesh
        {
            int m_materialIndex;
            int m_numTriangles;
            int *m_pTriangleIndices;
        };
        struct Material
        {
            float m_ambient[4], m_diffuse[4], m_specular[4], m_emissive[4];
            float m_shininess;
            GLuint m_texture;
            char *m_pTextureFilename;
        };
        struct Triangle
        {
            float m_vertexNormals[3][3];
            float m_s[3], m_t[3];
            int m_vertexIndices[3];
```

```
        };
        struct Vertex
        {
            char m_boneID;
            float m_location[3];
        };
    public:                                     //函数声明与类对象 m_texture 的定义
    Model();
    virtual ~Model();
    virtual bool loadModelData(const char * filename) = 0;
    void draw();
    void reloadTextures();
    Texture m_texture;
    protected:                                  //变量定义
        int m_numMeshes;
        Mesh * m_pMeshes;                       //指向结构体 Mesh 的结构体指针变量
        int m_numMaterials;
        Material * m_pMaterials;                //指向结构体 Material 的指针变量
        int m_numTriangles;
        Triangle * m_pTriangles;                //指向结构体 Triangle
        int m_numVertices;
        Vertex * m_pVertices;                   //也是结构体类型名 Vertex
};
```

该头文件是一个类 Model 的定义，定义了自己的成员。那么是不是该类的对象就是飞机呢？还是该类有某个方法可以绘制飞机？

(2) 然后，读 Model.cpp 文件。

在 Model.cpp 文件中定义了下面类 Model 封装的函数，主要如下。

```
Model::Model()                                  //构造函数内为几个变量赋值
{
    m_numMeshes = 0;
    m_pMeshes = NULL;                           //下面赋值为 NULL 的都是指针型变量
    m_numMaterials = 0;
    m_pMaterials = NULL;
    m_numTriangles = 0;
    m_pTriangles = NULL;
    m_numVertices = 0;                          //把整型变量都赋值为 0
    m_pVertices = NULL;
}
Model::~Model()                                 //析构函数
{
    int i;
    for (i = 0; i < m_numMeshes; i++)
```

```
        delete[] m_pMeshes[i].m_pTriangleIndices;
        //m_pMeshes[i]是什么？来自于哪里？delete[]是什么？
    for (i = 0; i < m_numMaterials; i++)
        delete[] m_pMaterials[i].m_pTextureFilename;
    m_numMeshes = 0;
    if (m_pMeshes != NULL)
    {
        delete[] m_pMeshes;
        m_pMeshes = NULL;
    }
    m_numMaterials = 0;
    if (m_pMaterials != NULL)
    {
        delete[] m_pMaterials;
        m_pMaterials = NULL;
    }
    m_numTriangles = 0;
    if (m_pTriangles != NULL)
    {
        delete[] m_pTriangles;
        m_pTriangles = NULL;
    }
    m_numVertices = 0;
    if (m_pVertices != NULL)
    {
        delete[] m_pVertices;
        m_pVertices = NULL;
    }
}
void Model::draw()                              //绘制函数,该类内代码最多的函数
{
    GLboolean texEnabled = glIsEnabled(GL_TEXTURE_2D);//是否使用二维纹理映射
    for (int i = 0; i < m_numMeshes; i++)
    {
        int materialIndex = m_pMeshes[i].m_materialIndex;
        if (materialIndex >= 0)
        {
            glMaterialfv(GL_FRONT, GL_AMBIENT,
                    m_pMaterials[materialIndex].m_ambient);
            glMaterialfv(GL_FRONT, GL_DIFFUSE,
                    m_pMaterials[materialIndex].m_diffuse);
            glMaterialfv(GL_FRONT, GL_SPECULAR,
                    m_pMaterials[materialIndex].m_specular);
            glMaterialfv(GL_FRONT, GL_EMISSION,
```

```
                    m_pMaterials[materialIndex].m_emissive);
                glMaterialf(GL_FRONT, GL_SHININESS,
                    m_pMaterials[materialIndex].m_shininess);
                if(m_pMaterials[materialIndex].m_texture > 0)
                {
                    glBindTexture(GL_TEXTURE_2D,
                        m_pMaterials[materialIndex].m_texture);
                    glEnable(GL_TEXTURE_2D);
                }
                else
                    glDisable(GL_TEXTURE_2D);
            }
            else
            {
                glDisable(GL_TEXTURE_2D);
            }
            glBegin(GL_TRIANGLES);                //绘制多个独立连线三角形
            {
                for(int j = 0; j < m_pMeshes[i].m_numTriangles; j++)
                {   //一共绘制 m_numTriangles 个三角形
                    int triangleIndex = m_pMeshes[i].m_pTriangleIndices[j];
                    const Triangle* pTri = &m_pTriangles[triangleIndex];
                    for(int k = 0; k < 3; k++)
                    {   //这里面语句执行后得到一个三角形(三个顶点,法向,对应纹理坐标)
                        int index = pTri->m_vertexIndices[k];
                        glNormal3fv(pTri->m_vertexNormals[k]);
                        glTexCoord2f(pTri->m_s[k], pTri->m_t[k]);
                        glVertex3fv(m_pVertices[index].m_location);
                    }
                }
            }
            glEnd();
        }
        if(texEnabled)
            glEnable(GL_TEXTURE_2D);
        else
            glDisable(GL_TEXTURE_2D);
}
void Model::reloadTextures()        //使用类对象 m_texture 调用 LoadGLTexture()函数
{
    for(int i = 0; i < m_numMaterials; i++)
        if(strlen( m_pMaterials[i].m_pTextureFilename) > 0)
            m_pMaterials[i].m_texture = m_texture.LoadGLTexture (m_pMaterials
[i].m_pTextureFilename);        //两个 m_texture,前者是结构体内部变量,后者是类对象
```

```
        else
            m_pMaterials[i].m_texture = 0;
    }
```

在这个 cpp 文件中，有一个函数 draw()，其中，有绘制多个三角形的程序段，见下面的具有标志 glBegin、glEnd 的 OpenGL 绘制语句段。

```
    glBegin(GL_TRIANGLES);
        {
            for(int j = 0; j < m_pMeshes[i].m_numTriangles; j++)
            {   //m_pMeshes[i]的数据来源于哪里，在哪里为该变量赋值的？
                int triangleIndex = m_pMeshes[i].m_pTriangleIndices[j];
                const Triangle * pTri = &m_pTriangles[triangleIndex];
                for(int k = 0; k < 3; k++)
                {   //m_pTriangles 是指向结构体的指针，在哪里为其赋值？
                    int index = pTri->m_vertexIndices[k];
                    glNormal3fv(pTri->m_vertexNormals[k]);
                    glTexCoord2f(pTri->m_s[k], pTri->m_t[k]);
                    glVertex3fv(m_pVertices[index].m_location);
                }
            }
        }
        glEnd();
    }
```

从整个程序运行的结果看，绘制这么多三角形只能是绘制飞机。如果把这段程序注释掉一个或者几个语句，或者修改某个值，可以看出此段语句与飞机绘制有关。另外，如果知道了该段程序的数据，也可以知道是否是绘制飞机的。

要想运行这段程序，必须给所有使用的变量赋值。那么在什么地方为这些变量赋值的呢？也就是绘制所用数据来源于哪里？

首先到 Model.h 与 Model.cpp 所引入的头文件中查找，引入的头文件有 Texture.h，stdafx.h 与 FighterTest.h。Texture.h 中没有给那些变量赋值，并且 Texture.h 也没有引入其他头文件等；stdafx.h 本身没有，其引入的头文件都是系统文件以及 glu、glut 等 OpenGL 头文件；FighterTest.h 的代码更少，本身没有，其引入的 resource.h 中也没有变量赋值语句。

然后在调用该类对象的地方找。单击主工具栏上的“查找”按钮，在弹出的对话框中写上要查找的“Model”，单击…按钮选中文件夹（如果已经是当前工作路径即可以直接下一步），在本例中选中 ☑ **Match whole word only** 复选框（避免把含有该单词的也查到），如图 9-9 所示。

单击 Find 按钮，在工作区中输出查找到的各个记录的位置（如图 9-10 所示），在每个记录上双击，就可以找到那条语句，然后仔细分析。

最有价值的线索是在 FighterTestView.h 中找到了 class Model; Model * pModel; 这两个语句，这两个语句证明在 FighterTestView.cpp 文件中一定使用了 class Model，并且

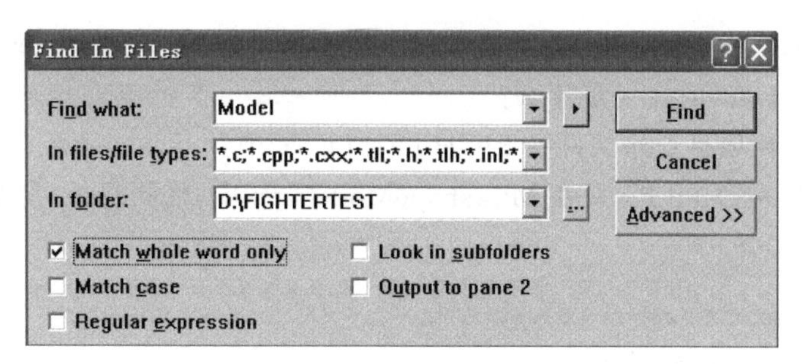

图 9-9　“查找”对话框

```
D:\FIGHTERTEST\MODEL.H(49): virtual ~Model();
D:\FIGHTERTEST\MODEL.H(52):         Load the model data
D:\FIGHTERTEST\MODEL.H(53):             filename
D:\FIGHTERTEST\MODEL.H(58):         Draw the model.
22 occurrence(s) have been found.
Build  Debug  Find in Files 1  Find in Fil
```

图 9-10　该例查找到 22 条记录

使用的时候是用 pModel 来指代。那么在 FighterTestView.cpp 的什么地方使用了该指针变量了呢？

经过查找，在 FighterTestView.cpp 中找到了关键的语句(如图 9-11 所示)。

```
pModel = new MilkshapeModel();
    if(pModel->loadModelData( "Aereo.ms3d" ) == false)
    {
        MessageBox("Couldn't load the model Aereo.ms3d", "Error",
                MB_OK | MB_ICONERROR);
        return 0;
    }
    InitGL();
    return 0;
}
```

```
    if (CView::OnCreate(lpCreateStruct) == -1)
        return -1;

    // TODO: Add your specialized creation code here
////////////////////////////////////////////////////////////////////
//初始化OpenGL和设置定时器
    m_pDC = new CClientDC(this);
    SetTimer(1, 20, NULL);
    InitializeOpenGL(m_pDC);
////////////////////////////////////////////////////////////////////
    pModel = new MilkshapeModel();
    if ( pModel->loadModelData( "Aereo.ms3d" ) == false )
    {
        MessageBox("Couldn't load the model Aereo.ms3d", "Error
        return 0;

D:\FIGHTERTEST\FIGHTERTESTVIEW.CPP(43): pModel = NULL;
D:\FIGHTERTEST\FIGHTERTESTVIEW.CPP(137):     pModel = new MilkshapeModel();
D:\FIGHTERTEST\FIGHTERTESTVIEW.CPP(138):     if ( pModel->loadModelData( "Aereo.ms3d" ) =
D:\FIGHTERTEST\FIGHTERTESTVIEW.CPP(340):     pModel->reloadTextures();   // 装入模型纹理
D:\FIGHTERTEST\FIGHTERTESTVIEW.CPP(709):     pModel->draw();
D:\FIGHTERTEST\FIGHTERTESTVIEW.H(81):   Model    *pModel ;
6 occurrence(s) have been found.
```

图 9-11　查找指针变量 pModel

有理由推测，Aereo.ms3d中就存储着飞机造型所用数据。可是，该文件存储在哪里？函数loadModelData()的代码是什么？

Aereo.ms3d在项目工作文件夹FIGHTERTEST中。

函数loadModelData()定义在MilkshapeModel.cpp中，代码很长，参考程序。从代码中找到了下面的语句。

```
int nVertices = *(word*)pPtr;
m_numVertices = nVertices;
m_pVertices = new Vertex[nVertices];

MS3DVertex *pVertex = (MS3DVertex*)pPtr;
m_pVertices[i].m_boneID = pVertex->m_boneID;

int nTriangles = *(word*)pPtr;
m_numTriangles = nTriangles;
m_pTriangles = new Triangle[nTriangles];

int nGroups = *(word*)pPtr;
m_numMeshes = nGroups;
m_pMeshes = new Mesh[nGroups];

m_pMeshes[i].m_materialIndex = materialIndex;
m_pMeshes[i].m_numTriangles = nTriangles;
m_pMeshes[i].m_pTriangleIndices = pTriangleIndices;

int nMaterials = *(word*)pPtr;
m_numMaterials = nMaterials;
m_pMaterials = new Material[nMaterials];

m_pMaterials[i].m_shininess = pMaterial->m_shininess;
m_pMaterials[i].m_pTextureFilename = new char[strlen(pMaterial->m_texture)+1];
strcpy(m_pMaterials[i].m_pTextureFilename, pMaterial->m_texture);
```

至此，可以确定，读取数据然后赋值是在这里完成的。

语句pModel = new MilkshapeModel()是用类MilkshapeModel的创建函数为指向Model的指针变量赋值，可以得知，类MilkshapeModel与类Model的关系非同一般。打开MilkshapeModel.h文件，主要有以下代码。

```
#include "Model.h"                                    //引入了父类的头文件
class MilkshapeModel : public Model                   //继承关系
{
public:
    MilkshapeModel();                                 //构造函数
    virtual ~MilkshapeModel();                        //析构函数
```

```
    virtual bool loadModelData( const char * filename ); //这个函数很重要
};
```

由此可知，绘制飞机的工作是在 void Model::draw()中进行的。

另外，从程序也可以分析出，绘制时使用了材质。

【注】 在 OpenGL 编程时，可以读入数据文件，进行造型。数据文件可以来自于某个三维造型软件(例如 3ds Max)，这样可以减少输入工作，也可以在交互可视的场景中进行模型制造或者模型原型设计。

9.2.3 OpenGL 材质函数 glMaterialfv()

在上面飞机模型的制作过程中，飞机模型生成以后，使用了材质，即使其表面呈现出某种材质的光泽、质感等，将飞机模型表面绘制得更加逼真。这里使用了 OpenGL 函数 glMaterialfv()等。

【例 9-7】 材质的使用。

重新运行例 6-5 程序，把下面的语句注释掉，绘制出的图形如图 9-12(a)所示，图 9-12(b)是没有注释(即加入材质)的效果。

```
glMaterialfv(GL_FRONT, GL_AMBIENT, mat_ambient);
glMaterialfv(GL_FRONT, GL_DIFFUSE, mat_diffuse);
glMaterialfv(GL_FRONT, GL_SPECULAR, mat_specular);
glMaterialfv(GL_FRONT, GL_SHININESS,mat_shininess);
```

(a) 没有加入材质

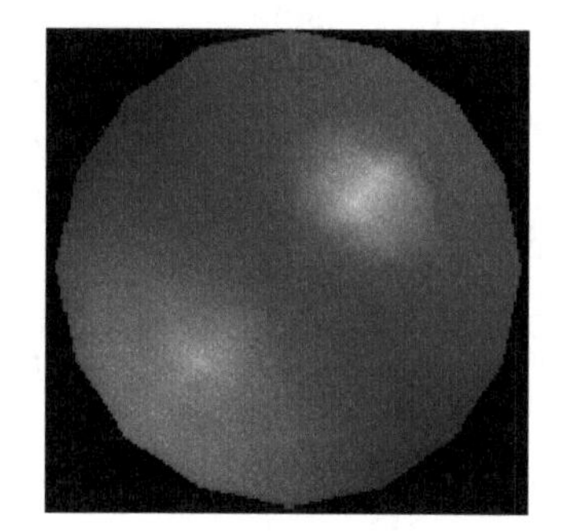

(b) 加入材质

图 9-12 加入材质前后图形比较

材质不同于纹理，纹理是把图像粘贴在物体之上。材质是对物体的反光特性进行设置。

函数 glMaterialfv(GL_FRONT, GL_AMBIENT,mat_ambient)中，第一个参数指定多边形的哪个面，可以选择前(GL_FRONT)、后(GL_BACK)、前与后(GL_FRONT_AND_BACK)；第二个参数是 GL_AMBIENT 等光照参数名；第三个参数是对应的值，这些颜色参数使用 RGBA 形式表达，其中的“A”定义透明性，取 1 时表示不透明。

函数 glMaterial()的后两个参数的默认值如下。

GL_AMBIENT (0.2,0.2,0.2,1.0) 材料的环境光颜色

GL_DIFFUSE	(0.8,0.8,0.8,1.0)	材料的漫反射光颜色
GL_SPECULAR	(0.0,0.0,0.0,1.0)	材料的镜面反射光颜色
GL_EMISSION	(0.0,0.0,0.0,1.0)	材料的辐射光颜色
GL_SHINESS	0.0	镜面指数(光亮度)
GL_COLOR_INDEXES	(0,1,1)	材料的环境光、漫反射光和镜面光颜色
GL_AMBIENT_AND_DIFFUSE		设置环境光和漫反射光颜色相同

在使用 glMaterial()改变材质的时候，需要保存当前矩阵，即调用 glPushMatrix()与 glPopMatrix()，这些工作需要内存开销。

还可以使用函数 glColorMaterial()，该函数可以设定哪个参数和当前的光照的颜色一致。

【例 9-8】 绘制三个不同材质的球。

在例 6-5 程序基础上进行修改，把其 myinit()与 display()函数分别修改为如下所示。

```
void myinit(void)
{
    GLfloat ambient[] = {0.0, 0.0, 0.0, 1.0};
    GLfloat diffuse[] = {1.0, 1.0, 1.0, 1.0};
    GLfloat specular[] = {1.0, 1.0, 1.0, 1.0};
    GLfloat position[] = {0.0, 3.0, 2.0, 0.0};
    GLfloat lmodel_ambient[] = {0.4, 0.4, 0.4, 1.0};
    glEnable(GL_DEPTH_TEST);
    glDepthFunc(GL_LESS);
    glLightfv(GL_LIGHT0, GL_AMBIENT, ambient);
    glLightfv(GL_LIGHT0, GL_DIFFUSE, diffuse);
    glLightfv(GL_LIGHT0, GL_POSITION, position);
    glEnable(GL_LIGHTING);
    glEnable(GL_LIGHT0);
    glClearColor(0.2, 0.2, 0.2, 0.0);
}
void CALLBACK display(void)
{
    GLfloat no_mat[] = {0.0, 0.0, 0.0, 1.0};
    GLfloat mat_ambient[] = {0.7, 0.7, 0.7, 1.0};
    GLfloat mat_ambient_color[] = {0.8, 0.8, 0.2, 1.0};
    GLfloat mat_diffuse[] = {0.1, 0.5, 0.8, 1.0};
    GLfloat mat_specular[] = {1.0, 1.0, 1.0, 1.0};
    GLfloat no_shininess[] = {0.0};
    GLfloat low_shininess[] = {5.0};
    GLfloat high_shininess[] = {100.0};
    GLfloat mat_emission[] = {0.3, 0.2, 0.2, 0.0};
    glClear(GL_COLOR_BUFFER_BIT | GL_DEPTH_BUFFER_BIT);
    //绘制第一个球
    glPushMatrix();
```

```
    glTranslatef(-1.1, 0.0, 0.0);
    glMaterialfv(GL_FRONT, GL_AMBIENT, no_mat);
    glMaterialfv(GL_FRONT, GL_DIFFUSE, mat_diffuse);
    glMaterialfv(GL_FRONT, GL_SPECULAR, no_mat);
    glMaterialfv(GL_FRONT, GL_SHININESS, no_shininess);
    glMaterialfv(GL_FRONT, GL_EMISSION, no_mat);
    auxSolidSphere(1.0);
    glPopMatrix();
    //绘制第三个球
    glPushMatrix();
    glTranslatef (1.0, 0.0, 0.0);
    glMaterialfv(GL_FRONT, GL_AMBIENT, mat_ambient_color);
    glMaterialfv(GL_FRONT, GL_DIFFUSE, mat_diffuse);
    glMaterialfv(GL_FRONT, GL_SPECULAR, mat_specular);
    glMaterialfv(GL_FRONT, GL_SHININESS, high_shininess);
    glMaterialfv(GL_FRONT, GL_EMISSION, no_mat);
    auxSolidSphere(1.0);
    glPopMatrix();
    //绘制第二个球
    glPushMatrix();
    glTranslatef(3.1, 0.0, 0.0);
    glMaterialfv(GL_FRONT, GL_AMBIENT, mat_ambient);
    glMaterialfv(GL_FRONT, GL_DIFFUSE, mat_diffuse);
    glMaterialfv(GL_FRONT, GL_SPECULAR, no_mat);
    glMaterialfv(GL_FRONT, GL_SHININESS, no_shininess);
    glMaterialfv(GL_FRONT, GL_EMISSION, mat_emission);
    auxSolidSphere(1.0);
    glPopMatrix();
    glFlush();
}
```

运行后,绘制出如图 9-13 所示的图形。三个球呈现出不同的材质特性。

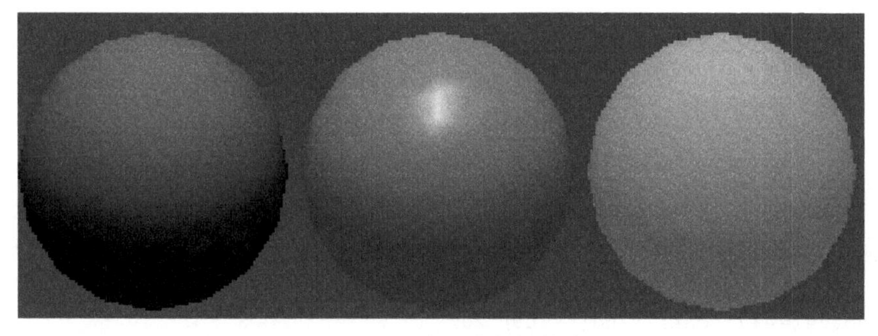

图 9-13　三个不同材质的球

9.3 动画制作

在模型分析完成之后,下面分析动画制作程序,并修改程序,实现新的功能。

9.3.1 飞机的飞行

飞机的飞行是整个动画的亮点之一。观看飞机飞行那逼真的效果,感叹之余自然要问:飞行效果是如何设计的?

【例 9-9】 分析程序,研究飞机飞行效果是如何实现的。

在 FighterTestView.cpp 文件中找到了下面的函数,根据程序提供者的标注,可知在这里设置飞机的飞行速度。

```
void CFighterTestView::InitAereo(void)
{
    //初始化飞机的位置
    aereo.x=150+(float)(rand()%1000)/10;
    aereo.z=20+(float)(rand()%10000)/20;
    aereo.y=10;
    //初始化飞机的角度
    aereo.an=(float)90+(float)(rand()%45);
    aereo.anend=0;
    aereo.dan=0;
    //初始化飞机的速度
    //aereo.vel=4+(float)(rand()%100)/20;
    //aereo.vel=4+(float)(rand()%100)/900;
    aereo.vel=1+(float)(rand()%100)/20;
    aereo.fvirata=0;
    aereo.virata=false;
    aereo.attivo=true;
    aereo.tempovirata=0;
    aereo.cntscia=5;
    //视点位置
    Io.x=aereo.x;
    Io.y=aereo.y+4;
    Io.z=aereo.z;
    Ioan=20;
}
```

锁定语句

```
aereo.vel=4+(float)(rand()%100)/20,
```

将其改为如下所示。

```
aereo.vel=4+(float)(rand()%100)/900;
```

重新编译运行程序，发现速度并没有减慢的迹象。然后作者把语句改为如下所示。

```
aereo.vel=1+(float)(rand()%100)/20;
```

结果发现速度明显减慢。可以确定，表达式中的4主宰着飞机的速度。

可是，4后面的随机数值是用来做什么的呢？

把该语句修改为aereo.vel=1.0+(float)(rand()%6)；运行程序后，速度明显大于1时的速度。说明这个选项是用来随机调节飞机运行速度的。

不过奇怪的是，写为rand()%5，rand()%4，rand()%3，rand()%2等均看不到加快的效果。

【思考题】 为什么随机数对小于5的数求余的时候，运行后的飞机的飞行速度并不改变？是作者操作失误，是软件存在问题，还是程序中别的变量或者语句在起作用？

既然这个变量决定了飞机速度，那么是如何决定的呢？下面在整个项目中查找该变量。结果除了上面提到的初始化赋值语句外，还有下面5个语句中使用了变量aereo.vel，如图9-14所示。

```
FIGHTERTESTVIEW.CPP(542):          bul[t].dx=(aereo.vel*2)*cos((aereo.an+90+r)*3.141/180);
FIGHTERTESTVIEW.CPP(544):          bul[t].dz=(aereo.vel+2)*sin((aereo.an+90+r)*3.141/180);
FIGHTERTESTVIEW.CPP(632):     dx=aereo.vel*cos((90+aereo.an)*3.141/180);
FIGHTERTESTVIEW.CPP(633):     dz=aereo.vel*sin((90+aereo.an)*3.141/180);
FIGHTERTESTVIEW.CPP(754):          aereo.vel=1+(float)(rand()%100)/50;
```

图 9-14 找到变量 aereo.vel 的调用位置

其中，

```
bul[t].dx=(aereo.vel * 2) * cos((aereo.an+90+r) * 3.141/180)
bul[t].dz=(aereo.vel+2) * sin((aereo.an+90+r) * 3.141/180)
```

是用来计算子弹的移动速度(位移的改变量)。

```
dx=aereo.vel * cos((90+aereo.an) * 3.141/180);
dz=aereo.vel * sin((90+aereo.an) * 3.141/180);
```

是用来计算飞机的移动速度(位置的改变量)。在这两句的下面，有语句：

```
aereo.x+=dx;
aereo.z+=dz;
```

从这两句话可以看出dx与dz是位置的改变量，是速度。

【思考题】 还有一个问题，飞机飞行到边界处，并没有消失，而是一直在比较真实地飞行，这又是怎样实现的？

9.3.2 发射子弹

下面首先对发射子弹程序进行分析，然后对其发射子弹功能进行修改。

【例 9-10】 分析程序，把子弹制作以及发射的相关语句画出来。

和子弹相关的语句很多，函数InitBullet()、ActiveBullet(void)、MoveDrawBullet(void)都是子弹相关函数，另外还有定义、调用语句等。

可以到程序中把所有相关的语句都用自己给定的标志勾画出来。

【例 9-11】 分析程序，对子弹有关语句进行修改。

(1) 在这个程序运行时，子弹的颜色以及质量等不是很真实，子弹没有爆炸时是使用下面的语句绘制的。

在 void CFighterTestView::MoveDrawBullet(void)中，有语句：

```
glColor3f(1,1,1);
glBegin(GL_POINTS);
glVertex3f(bul[t].x,bul[t].y,bul[t].z);
glEnd();
```

就是绘制了一些白色的点。

如果在语句 glBegin(GL_POINTS)前加上设置点大小的语句：

```
glPointSize(3.0);
```

运行后，射出的子弹就会大一些(不过实际上是方形的)。

(2) 另外，修改程序，不要在刚运行程序的时候就发射子弹。

在函数 BOOL CFighterTestView::RenderScene()中，把语句

```
if(rand()%100==3)
timebullet=10+rand()%100;
```

改为注释，就不会在运行后直接发射子弹了。按 A 键可以发射。

9.3.3 键盘的使用

下面继续修改程序，使其通过按钮可以操作飞机升空或者入地等。

【例 9-12】 修改程序，当按向下(向上)箭头时，飞机降落滑行(升空)。

在程序中找到下面的函数：

```
void CFighterTestView::OnKeyDown(UINT nChar, UINT nRepCnt, UINT nFlags)
{
    if(nChar==VK_LEFT)
        Ioan++;
    if(nChar==VK_RIGHT)
        Ioan--;
    if(nChar==VK_UP)
        //Io.y+=0.1;
        aereo.y+=1;
    if(nChar==VK_DOWN)
        //Io.y-=0.1;
        aereo.y-=0.1;
}
```

在这段程序中，把语句 Io.y+＝0.1 与语句 Io.y+＝0.1 注释掉，加入语句 aereo.y+＝1

与 aereo.y－＝0.1，这样当按向上箭头按键时，飞机慢慢升空（如图 9-15（a）所示）；当按向下箭头按键时，飞机慢慢降落。当降落到地面时，钻入土中（如图 9-15（b）所示）。

(a) 飞机升空

(b) 飞机降落钻入土中

图 9-15　飞机下降与升空

【例 9-13】 修改程序，当飞机降落与地面接触时，发生爆炸。

可以在按向下箭头程序代码中写入语句，当飞机与地面接触时，调用例 8-1 中的可执行文件，制作爆炸效果，具体如下。

```
if(nChar==VK_DOWN)
{   aereo.y-=0.1;
    if(aereo.y<0.05)
    //Io.y-=0.1;
    system("e.exe");
    //WinExec("e.exe",SW_SHOW);
}
```

然后把文件 e.exe 与其所用图片文件 Pic.bmp 复制到当前项目目录中。

这段程序运行后，可以在飞机着地时，出现爆炸效果，只不过是先要弹出黑色的命令窗口，然后在其黑色背景的 OpenGL 窗口中爆炸，不能与该项目很好地衔接。

可以把例 8-1 程序移植到这个项目中，实现飞机落地爆炸效果；还可以使用键盘操作实现更多功能；可以添加各种功能，将这个程序改为一个游戏，例如设计目标，击中目标记载得分数等。感兴趣的读者可以在这个程序基础上进一步修改，以实现更多的功能。

9.3.4　关于动画

计算机动画发展到今天，无论在理论上还是在应用上都已取得了巨大的成功，但离人们的期望还有一定的距离，采用计算机动画模拟许多自然界的现象还有困难。从最近几年发表的论文和取得的成果看，下面几个研究方向值得我们注意。

（1）复杂拓扑曲面的造型和动画研究。动画追求的新奇性和创新性推动了这一方向的发展。

（2）运动捕获动画数据的处理。充分地利用捕获来的动画数据，完成新的动画设计与制作。

（3）基于物理的动力学动画，影视特技要求虚拟的动作画面能以假乱真，基于物理的动力学动画能较好地满足这一要求。这一方面的研究包括怎样建立更具普遍性的数学模型、怎样减少计算量和怎样有效控制动画过程等。

习　题

一、程序修改题

1. 建立一个多文档项目,将例 9-1 程序代码添加到该多文档项目中,调试运行,观察分析。

2. 将第 4 章的程序复制到例 9-1 的框架中,调试运行,观察分析。

3. 修改例 9-1 程序,使得运行后单击窗口,窗口背景色改变为其他颜色。

4. 修改例 9-2 程序,绘制一个五边形。

5. 将例 9-3 绘制的星星(点)变大一些。

6. 在例 9-4 中,加入到应用程序向导中的选项名称为"OpenGL 单文档",修改这个选项名为"OpenGL Single Document"。

7. 例 9-4 中,使用的是例 9-1 程序。现在要把例 9-1 程序中与通用程序设计无关的语句都删除掉。例如,删除单击改变背景色的程序,然后作成一个 OpenGL 程序设计框架。

8. 修改例 9-8 程序中的光照参数与材质参数,观察运行结果变化。

9. 修改例 9-9 程序,改变飞机的初始位置,改变飞机的初始化速度,改变现点位置。

10. 修改例 9-5 程序,使得当按 M 键时飞机喷出红色烟雾。

11. 修改例 9-5 程序,使得当持续按 P 键时,飞机能够(前后)翻跟斗。

12. 修改例 9-5 程序,使得当持续按 L 键时,飞机翅膀可以与地面保持垂直。

13. 在例 9-5 程序中,飞机发射子弹的效果不理想,在例 9-11 的基础上继续修改,直到子弹的发射效果(让你)满意为止。

14. 修改例 9-8 程序中的各个材质参数值,运行程序,观察分析绘制结果。

15. 把例 8-1 程序移植到飞机动画项目中,实现飞机落地爆炸的效果。

二、程序修改题

1. 例 9-1 程序中,myfirst()函数实现的功能是什么?

2. 例 9-1 程序中,哪个函数调用了 mydraw()函数?哪个函数调用了 myfirst()函数?哪个函数调用了 mypixelformat()函数?

3. 例 9-3 程序中,函数 glPushMatrix()与 glPopMatrix()分别实现了什么功能?Invalidate()实现的功能是什么?

4. 图 9-6 中的各个 cpp 文件是否都有自己对应的类?

5. 为什么例 9-6 中的析构函数~ Model()代码比较多,而其他类的析构函数代码比较少?

6. 例 9-6 程序中有函数 draw( ),该函数实现的功能是什么?glBegin (GL_TRIAGLES)程序段一共执行了多少次?m-numMemshes 与 M- numTriangles 分别表示什么?其值来自于哪里?

7. 本章的飞机动画程序中,是否用到了纹理映射?如果用到了,在程序中找出相应的语句。

8. 在 OpenGL 中,材质与纹理有什么区别?

9. 对例 9-3 中的下面程序段进行分析。

```
void CMyOpenGLView::mydraw()
{
    SetTimer(1, 500, NULL);
    myrand();
    GLfloat fPointsize[2];
    glGetFloatv(GL_POINT_SIZE_RANGE,fPointsize);
    for(int i=0;i<8;i++){
          psize[i]=fPointsize[0]*(8-i)/2;
    };
    glPushMatrix();
    for(int k=0 ;k<100;k++){
          glPointSize(mpointsize[k]);
          glColor3f(colorr[k],colorg[k],colorb[k]);
          glBegin(GL_POINTS);
              glVertex3f(px[k],py[k],pz[k]);
          glEnd();
    };
    glPopMatrix();
}
```

附录 A 期末试题

A.1 期末考试试卷(一)

一、下面是使用 DDA 微分方法绘制直线段的函数,当使用语句 LineBint(20,40,100,80,0,CDC *pDC)调用该函数时,绘制出直线段,那么绘制出的第 1 个点、第 2 个点、第 3 个点、第 4 个点、第 5 个点分别是什么?

```
void LineDDA(int x0,int y0,int x1,int y1,int color,CDC * p)
{
    int x;
    float dy,dx,y,m;
    dx=x1-x0;
    dy=y1-y0;
    m=dy/dx;
    y=y0;
    for(x=x0;x<=x1;x++)
    {
        p-> SetPixel(x,(int)(y+0.5),color);
        y+=m;
    }
}
```

二、二次 B 样条曲线的参数方程用矩阵形式表示如下,如果已知 3 个控制点(x_0,y_0)、(x_1,y_1)、(x_2,y_2)分别是(0,0)、(2,1)、(3,0),计算当 $t=0$, 0.5,1 时,曲线上对应的点的(直角坐标系中的)坐标,并绘制该曲线的草图。

$$\boldsymbol{P}(t)=\frac{1}{2}\begin{bmatrix} t^2 & t & 1 \end{bmatrix}\begin{bmatrix} 1 & -2 & 1 \\ -2 & 2 & 0 \\ 1 & 1 & 0 \end{bmatrix}\begin{bmatrix} \boldsymbol{P}_0 \\ \boldsymbol{P}_1 \\ \boldsymbol{P}_2 \end{bmatrix}$$

三、下面的函数是使用种子填充算法对封闭线框图形进行填充。

```
void B(int x,int y,int c1,int c2,CDC * p)       //四连通种子填充算法
{   long c;
    c=p->GetPixel(x,y);                          //取(x,y)点的颜色值赋给变量 c
    if(c!=c1&&c!=c2)
    {
```

```
            p->SetPixel(x,y,c1);
            B(x+1,y,c1,c2,p);
            B(x-1,y,c1,c2,p);
            B(x,y+1,c1,c2,p);
            B(x,y-1,c1,c2,p);
        }
    }
```

现封闭区域是一个矩形区域,其左上顶点为(20,50),右下顶点为(80,90),边框颜色为黑色(数字0表示黑色),如图A-1所示。当使用语句B(72,83,0,0,pDC)调用时,绘制出的前5个点分别是什么?

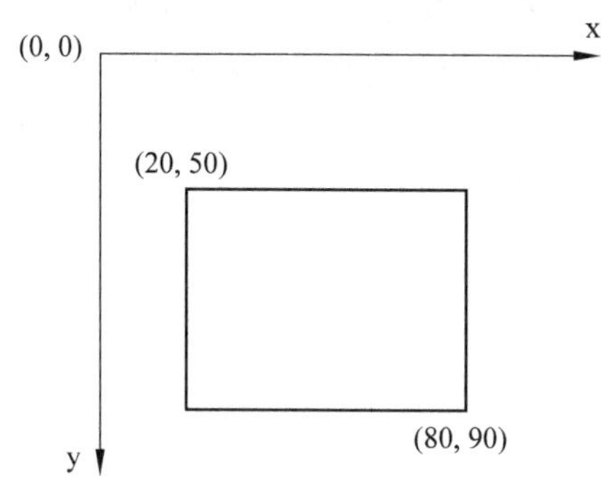

图 A-1 矩形区域

四、下面是绘制一个白色背景的红色多边形,读程序,回答问题。

```
#include <GL/glut.h>
void display()
{
    glClear(GL_COLOR_BUFFER_BIT);
    glBegin(GL_POLYGON);
        glVertex2f(-0.6,-0.6);                //四个顶点
        glVertex2f(-0.6,0.6);
        glVertex2f(0.6,0.6);
        glVertex2f(0.6,-0.6);
    glEnd();
    glFlush();
}
void init()
{
    glClearColor(1.0,1.0,1.0,0.0);
    glColor3f(1.0,0.0,0.0);
}
int main(int argc,char** argv)
{
    glutInit(&argc,argv);
```

```
    glutInitDisplayMode(GLUT_SINGLE|GLUT_RGB);
    glutInitWindowSize(500, 500);
    glutInitWindowPosition(0, 0);
    glutCreateWindow("simple");
    glutDisplayFunc(display);
    init();
    glutMainLoop();
}
```

回答问题：

(1) 解释说明程序语句 glBegin(GL_POLYGON)的功能。

(2) 如果把背景色改为红色，修改哪个语句？如何修改？

(3) 如果把前景色（绘图颜色）修改为蓝色，修改哪个语句，如何修改？

(4) 如果要绘制一个以(0,0)、(0,1)、(1,1)三个点为顶点的三角形，如何修改程序？

(5) 如果把程序中的下面四个语句：

```
glVertex2f(-0.6,-0.6); glVertex2f(-0.6,0.6);
glVertex2f(0.6,0.6); glVertex2f(0.6,-0.6);
```

修改为：

```
glVertex3f(-0.6,-0.6,0.1); glVertex3f(-0.6,0.6,0.5);
glVertex3f(0.6,0.6,1.0); glVertex3f(0.6,-0.6,0.2);
```

其他语句不变，程序运行后，程序是否可以运行？结果是什么？

五、计算机图形学中，三维数据的二维投影是一个重要的图形生成过程，一种投影方法如下。

设视点为(a,b,c)，在引入一个观察坐标系后，视点到视平面（投影平面）的距离为z_s，令$u=\sqrt{a^2+b^2+c^2}$，$v=\sqrt{a^2+b^2}$，形体上某一点的坐标为(x_w,y_w,z_w)，先利用式A-1变换到观察坐标系下，坐标为(x_e,y_e,z_e)：

$$\begin{aligned} x_e &= \frac{-b}{v}\cdot x_w + \frac{a}{v}\cdot y_w \\ y_e &= \frac{-ac}{uv}\cdot x_w - \frac{-bc}{uv}\cdot y_w + \frac{v}{u}\cdot z_w \\ z_e &= \frac{-a}{u}\cdot x_w - \frac{-b}{u}\cdot y_w + \frac{c}{u}\cdot z_w + u \end{aligned} \tag{A-1}$$

然后利用式A-2经透视投影到视平面的坐标为(x_s,y_s)：

$$\begin{aligned} x_s &= x_e \cdot z_s / z_e \\ y_s &= y_e \cdot z_s / z_e \end{aligned} \tag{A-2}$$

如果视点(a,b,c)为$(3,4,0)$，视点到投影平面的距离为$z_s=10$，形体（一个三棱锥）的顶点坐标为$A(0,0,0)$，$B(1,0,0)$，$C(0,1,0)$，$D(0,0,1)$，假设四个顶点投影后的点对应为A_1,B_1,C_1,D_1。利用式A-1与式A-2计算三棱锥的四个顶点应该绘制的（投影）位置，即计算最终投影后的二维点A_1,B_1,C_1,D_1的坐标，并在如图A-2空白坐标系中绘制出这个三棱锥的二维投影图。

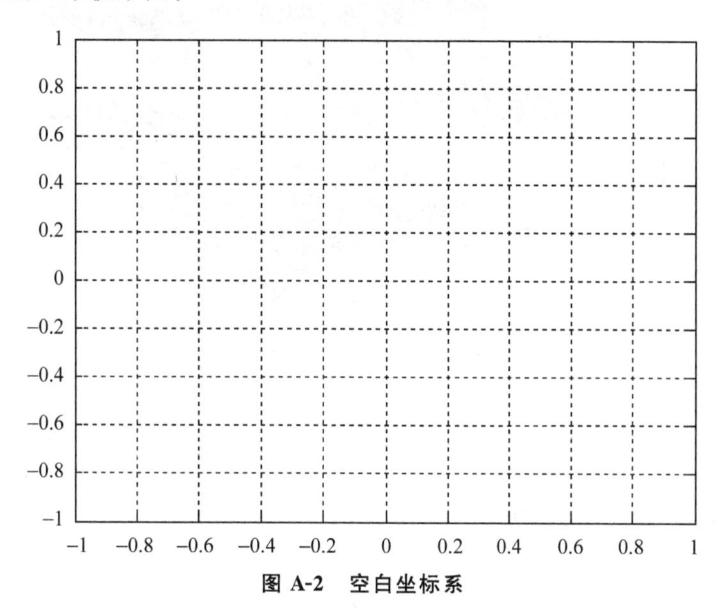

图 A-2 空白坐标系

六、表面(surface)模型是用棱边围成的部分来定义形体表面,由面的集合来定义形体,是在线框模型的基础上,增加了有关面边的信息以及表面特征等。表面模型一般用三个表来描述,例如,图 A-3 的数据与结构可以用表 A-1 的三张表表示。

表 A-1 一个具体的表面模型结构与数据

面编号	棱编号			
一	1	2	5	4
二	3	7	8	6
三	1	3	7	2
四	2	7	8	5
五	4	6	8	5
六				

棱编号	顶点编号	
1	[1]	[2]
2	[1]	[3]
3	[1]	[4]
4	[2]	[5]
5	[2]	[7]
6	[3]	[6]
7	[3]	[7]
8	[4]	[5]
9	[4]	[6]
10	[5]	[8]
11	[6]	[8]
12		

顶点编号	坐标值		
	x	y	z
[1]	−1.0	−1.0	−2.0
[2]	−1.0	1.0	−2.0
[3]	−1.0	−1.0	1.0
[4]	2.0	−2.0	−2.0
[5]	2.0	2.0	−2.0
[6]	2.0	−2.0	2.0
[7]	−1.0	1.0	0.0
[8]			

为了便于观察,图 A-3 的两个侧面没有绘制。

上面三个表中最后一行缺失,请将正确数据填上。

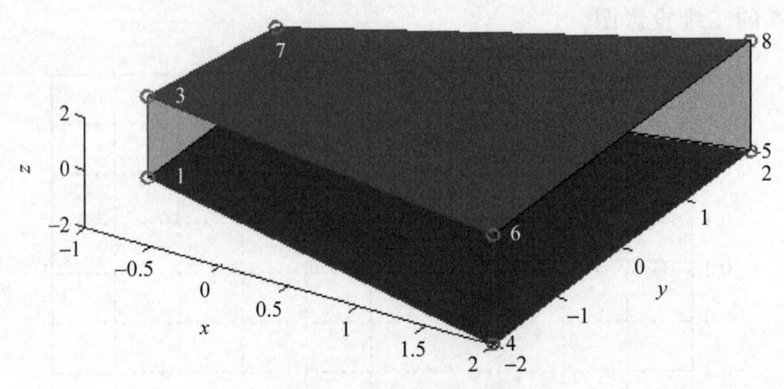

图 A-3　三维表面模型图

七、图 A-4 是一个多面体的示意图（投影图）。在计算机中，存储着该多面体各个顶点的三维坐标，其中，A、B、C、D、E 的三维空间坐标依次为：A(0,0,1)、B(0,−0.7,0.7)、C(0.7,0,0.7)、D(0,−1,0)、E(−1,0,0)。

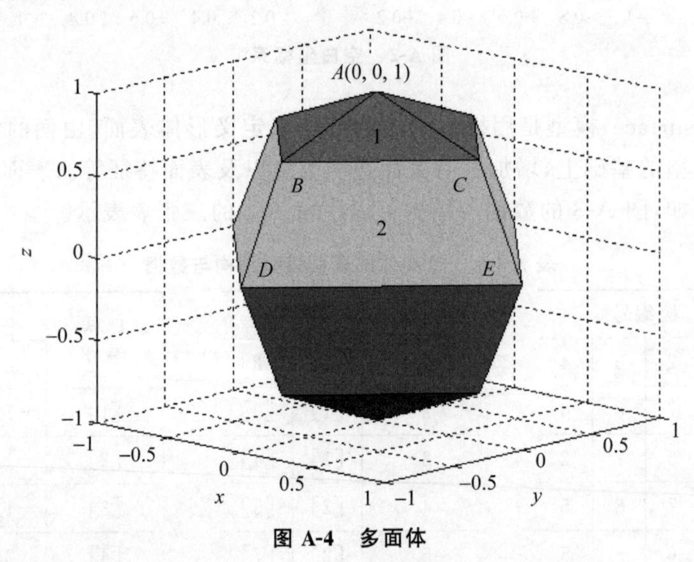

图 A-4　多面体

(1) 计算当视线方向是沿着向量(−1,1,0.6)的方向，那么面 1(面 ABC)与面 2(面 $BCDE$)是否可见？请通过计算说明。

(2) 当平行光线沿着向量(−1,1,0)的方向射过来，视点位置在(−1,−1,−0.5)处。使用式 A-3 计算镜面反射光的亮度，其中，入射光亮度 $I_p=1$，镜面反射系数 $K_s=0.2$，表面光滑度参数 $n=3$，请计算面 2(面 $BCDE$)的中心点处的反射光亮度。

关于镜面反射光，参考下面的资料。

镜面反射光遵循反射定律，入射角等于反射角。产生镜面反射的条件是入射光一般是平行光，并且物体表 F 面比较光滑。事实上，绝对光滑的物体是没有的，所以，反射光一般散布在反射方向周围的小范围内。

如图 A-5 所示，视点虽然不在镜面反射方向上，但是，因为反射面不是绝对光滑的，

所以,在视点位置也可以得到一些反射来的光。

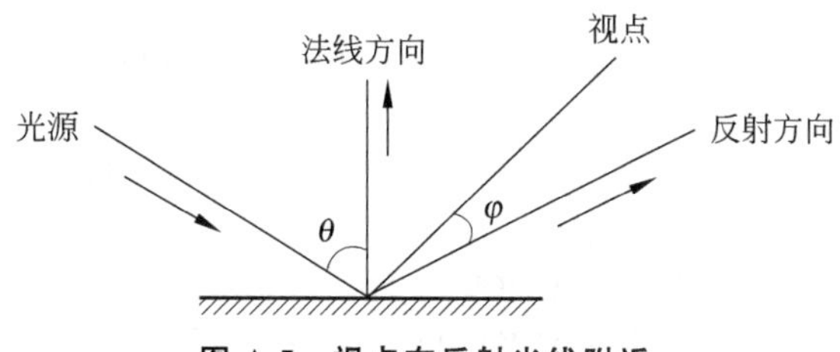

图 A-5　视点在反射光线附近

B.T.Phong 利用式 A-3 模拟镜面反射光的亮度。

$$I_s = I_p K_s \cos^n \varphi \tag{A-3}$$

八、下面的程序是制作爆炸效果程序中的一部分主要代码。读程序,回答问题。

```
#define   MAX_PARTICLES    1500             //粒子数
bool  rainbow=true,sp,rp;                   //
float   slowdown=2.0f,xspeed,yspeed,zoom=-40.0f;
GLuint    k,col,delay,texture[1];
typedef struct
{
    bool  active;
    float life;  float fade;
    float  r;    float  g;    float  b;
    float  x;    float  y;    float  z;
    float  xi;   float  yi;   float  zi;
    float  xg;   float  yg;   float  zg;
}particles;
particles  particle[MAX_PARTICLES];
static GLfloat colors[12][3]=
{
    {1.0f,0.5f,0.5f},{1.0f,0.75f,0.5f},{1.0f,1.0f,0.5f},{0.75f,1.0f,0.5f},
    {0.5f,1.0f,0.5f},{0.5f,1.0f,0.75f},{0.5f,1.0f,1.0f},{0.5f,0.75f,1.0f},
    {0.5f,0.5f,1.0f},{0.75f,0.5f,1.0f},{1.0f,0.5f,1.0f},{1.0f,0.5f,0.75f}
};
int InitGL(GLvoid)                          //初始化各个变量
{
    if(!LoadGLTextures())
    {
        return FALSE;
    }
    glClearColor(0.0f,0.0f,0.0f,0.0f);
    glEnable(GL_BLEND);
    glBlendFunc(GL_SRC_ALPHA,GL_ONE);
    glEnable(GL_TEXTURE_2D);
    for(k=0;k<MAX_PARTICLES;k++)
```

```
        {
            particle[k].life=1.0f;
            particle[k].fade=float(rand()%100)/1000.0f+0.003f;
            particle[k].r=colors[k*(12/MAX_PARTICLES)][0];
            particle[k].g=colors[k*(12/MAX_PARTICLES)][1];
            particle[k].b=colors[k*(12/MAX_PARTICLES)][2];
            particle[k].xi=float((rand()%50)-26.0f)*10.0f;
            particle[k].yi=float((rand()%50)-25.0f)*10.0f;
            particle[k].zi=float((rand()%50)-25.0f)*10.0f;
            particle[k].xg=0.0f;
            particle[k].yg=-0.8f;
            particle[k].zg=0.0f;
        }
        return TRUE;
    }
    int DrawGLScene(GLvoid)
    {
        glClear(GL_COLOR_BUFFER_BIT | GL_DEPTH_BUFFER_BIT);
        glLoadIdentity();
        for(k=0;k<MAX_PARTICLES;k++)
        {
                float x=particle[k].x;
                float y=particle[k].y;
                float z=particle[k].z+zoom;
                glColor4f(particle[k].r,particle[k].g,particle[k].b,
                        particle[k].life);
                glBegin(GL_TRIANGLE_STRIP);
                    glTexCoord2d(1,1); glVertex3f(x+0.5f,y+0.5f,z);
                    glTexCoord2d(0,1); glVertex3f(x-0.5f,y+0.5f,z);
                    glTexCoord2d(1,0); glVertex3f(x+0.5f,y-0.5f,z);
                    glTexCoord2d(0,0); glVertex3f(x-0.5f,y-0.5f,z);
                glEnd();
                particle[k].x+=particle[k].xi/(slowdown*1000);
                particle[k].y+=particle[k].yi/(slowdown*1000);
                particle[k].z+=particle[k].zi/(slowdown*1000);
                particle[k].xi+=particle[k].xg;
                particle[k].yi+=particle[k].yg;
                particle[k].zi+=particle[k].zg;
                particle[k].life-=particle[k].fade;
        }
        return TRUE;
    }
```

回答下面问题：

(1) 该程序一共大约生成了多少个粒子？动画刚开始时，这些粒子位于一个什么样的区域内？

(2) 为什么 particle[k].xg=0.0f; particle[k].zg=0.0f 设置为 0，而 particle[k].yg=-0.8f?

(3) 为什么在语句 float z=particle[k].z+zoom 中，加上了 zoom，而语句 float x=particle[k].x 与 float y=particle[k].y 却没有加？

(4) 语句 glColor4f(particle[k].r,particle[k].g,particle[k].b, particle [k].life)决定了有些粒子在运动过程中消失，为什么？

九、(1) 什么是虚拟现实？什么是增强现实？

(2) 谈谈你对基于图像的三维重建的理解。

A.2 期末考试试卷(二)

一、下面是根据中点画圆算法设计的函数，当使用语句 MidPointCircle(20, 0,CDC *p)调用该函数时，绘制出的第 1 个点、第 2 个点、第 3 个点、第 4 个点、第 5 个点分别是什么？

```
void MidPointCircle(int radius,int color,CDC *p)
{   int x,y; float d; x=0; y=radius;
    d=5.0/4-radius;
    p->SetPixel(x,y,color);
    while(y>x)
    {   if(d<=0)  d+=2.0*x+3;
        else   {d+=2.0*(x-y)+5;   y--; }
        x++;
        p->SetPixel(x,y,color);
    }
}
```

二、二次贝塞尔曲线的参数方程如下，如果已知 3 个控制点(x_0,y_0)、(x_1,y_1)、(x_2,y_2)分别是(0,0)、(0.5,4)、(2,0)，计算当 $t=0, 0.5, 1$ 时，曲线上对应的点的(直角坐标系中的)坐标，并绘制该曲线的草图。

$$\begin{cases} x(t)=(1-t)^2x_0+2t(1-t)x_1+t^2x_2 \\ y(t)=(1-t)^2y_0+2t(1-t)y_1+t^2y_2 \end{cases}$$

三、下面是扫描线填充程序中的一段，读程序回答问题。

```
struct Edge{                              //用来存储边的结构体类型
    int yUpper;
    float xIntersect,dxPerScan;
    struct Edge *next;                    //指向下一条边的指针
}tEdge;                                   //结构体变量
```

```
void insertEdge(Edge * list, Edge * edge)
{                                                         //插入边的函数
    Edge * p, * q=list;
    p=q->next;
    while(p!=NULL){
        if(edge->xIntersect< p->xIntersect)
            p=NULL;
        else{
            q=p;
            p=p->next;
        }
    }
    edge->next=q->next;
    q->next=edge;
}
void makeEdgeRec(CPoint lower, CPoint upper, int yComp, Edge * edge,
                 Edge * edges[])
{
    edge->dxPerScan=(float)(upper.x-lower.x)/(upper.y-lower.y);
    edge->xIntersect= lower.x;
    if(upper.y<yComp)
        edge->yUpper=upper.y-1;
    else
        edge->yUpper=upper.y;
    insertEdge(edges[lower.y],edge);
}
```

(1) 该程序为什么用结构体存储边的信息？

(2) 函数 insertEdge()的主要功能是什么？

(3) 函数 makeEdgeRec()中，语句(float)(upper.x－lower.x)/(upper.y－ lower.y)是计算什么？

四、下面是绘制三维线框正方体的程序中的几个函数，读程序，回答问题。

```
void display()
{
    glClear(GL_COLOR_BUFFER_BIT);
    glMatrixMode(GL_MODELVIEW);
    gluLookAt(1,1,0,0,0,0,0,1,0);
    glutWireCube(3);                                      //3 表示边长
    glutSwapBuffers();
}
void reshape(int w,int h)
{
```

```
    glViewport(0,0,w,h);
    glMatrixMode(GL_PROJECTION);
    glOrtho(-4.0,4.0,-4.0,4.0,-3.0,3.0);
}
void init()
{
    glClearColor(1.0,0.0,1.0,1.0);
    glColor3f(1,0,0);
}
```

解释说明程序中下面这些语句完成什么功能。

```
gluLookAt(1,1,0,0,0,0,0,1,0);
glutWireCube(3);
glOrtho(-4.0,4.0,-4.0,4.0,-3.0,3.0);
glutSwapBuffers();
glMatrixMode(GL_PROJECTION);
```

五、计算机图形学中,三维数据的二维投影是一个重要的绘制过程,下面的程序就实现了一种常用的简单的投影,读程序回答问题。

```
void DrawCurve(double p[3],int s[2],CDC *pDC)
{
    double x[628],y[628],z[628];
    double xs[628],ys[628],a=60,b=1;
    int m=0;
    for(double t=0;t<62.8;t=t+0.1)
    {
        x[m]=a*cos(t);
        y[m]=a*sin(t);
        z[m]=b*t;
        m++;
    }
    xs[0]=x[0]-p[0]/p[2]*z[0]+200;
    ys[0]=y[0]-p[1]/p[2]*z[0]+250;
    pDC->MoveTo(xs[0]+s[0],ys[0]+s[1]);
    for(int i=0;i<628;i++)
    {
        xs[i]=x[i]-p[0]/p[2]*z[i]+200+s[0];
        ys[i]=y[i]-p[1]/p[2]*z[i]+250+s[1];
        pDC->LineTo((int)xs[i],(int)ys[i]);
    }
}
```

(1) 写出程序绘制曲线的参数方程。

(2) 该程序一共大约绘制了多少个点?

（3）为什么要在循环语句之前使用表达式 xs[0]=x[0]-p[0]/p[2]*z[0]+200 与 ys[0]=y[0]-p[1]/p[2]*z[0]+250 计算 xs[0]与 ys[0]？

（4）在这个程序中，xs、ys、x、y、z、p 分别表示什么？

六、在八叉树表示法中，八叉树的每个父节点都有 8 个子节点，如果这 8 个子节点从左到右标号为 1、2、3、4、5、6、7、8，分别在空间中的八个卦限内，如图 A-6(a)所示。现有一个物体的八叉树表示法如图 A-6(b)所示。

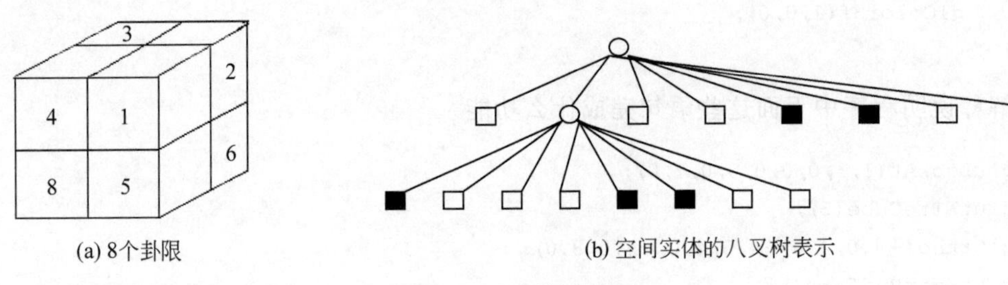

(a) 8个卦限　　(b) 空间实体的八叉树表示

图 A-6　八叉树表示法

请绘制出如图 A-6(b)所示物体的三视图，即正视图、俯视图、侧视图。

如果图 A-6(a)中 8 个块每个块的质量均为 1，且图 A-6(b)所示物体质量均匀，计算图 A-6(b)所示物体的质量。

七、图 A-7 是一个近似球体（实质上是多面体）的投影图。在计算机中，存储着各个顶点的三维坐标，其中，A、B、C、D、E 的三维空间坐标依次为：$A(-0.18,-0.56,0.80)$、$B(-0.59,0,0.80)$、$C(-0.95,0,0.31)$、$D(-0.18,-0.56,0.31)$、$E(0.48,-0.35,0.8)$，计算当视线方向是从(1,1,1)指向(0,0,0)时，面 1（面 $ABCD$）与面 2（面 ADE）是否可见。

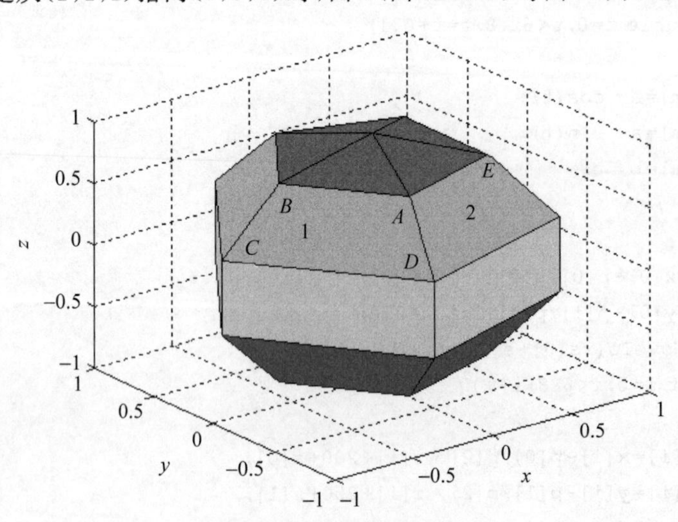

图 A-7　近似球体的投影图

八、下面是关于 Phong 光照模型的叙述。

为了真实地表现光照效果，从视点观察到的物体表面上每点的亮度，应该为镜面反射光、漫反射光以及环境光的总和，即：

$$I = I_e + I_d + I_s = I_a K_a + I_p (K_d \cos\theta + K_s \cos^n \varphi) \tag{A-4}$$

当有 m 个光源的时候，就把各个光源的镜面反射光与漫反射光都汇集到一起，然后加上环境光，如式 A-5 所示。

$$I = I_a K_a + \sum_{i=1}^{m} I_{pi} (K_d \cos\theta_i + K_s \cos^n \varphi_i) \tag{A-5}$$

一般称式 A-5 为简单光照模型，也称为 Phong 光照模型。

谈谈你对光照模型的理解。

九、下面程序是球体转动程序中的一部分主要代码。读程序，回答问题。

```
    GLfloat     xrot      =  0.0f;
    GLfloat     yrot      =  0.0f;
    GLfloat     xrotspeed =  0.0f;
    GLfloat     yrotspeed =  0.0f;
    GLfloat     zoom      = -7.0f;
    GLfloat     height    =  2.0f;
    GLuint      texture[1];

void DrawObject()
{
    glColor3f(1.0f, 1.0f, 1.0f);
    glBindTexture(GL_TEXTURE_2D, texture[0]);
    gluSphere(q, 2.0f, 32, 16);
    glBindTexture(GL_TEXTURE_2D, texture[0]);
    glColor4f(1.0f, 1.0f, 1.0f, 0.8f);
    glEnable(GL_BLEND);
    glBlendFunc(GL_SRC_ALPHA, GL_ONE);
    glEnable(GL_TEXTURE_GEN_S);
    glEnable(GL_TEXTURE_GEN_T);
    gluSphere(q, 2.0f, 32, 16);
    glDisable(GL_TEXTURE_GEN_S);
    glDisable(GL_TEXTURE_GEN_T);
    glDisable(GL_BLEND);
}
int DrawGLScene(GLvoid)
{
    glClear(GL_COLOR_BUFFER_BIT | GL_DEPTH_BUFFER_BIT |
            GL_STENCIL_BUFFER_BIT);
    double eqr[] = {0.0f,-1.0f, 0.0f, 0.0f};
    glLoadIdentity();
    glTranslatef(0.0f, -0.6f, zoom);
    glColorMask(0,0,0,0);
    glEnable(GL_STENCIL_TEST);
    glStencilFunc(GL_ALWAYS, 1, 1);
```

```
    glStencilOp(GL_KEEP, GL_KEEP, GL_REPLACE);
    …
    glTranslatef(0.0f, height/2, 0.0f);
    glRotatef(xrot, 1.0f, 0.0f, 0.0f);
    glRotatef(yrot, 0.0f, 1.0f, 0.0f);
    DrawObject();
    xrot += xrotspeed;
    yrot += yrotspeed;
    glFlush();
    return TRUE;
}
void ProcessKeyboard()
{
    if (keys[VK_RIGHT])   yrotspeed += 0.08f;
    if (keys[VK_LEFT])    yrotspeed -= 0.08f;
    if (keys[VK_DOWN])    xrotspeed += 0.08f;
    if (keys[VK_UP])      xrotspeed -= 0.08f;
    if (keys['A'])              zoom +=0.05f;
    if (keys['Z'])              zoom -=0.05f;
}
```

回答下面问题：

(1) 语句 glClearColor(0.2f，0.5f，1.0f，1.0f)的功能是什么？

(2) 语句 glRotatef(xrot，1.0f，0.0f，0.0f)的功能是什么？

(3) 语句 gluSphere(q，2.0f，32，16)的功能是什么？

十、目前基于图像绘制研究的内容是什么？基于图像绘制都有哪些基本的、常用的方法？有待解决的问题有哪些？

A.3 期末考试试卷(三)

一、设某种语言的画点函数是 SetPixel(x,y)，其功能是在屏幕的(x,y)处绘制一点。现要求使用该画点函数以及循环分支语句等绘制出点(x1,y1)与(x2,y2)之间的直线段，给出两种算法、方法或者程序段，然后对这两种方法进行比较分析。

二、图 A-8 与图 A-9 是多边形扫描线填充算法示意图。在图 A-9 的最下部，有一个边表，在这个边表中，数字依次为 3，−2，2，3，4.5，3，这 6 个数都是什么含义？

三、下面是绘制三维线框正方体的程序中的几个函数，读程序，回答问题。

```
void display()
{
    glClear(GL_COLOR_BUFFER_BIT);
    glMatrixMode(GL_MODELVIEW);
    gluLookAt(1,1,1,0,0,0,0,1,0);
    glutWireCube(3);     //3 表示边长
```

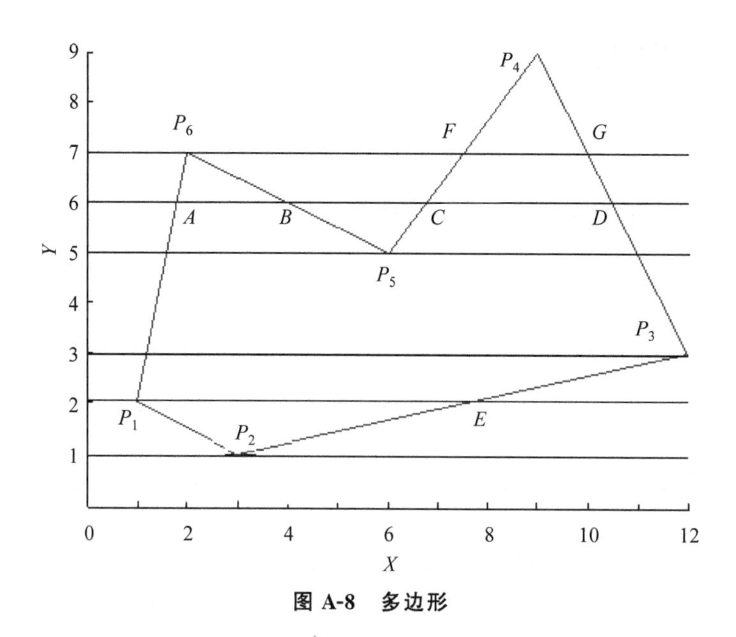

图 A-8 多边形

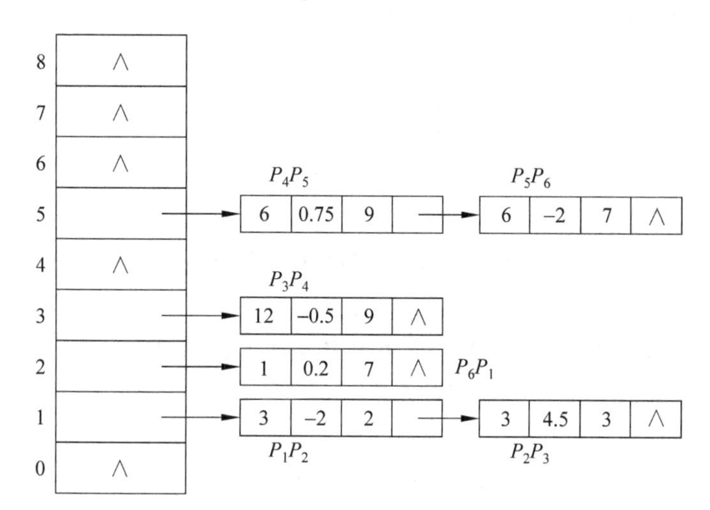

图 A-9 多边形扫描线填充算法

```
    glutSwapBuffers();
}
void reshape(int w,int h)
{
    glViewport(0,0,w,h);
    glMatrixMode(GL_PROJECTION);
    glOrtho(-4.0,4.0,-4.0,4.0,-4.0,4.0);
}
void init()
{
    glClearColor(1.0,1.0,1.0,1.0);
```

```
    glColor3f(0,0,0);
    glEnable(GL_LIGHTING);
    glEnable(GL_LIGHT0);
}
```

解释说明程序中下面这些语句完成什么功能。

```
gluLookAt(1,1,1,0,0,0,0,1,0);
glutWireCube(3);
glOrtho(-4.0,4.0,-4.0,4.0,-4.0,4.0);
glClearColor(1.0,1.0,1.0,1.0);
glColor3f(0,0,0);
```

四、计算机图形学中,三维数据的二维投影是一个重要的绘制过程,一种常用的简单的投影方法如下。

这里是一种斜平行投影方法,投影平面为 XOY 平面。

设定投影方向矢量为(x_p,y_p,z_p),形体上的一点模型坐标数据为(x,y,z),要确定该点在 XOY 平面上的投影(x_s,y_s),可以使用下面的公式计算。

$$\begin{cases} x_s = x - \dfrac{x_p}{z_p}z \\ y_s = y - \dfrac{y_p}{z_p}z \end{cases} \tag{A-6}$$

按照式 A-6,把点 $A(0,0,0)$,$B(1,0,0)$,$C(0,1,0)$,$D(0,0,1)$坐标代入表达式,就可以计算出每个点应该绘制的(投影)位置。假设该 4 个点投影后的点是 A_1,B_1,C_1,D_1,投影方向矢量为 $t[3]=\{-1.8,-1.5,1.0\}$,计算上述三维点 A,B,C,D 投影到平面后的二维点 A_1,B_1,C_1,D_1 的坐标,绘制出线段 A_1B_1,A_1C_1,A_1D_1。

五、双二次贝塞尔曲面的参数方程如下:

$$\begin{cases} X=(1-u)(1-v)x_{00}+u(1-v)x_{10}+(1-u)vx_{01}+uvx_{11} \\ Y=(1-u)(1-v)y_{00}+u(1-v)y_{10}+(1-u)vy_{01}+uvy_{11} \\ Z=(1-u)(1-v)z_{00}+u(1-v)z_{10}+(1-u)vz_{01}+uvz_{11} \end{cases} \tag{A-7}$$

写成矩阵表示形式为:

$$\boldsymbol{P}(u,v)=[u \quad 1]\begin{bmatrix} -1 & 1 \\ 1 & 0 \end{bmatrix}\begin{bmatrix} \boldsymbol{P}_{00} & \boldsymbol{P}_{01} \\ \boldsymbol{P}_{10} & \boldsymbol{P}_{11} \end{bmatrix}\begin{bmatrix} -1 & 1 \\ 1 & 0 \end{bmatrix}\begin{bmatrix} v \\ 1 \end{bmatrix} \tag{A-8}$$

分析式 A-7 参数方程(组),该方程有两个参数,各项的最高次数为 2;方程中一共有 4 个控制点的 12 个坐标值;3 个方程的形式是相同的,只是分别使用了控制点的 x、y 与 z 坐标值。使 u 与 v 在 0~1 变化,对应每一个(u,v)都能得到一个空间点(X,Y,Z)。

(1) 请回答,式 A-8 中,$\boldsymbol{P}_{00}$与 $\boldsymbol{P}_{11}$分别代表什么?

(2) 计算当 $u=0$,$v=0$ 时,曲面上点的坐标是什么?

(3) 证明双一次贝塞尔曲面,当 u 或者 v 中一个不变,改变另外一个,得到的是一条直线段。

A.4 期末考试试卷(四)

一、在VC++中建立单文档项目Huatu1,在其void CHuatu1View::OnDraw(CDC * pDC)中,使用画点函数绘制矩形的程序如下。

```
for(int i=20;i<250;i++)
    for(int j=50;j<180;j++)
        pDC->SetPixel(i,j,RGB(i,j,0));
```

(1) 一共绘制了多少个点?

(2) 每个点的颜色是否相同?

(3) 编写程序,使用画点函数SetPixel()绘制如图A-10所示图形。图A-10两个正方形中心相同,一个边长是40,一个边长是20(图形绘制在屏幕的什么区域不限)。

(4) 编写程序,使用画点函数SetPixel()绘制如图A-11所示图形。图A-11的正方形与圆中心相同,正方形边长是40,圆的直径是20(图形绘制在屏幕的什么区域不限)。

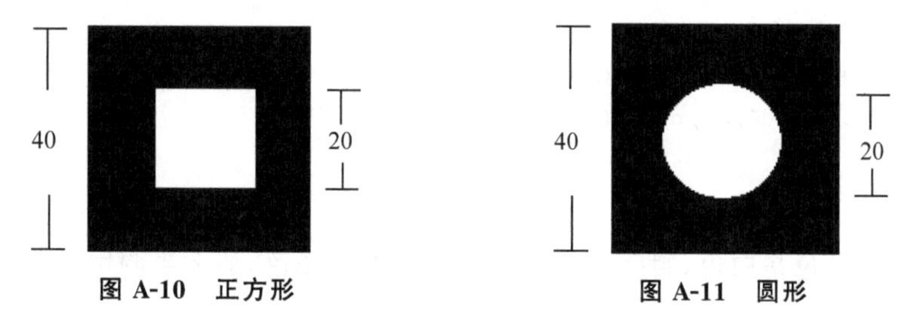

图A-10 正方形　　图A-11 圆形

二、下面是使用DDA微分方法绘制直线段的程序,读程序,回答问题。

```
void LineDDA(int x0,int y0,int x1,int y1,int color,CDC *p)
{
    int x;
    float dy,dx,y,m;
    dx=x1-x0;
    dy=y1-y0;
    m=dy/dx;
    y=y0;
    for(x=x0;x<=x1;x++)
    {
        p-> SetPixel(x,(int)(y+0.5),color);
        y+=m;
    }
}
```

(1) 如果要在OnDraw()函数中调用该函数,绘制点(10,20)到点(100,120)的直线段,如何调用该函数?

(2) 如果要在 OnDraw()函数中调用该函数，绘制点(120,150)到点(100,10)的直线段，如何调用该函数？

(3) 如果把语句修改为 p－＞ SetPixel(x, (y＋0.5),color)；是否可以？为什么？

(4) 如果把语句 m＝dy/dx；放到循环语句中，程序是否可以运行？运行结果是否一样？

(5) 如果把语句 for(x＝x0；x＜＝x1；x＋＋)修改为 for(x＝x0；x＜＝x1；x＝x＋30)，一共可以绘制出多少个点？（用 x0,x1 表示。）

三、如何使用 VC++ 编写程序绘制一个三次多项式曲线，以两点 $P_1=(2,5)$，$P_2=(1,-1)$为端点，在端点 P_1 处的切向量为 $k_1=(1,1)$，在端点 P_2 处的切向量为 $k_2=(1,-1)$。

四、下面递归函数可以完成种子填充工作。

```
void B(int x,int y,int c1,int c2,CDC * p)          //四连通种子填充算法
{   long c;
    c=p->GetPixel(x,y);                             //取(x,y)点的颜色值赋给变量 c
    if(c!=c1&&c!=c2)
    {
        p->SetPixel(x,y,c1);
        B(x+1,y,c1,c2,p); B(x-1,y,c1,c2,p);   //递归调用,上下左右四个方向搜索
        B(x,y+1,c1,c2,p); B(x,y-1,c1,c2,p);
    }
}
```

(1) 如果背景色是白色，封闭的连通区域的边框是黑色，那么当调用语句是：

```
pDC->Rectangle(20,50,120,150);                     //绘制矩形边框宽高为 120,150
B(80,60,0,0,pDC);                                  //利用种子点(80,60)开始填充
```

绘制出的第 1,2,3 点的坐标分别是什么？

(2) 如果把语句 B(x,y＋1,c1,c2,p)；B(x,y－1,c1,c2,p)；调换位置，变成 B(x,y－1,c1,c2,p)；B(x,y＋1,c1,c2,p)；，其他语句不变，那么，绘制出的第 1,2,3 点的坐标分别是什么？

五、下面给出了绕 X 轴旋转的公式，根据公式进行计算。

假设物体沿 X 轴逆时针旋转了 α 角，相当于在 YOZ 平面上绕原点旋转 α 角，物体上每一点的 x 值不变，相当于物体上每一点做如下变换：

$$\begin{cases} x'=x \\ y'=y\cos\alpha-z\sin\alpha \\ z'=y\sin\alpha+z\cos\alpha \end{cases}$$

矩阵形式为：

$$\begin{bmatrix} x' \\ y' \\ z' \\ 1 \end{bmatrix}=\begin{bmatrix} 1 & 0 & 0 & 0 \\ 0 & \cos\alpha & -\sin\alpha & 0 \\ 0 & \sin\alpha & \cos\alpha & 0 \\ 0 & 0 & 0 & 1 \end{bmatrix}\begin{bmatrix} x \\ y \\ z \\ 1 \end{bmatrix}$$

计算空间坐标轴上的三个点(1,0,0),(0,1,0),(0,0,1)经过沿 X 轴逆时针旋转 30°后得到的新的点的坐标。

A.5 期末考试试卷(五)

一、设计一个函数(最好程序实现,或者给出算法描述),输入是给定平面上的 4 个点 A,B,C,D 的坐标,输出是(使用黑色线段)顺次连接 A,B,C,D,形成四边形,然后将该四边形用某种颜色填充。要求必须使用画点或者画线函数,考虑尽可能减少绘制的时间。

二、修改下面程序,使该程序能够输出绘制在平面上的二维点的坐标数值。

绘制螺旋线程序:

```
void DrawCurve(double p[3],CDC * pDC)
{
    double x[628],y[628],z[628];
    double xs[628],ys[628],a=120,b=1;
    int m=0;
    for(double t=0;t<62.8;t=t+0.1)
    {
        x[m]=a * cos(t);
        y[m]=a * sin(t);
        z[m]=b * t;
        m++;
    }
    xs[0]=x[0]-p[0]/p[2] * z[0]+200;
    ys[0]=y[0]-p[1]/p[2] * z[0]+200;
    pDC->MoveTo(xs[0],ys[0]);
    for(int i=0;i<628;i++)
    {
        xs[i]=x[i]-p[0]/p[2] * z[i]+200;
        ys[i]=y[i]-p[1]/p[2] * z[i]+200;
        pDC->LineTo((int)xs[i],(int)ys[i]);
    }
}
```

三、给定三维空间中的三次贝塞尔曲线的 4 个控制点为 $P[3][4]=\{\{1\quad 1\quad 0\quad 0\},\{1\quad 0\quad 0\quad 1\},\{2\quad 0\quad 1\quad 2\}\}$,即 4 个控制点依次是(1,1, 2),(1,0,0),(0,0,16),(0,1,2)时,写出该贝塞尔曲线的参数方程。

四、下面程序段截取自一个完整的程序,读然后回答问题。

```
static int step = 0;
void CALLBACK movelight ()
{   step = (step + 30) %360;                          //光源移动的角度      }
void myinit (void)
{
```

```
    GLfloat mat_diffuse[]={0.0,0.5,1.0,1.0};
    GLfloat mat_ambient[]={0.0,0.2,1.0,1.0};
    GLfloat light_diffuse[]={1.0,1.0,1.0,1.0};
    GLfloat light_ambient[]={0.0,0.5,0.5,1.0};
    glMaterialfv(GL_FRONT_AND_BACK,GL_DIFFUSE,mat_diffuse);
    glLightfv(GL_LIGHT0,GL_DIFFUSE,light_diffuse);
    glLightfv(GL_LIGHT0,GL_AMBIENT,light_ambient);
    glEnable(GL_LIGHTING);
    glEnable(GL_LIGHT0);
    glDepthFunc(GL_LESS);
    glEnable(GL_DEPTH_TEST);
}
void CALLBACK display(void)
{
    GLfloat position[] = { 0.0, 0.0, 1.5, 1.0 };
    glClear(GL_COLOR_BUFFER_BIT | GL_DEPTH_BUFFER_BIT);
    glPushMatrix();
    glTranslatef(0.0, 0.0, -5.0);
    glPushMatrix();
    glRotated((GLdouble) step, -1.0, 1.0, 1.0);
    glRotated(0.0, 1.0, 0.0, 0.0);
    glLightfv(GL_LIGHT0, GL_POSITION, position);
    glTranslated(0.0, 0.0, 1.5);
    glDisable(GL_LIGHTING);
    glColor3f(1.0, 1.0, 0.0);
    auxSolidSphere(0.1);
    glEnable(GL_LIGHTING);
    glPopMatrix();
    auxSolidTorus(0.2, 0.8);             //绘制环形曲面,外径 0.8,内径 0.2
    glRotatef(30,1,1,0);                 //沿 X 轴 Y 轴对角线旋转(下面的正方体),转 30°
    auxSolidCube(0.5);
    glTranslated(0.25, 0.3, 0.2);     //坐标移动然后绘制一个球,一个场景绘制多个物体
    auxSolidSphere(0.3);
    glPopMatrix();
    glFlush();
}
void CALLBACK myReshape(GLsizei w, GLsizei h)
{
    glViewport(0, 0, w, h);
    glMatrixMode(GL_PROJECTION);
    glLoadIdentity();
    gluPerspective(40.0, (GLfloat) w/(GLfloat) h, 1.0, 20.0);
    glMatrixMode(GL_MODELVIEW);
}
```

(1) 语句 static int step = 0;定义了一个静态全局变量,为什么把该变量定义为全局变量,放在程序的最前面?

(2) 如果让运行后每次按键灯移动得慢一些,如何修改程序?

(3) 如果在程序运行时,不显示灯,而灯光效果不变,如何修改程序?

(4) 语句 glRotatef(30,1,1,0);实现什么功能?

(5) 语句 glTranslated (0.25, 0.3, 0.2);实现平移,是平移该语句前面的物体(图形),还是后面的物体(图形)?

(6) 解释语句 gluPerspective(40.0, (GLfloat) w/(GLfloat) h, 1.0, 20.0);的作用。

五、在 OpenGL 中,材质与纹理有什么区别?

六、读下面程序段,回答问题。

```
void CMyOpenGLView::mydraw()
{
    SetTimer(1, 500, NULL);
    myrand();
    GLfloat fPointsize[2];
    glGetFloatv(GL_POINT_SIZE_RANGE,fPointsize);
    for(int i=0;i<8;i++){
        psize[i]=fPointsize[0] * (8-i)/2;
    };
    glPushMatrix();
    for(int k=0 ;k<100;k++){
        glPointSize(mpointsize[k]);
        glColor3f(colorr[k],colorg[k],colorb[k]);
        glBegin(GL_POINTS);
            glVertex3f(px[k],py[k],pz[k]);
        glEnd();
    };
    glPopMatrix();
}
```

(1) 哪些语句不属于 OpenGL 语句或函数?

(2) 函数 glGetFloatv()实现什么功能?

(3) psize 数组中至少有几个元素?

(4) 绘制的点颜色大小是否改变?

(5) SetTimer()实现的功能是什么?

七、下面给出了绕 X 轴旋转的公式,根据公式进行计算并解答问题。

假设物体沿 X 轴逆时针旋转了 α 角,相当于在 YOZ 平面上绕原点旋转 α 角,物体上每一点的 x 值不变,相当于物体上每一点做如下变换:

$$\begin{cases} x' = x \\ y' = y\cos\alpha - z\sin\alpha \\ z' = y\sin\alpha + z\cos\alpha \end{cases}$$

矩阵形式为：

$$\begin{bmatrix} x' \\ y' \\ z' \\ 1 \end{bmatrix} = \begin{bmatrix} 1 & 0 & 0 & 0 \\ 0 & \cos\alpha & -\sin\alpha & 0 \\ 0 & \sin\alpha & \cos\alpha & 0 \\ 0 & 0 & 0 & 1 \end{bmatrix} \begin{bmatrix} x \\ y \\ z \\ 1 \end{bmatrix}$$

(1) 计算空间坐标轴上的三个点(1,0,0),(0,1,0),(0,0,1)经过沿 X 轴逆时针旋转30°后得到的新的点的坐标。

(2) 模拟题中给出的公式,给出空间中一点绕 Y 轴逆时针旋转了 β 角,得到新的坐标的公式。给出空间中一点绕 Z 轴逆时针旋转了 γ 角,得到新的坐标的公式。

(3) 给定空间坐标轴上的三角形三个顶点(1,0,0),(0,1,0),(0,0,1),现在将这些点沿 X 轴逆时针旋转 30°,沿 Y 轴逆时针旋转 60°,沿 Z 轴逆时针旋转 90°,计算经过这些旋转之后得到的新三角形顶点坐标。

参 考 文 献

[1] 于万波. 基于 MATLAB 的计算机图形与动画技术[M]. 北京：清华大学出版社，2007.
[2] 孙家广，等. 计算机图形学[M].北京：清华大学出版社，1998.
[3] Edward A. OpenGL 程序设计指南[M]. 李桂琼，张文祥，译. 北京：清华大学出版社，2005.
[4] 赵晶，于万波，等. C/C++ 程序设计[M]. 北京：清华大学出版社，北京交通大学出版社，2010.
[5] 于万波，赵斌. 基于曲面迭代的混沌吸引子图形绘制[J]. 物理学报，2014：63(12).
[6] 孔祥昆，于万波. 基于非线性方程组的吸引子图形绘制[J]. 微型机与应用，2016(5).

图书资源支持

感谢您一直以来对清华版图书的支持和爱护。为了配合本书的使用，本书提供配套的资源，有需求的读者请扫描下方的“书圈”微信公众号二维码，在图书专区下载，也可以拨打电话或发送电子邮件咨询。

如果您在使用本书的过程中遇到了什么问题，或者有相关图书出版计划，也请您发邮件告诉我们，以便我们更好地为您服务。

我们的联系方式：

地　　址：北京市海淀区双清路学研大厦 A 座 714

邮　　编：100084

电　　话：010-83470236　010-83470237

客服邮箱：2301891038@qq.com

QQ：2301891038（请写明您的单位和姓名）

资源下载：关注公众号“书圈”下载配套资源。

资源下载、样书申请

书圈

获取最新书目

观看课程直播